国家出版基金项目
NATIONAL PUBLICATION FOUNDATION
现代空空导弹基础前沿技术丛书

国之重器出版工程
国防现代化建设

空空导弹制导控制总体技术

Guidance and Control of Air-to-Air Missiles

杨 军 朱学平 贾晓洪 袁 博 朱苏朋 著

U0195133

西北工业大学出版社

西 安

【内容简介】 本书以空空导弹制导控制系统分析与设计的基本方法和前沿技术为主要内容,阐述空空导弹制导控制系统总体与导弹总体、气动、结构、舵机、惯性导航系统及导引头等专业或分系统之间的关系,介绍空空导弹飞行控制系统及制导回路的设计与分析方法,还对空空导弹抗干扰技术及多模复合制导技术进行较详细的论述。

本书可作为空空导弹制导控制总体设计相关领域科研人员的参考用书,也可作为高等学校飞行器制导与控制相关专业学生的拓展知识阅读用书。

图书在版编目(CIP)数据

空空导弹制导控制总体技术 / 杨军等著 . —西安:西北工业大学出版社,2022.3
ISBN 978 - 7 - 5612 - 8184 - 0

Ⅰ.①空… Ⅱ.①杨… Ⅲ.①空对空导弹-导弹制导-控制系统设计 Ⅳ.①TJ762.2

中国版本图书馆 CIP 数据核字(2022)第 067905 号

KONGKONG DAODAN ZHIDAO KONGZHI ZONGTI JISHU
空 空 导 弹 制 导 控 制 总 体 技 术
杨军　朱学平　贾晓洪　袁博　朱苏朋　著

责任编辑:朱辰诰		策划编辑:杨　军	
责任校对:朱晓娟　董珊珊		装帧设计:李　飞	

出版发行:西北工业大学出版社
通信地址:西安市友谊西路 127 号　　　邮编:710072
电　　话:(029)88491757,88493844
网　　址:www.nwpup.com
印　刷　者:陕西奇彩印务有限责任公司
开　　本:720 mm×1 020 mm　　1/16
印　　张:25
字　　数:490 千字
版　　次:2022 年 3 月第 1 版　　2022 年 3 月第 1 次印刷
书　　号:ISBN 978 - 7 - 5612 - 8184 - 0
定　　价:138.00 元

《国之重器出版工程》
编 辑 委 员 会

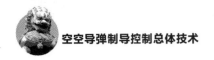

专家委员会委员（按姓氏笔画排列）：

于　全　中国工程院院士

王　越　中国科学院院士、中国工程院院士

王小谟　中国工程院院士

王少萍　"长江学者奖励计划"特聘教授

王建民　清华大学软件学院院长

王哲荣　中国工程院院士

尤肖虎　"长江学者奖励计划"特聘教授

邓玉林　国际宇航科学院院士

邓宗全　中国工程院院士

甘晓华　中国工程院院士

叶培建　人民科学家、中国科学院院士

朱英富　中国工程院院士

朵英贤　中国工程院院士

邬贺铨　中国工程院院士

刘大响　中国工程院院士

刘辛军　"长江学者奖励计划"特聘教授

刘怡昕　中国工程院院士

刘韵洁　中国工程院院士

孙逢春　中国工程院院士

苏东林　中国工程院院士

苏彦庆　"长江学者奖励计划"特聘教授

苏哲子　中国工程院院士

李寿平　国际宇航科学院院士

李伯虎　中国工程院院士

李应红　中国科学院院士

李春明　中国兵器工业集团首席专家

李莹辉　国际宇航科学院院士

李得天　国际宇航科学院院士

李新亚　国家制造强国建设战略咨询委员会委员、中国
　　　　机械工业联合会副会长

杨绍卿　中国工程院院士

杨德森　中国工程院院士

吴伟仁　中国工程院院士

宋爱国　国家杰出青年科学基金获得者

张　彦　电气电子工程师学会会士、英国工程技术学会
　　　　会士

张宏科　北京交通大学下一代互联网互联设备国家工
　　　　程实验室主任

陆　军　中国工程院院士

陆建勋　中国工程院院士

陆燕荪　国家制造强国建设战略咨询委员会委员、原机
　　　　械工业部副部长

陈　谋　国家杰出青年科学基金获得者

陈一坚　中国工程院院士

陈懋章　中国工程院院士

金东寒　中国工程院院士

周立伟　中国工程院院士

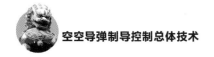

郑纬民　中国科学院院士

郑建华　中国科学院院士

屈贤明　国家制造强国建设战略咨询委员会委员、工业和信息化部智能制造专家咨询委员会副主任

项昌乐　中国工程院院士

赵沁平　中国工程院院士

郝　跃　中国科学院院士

柳百成　中国工程院院士

段海滨　"长江学者奖励计划"特聘教授

侯增广　国家杰出青年科学基金获得者

闻雪友　中国工程院院士

姜会林　中国工程院院士

徐德民　中国工程院院士

唐长红　中国工程院院士

黄　维　中国科学院院士

黄卫东　"长江学者奖励计划"特聘教授

黄先祥　中国工程院院士

康　锐　"长江学者奖励计划"特聘教授

董景辰　工业和信息化部智能制造专家咨询委员会委员

焦宗夏　"长江学者奖励计划"特聘教授

谭春林　航天系统开发总师

前　言

　　制导控制系统作为空空导弹的核心系统，其性能直接影响着空空导弹的技战术指标。本书系统地介绍空空导弹制导控制系统分析与设计的基本方法和前沿技术，目的是为了让读者更系统、全面地理解空空导弹制导控制总体设计方法。

　　本书共 15 章。第 1 章主要介绍国内外空空导弹的发展现状及其制导控制技术的发展与演变。第 2 章介绍空空导弹制导控制系统的组成原理。第 3 章介绍制导控制系统设计的理论基础。第 4 章介绍空中目标的特性及空气动力环境。第 5 章介绍空空导弹的运动方程、弹体动力学模型及动力学性能分析。第 6 章从 11 个方面分别介绍对空空导弹的基本要求。第 7 章介绍导弹制导控制系统方案论证的基本方法。第 8 章介绍导弹稳定控制系统设计与分析的基本方法。第 9 章介绍导弹制导控制系统设计与分析的基本方法。第 10 章介绍空空导弹先进导引技术，包括红外导引技术、雷达导引技术和多模导引技术。第 11 章介绍空空导弹新型制导技术，包括初制导、中制导、末制导和末端控制。第 12 章介绍空空导弹制导控制系统的先进设计方法。第 13 章介绍机载空空反导弹武器系统的发展现状并进行关键技术分析。第 14 章介绍空空导弹制导控制系统的数字化设计方法。第 15 章介绍空空导弹制导控制系统的仿真试验方法和性能评估方法。

　　本书的特点之一是对空空导弹制导控制系统的基本原理做出全面的阐述，可以当作初学者的学习用书。本书的另外一个特点是既给出制导控制系统的传

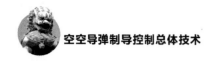

统设计方法,也给出先进的设计方法,集成国内外学者与笔者的科研团队的最新研究成果,方便读者更深入地学习相关的理论知识,且在每章的最后列出参考文献,以供读者查询相关资料之用。

本书要求读者具有自动控制原理、导弹概论和飞行力学等相关知识的学习基础。

本书由杨军负责统稿。杨军负责编写第 1~6 章,朱学平负责编写第 7~9 章,贾晓洪负责编写第 13~14 章,袁博负责编写第 10~11 章,朱苏朋负责编写第 12 和 15 章。在本书的成稿过程中,冯闽蛟、侯思林和丁禹鑫等人完成了大量的资料准备、书稿校对和绘图工作,在此表示衷心感谢。

本书所介绍的很多研究成果的资料是在航空、航天、兵器和电子等行业专业院所的大力支持下获得的,特别是得到了中国空空导弹研究院的支持和帮助,在此一并致谢。

本书涉及空空导弹制导控制技术领域的各个方面,提出的观点难免偏颇,敬请读者批评指正。

著　者

2021 年 3 月

目　录

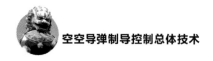

第 1 章

绪　论

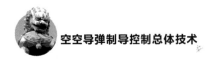

1.1 现代空战与空空导弹发展史

自美国海军军械测试站于 1946 年开始研制真正意义上的空空导弹到今天，空空导弹的研究经历了 70 多年的历史。空战需求的牵引和科学技术的进步使得空空导弹性能逐步提高，现在已发展成为制导方式多样化，远、中、近距系列化和海、空、陆军通用化的空空导弹家族。当代战争的经验表明，空空导弹已成为空中对抗的主要武器、决定战争胜负的重要因素和各军事强国优先发展的武器装备。

1930 年机炮服役，空战进入"近身肉搏"的机炮时代，第二次世界大战期间，机炮是战斗机唯一具有作战效益的空战武器，其重要性达到极致。随着飞机的飞行速度越来越快、机动战术的变化越来越多，机炮固有的射程近、弹道直、单发杀伤威力不够等缺陷也逐渐暴露。为了解决这一问题，飞行员迫切希望能有一种攻击距离更远、攻击占位更宽松、有一定自主攻击能力的新式空战装备。

1943 年初，德国的克雷默博士开始设计 X - 4 空空导弹（见图 1.1），这被公认为是世界上第一个可供实战使用的空空导弹。德国空军希望这种导弹能在盟军轰炸机的机炮射程之外对其进行攻击，改变空战格局。1945 年初，德国工厂的 1 300 枚 X - 4 导弹只等装配火箭发动机后即可装备部队，然而就在此时，位于斯图加特的生产火箭发动机的工厂被盟军空袭，导弹火箭发动机全部被毁，X - 4 空空导弹最终未能投入实战。

图 1.1　世界上最早的空空导弹——德国的 X-4 空空导弹

　　1946 年,美国海军军械测试站的麦克利恩博士开始研制一种"寻热火箭"。1949 年 11 月,他设计出了红外导引头的核心——红外探测器。以此为基础,美国在 1953 年研制出了闻名遐迩的第一种红外型空空导弹——"响尾蛇"。图 1.2 为"响尾蛇"空空导弹之父麦克利恩博士。

图 1.2　"响尾蛇"空空导弹之父麦克利恩

　　1947 年,美国休斯飞机制造公司获得了研制"猎鹰"雷达型空空导弹的合同,休斯公司之所以获得合同,关键在于该公司成功研制了"受激辐射微波放大"(MASER)元件,这是实现雷达制导的基础。然而,"猎鹰"空空导弹的研制异常艰辛,休斯公司为之付出了几近破产的沉重代价,直到 1954 年才获得试验成功,图 1.3 为美国的"猎鹰"AIM-4 空空导弹。

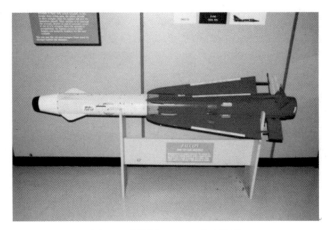

图 1.3 "猎鹰"AIM - 4 空空导弹

以上这两型空空导弹的研制成功为之后世界各国空空导弹的发展奠定了坚实基础。

1958 年 9 月的中国台海空战开创了人类使用空空导弹进行作战的先河。1966 年 3 月,我国在广西南宁地区上空首次用霹雳-2 乙空空导弹击落了美国"火烽"无人机。1961—1974 年的越南战争中,空空导弹首次得到大规模实战运用。经过越南战争、马岛战争、海湾战争和科索沃战争等多次局部战争的验证,空空导弹技术日趋成熟,其发射距离、探测性能、机动性能和抗干扰能力不断升级,作战运用日趋完善,命中率也不断提高,如图 1.4 所示。美国兰德公司在 2008 年发表的研究报告《空战的过去、现在和未来》中总结到:"空中优势是美国所有常规军事行动的基础,而当前的空中优势依赖于先进的态势感知、隐身和超视距空空导弹。"谁拥有先进的空空导弹,谁就拥有决定空战胜负的重要力量,进而可能影响整个战争的进程。

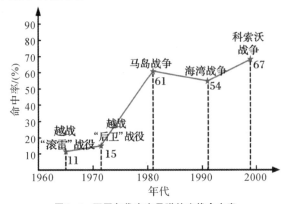

图 1.4 不同年代空空导弹的实战命中率

|1.2 空空导弹及其制导控制技术的发展与演变|

空空导弹经过 70 多年的发展,经历了从无到有、从弱到强的过程,已发展成为一个庞大的系列,形成了红外和雷达两种制导体制,两种体制互补搭配使用。空空导弹是机载武器中出现较晚、发展最快的一类武器。战争是空空导弹发展的源动力,技术突破推动其更新换代,按照导弹的攻击方式和采用的标志性技术划分,世界各国公认空空导弹已走过四代的发展历程,目前正在发展第五代。

1.2.1 第一代空空导弹

20 世纪 50 年代,第一代空空导弹开始服役,实现了空空导弹从无到有的跨越,使得飞行员有了在航炮射程以外摧毁目标的武器。第一代空空导弹就建立了红外与雷达两种制导体制,此后两种体制一直并存并沿着各自的方向发展。第一代红外空空导弹采用单元非制冷的硫化铅探测器,工作在近红外波段,只能探测飞机发动机尾喷口的红外辐射。第一代雷达空空导弹采用雷达驾束制导模式,载机雷达的主波束时刻指向目标,导弹需要沿载机波束飞向目标。

第一代空空导弹主要用于攻击亚声速轰炸机。由于技术上的限制,飞行员在战术使用上只能从目标的尾后采用追击方式进行攻击,这对载机的占位提出了很高的要求,在空战中很难觅得发射时机。同时,第一代空空导弹射程有限,机动能力差,目标稍作空中机动,就很容易将导弹摆脱。第一代空空导弹作战使用情况并不理想,实战命中率只有 10% 左右。第一代红外空空导弹的典型代表有美国的"响尾蛇"AIM-9B 和苏联的 K-13 等,第一代雷达空空导弹的典型代表有美国的"猎鹰"AIM-4A、"麻雀"AIM-7A 和中国的 PL-1(见图 1.5)等。

图 1.5　中国雷达波束制导空空导弹 PL-1

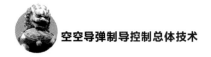

1.2.2　第二代空空导弹

　　第二代空空导弹于 20 世纪 60 年代中期开始服役,重点解决了第一代空空导弹空战中所暴露出的性能和可靠性问题。从这一代开始,逐渐形成近距用红外空空导弹,中距用雷达空空导弹的作战运用体系。第二代红外空空导弹采用单元致冷硫化铅或锑化铟探测器,敏感波段延伸至中红外,探测灵敏度提高,可探测飞机发动机的尾焰。第二代雷达空空导弹采用圆锥扫描式连续波半主动雷达制导,具有一定的上视前侧向攻击目标的能力。同时针对第一代空空导弹的性能问题对导弹气动外形、推进系统、引战系统等进行了改进,导弹的攻击包线有所扩大。

　　第二代空空导弹主要用于攻击超声速轰炸机和歼击机,飞行员可以从目标尾后的较大范围内进行攻击,增加了战术使用的灵活性。从实战效果看,其存在的主要问题是低空下视能力差,机动能力有限,难以对付高机动目标,不能适应战机间的格斗需要。尽管如此,第二代空空导弹在空战中的使用率有所提高,空空导弹逐渐取代机炮成为主战武器。第二代红外空空导弹的典型代表有美国的"响尾蛇"AIM-9D 和苏联的"蚜虫"P-60(见图 1.6)等,第二代雷达空空导弹的典型代表有美国的"麻雀"AIM-7D 等。

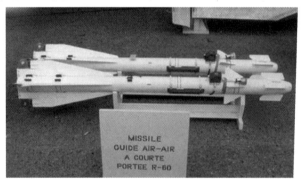

图 1.6　苏联红外制导空空导弹"蚜虫"P-60

1.2.3　第三代空空导弹

　　20 世纪 80 年代是空空导弹发展的黄金时期。在对第一代和第二代空空导弹研制方向与实践经验归纳总结的基础上,结合精确制导技术的发展,使第三代空空导弹的技术升级做到了有的放矢。第三代红外空空导弹采用高灵敏度的单元或多元致冷锑化铟探测器,能够从前侧向探测目标,具有离轴发射能力,机动过载达 35g 以上。第三代雷达空空导弹采用了单脉冲半主动导引头,具有下视下射能力。数字自动驾驶仪的引入,以及发动机、引信、战斗部等组件水平的提高,使这一代空空导弹的性能得以全面提升,具有"全高度、全方位、全天候"作战能力,可以全向攻击大机动目标。

第三代空空导弹的作战运用灵活性大幅提高,空空导弹真正具备了近距格斗与超视距作战能力,战术运用日趋成熟,在马岛战争、海湾战争等实战中发挥了重要作用。第三代空空导弹的问题集中体现在导弹抗干扰能力不足以及半主动雷达导引体制自身的缺陷上。第三代红外空空导弹的典型代表有美国的"响尾蛇"AIM-9L、苏联的 P-73(见图 1.7)和中国的 PL-9C 等,第三代雷达空空导弹的典型代表有美国的"麻雀"AIM-7F 和英国的"天空闪光"等。

(a)

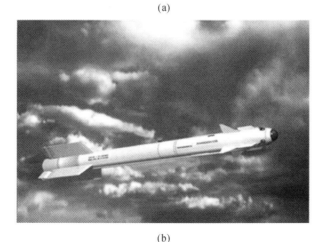

(b)

图 1.7　第三代红外空空导弹

(a)美国的"响尾蛇"AIM-9L;(b)苏联的 P-73

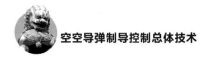

1.2.4　第四代空空导弹

20 世纪后 20 年的几次局部战争表明,空中力量对战争胜负起着至关重要的作用,空空导弹作为空战的主要武器成为世界军事强国优先发展的装备。第四代空空导弹呈现诸强割据、众花齐放的局面,美、俄和欧洲的一些军事强国均有优秀的空空导弹代表型号。值得一提的是,中国实现了第四代空空导弹的自主研制,从而崛起成为世界空空导弹力量新的一极。

为适应空战全面迈入信息化体系对抗的新要求,第四代空空导弹主要解决了探测性能不足、抗干扰能力弱和半主动制导的体制缺陷。这一时期,红外成像探测、主动雷达导引、复合制导、大攻角气动外形及飞行控制技术的发展与应用,奠定了第四代空空导弹发展的技术基础。随着第四代空空导弹的服役,空战真正进入了超视距时代,空空导弹成为空战效能的倍增器。

第四代红外空空导弹采用了红外成像制导、小型捷联惯导及气动力/推力矢量复合控制等关键技术,能有效攻击载机前方±90°范围的大机动目标,具有较强的抗干扰能力,可以实现"看见即发射",降低了载机格斗时的占位要求。第四代红外空空导弹的典型代表有美国的"响尾蛇"AIM - 9X(见图 1.8)、英国的ASRAAM(现属于欧洲导弹集团 MBDA)和以德国为主多国联合研制的IRIST 等。

图 1.8　美国的"响尾蛇"AIM - 9X 先进近距空空导弹

纵观四代空空导弹的发展历程,空战需求和技术进步共同推动着空空导弹的更新换代。红外空空导弹走过了从单元—多元—红外成像的导引体制发展历程,正在向多波段红外成像发展。雷达空空导弹走过了从波束制导—半主动雷达—主动雷达的导引体制发展历程,正在应用相控阵雷达制导技术,将向多频段主动雷达、主/被动雷达、共口径雷达/红外多模等技术方向发展。空中优势的持

续争夺和精确制导技术的不断突破将推动空空导弹一代代发展。

|1.3 国外空空导弹发展现状|

在空空导弹武器系统的研制、生产与销售上,美国一直处于主导地位,其次是欧洲的一些国家和俄罗斯。此外,以色列和南非也是一支不可忽视的力量。空空导弹的主要生产商是美国的雷锡恩公司(全球雇员 80 000 人,2004 年销售额 202 亿美元)、欧洲的导弹集团 MBDA、俄罗斯的温贝尔设计局和以色列的拉菲尔公司。

1.3.1 美国的空空导弹

美国拥有世界上性能最先进的各种战机和机载电子设备,因此,它把主要精力集中在近距和中距空空弹的不断改进上。

AIM-120(见图 1.9)是美国雷锡恩公司为美国空军和海军研制的第四代全天候、全方位、具有多目标打击能力的中距主动雷达空空导弹,用于取代"麻雀"AIM-7。该导弹于 1975 年开始研制,1991 年服役。到 2002 年底,美国已生产了 12 000 多枚该导弹。该导弹的最新型号是 AIM-120C-7。各型导弹已出口到 27 个国家和地区。

AIM-120 曾经是世界上最先进的雷达空空导弹,拥有主动末制导雷达导引头,能在发射后自主搜寻目标,在各种天气和昼夜条件下具有很强的攻击能力。其改进计划(美国称为 P3I,即"预筹生产改进")一直都在进行。AIM-120C-5 加大了发动机(制导舱缩短),改进了战斗部(破片变小、数量增加),并采用了新的软件,于 2000 年开始向盟国出口,其主要性能见表 1.1。最新型号 AIM-120C-7 采用了新的商业处理器,改进了软件和雷达信号处理技术,增强了导弹的抗电子干扰能力。2003 年进行的几次试验都是直接命中目标(带干扰)。

图 1.9　美国 AIM-120C 先进中距空空导弹

表 1.1　AIM－120C－5 先进中距空空导弹主要性能

弹长/m	弹径/m	质量/kg	制导体制	引信	战斗部	动力装置	射程/km
3.65	0.178	161.5	指令＋惯导＋主动雷达	主动雷达	20.5 kg 破片	固体火箭	90

　　AIM－9X 是雷锡恩公司为美国空军和海军研制的用于取代 AIM－9L 和 AIM－9M 的全天候先进近距空空导弹,于 1994 年开始研制,其主要性能见表 1.2。美国空军和海军要求 AIM－9X 总的战术性能要超过俄罗斯的 R－73 和其他大离轴角发射的全向攻击导弹,具有更好的目标截获能力、更大的机动能力和优良的抗红外干扰能力。同时要求导弹在发射前锁定目标,以获得发射后不管能力。AIM－9X 采用 128×128 元的凝视焦平面红外成像导引头(自称第五代导引头)和推力矢量控制技术(TVC),具有多目标和全向攻击能力,可使用先进的头盔瞄准具,其发射离轴角超过±90°,这使飞行员能够锁定整个前半球(180°)内的目标,而具有先射、先击毁目标的能力。为了减少研制经费,AIM－9X 采用 AIM－9L 和 AIM－9M 的发动机、战斗部和引信,已于 2000 年 12 月开始小批量生产,2003 年 11 在美国空军服役,2004 年 5 月获美国海军批准进入批量生产。2004 年 12 初,雷锡恩公司获得了 1.58 亿美元的批量生产合同,用于为美国海军生产 443 枚战斗弹、153 枚训练弹及相关设备,于 2007 年 4 月交付。2005 年 3 月底,雷锡恩公司向美国军方交付了第 1 000 枚 AIM－9X 导弹。该导弹在美国服役到 2018 年。

　　AIM－9X 的近期改进包括两方面:①利用网络平台实现发射后锁定目标,从而使导弹具有 360°的攻击能力;②实现无头盔大离轴发射(垂直截获扫描模式),从而使没有装备头盔瞄准具的战机也能具备"先射"能力。

　　雷锡恩公司估计该导弹的产量将超过 15 000 枚,其中出口不低于 5 000 枚。韩国、波兰、瑞士和丹麦已决定采购该型导弹。

表 1.2　AIM－9X 先进近距空空导弹主要性能

弹长/m	弹径/m	质量/kg	制导体制	引信	战斗部	动力装置	射程/km
3.02	0.127	85	红外凝视成像	主动激光	11.4 kg 破片	固体火箭＋推力矢量	18

1.3.2　欧洲的空空导弹

　　欧洲为了保存、发展自己的导弹工业并与美国进行竞争,组成了欧洲导弹集团(简称 MBDA)。该集团由马特拉-英国宇航动力公司、欧洲航空防御与宇航公司、阿列尼亚·马可尼系统公司组成,目前是仅次于美国雷锡恩公司的世界第二大导弹生产商。

MBDA 现在主要生产"流星"超视距主动雷达空空导弹(见图 1.10)、ASRAAM 先进红外近距空空导弹(见图 1.11)和 IRIS - T 红外近距空空导弹(见图 1.12)三种新型导弹。

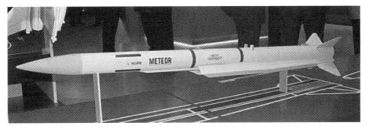

图 1.10 欧洲"流星"超视距主动雷达空空导弹

图 1.11 ASRAAM 先进红外近距空空导弹

图 1.12 IRIS - T 红外近距空空导弹

2002 年 12 月英国国防采购署代表英国、德国、意大利、瑞典、法国和西班牙政府与 MBDA 签订了全面研制合同,金额高达 21 亿美元。

"流星"(Meteor)是 MBDA 研制的一种新型超视距主动雷达空空导弹,该弹的研制在 1996 年英国的"超视距空空导弹"竞标项目中启动,并于 2000 年 5 月中标,其主要性能见表 1.3。

"流星"超视距主动雷达空空导弹采用无弹翼外形、变流量涵道式冲压发动机和 Ku 波段脉冲多普勒导引头(带基于行波管的发射机)。该弹的大部分飞行弹道采用倾斜转弯技术,交会前弹转为侧滑转弯飞行状态,以加大其末端的机动性。对中制导,该弹带有双向数据链,可通过载机或预警机进行数据更新,也可以把导弹数据传回载机。冲压发动机采用两个进气道,这样可以降低对侧滑的敏感性。该弹于 2005 年 10 月进行首次发射试验,2010 年前后投入使用,装备欧洲各种型号的先进战机(如"台风""鹰狮"等)。

表 1.3　"流星"超视距主动雷达空空导弹主要性能

弹长/m	弹径/m	质量/kg	制导体制	引　信	战斗部	动力装置	射程/km
3.67	0.18	185	指令＋惯导＋主动雷达	近炸	破片	固体冲压	＞100

ASRAAM 先进红外近距空空导弹是一种高速、低阻、抗干扰能力很强的全向攻击导弹,由 MBDA 研制,采用无弹翼外形、尾舵控制和雷锡恩公司研制的 128×128 元凝视焦平面阵列红外成像导引头,其主要性能见表 1.4。该弹带有三轴光纤陀螺和加速度计,可以使用发射前锁定方式或发射后锁定方式。后一种发射方式可以使导弹攻击已被雷达或其他传感器定位、但尚未被导弹导引头发现的目标。探测器制冷可以使用氩气、氮气或空气;弹载计算机每秒能完成数百万次图像处理和飞行控制计算。该弹于 20 世纪 80 年代末开始研制,2002 年初交付英国皇家空军。

表 1.4　ASRAAM 先进红外近距空空导弹主要性能

弹长/m	弹径/m	质量/kg	制导体制	引　信	战斗部	动力装置	射程/km
2.90	0.166	88	红外凝视成像	主动激光	10 kg 破片	固体火箭	20

欧洲另一种红外近距空空导弹是 IRIS‐T(采用尾部推力矢量控制的响尾蛇红外成像型后继弹),由德国的 BGT 公司主导,意大利、瑞典、挪威、希腊等国共同资助导弹的研制和生产,其主要性能见表 1.5。IRIS‐T 导弹采用机械扫描的 4×128 元锑化铟红外成像导引头,该导引头工作在 3～5 μm 波长,具有±90°的离轴角,装有先进的信号处理系统。BGT 公司认为,之所以选择扫描成像

导引头是因为当远目标像点落入探测元之间的死区时,凝视成像会产生不稳定信号,而且扫描成像不容易被激光致盲。

IRIS‑T 红外近距空空导弹于 1996 年开始方案设计,2002 年底完成鉴定发射试验(6 发导弹全部直接命中目标),2003 年完成了性能演示试验(7 发导弹全部直接命中目标)。BGT 公司于 2003 年 1 月已获准进行批生产准备和试生产,批生产合同已于 2004 年 12 月 20 日签订,合同总额约 10 亿欧元,4 000 多枚导弹的生产交付延续到 2011 年。同时,BGT 公司正考虑研制地空型 IRIS‑T,在导弹上安装一个较大的火箭发动机和一个数据链,将弹长由 2 939 mm 增至 3 139 mm,弹重由 88 kg 增至 106 kg。此外,还将增加一个流线型头罩,用于在飞行的第一阶段保护导引头。地空型 IRIS‑T 的应用包括作为辅战武器用于中距增程防空系统(MEADS),与洛克希德·马丁公司的 PAC‑3 主战导弹协同作战。

表 1.5 IRIS‑T 红外近距空空导弹主要性能

弹长/m	弹径/m	质量/kg	制导体制	引信	战斗部	动力装置	射程/km
2.94	0.127	88	红外线列扫描成像	主动雷达	11.4 kg 破片	固体火箭+推力矢量	18

1.3.3 俄罗斯的空空导弹

俄罗斯在空空导弹研制方面有很强的实力,已经服役和出口的有多种型号,如安装可更换红外或雷达导引头的中远程 R‑27,但最有影响是 R‑73 红外空空导弹(见图 1.13)和 R‑77 超视距主动雷达空空导弹(见图 1.14)。

图 1.13 俄罗斯的 R‑73 红外空空导弹

图 1.14　俄罗斯的 R - 77 超视距主动雷达空空导弹

R - 73 是俄罗斯温贝尔设计局研制的红外空空导弹(北约国家称之为 AA - 11"射手"),于 1987 年服役,其主要性能见表 1.6。该导弹采用多元锑化铟红外导引头和燃气舵推力矢量控制,能利用来自飞机雷达、红外搜索与跟踪装置(IRST)和驾驶员头盔瞄准具的输入数据,在发射前以 45°离轴角锁定目标,进入飞行状态后能跟踪离轴角为 75°的目标。该导弹以具有高机动能力而著称,曾经成为西方国家竞争的目标。

R - 73 红外空空导弹现役有两个基本型号:原型的 R - 73K,其后缀是指 Krechet 主动雷达引信;较新的 R - 73L,装有 Yantar 激光引信,在 20 世纪 80 年代末投产。R - 73K 的出口型号是 R - 73E,R - 73L 的出口型号是 R - 73LE。

表 1.6　R - 73 红外空空导弹主要性能

弹长/m	弹径/m	质量/kg	制导体制	引　信	战斗部	动力装置	射程/km
2.90	0.170	105	两元红外	主动雷达	7.4 kg 离散杆	固体火箭+推力矢量	30

R - 77 是俄罗斯研制的新一代超视距主动雷达空空导弹(北约国家称之为 AA - 12"蝰蛇"),于 1982 年开始研制,1992 年投产,其主要性能见表 1.7。该导弹的研制是为了与美国的先进中距空空导弹 AIM - 120 相抗衡。该导弹最突出的特点是创造性地采用了可折叠的格栅舵(见图 1.15),而不是传统的舵面。这种舵铰链力矩小,可明显减小舵机的尺寸和质量。目前俄罗斯温贝尔设计局正对该导弹进行各种改型和改进,包括研制红外导引头型号和采用火箭/冲压发动机的远程型号(射程可达 150 km)。

表 1.7　R－77 超视距主动雷达空空导弹主要性能

弹长/m	弹径/m	质量/kg	制导体制	引　信	战斗部	动力装置	射程/km
3.60	0.20	175	指令＋惯导＋主动雷达	主动激光	22 kg 破片	固体火箭	90

图 1.15　俄罗斯的 R－77 的格栅舵

　　与美国不同,俄罗斯为了弥补战机性能上(特别是机载电子设备上)的不足,一直致力于多种远程空空导弹的研制(包括射程超过 400 km 的型号)。但由于在冲压发动机研制上遇到一些困难,如进气道的数量与形状、燃料等问题,目前项目的进展比较缓慢。冲压发动机采用 4 个进气道的优点是所需的控制算法比较简单,而采用单、双进气道的优点是载机具有较好的隐身性,但导弹需要采用倾斜转弯控制技术,以保证所需的进气量。

1.3.4　以色列的空空导弹

　　"怪蛇 4"(Python 4)(见图 1.16)是以色列拉菲尔公司于 20 世纪 80 年代初开始研制的第四代红外近距格斗空空导弹,于 1993 年服役,其主要性能见表1.8。该导弹装有带旋转探测器阵列的红外导引头和 5 个窗口的激光近炸引信,可与飞行员的头盔瞄准具配合使用。"怪蛇 4"通过采用独特的气动外形来实现导弹的高机动性,而不是像其他导弹那样用推力矢量控制或气动力/推力矢量组合控制来实现导弹的高机动性。拉菲尔公司认为,采用单一的气动面控制可使导弹在整个攻击过程都有能量优势,而使用推力矢量控制则会造成发动机能量的损失。

图 1.16   以色列的"怪蛇 4"红外近距格斗空空导弹

表 1.8   "怪蛇 4"红外近距格斗空空导弹主要性能

弹长/m	弹径/m	质量/kg	制导体制	引　信	战斗部	动力装置	射程/km
3.00	0.160	105	双色红外	主动激光	11 kg 破片	固体火箭	15

拉菲尔公司在 2003 年 6 月的巴黎航展上首次展示了自称是第五代的"怪蛇5"(Python 5)红外空空导弹(见图 1.17)。该弹采用双波段焦平面阵列红外成像导引头、先进的计算机结构、复杂的抗红外干扰措施和飞行控制算法,同时保留了"怪蛇 4"的气动外形、发动机、惯导部件、战斗部和引信。"怪蛇 5"的研制试验和作战使用试验(包括挂飞评估和制导飞行)已经完成。据拉菲尔公司称,该弹能实现发射后锁定以及近距和超视距的全球面攻击;能在下视、背景干扰和有云条件下截获小型及隐身目标;在目标规避和投放干扰的情况下,能实现高概率毁伤。

图 1.17   以色列的"怪蛇 5"红外空空导弹

Derby(见图 1.18)是以色列拉菲尔公司研制的中距主动雷达空空导弹,于 2001 年 5 月首次公开,其主要性能见表 1.9。该弹既可用于中距拦射,也可用于近距格斗,近距格斗时按发射前锁定模式发射导弹。Derby 比 AIM-120 轻,拥有先进的可编程电子抗干扰系统,与"怪蛇 4"共用了一些关键部件,包括战斗部、近炸引信和发动机。这种设计既使其尽可能地轻巧、紧凑,又使其具有极好的机动性。Derby 带有上行数据链,向导弹提供目标数据。上行数据链要求安装与载机的多路总线连接的一个发射机。该弹上安装的接收机可接收来自载机或另一架装有类似发射机的飞机的信息。

图 1.18   以色列的 Derby 中距主动雷达空空导弹

表 1.9   Derby 中距主动雷达空空导弹主要性能

弹长/m	弹径/m	质量/kg	制导体制	引　信	战斗部	动力装置	射程/km
3.62	0.160	145	指令+惯导+主动雷达	主动激光	11 kg 破片	固体火箭	60

1.3.5 南非的空空导弹

南非的新一代空空导弹有 R-Darter 和 A-Darter(见图 1.19)。R-Darter 为主动雷达导弹,于 2000 年服役,其外形和性能均与以色列的 Derby 类似。

A-Darter 是南非肯特龙公司(现称 Denel Aerospace System,DAS)和南非空军联合研制的第四代(自称是第五代)红外近距空空导弹,用以取代南非空军目前使用的 U-Darter,其主要性能见表 1.10。

该弹于 1995 年开始研制,采用尾舵无翼式气动布局、推力矢量控制和双波段红外成像导引头,具有发射后锁定能力。导引头框架角可达±90°,能与飞行员的头盔瞄准具或者机载雷达随动,也可自动扫描。此外,惯导系统为导引头提供了暂时丢失目标情况下的记忆跟踪能力。

A-Darter 目前正处于研制的关键阶段,由于缺乏南非政府的支持,试验均未按计划进行。近年来,DAS 一直在寻求国际合作,希望 A-Darter 早日定型。

2005 年,DAS 与巴西空军签订了 5 年合作研制合同,使该项目得以继续进行。

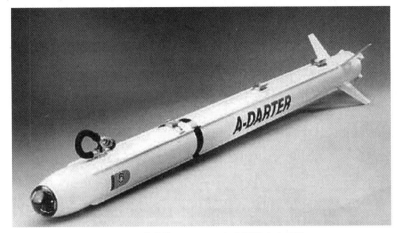

图 1.19　南非的 A – Darter 红外近距空空导弹

表 1.10　A – Darter 红外近距空空导弹主要性能

弹长/m	弹径/m	质量/kg	制导体制	引　信	战斗部	动力装置	射程/km
2.98	0.166	89	红外成像	主动雷达	破片	固体火箭＋推力矢量	20

1.4　空空导弹及其制导控制技术的发展趋势

作战环境的日趋复杂,对空空导弹的作战性能提出了更高的要求。为了适应未来空战的需要,空空导弹将在以下几方面得到发展。

1.4.1　发展多用途空空导弹

第四代战斗机大都采用内埋弹舱以实现外形隐身,由于弹舱容积有限,所以在发展小型化空空导弹以便挂载更多导弹的同时,还要最大程度地满足作战任务需求。目前提出的第五代空空导弹用途包括以下两方面。

(1)集对空和对地攻击功能于一体,实现多任务攻击,如美国的"双用途空中优势导弹"(JDRADM),具备空对空和空地反辐射作战能力;"三类目标终结者"(T3)可以打击高性能飞机、巡航导弹和防空目标。

(2)集远距和近距打击于一体,实现双射程,如"双射程导弹"(AADRM)既

可近距格斗又能超视距攻击,具有高空超声速发射、超视距拦截能力和中低空亚声速发射、近距格斗能力。

1.4.2 拓展空空导弹攻击范围

拓展空空导弹的攻击范围,可以有效提高其对高速、高机动和中远距的目标的打击能力,实现"先敌发现、先敌发射、先敌杀伤"。对于中远距拦射弹而言,可以采用固体火箭/冲压组合发动机或可控推力的冲压发动机,以增大其速度和射程;对于近距格斗弹而言,可以通过采用推力矢量控制和反作用射流控制等技术,以提高导弹的灵活性,降低载机攻击目标时的占位要求,实现对高速、高机动目标的全方位攻击,即攻击载机前方、侧方甚至后方的目标。

1.4.3 实现网络化制导

截至目前,空空导弹都是使用本机发射、本机制导的平台式攻击方式,要求载机雷达等探测手段必须首先探测目标,空空导弹的攻击能力受到载机目标探测手段的限制。随着战术协同数据链技术应用的日趋成熟,空空导弹将逐步由本机制导向网络化制导方向发展,以减少其对发射平台在目标探测和制导方面的依赖。

网络化制导是指导弹发射后,导弹制导不由导弹载机完成,而是由己方其他飞机完成,也称为第三方制导。采用网络化制导后,即使导弹载机探测传感器未开机或开机后未探测到目标,目标的信息仍可通过战术协同数据链由处于敌方空空导弹攻击范围外的己方预警机、侦察机或战斗机的探测传感器提供,只要满足发射条件,载机就可发射导弹并迅速脱离,发射后导弹的中继制导信息仍通过战术协同数据链由己方其他飞机提供。这样,就使得提供目标制导信息的飞机和发射导弹的飞机可以从不同高度、不同方向进入,有利于增加导弹攻击的隐蔽性和突然性,并提高载机的生存能力。

1.4.4 提高制导性能和抗干扰能力

为了提高空空导弹的制导精度和抗干扰能力,下一代空空导弹将对现有的空空导弹制导技术加以改进,主要是改进第四代空空导弹普遍采用的复合制导技术和多模制导技术。

复合制导是指导弹在飞行弹道的同一制导段或不同制导段采用两种以上制

导方式进行制导。第四代主动雷达中距拦射空空导弹采用了"惯导＋数据链修正＋主动雷达末制导"的复合制导方式,但其数据链采用的是单向数据链,仅能传输载机向导弹发送的修正指令和目标信息。而下一代空空导弹的复合制导方式则将采用双向数据链,它不仅可以实现载机向导弹传递制导信息,还允许导弹将自身的工作状态、运动参数、导引头截获的目标运动参数和目标特征等信息回传给载机,使载机飞行员可以通过座舱显示器实时判断空战态势,更加精确地掌握脱离时机,提高战机的生存能力,还可以用于评估目标毁伤效果,避免重复攻击。

多模制导是在同一制导段,同时采用两种或两种以上频段或制导方式进行制导。与单模制导相比,它可以针对目标的两种以上的特征对目标进行捕获、识别和跟踪,获取大量的目标信息,从而提高导引头的探测和识别能力,而且单枚导弹同时采用多种制导体制、多种频段或多种制导方式,可以实现性能互补,不仅可以提高制导精度,还能够提高导弹抗干扰能力和反隐身能力。因此,多模制导将是下一代空空导弹采用的主要制导模式。可能应用于下一代空空导弹的多模复合寻的主要有雷达/红外、毫米波主动雷达/被动雷达、毫米波主动雷达/红外成像、微波/毫米波/红外、紫外/红外、双波段主动雷达复合等方式。

1.4.5 空空导弹隐身化

空空导弹采用隐身技术可以有效提高其突防能力和生存能力。导弹隐身技术主要包括雷达隐身、红外隐身和等离子体隐身等。雷达隐身主要采用外形隐身设计和涂敷吸波材料;红外隐身主要采用发动机红外抑制技术和使用红外隐身材料;等离子体隐身主要采用等离子体气包进行隐身,即在导弹表面形成一个等离子体气包,还可以在导弹的弹头和壳体部位采用等离子体涂料隐身。目前,国外还在不断研究纳米吸波材料、导电高聚物吸波材料、多晶铁纤维吸波材料、耐高温吸波材料和智能型吸波材料等新的吸波材料。

1.4.6 空空导弹小型化

隐身战机采用内置弹舱来降低雷达反射截面,但这种设计也限制了武器携带能力。例如,在执行空战任务时,美国的F-22最多携带6枚AIM-120先进中距空空导弹,F-35则仅能携带4枚,存在持续作战能力不足的问题。

为提升隐身战机在"反介入/区域拒止"(A2AD)环境下的作战效能,美国空军继续开展空空导弹小型化的研究。雷神公司获得了美国空军研究实验室

(AFRL)一份上限金额为1400万美元的合同,就"小型先进能力导弹"(SACM)和"微型防御弹药"(MSDM)两种小型化先进空空导弹展开研究。在不影响战机隐身能力的前提下,空射武器小型化既能增加武器携带数量,又不会对载机平台的有效载荷提出新的要求。

"小型先进能力导弹"(SACM)项目要求对超敏捷弹体、宽视场成像导引头、高效推进系统以及一体化抗干扰引信等技术展开研究,谋求以合理的价格提供高杀伤力的微型空空导弹,大幅提升战机携弹量以实现空中优势。

类似概念并非首次提出。洛克希德·马丁公司早在2013年就展示了自筹资金研发的"库达"(CUDA)小型化新概念空空导弹模型。"库达"是一种小型高性能、中程空空导弹,全长仅70 in(约177 cm),不到AIM-120先进中距空空导弹的一半。

"库达"小型空空导弹取消了传统的战斗部,靠动能杀伤目标,体积、质量得以大幅缩减。根据洛克希德·马丁公司展示的"库达"导弹模型和F-35A弹舱挂载布局(见图1.20),F-35A内置弹舱携弹量高达12枚。洛克希德·马丁公司称,"库达"项目目前"运行良好,并继续向前推进"。

图1.20 "库达"导弹模型和F-35A弹舱挂载布局

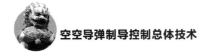

"微型自卫弹药"(MSDM)用于防御敌方导弹对载机的攻击,发射方式类似于金属箔条和闪光弹,可以提升战术平台在"反介入/区域拒止"(A2AD)环境下的生存概率,且不影响有效载荷能力。

1.4.7 空空导弹智能化

空空导弹导引头探测器和接收机为导弹提供了许多目标和环境的信息,而这些信息的利用率则取决于信息处理技术。国外十分重视该项技术研究,目前信息处理新理论、新方法不断涌现,如神经网络及人工智能、基于知识的图像处理和识别技术等。信息处理发展的重点是继续开展自动目标识别(ATR)和自动目标截获(ATA)技术,促进导弹武器智能化;继续开展多传感器集成和数据融合技术研究,提高导弹所获取信息的利用率;提高和改善导弹武器在低信杂比和复杂背景下的目标捕获能力、抗干扰能力及自动寻的能力。AIM - 9X 导引头对水面上空目标的成像如图 1.21 所示。

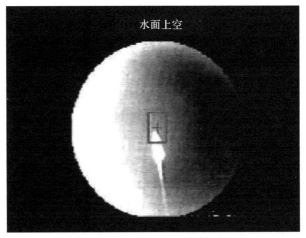

图 1.21 AIM - 9X 导引头对水面上空目标的成像

1.4.8 控制方式多样化

随着作战空域的拓展和对控制精度要求的提高,单一的气动控制系统已逐渐难以满足要求,需要采用两套及以上工作机理不同、动态特性差异显著的控制系统,实现全域高精度控制。常用的类型有气动力/推力矢量组合控制(见图 1.22)、气动力/直接力复合控制等。

图 1.22　AIM－9X 气动力/推力矢量组合控制系统

1.4.9　制导引信一体化

随着高速目标和弱小目标的发展,传统侧视引信难以及时探测目标。采用制导引信一体化技术后,传统的引信硬件将不复存在,导引头将替代其近距探测功能;引信软件也将与弹载飞行控制软件等集成,利用导引头和制导控制系统提供的信息控制战斗部的爆炸,实现精确引炸。

|参 考 文 献|

[1]樊会涛,崔颢,天光.空空导弹 70 年发展综述[J].航空兵器,2016(1):3-12.
[2]谢彦宏,孔挺,王旭明,等.空空导弹发展趋势研究[J].舰船电子工程,2015
　　(7):11-14.

第 2 章

空空导弹制导控制组成原理

|2.1 空空导弹分类及其性能特点|

2.1.1 空空导弹的分类

空空导弹有多种分类方法,通常根据作战使用和采用的导引方式来分类。另外,研制过程中还需要研制各种试验弹,装备部队时还需要各种用途的训练弹。

1. 根据作战使用分类

根据作战使用,空空导弹可以分为近距格斗空空导弹、中距拦射空空导弹和远程空空导弹。

(1)近距格斗空空导弹。近距格斗空空导弹主要用于空战中的近距格斗,它的发射距离一般在 300 m～20 km。近距格斗的空空导弹通常不追求远射程,它比较关注导弹的机动、快速响应和大离轴发射、尺寸质量及抗干扰能力等性能。近距格斗空空导弹一般采用红外制导体制。

(2)中距拦射空空导弹。中距拦射空空导弹的最大发射距离一般在 20～100 km。它比较关注导弹的发射距离、全天候使用、多目标攻击及抗干扰等性能。中距拦射空空导弹通常采用复合制导体制来扩大发射距离,采用惯性制导加数据链修正,末制导一般采用主动雷达制导,也可采用红外制导。

(3)远程空空导弹。远程空空导弹的最大发射距离通常应达到 100 km 以上,采用复合制导体制,动力装置目前多采用多脉冲固体火箭发动机或固体火箭冲压发动机。

2.根据导引方式分类

根据导引方式,空空导弹可以分为红外空空导弹、雷达空空导弹和多模制导空空导弹。

(1)红外空空导弹。红外空空导弹采用红外导引系统,具有制导精度高、系统简单、尺寸小、质量轻、发射后不管等优点,其主要缺点是不具备全天候使用能力,迎头发射距离近。

(2)雷达空空导弹。雷达空空导弹采用雷达导引系统,具有发射距离远、全天候工作能力强等优点。根据导引头工作方式,又可以分为主动雷达空空导弹、半主动雷达空空导弹、被动雷达空空导弹以及驾束制导型空空导弹(已淘汰)。

(3)多模制导空空导弹。多模制导空空导弹采用多模导引系统,目前常用的多模制导方式有红外成像/主动雷达多模制导、主/被动雷达多模制导及多波段红外成像制导等。多模制导可以充分发挥各频段或各制导体制的优势,互相弥补对方的不足,对提高导弹的探测能力和抗干扰能力具有重要意义,可以极大地提高导弹的作战效能。

3.各种试验弹

在导弹的研制过程中,需要研制多种试验弹,主要包括刚度弹、火箭弹、程控弹、制导系留弹及制导遥测弹等,这些导弹各自有其特殊的用途。

(1)刚度弹。刚度弹的全部舱段都是用模拟件代替的,但全弹的外形尺寸、质量质心、转动惯量以及强度、刚度、振动模态等都和战斗弹基本相同。刚度弹主要用于考核载机挂弹后对其飞行性能的影响以及用于导弹强度和刚度试验等,在导弹进行振动、冲击及离心等环境试验之前,往往先使用刚度弹对试验设备进行调试。

(2)火箭弹。传统意义上的火箭弹只有发动机是真实的,其他舱段都是模拟件。火箭弹试验有地面发射和空中发射两种,主要用于考核发动机的工作性能、弹架分离、发射安全性和导弹气动特性等。采用冲压发动机导弹的火箭弹由于需要进行弹体姿态控制以保证发动机正常工作,就需要加装简易的稳定控制装置。还有一种加装了弹体运动和姿态敏感装置以及遥测系统的火箭弹,用来进行导弹气动外形的优化设计,这种火箭弹有时也被称为动力外形弹。

(3)程控弹。程控弹按照弹上程序控制装置给出的指令实现预先设定的弹道飞行,其导引系统一般为模拟件。程控弹主要用来考核导弹的气动特性、操纵性和稳定性,考核弹体结构在大过载飞行状态下的强度、刚度,考核导弹的动力射程。引信、安全和解除保险装置,以及其他的弹上设备通常也通过程控弹搭载试验考核其在真实飞行状态下的工作性能。

(4)制导系留弹。制导系留弹只包括导弹的导引系统和飞行控制系统,其他部分用模拟件,弹内装有经过改装的供电系统。制导系留弹是导弹研制过程中的一种重要试验弹,主要用于制导系留飞行试验。它由载机携带,在接近导弹真实飞行的工作环境中对真实目标进行导弹的截获、跟踪和抗干扰试验,以考核导弹制导系统的工作情况。全新研制的导弹,需要进行较多的制导系留飞行试验。

(5)制导遥测弹。在导弹研制过程中,利用制导遥测弹来全面验证和考核导弹工作状态是否满足设计要求。制导遥测弹除战斗部外各个部分都是真实的,通常把战斗部全部或部分改为遥测舱。遥测舱把需要遥测的信号,经过无线电多路传输系统,调制成一个多路综合信号后,由遥测发射天线辐射出去,地面遥测接收站接收到射频信号后,经过解调分路恢复出各个被测信号,再通过遥测信号对导弹工作情况进行分析、评估和鉴定。

4.各种训练弹

训练弹有挂飞训练弹、测试训练弹和勤务训练弹等几种。挂飞训练弹用来训练飞行员进行空中占位、捕获目标、模拟发射导弹等操作。挂飞训练弹设置有记录舱,通过记录导弹的工作及飞行员操作等信号来判断和评价训练结果。测试训练弹和勤务训练弹通常用来训练地勤人员对导弹测试、装配对接和挂装导弹等操作。

2.1.2　空空导弹的性能特点

空空导弹的发射平台和攻击目标都在高速运动,且具有很强的攻防对抗性,所攻击的目标种类多、飞行速度高、飞行高度范围宽、机动能力强,同时为便于载机尤其是战斗机携带,又要求空空导弹尺寸小、质量轻、速度高、飞行距离远,这对空空导弹的设计提出了很高的要求。空空导弹具有以下特点。

(1)飞行速度高。为满足攻击高速目标的要求,空空导弹具有较高的飞行速度,大多数导弹的最大飞行速度都在 $4Ma$ 以上,有的甚至超过了 $6Ma$,为了满足远程攻击的需要,还要求空空导弹具有较高的平均飞行速度。

(2)机动能力强。考虑到目标机动能力的不断提高以及大离轴发射甚至"越肩"发射的需要,要求空空导弹具有较强的机动能力。目前中距拦射导弹的最大机动过载达 $40g$ 左右,近距格斗导弹的最大机动过载能够达到 $60g$ 以上。

(3)制导精度高。由于尺寸和质量的限制,空空导弹战斗部的质量只有几千克到几十千克,有效杀伤半径一般只有几米到十几米,为保证对目标的有效摧毁,要求空空导弹具有较高的制导精度。空空导弹的制导精度一般在 10 m以内。

(4)引战配合好。由于空空导弹需要攻击多种类型的目标,目标几何尺寸变化范围较大,同时导弹和目标的遭遇速度变化大,目标在导弹告警装置的配合下对导弹攻击都要做出逃逸机动,这就决定了空空导弹末段弹目交会的条件范围非常宽。另外,空空导弹战斗部的杀伤范围有限,这就要求引信和战斗部具有良好的配合效率,从而获得理想的杀伤效果。

(5)抗干扰能力强。空空导弹具有较强的对抗性,在空空导弹技术不断发展的同时,世界各国针对空空导弹,发展出了红外诱饵弹、红外和无线电干扰机、箔条干扰弹、拖曳式诱饵、红外/微波复合诱饵等各种干扰手段。空空导弹要在日益复杂的干扰环境中有效发挥作用,必须具有较强的抗干扰能力。

(6)发射准备时间短。由于发射平台和目标都在高速运动中且具有很强的对抗性,构成发射条件的时间短,现代空战更加强调先视先射,这就要求导弹的发射准备时间应尽量短,一般只有几秒。

2.2 空空导弹制导控制系统基本组成

制导控制系统由导引回路、稳定回路和制导回路组成。导引回路由导引头构成,其中红外导引头主要由探测器、随动跟踪平台、信号处理计算机等组成,雷达导引系统主要由天线、发射机、接收机等组成;稳定回路由自动驾驶仪和弹体组成,其中自动驾驶仪由控制器、惯性传感器(陀螺、线加速度计)和舵机构成;导引回路、稳定回路结合导引律和滤波算法共同构成了制导回路。典型导弹的制导控制系统组成原理如图 2.1 所示。

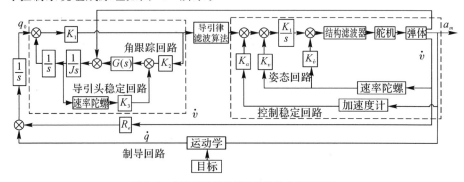

图 2.1 典型导弹制导控制系统组成原理框图

|2.3 空空导弹制导控制系统工作原理|

空空导弹制导控制系统的工作过程如下:导弹发射后,控制导弹安全分离,并保证在机-弹干扰条件下稳定飞行;机载火控系统或导引头测量目标运动参数或目标-导弹相对运动参数,导航系统输出导弹运动参数;制导算法根据目标-导弹相对运动参数生成制导指令,并将制导指令送往稳定控制系统;根据输入的制导指令及惯性传感器测量的弹体角速度和加速度,由稳定控制算法解算生成舵偏角指令,并送往舵机控制器;舵系统跟踪舵偏角指令,产生舵面偏转,利用空气舵或推力矢量装置改变作用在弹体上的控制力矩,从而改变弹体姿态,产生攻角、侧滑角,利用气动力或直接力改变导弹的飞行速度方向,控制空空导弹稳定飞行并最终以设计的精度命中目标。

|2.4 空空导弹制导控制设备|

2.4.1 导引头

2.4.1.1 导引头的功能及组成原理

导引头是寻的制导控制回路的测量敏感部件,尽管在不同的寻的制导体制中,它可以完成不同的功能,但其基本的、主要的功能都是一样的,大致有以下三方面。

(1)截获并跟踪目标。

(2)输出实现导引规律所需要的信息。如对寻的制导控制回路普遍采用的比例导引规律或修正比例导引规律,就要求导引头输出视线角速度、导弹-目标接近速度及导引头天线相对于弹体的转角等信息。

(3)消除弹体扰动对天线在空间指向稳定的影响。

导引头的组成与采用的工作体制和天线稳定的方式有关。以连续波半主动导引头为例,其组成包括回波天线、直波天线、回波接收机、直波接收机、速度跟

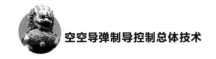

踪电路及天线伺服系统等。

通常把回波天线、直波天线、回波接收机、直波接收机和速度跟踪电路等统称为接收机,其作用之一是敏感目标视线方向与导引头天线指向的角误差,输出与该误差角成正比的信号。由于导引头是一个角速度跟踪系统,所以,接收机输出的信号实际上也与视线角速度成正比。其作用之二是把直波信号的多普勒频率与回波信号的多普勒频率进行综合,输出与导弹和目标接近速度成比例的信息,由此得到形成导引规律所需要的信号。

伺服系统的作用是根据接收机送来的角误差信号,控制天线转动,使其跟踪目标,消除误差。由于导引头是在运动着的导弹上工作的,所以,导引头必须要具有消除弹体耦合的能力。消除弹体耦合,可以采用多种方案,如果用角速度陀螺反馈来稳定导引头天线,那么角速度陀螺反馈通道和伺服系统就组成导引头角稳定回路,其作用是消除弹体运动对导引头天线空间稳定的影响。这时导引头的组成如图2.2所示。

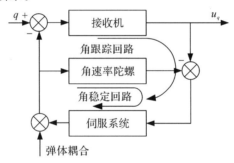

图 2.2 导引头角跟踪回路原理方框图

2.4.1.2 导引头的基本类型

导引头接收目标辐射或反射的能量,确定导弹与目标的相对位置及运动特性,形成引导指令。按导引头所接收能量的能源位置不同,导引头可分为以下几种类型:

(1)主动式导引头,照射能源在弹上,接收目标反射的能量;

(2)半主动式导引头,照射能源不在弹上,接收目标反射的能量;

(3)被动式导引头,接收目标辐射的能量。

按导引头接收能量的物理性质不同,导引头可分为雷达导引头(包括微波和毫米波两类)和光电导引头。光电导引头又分为电视导引头、红外导引头(包括点、多元和成像等类型)和激光导引头。

按导引头测量坐标系相对弹体坐标系是静止还是运动的关系,导引头可分为固定式导引头和活动式导引头。活动式导引头又分为活动非跟踪式导引头和活动跟踪式导引头。

2.4.1.3　导引头的基本要求

导引头是自寻的系统的关键设备,导引头对目标高精度的观测和跟踪是提高导弹制导精度的前提条件,因此,导引头的基本参数应满足一定的要求。

(1)发现和跟踪目标的距离 R。以地空导弹为例,导引头的发现和跟踪目标距离 R 由导弹的最大发射距离(射程)来决定(这里指的是全程自寻的制导的导弹,如果是寻的末制导导弹,导引头跟踪距离与末制导段距离有关,而不取决于最大射程),它应满足下式:

$$R \geqslant \sqrt{(d_{\max} + v_{\mathrm{m}}t_0)^2 + H_{\mathrm{m}}^2}$$

式中,R 为发现和跟踪目标的距离;$d_{\max}$ 为导弹的最大发射距离;v_{m} 为目标速度;H_{m} 为目标飞行高度差;t_0 为导弹飞行时间。

(2)视场角。导引头的视场角 Ω 是一个立体角,导引头在这个范围内观测目标。在光学导引头中,视场角 Ω 的大小由导引头光学系统的参数来决定;对雷达导引头而言,视场角 Ω 由其天线的特性(如扫描,多波束等)与工作波长来决定。

要使导引头的分辨率高,那么视场角应尽量小;而要使导引头能跟踪快速目标,则要求视场角增大。

对固定式导引头而言,视场角应大于或等于这样一个值——当视场角等于这个角度值时,在系统延迟时间内,目标不会超出导引头的视场,即要求

$$\Omega \geqslant \dot{\varphi}\tau$$

式中,$\dot{\varphi}$ 为目标视线角速度;τ 为系统延迟时间。

对于活动式跟踪导引头,视场角可以大大减小,因为在目标视线改变方向时,导引头的坐标轴 Ox 也随之改变自己的方向。如果要求导引头精确地跟踪目标,则视场角 Ω 应尽量减小。但是,出于目标运动参数的变化、导引头采用信号的波动和仪器参数偏离给定值等原因,会引起跟踪误差,这些误差源的存在,使得导引头视场角的允许值很小。

(3)中断自导引的最小距离。在自寻的系统中,随着导弹向目标逐渐接近,目标视线角速度随之增大,这时导引头接收的信号越来越强,当导弹与目标之间的距离缩小到某个值时,大功率信号将引起导引头接收回路过载,从而不可能分离出关于目标运动参数的信号。这个最小距离,一般称为"死区"。在导弹进入

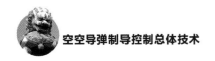

导引头最小距离("死区")前,将中断导引头自动跟踪回路的工作。

(4)导引头框架转动范围。导引头一般安装在一组框架上,它相对弹体的转动自由度受到空间和机械结构的限制。

(5)截获能力和截获概率。对目标信号具有快速截获能力和高截获概率。

(6)跟踪快速性和稳定性。活动跟踪式导引头应具有良好的跟踪快速性和稳定性,并符合导弹控制系统对导引头传递特性的要求。

(7)制导参数测量精度。导引头应具有较高的制导参数测量精度,把导弹飞行过程中各种扰动所引入的测量误差减小到最低程度,如弹体扰动、导引头各部分的零位等。

(8)具有对电磁环境和飞行环境的良好适应性。

(9)具有良好的电磁兼容性和可靠性。

(10)具有可测试性、可维修性和可生产性。

2.4.1.4 导引头稳定位标器方案

稳定位标器是导引头系统的核心构架,它具有两个重要的作用:①稳定测量坐标系(光轴);②接收控制信号驱动光轴去跟踪目标视线轴,并经由控制电路输出俯仰、偏航两路视线角速度信号至自动驾驶仪,使导弹飞行控制系统按规定的导引规律控制导弹飞向目标,实现对导弹的制导。

稳定位标器方案有多种且各有特点,同时其稳定精度和控制方式也各不相同。目前常用的导引头稳定位标器方案主要有动力陀螺型稳定方案、速率陀螺型稳定方案和视线陀螺型稳定方案等几种。

1.动力陀螺稳定位标器方案

动力陀螺型导引头实际上是一个转子在外的内框架式三自由度陀螺,将测量元件(雷达天线或光学系统)作为转子的一部分被固定在陀螺转子上,并使测量系统轴与陀螺自转轴机械地重合在一起。其结构原理图如图2.3所示。这种导引头利用自由陀螺的定轴性实现测量轴的空间稳定,隔离了导弹角运动的耦合,实现了跟踪型导引头的角稳定回路作用。导引头的跟踪特性是利用对陀螺转子施加力矩产生进动特性实现的。当导引头测量系统测量出目标相对导弹的角误差信息,经放大处理后送给力矩线圈,力矩线圈形成的磁场和转子上的永久磁铁环形成的磁场相互作用,使陀螺转子加矩而产生进动,陀螺转子进动方向就是目标视线的转动方向,从而实现了对目标的跟踪和对目标视线角速度的测量。由于陀螺进动是无惯性的,所以动力陀螺型导弹跟踪回路时间常数较小。为减小陀螺的漂移对测量精度的影响,采用转子在外的内框架式,这种结构形式提高了陀螺转子的角动量,降低了陀螺转子的转速。图 2.4 给出了动力陀螺型导引头角跟踪回路的原理图。由测量系统测量出瞄视误差角 Δq,经信号处理放大后形成控制电压,此电压经功率放大后加到力矩线圈上,形成作用在转子上的力矩 M,陀螺在外力矩作用下产生进动跟踪目标消除瞄视误差角。

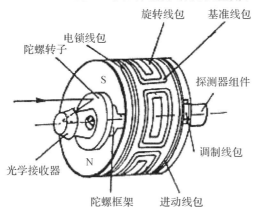

图 2.3 动力陀螺型导引头结构原理图

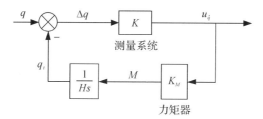

图 2.4 动力陀螺型导引头角跟踪回路原理图

由图 2.4 可得出 $u_{\dot q}$ 和 $\dot q$ 间的关系为

$$u_{\dot q} = \frac{H}{K_M} \frac{1}{Ts+1} \dot q \qquad (2.1)$$

式中:$T = \dfrac{H}{KK_M}$——导引头时间常数;

$\qquad q$ ——目标视线角;

$\qquad H$ ——陀螺转子动量矩;

$\qquad K$ ——信号处理器放大系数;

$\qquad K_M$ ——力矩变换器传递系数;

$\qquad \dot q$ ——目标视线角速率。

美国的"响尾蛇"空空导弹和苏联的 P73 空空导弹导引头均采用这种稳定

方案。实际上,在导弹具有大的扰动速率和很大的轴向加速度引起的干扰力矩作用下,要将尺寸较大的导引头天线稳定在空间且具有足够高的精度是很困难的。

2.速率陀螺稳定平台式位标器方案

速率陀螺稳定平台型导引头的特点是测量元件和二速率陀螺组成整体(台体)安装在两框架式的常平架上,在常平架系统中有相应的伺服控制系统。台体上的速率陀螺是测量台体相对惯性空间的角速度而使导弹视线相对空间稳定,在目标视线跟踪中起校正作用。其结构原理图如图2.5所示。

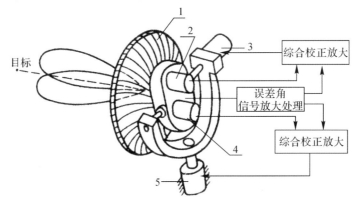

图 2.5 速率陀螺稳定平台型导引头结构原理图

1—天线;2—速率陀螺;3—伺服机构;4—速率陀螺;5—伺服机构

(1)天线稳定回路。天线稳定回路是利用导引头天线背上安装的速率陀螺获得导弹姿态运动的角速度信息实现负反馈,使天线与弹体扰动隔离开,从而在弹体扰动时,使天线指向在空间保持不变,避免由于弹体扰动而丢失目标;在正常跟踪时,其隔离了弹体扰动对角跟踪和指令输出的影响。导弹由于控制和各种干扰均会产生运动,所以导弹的姿态角总是变化着的,这对导引头天线就是扰动。它们之间的几何关系如图2.6所示。

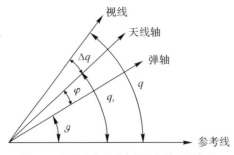

图 2.6 导引头角跟踪空间几何关系示意图

图中,ϑ 为弹体姿态角;φ 为天线轴相对弹轴的转角(天线伺服系统控制的就是这个转角);q_t 为天线轴相对参考线的角度;q 为目标视线角,$q=q_t+\Delta q$;Δq 为误差角(亦称瞄视误差角或失调角),即天线轴和视线的夹角。

天线稳定回路就是依靠在天线上安装的两个速率陀螺,测出天线的俯仰和方位两个角速度,将其放大,然后加到各自的伺服系统中,控制天线转动,力图消除天线的角速度。在无跟踪信号时,保持天线定向。天线稳定回路分为各自独立的俯仰和方位通道,两回路基本相同,其组成如图 2.7 所示。在无跟踪信号时,安装在天线背上的速率陀螺敏感出天线相对惯性基准的角速度 $\dot{q}_t$ (此种情况下有弹体运动产生),输出正比于角速度 $\dot{q}_t$ 的信号电压经放大后,送入伺服系统推动天线相对弹体轴有 $\dot{\varphi}$ 的运动。其运动方向是减小原敏感出的天线角速度 $\dot{q}_t$,消除由弹体扰动引起的 $\dot{q}_t$,使天线在空间保持不变,即 $\dot{q}_t=0$。也就是说,$\dot{\varphi}=-\dot{\vartheta}$。下面简要地分析稳定回路对弹体扰动 ϑ 和对跟踪信号的响应特性。

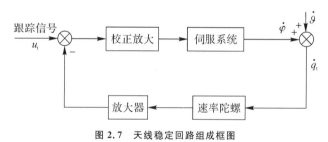

图 2.7 天线稳定回路组成框图

图 2.8 所示为天线稳定回路的简化框图。

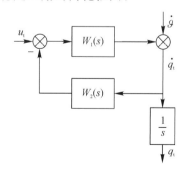

图 2.8 天线稳定回路简化框图

图中,$W_1(s)$ 为校正放大和伺服系统的传递函数,$W_2(s)$ 为速率陀螺和放大

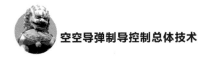

器的传递函数,即速率反馈支路的传递函数。由图可知对扰动 ϑ 的响应为

$$\dot{q}_{t}(s) = \frac{1}{1 + W_1(s)W_2(s)}\dot{\vartheta}(s) \tag{2.2}$$

若 $|W_1(s)W_2(s)| \gg 1$,则式(2.2)简化为

$$\dot{q}_{t}(s) = \frac{1}{W_1(s)W_2(s)}\dot{\vartheta}(s) \tag{2.3}$$

由式(2.3)可见,天线角稳定回路使扰动对天线的影响缩小为原来的稳定回路开环放大倍数分之一。把稳定回路对扰动的缩小程度用稳定回路的去耦系数 r_S 表示,其由下式确定:

$$r_S = \frac{\dot{q}_t}{\dot{\vartheta}} \times 100\%$$

式中:$\dot{q}_t$——天线角速度;

$\dot{\vartheta}$——扰动角速度。

由上述定义可以看出,在天线稳定回路设计时,应尽量选择大的开环放大倍数满足去耦系数的设计要求。

稳定回路对跟踪信号 (u_t) 的响应为

$$\dot{q}_{t}(s) = \frac{W_1(s)}{1 + W_1(s)W_2(s)}u_t(s) \tag{2.4}$$

当 $|W_1(s)W_2(s)| \gg 1$ 时,可简化为

$$\dot{q}_{t}(s) = \frac{1}{W_2(s)}u_t(s)$$

设 $W_2(s)$ 的静态传递系数为 K_g,则稳态下有

$$\dot{q}_t = \frac{1}{K_g}u_t \tag{2.5}$$

式(2.5)表明,稳定回路使天线转动角速度 $\dot{q}_t$ 随着跟踪信号电压而线性变化。

(2)角跟踪回路原理。导引头应在角度上自动跟踪目标,并送出正比于视线角速度的误差电压 $u_{\dot{q}}$。这一功能是由角跟踪回路实现的。为实现这一功能,角跟踪回路由检测目标误差角的天线接收机、坐标变换及俯仰和方位稳定回路组成。角跟踪回路也由各自独立的俯仰和方位两个通道组成。两个通道组成基本相同,因此仅分析一个通道的工作原理。单通道简化角跟踪回路如图 2.9 所示。

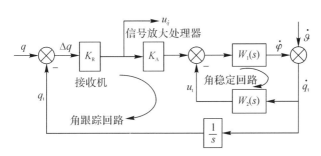

图 2.9 简化角跟踪回路方框图

K_R—接收机传递系数;K_A—信号放大处理器传递系数

由图 2.9 可见,当导引头天线轴与目标视线不重合时,接收机检测出误差角 Δq,经信号处理放大后,形成跟踪电压 u_t,经稳定回路控制使天线旋转减小误差角 Δq,从而实现对目标的跟踪功能。此时速率陀螺反馈支路仅是跟踪回路的内回路,而起到改善跟踪回路特性的校正作用。同样,对于稳定回路来说,角跟踪回路的闭合使稳定回路的去耦系数相应地降低。当稳定回路开环放大系数很大时,稳定回路闭环传递函数可近似处理为 $1/K_g$。这样角跟踪回路的开环放大倍数为 $K_0 = K_R K_A / K_g$。角跟踪回路是一阶无静差系统。此时角跟踪回路简化传递函数为

$$\frac{u_{\dot{q}}(s)}{\dot{q}(s)} = \frac{K}{Ts+1} \tag{2.6}$$

式中,$K = K_R / K_0$——导引头传递系数;

$T = 1/K_0$——导引头时间常数。

该型导引头的角稳定和跟踪回路中的关键元件是速率陀螺,它是影响测量精度的关键部件。因此对速率稳定平台型的导引头的速率陀螺要求较高。在制导控制系统一体化设计中,可以考虑把捷联惯性导航系统中的捷联速率陀螺作为导航系统中的元件,也可作为导引头的速率陀螺,该速率陀螺也可作为稳定控制系统阻尼回路中的速率陀螺。

速率陀螺稳定平台式位标器方案目前应用最为广泛。例如美国的"麻雀"系列导弹和"霍克"导弹、苏联的"萨姆-6"导弹的导引头均采用这种稳定方案。

3.视线陀螺稳定位标器方案

视线陀螺型导引头结构原理如图 2.10 所示。

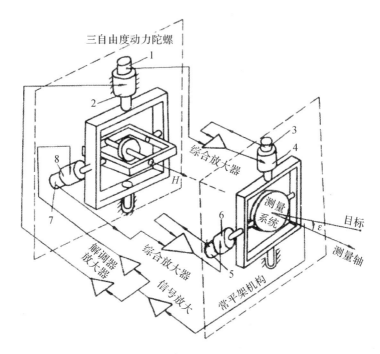

图 2.10 视线陀螺型导引头结构原理图

1,3,5,7—电位计;2,4,6,8—力矩马达

视线陀螺型导引头把测量元件安装在能驱动的万向支架上,三自由度动力陀螺为正常式布局,该陀螺称为视线陀螺是出于其转子轴始终跟踪目标视线的缘故。该型导引头把测量轴和陀螺转子轴之间经过一套被称为"电轴"的高精度角跟踪系统连接在一起,完成测量轴的角稳定和角跟踪功能。

(1)稳定回路。导弹的角运动会引起测量轴的角运动。此时出于三自由度陀螺的定轴性,安装在陀螺内、外框架上的电位计就能测出导弹的角运动信息并输送给综合放大器,综合放大器输出给力矩马达去驱动常平架运动,使测量轴空间稳定,消除了导弹角运动对测量轴的影响,起到了角稳定回路的作用。

(2)角跟踪回路。当导引头转入自动跟踪状态时,测量元件测量出瞄视误差角 Δq,经信号放大、处理后,分解成高低和方位两路信息,分别加到陀螺框架轴的力矩器上形成控制力矩,此力矩作用使陀螺转子在瞬间跟踪目标视线运动。在陀螺转子跟踪视线运动时,陀螺角位置传感器相应输出信号到常平架伺服系统,通过常平架伺服系统驱动测量轴跟踪目标视线运动,完成测量轴的角跟踪功能。简化的稳定跟踪回路如图 2.11 所示。

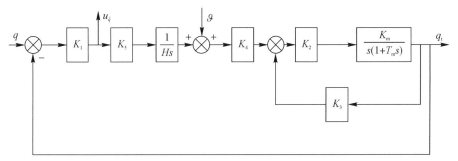

图 2.11 视线陀螺型导引头角稳定跟踪回路原理图

q—目标视线角;q_t—测量轴角;ϑ—导弹姿态角;$u_{\dot{q}}$—误差信号;

K_1—信号放大器增益;K_2—解调放大器增益;K_3—陀螺框架角电位计传递系数;

K_4—常平架框架电位计传递系数;K_5—陀螺力矩马达传递系数;

K_m—框架力矩马达传递系数;T_m—框架力矩马达时间常数

由图 2.11 可知,测量轴角 q_t 空间稳定性为

$$q_t(s) = \frac{K_3 - K_4}{K_3} \frac{1}{1 + \frac{2\xi_0}{\omega_0}s + \frac{1}{\omega_0^2}s^2} \vartheta(s) \qquad (2.7)$$

式中

$$\omega_0 = \sqrt{K_2 K_3 K_m / T_m}$$

$$\xi_0 = \sqrt{1 / K_2 K_3 K_m T_m}$$

稳态解为

$$q_t = \frac{K_3 - K_4}{K_3} \vartheta \qquad (2.8)$$

式(2.8)说明实现测量轴空间稳定的必要条件为 $K_3 = K_4$,即两个角度电位计的传递系数必须相等。目标视线角速度的测量的误差信号电压为导引头的输出信号,由图 2.11 可知

$$u_{\dot{q}}(s) = \frac{K_1 K_4 K_5}{K_3 H (1 + T_0 s)^2 s + K_1 K_4 K_5} \frac{H K_3 (1 + T_0 s)^2 s}{K_4 K_5} q(s) \qquad (2.9)$$

稳态时

$$u_{\dot{q}} = \frac{K_3 H}{K_4 K_5} \dot{q} \qquad (2.10)$$

影响导引头测量精度的关键元件是视线陀螺,因此从角跟踪回路的跟踪精度考虑主要是从视线陀螺的性能着手。该型导引头的特点是有两套伺服系统,因而使导引头的跟踪速度可以提高,且可实现快速搜索跟踪的能力。

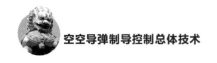

2.4.2　控制组件

2.4.2.1　控制组件的功能

控制组件有以下功能：

(1)具有卫星导航功能、纯惯性导航功能、惯性/卫星组合导航功能,利用综控计算机上的资源实现导航计算,为导弹提供位置、速度等导航信息；

(2)为导弹稳定控制提供加速度、姿态角速度、姿态角、速度矢量角速度、速度矢量角、攻角和侧滑角等信息；

(3)能够利用综控计算机上的资源实现制导控制律的解算；

(4)能够利用综控计算机上的资源实现舵机控制；

(5)能够利用综控计算机上的资源实现导引头的伺服控制和信息处理；

(6)具有 AD 采集功能；

(7)具有 DA 输出功能；

(8)具有 RS422 通信接口；

(9)具有电机驱动接口；

(10)具有 PWM 电机控制端口,且 PWM 的周期和占空比可调；

(11)具有开关量输入接口和开关量输出接口。

2.4.2.2　控制组件的组成及工作原理

控制组件实现了弹载传感系统、导航系统和弹载计算系统等一体化设计,具有尺寸小、质量轻和低成本等特点。

控制组件主要由综合控制计算、三轴加速度计、三轴速率陀螺和卫星导航系统等组成,其组成原理如图 2.12 所示。控制组件具有多路串行通信、开关量I/O接口、AD 采集和 DA 输出等接口,可以接收多种传感器的测量信号；IMU测量弹体加速度和角速度,用于导弹的稳定控制；综合控制计算机利用IMU测量的信号进行导航解算,同时可与卫星导航系统组成惯性/卫星组合导航系统；综合控制计算可完成导航解算、制导控制律解算、舵机控制算法解算、导引头伺服控制算法解算及信号处理等任务；控制组件输出导航信息、舵控指令或舵机PWM 信号、导引头控制信号等。

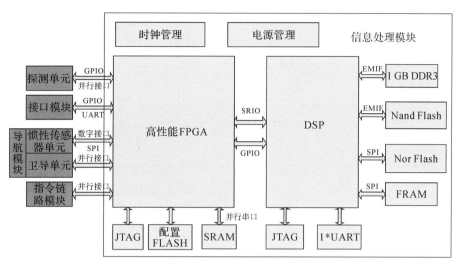

图 2.12 控制组件组成原理图

2.4.3 执行机构

2.4.3.1 空气舵系统

舵机是根据输入信号产生舵偏角的伺服系统。舵机的性能对稳定回路的设计是至关重要的。实际上舵机是限制稳定回路性能的重要因素。

舵机从动力来源上分为电动舵机、气动舵机和液压舵机;从控制方式上分为继电控制的和线性控制的;从反馈方式上分为力矩反馈的和位置反馈的。近年来,由于小体积、大输出功率的稀土电机的发展,空空导弹多采用电动舵机。

1. 舵机的性能要求

根据制导控制系统的设计原则对舵机的主要性能要求可以归结如下。

(1)舵机的频带必须足够宽,使俯仰、偏航自动驾驶仪能够达到足够的带宽,保证不稳定的弹体实现稳定,保证滚动自动驾驶仪能够快速抑制高频诱导滚转力矩。典型导弹舵机的带宽应达到 10 Hz,相位滞后不超过 20°,幅频特性不应有凸起。

(2)空载角速度应足够高,实现舵偏角快速达到要求的位置和不致造成高频噪声影响对制导信号的响应。现代空空导弹空载角速度应不低于 270°/s。

(3)必须有足够的输出力矩,要在最大负载条件下有不低于 70°/s 的舵面角速度。

(4)要有小的稳态误差,一般不大于$1°$是合适的。

(5)要有小的零位误差,一般要求在$\pm0.5°$之内。

(6)要控制舵机间隙,一般要求在$\pm0.1°$之内。

(7)对最大舵偏角要进行限制。

(8)对舵机的自检深度和时间要提出要求。

(9)对舵机的物理参数(尺寸、质量、质心和接口等)要提出要求。

2.舵机的建模方法

从控制系统的观点来看,舵机是按照控制信号驱动控制舵面运动的执行机构。实际上,舵机是随动输入信号的随动系统,其组成如图 2.13 所示。给定舵偏角 δ_u 是输入信号,实际舵偏角 δ 是输出信号。输出信号"跟踪"输入信号,误差为

$$\varepsilon = \delta_u - \delta$$

式中:ε 称为跟踪误差或失调角。减小失调角是靠闭环系统实现的,这个闭环系统是由一个前向传递函数描述的机构和一个反馈装置实现的。当然,这个传递函数的结构与舵机的类型(电动、液压、气动、燃气等)、结构特点和控制方案有关。本节的目的是建立一个通用模型。

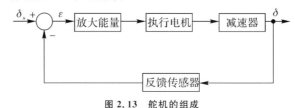

图 2.13 舵机的组成

舵机必须有足够的输出力矩 M_0,满足

$$M_0 > M_j + M_f + M_i$$

式中:M_j ——作用在舵面上的气动力矩;

$\qquad M_f$ ——传动机构的摩擦力矩;

$\qquad M_i$ ——舵面产生角加速度的惯性力矩。

调节特性是指转动力矩(在静态方式下电动舵机力矩等于负载力矩)为常数时,角速度与电压的关系。

机械特性是指电枢电压为常数时转速和转矩之间的关系,可以表达为

$$\Omega = \Omega_n - \frac{1}{f}M$$

式中:Ω_n ——电动舵机的空载转速;

$\qquad f$ ——机械特性的刚度。

电动舵机的机械特性如图 2.14 所示,图中 M_{st} 为电动舵机的启动力矩。

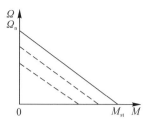

图 2.14 电动舵机的机械特性

建立舵机的数学模型要根据工作机理建立描述运动过程的微分方程,这些方程一般包括饱和、间隙、迟滞等非线性因素。详尽的方程用于仿真和在仿真中调整设计参数,设计时用这些非线性方程是不方便的,通常要把它简化成线性方程。

对于电动舵机,电枢电路的方程为

$$L\frac{\mathrm{d}i}{\mathrm{d}t} + Ri = U - E_a \tag{2.11}$$

式中:L,R——分别为电枢电路的电感和电阻;

i,U——分别为电枢的电流和电压;

E_a——反电势。

电动舵机产生的力矩为

$$M = k_m i \tag{2.12}$$

式中:k_m——力矩系数。

力矩在电机轴上产生的角加速度为

$$J_a\frac{\mathrm{d}\omega}{\mathrm{d}t} = M - M_{fa} - M_{ja} \tag{2.13}$$

式中: J_a——折算到电机轴上的转动惯量;

ω——电机转速;

M_{ja}, M_{fa}——分别为铰链力矩和摩擦力矩折算到电机轴上的力矩。

反电势为

$$E_a = k_a \omega \tag{2.14}$$

将式(2.14)等号两边分别除以减速比,积分得到开环舵偏角为

$$\delta = k_a \omega \tag{2.15}$$

利用反馈装置(通常是反馈电位计)把舵偏角转换成电压反馈到输入端,形成误差信号,经过放大校正控制执行电动舵机。

把上述方程进行拉普拉斯变换写成传递函数的形式,可以得到如图 2.15 所示的电动舵机的线性数学模型。

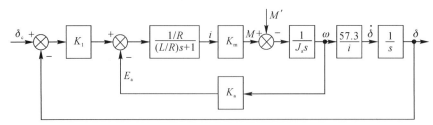

图 2.15 电动舵机的线性数学模型

图 2.15 中，$M' = M_{fa} + M_{ja}$。

3. 舵机性能对稳定回路的影响

（1）对带宽的影响。舵机是输出较大功率的部件，它的带宽远小于陀螺、加速度计的带宽，因此舵机是限制自动驾驶仪性能的主要因素。从频率特性的角度看，弹体和舵机是两个串联的环节，舵机的带宽越宽，开环传递函数的带宽就越宽，阻尼回路的带宽相应可以更宽。相反，舵机的带宽不宽，阻尼回路的带宽也不可能宽，就实现不了稳定回路对过载的快速响应。需要横滚角度稳定的导弹，对舵机的要求更高。因为横滚通道的带宽要求比俯仰偏航通道的带宽更宽。在设计稳定回路时，忽略舵机、陀螺和加速度计的动特性，可以导出设计参数的解析公式，而舵机、陀螺和加速度计的动特性可以忽略的前提就是舵机、陀螺和加速度计的带宽远比弹体的频带宽，或者说弹体的极点是主极点，而舵机、陀螺和加速度计的极点是远离虚轴的辅极点，这种设计方法才可以应用。要实现对静不稳定弹体的控制，必须有快速响应的舵机，也就是宽频带的舵机。

（2）对舵面角速度的影响。舵机的角速度不高，同样影响稳定回路的快速响应，因为舵偏角达不到平衡迎角要求，所以这个迎角就不能实现。舵机的角速度不高。两个通道（如俯仰和滚动通道、偏航和滚动通道）用一个舵机时，有一个通道（如滚动通道）舵面角速度信号很高就会影响另一个通道（如俯仰通道）的信号正常驱动舵面运动。制导信号中的高频噪声同样可能使舵面角速度接近饱和而影响正常制导或控制信号的响应。

（3）对舵机输出力矩的影响。舵机的输出力矩必须大于气动铰链力矩、摩擦力矩及惯性负载力矩之和，才能正常驱动舵面运动。在确定舵机最大输出力矩时，必须找到最大气动铰链力矩。要在各种飞行条件（高度、速度）下，比较进入或退出最大过载或最大迎角对应的平衡状态的铰链力矩，找出最大的，显然这不是一件轻松的事。

（4）对舵机零位的影响。在稳定回路或阻尼回路工作的状态下，舵机零位影响不大。因零位造成弹体摆动，阻尼回路的负反馈会产生与零位相反的舵偏角进行纠正。但如果导弹发射时采用"归零"方式发射导弹，稳定回路和阻尼回路不工作，对舵机零位要求就要高一些，否则可能影响发射安全。

(5)对舵机间隙的影响。舵机的间隙必须严格控制,间隙太大可能引起高频振荡,特别是对静不稳定弹体的控制。更有甚者,如果和弹体的某个弯曲或扭转振型相耦合,还会发生颤振。

2.4.3.2 推力矢量控制装置

在导弹飞行中,可以通过推力矢量控制装置产生侧向控制力,使导弹具有高机动能力和快速响应能力,以准确攻击目标。常用的推力矢量控制装置有燃气舵、扰流板、摆动喷管、二次喷射装置和直接力装置等。

1. 燃气舵

法国 MICA、德国 IRIS - T、南非 A - Darter、美国 AIM - 9X 等导弹推力矢量控制装置都采用的是燃气舵,如图 2.16 所示。

图 2.16 IRIS - T 与 AIM - 9X 的燃气舵

燃气舵与舵面配合动作,可实现导弹主动段的俯仰、偏航和滚转等全姿态控制,比单一依靠气动力控制能产生更大的控制力矩。由于它具有结构简单、作动力矩小、伺服系统质量小及喷管不摆动等优点,且便于实现推力矢量/气动力的复合控制,适合空空导弹使用。燃气舵的缺点是燃气舵面置于燃气流中,即使不需要产生侧向力时也会造成轴向推力损失,且舵面烧蚀严重。因此应选用耐烧蚀、耐冲刷的材料,并合理进行燃气舵的设计,减小推力损失。

2. 扰流板

俄罗斯 P - 73 导弹推力矢量控制装置采用扰流板,如图 2.17 所示。

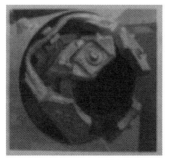

图 2.17 P - 73 导弹的扰流板

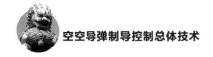

扰流板也称"阻流板""偏流片",通过机械阻流的喷流偏转,产生侧向力。当扰流板偏转一定角度时,一侧扰流板伸入发动机尾喷流内,阻挡部分燃气流,在发动机喷管和扰流板上形成不均匀的压强场,产生侧向力,对导弹产生转向力矩。

扰流板结构简单,可实现系统的线性控制。扰流板只在需要产生侧向力时进入燃气流,因此烧蚀比燃气舵要小,主推力损失小。其缺点是结构质量较大。

3. 摆动喷管

摆动喷管在大型火箭上应用较多,俄罗斯对小型柔性球窝式摆动喷管进行过研究,拟用于图 2.17 所示导弹的改进型。

由于摆动喷管固定体和活动体之间存在分界线(通称分离线),内型面不连续,会造成气流分离和损失。如果固定体和活动体之间的分离线设计在气流低速区或滞止区,可以减小烧蚀和损失;如果固定体和活动体之间的分离线设计在长尾喷管中部,烧蚀和损失会更大一些。

4. 二次喷射装置

在喷管扩张段上向喷管中的超声速气流(主流)射入另一股流体(二次流),可以产生侧向力。二次喷射推力矢量装置具有频率响应快、效率高、喷管结构简单(喷管固定)和发动机比冲损失小等优点。

液体二次喷射装置曾用于北极星、民兵导弹第二、第三级发动机,现在已很少使用。

根据二次气流的来源,气体二次喷射装置可分为燃气二次喷射装置、低温燃气二次喷射装置和空气二次喷射装置。燃气二次喷射装置的二次气流取自主发动机的高温燃气,效率高,但管路和阀门烧蚀、沉积严重,另外从主发动机引流对发动机性能和推力也有较大影响;低温燃气二次喷射装置的二次气流来自专门设置的燃气发生器,燃气中不含金属氧化物,温度可以做到较低,为 800 ～ 1 300 K,避免或减轻燃气阀门的烧蚀和沉积,但效率略低;空气二次喷射装置较难提供足够的侧向力。

5. 直接力装置

直接力装置通过向导弹外某个或某几个方向侧向喷流来产生侧向力。

美国的"爱国者"防空导弹系统(PAC-3)增程拦截弹、欧洲的反导武器系统 SAAM/Aster15 型导弹、俄罗斯的 C-300 防空导弹系统 9M96E 和 9M96E2 导弹采用的都是直接力装置。

直接力侧向喷流的来源有小发动机、燃气发生器和主发动机引流等。空空导弹直接力装置除了研究控制发动机快速响应、侧向喷流力和力矩外,还要研究侧向喷流与来流之间的相互作用对弹体表面压强分布影响所产生的侧向力和力矩,其工作量大,试验成本也较高。

按直接力装置配置方法不同可以实现力矩操纵和力操纵两种控制方式,如图 2.18 所示。

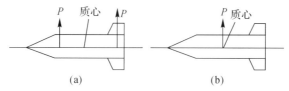

图 2.18 直接力装置安装位置示意图
(a)力矩操纵方式;(b)力操纵方式

1.力矩操纵方式

力矩操纵方式依靠控制力矩改变导弹的姿态,进而改变导弹的轨迹。这种操纵方式通常采用推力较小的侧向喷流装置,将其放在远离质心的地方。

美国霍尼韦尔动力公司开发的整合在空空导弹固体火箭发动机喷口段的直接力装置,有 6 个独立工作的燃气阀门,利用固体火箭发动机的部分燃气产生侧向力,控制导弹的俯仰、偏航和滚转 3 个通道的控制,同时在不工作时并不影响发动机的推力,如图 2.19 所示。

图 2.19 霍尼韦尔公司的直接力装置

2.力操纵方式

力操纵方式侧向喷流装置通常要求具有较大的推力,将其放在质心位置或离质心较近的地方,依靠控制力直接改变导弹的轨迹,因此可以大幅度地减小控制力的动态滞后特性。俄罗斯的 9M96E/9M96E2 导弹和欧洲的 Aster15/Aster30 导弹的第二级采用了力操纵方式。

2.4.4 导航系统

惯性导航有两种形式,一种是把惯性敏感器安装在一个与运载体转动运动隔离的稳定平台上,称为平台惯导,主要用于长时间高精度导航的场合;另一种是把惯性敏感器固连在运载体上,并将其测量的载体的运动参数转换到惯性系进行导航计算,称为捷联惯导,主要用于小型、低成本、中等精度导航的场合。空空导弹基本上都采用捷联惯导。

2.4.4.1 捷联惯导原理

捷联惯导系统是把 3 个陀螺和 3 个加速度计固连在弹体上,传感器的敏感轴与弹体系的 3 个轴方向一致。如果弹体系和惯性系的初始姿态角是已知的,利用速率陀螺测量的弹体角速度进行积分就可以得到弹体坐标系和惯性坐标系的角度关系,以及弹体系到惯性系的坐标转换矩阵,从而可以计算导弹姿态。弹体上的加速度计测量的是弹体的加速度和重力加速度之差,称为"比力"。扣除重力加速度之后就得到弹体加速度在弹体系坐标轴上的投影,利用弹体系到惯性系的坐标转换矩阵把它转换到惯性系,经一次积分得到弹体质心的速度,经二次积分得到位置。捷联惯导系统原理图如图 2.20 所示。

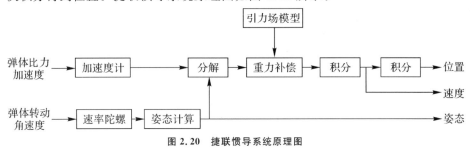

图 2.20 捷联惯导系统原理图

下面用一个二维的例子予以说明。如图 2.21 所示,弹体姿态角 ϑ 可以由角速度测量值 ω_{yb} 对时间积分求得。利用 ϑ 将比力测量值 f_{xb} 和 f_{zb} 分解到惯性坐标系中。按计算机中的重力模型计算惯性系中重力加速度的估值 g_{xi} 和 g_{zi},这些值与惯性坐标系中比力 f_{xb} 和 f_{zb} 组合,就可以得到导弹真实加速度 $\dot{v}_{xi}$ 和 $\dot{v}_{zi}$,进行两次积分得到导弹速度和位置的估值。导航的方程为

$$\begin{cases} \dot{\vartheta} = \omega_{yb} \ , \ \vartheta(0) = \vartheta_0 \\ f_{xi} = f_{xb}\cos\vartheta + f_{zb}\sin\vartheta \\ f_{zi} = -f_{xb}\sin\vartheta + f_{zb}\cos\vartheta \\ \dot{v}_{xi} = f_{xi} + g_{xi} , v_{xi}(0) = v_{xi0} \\ \dot{v}_{zi} = f_{zi} + g_{zi} , v_{zi}(0) = v_{zi0} \\ \dot{x}_i = v_{xi} , x_i(0) = x_{i0} \\ \dot{z}_i = v_{zi} , z_i(0) = z_{i0} \end{cases}$$

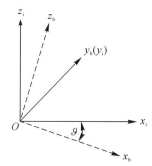

图 2.21　二维导航系统参考坐标系

二维导航方程不难推广到三维导航,原理是完全相同的。

2.4.4.2　导航算法

把惯性坐标系作为导航坐标系,这个坐标系可以在导弹发射前某一时刻(如导弹准备时)在载机上建立,称为载机惯性系。这个坐标系建立之后不再随地球转动。惯性坐标系作为导航坐标系可以简化姿态算法和导航算法;可以简化载机、导弹和目标参数的综合处理。通过传递对准在导弹上建立的惯性坐标系,称为导弹惯性系。

加速度计的测量值提供弹体系的比力测量值,记为 f^b。为了导航必须把比力分解到惯性系,若弹体系到惯性系坐标转换的方向余弦矩阵为 C_b^i,惯性系到弹体系坐标转换的方向余弦矩阵为 C_i^b,则惯性系的比力为

$$f^i = C_b^i f^b \tag{2.16}$$

惯性系中的导航方程为

$$\left.\frac{\mathrm{d}\boldsymbol{r}}{\mathrm{d}t}\right|_t = \boldsymbol{f}^i + \boldsymbol{g}^i = C_b^i \boldsymbol{f}^b + \boldsymbol{g}^i \tag{2.17}$$

图 2.22 所示为相对惯性空间的捷联惯导的系统框图。

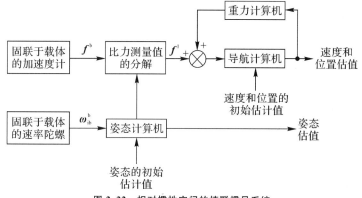

图 2.22　相对惯性空间的捷联惯导系统

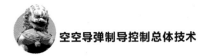
下面导出方向余弦矩阵 $\boldsymbol{C}_i^b$ 满足的微分方程，$\boldsymbol{r}_i$，$\boldsymbol{r}_b$ 分别表示以角速度 $\boldsymbol{\omega}$ 运动的矢量在惯性系、弹体系的分量。由于只有转动 $\dot{\boldsymbol{r}}_i = 0$，则

$$\dot{\boldsymbol{r}}_b = -\boldsymbol{\omega}_b \times \boldsymbol{r}_b = -\begin{bmatrix} \omega_{yb} r_{zb} - \omega_{zb} r_{yb} \\ \omega_{yb} r_{xb} - \omega_{xb} r_{zb} \\ \omega_{xb} r_{yb} - \omega_{yb} r_{zb} \end{bmatrix} = \begin{bmatrix} 0 & -\omega_{zb} & \omega_{yb} \\ \omega_{zb} & 0 & -\omega_{xb} \\ -\omega_{yb} & \omega_{xb} & 0 \end{bmatrix} \begin{bmatrix} r_{xb} \\ r_{yb} \\ r_{zb} \end{bmatrix}$$

令

$$\boldsymbol{\Omega}_{ib}^b = \begin{bmatrix} 0 & -\omega_{zb} & \omega_{yb} \\ \omega_{zb} & 0 & -\omega_{xb} \\ -\omega_{yb} & \omega_{xb} & 0 \end{bmatrix} \tag{2.18}$$

则

$$\dot{\boldsymbol{r}}_b = -\boldsymbol{\Omega}_{ib}^b \boldsymbol{r}_b$$

对 $\boldsymbol{r}_b = \boldsymbol{C}_i^b \boldsymbol{r}_i$ 求导得

$$\dot{\boldsymbol{r}}_b = \dot{\boldsymbol{C}}_i^b \boldsymbol{r}_i + \boldsymbol{C}_i^b \dot{\boldsymbol{r}}_i$$

考虑到 $\dot{\boldsymbol{r}}_i = 0$，则有

$$\dot{\boldsymbol{r}}_b = \dot{\boldsymbol{C}}_i^b \boldsymbol{C}_b^i \boldsymbol{r}_b \tag{2.19}$$

比较式(2.18)和式(2.19)得

$$-\boldsymbol{\Omega}_{ib}^b = \dot{\boldsymbol{C}}_i^b \boldsymbol{C}_b^i$$

两边右乘 $\boldsymbol{C}_i^b$ 得

$$\dot{\boldsymbol{C}}_i^b = -\boldsymbol{\Omega}_{ib}^b \boldsymbol{C}_i^b \tag{2.20}$$

由

$$\boldsymbol{C}_i^b \boldsymbol{C}_b^i = \boldsymbol{I} \tag{2.21}$$

式中：$\boldsymbol{I}$ 表示单位矩阵。对式(2.21)求导得

$$\dot{\boldsymbol{C}}_i^b \boldsymbol{C}_b^i + \boldsymbol{C}_i^b \dot{\boldsymbol{C}}_b^i = 0 \tag{2.22}$$

比较式(2.20)和式(2.22)得

$$-\boldsymbol{\Omega}_{ib}^b \boldsymbol{C}_i^b = -\boldsymbol{C}_i^b \dot{\boldsymbol{C}}_b^i \boldsymbol{C}_i^b$$

两边先左乘 $\boldsymbol{C}_b^i$，再右乘 $\boldsymbol{C}_i^b$ 得

$$\dot{\boldsymbol{C}}_b^i = \boldsymbol{C}_b^i \boldsymbol{\Omega}_{ib}^b \tag{2.23}$$

式(2.23)展开后的分量为

$$\left. \begin{array}{l} \dot{c}_{11} = c_{12}\omega_{zb} - c_{13}\omega_{yb}, \dot{c}_{11} = c_{13}\omega_{xb} - c_{11}\omega_{zb}, \dot{c}_{11} = c_{11}\omega_{yb} - c_{12}\omega_{xb} \\ \dot{c}_{21} = c_{22}\omega_{zb} - c_{23}\omega_{yb}, \dot{c}_{22} = c_{23}\omega_{xb} - c_{21}\omega_{zb}, \dot{c}_{23} = c_{21}\omega_{yb} - c_{22}\omega_{xb} \\ \dot{c}_{31} = c_{32}\omega_{zb} - c_{33}\omega_{yb}, \dot{c}_{32} = c_{33}\omega_{zb} - c_{31}\omega_{zb}, \dot{c}_{11} = c_{31}\omega_{yb} - c_{32}\omega_{xb} \end{array} \right\} \tag{2.24}$$

方向余弦也可以用四元数法计算，更为方便。

2.4.4.3　动基座传递对准

惯性导航系统(INS)的对准是指确定惯性导航系统各坐标轴相对于参考坐标系指向的过程。空空导弹离开载机前需要对弹上惯导系统进行对准。对准可以利用载机的惯导系统提供基准,通过把载机导航系统的数据传递给导弹来实现,这种方法叫传递对准,也叫一次性传递对准,或叫粗对准。通常把机载惯性导航系统称为主惯导,把导弹上的惯导系统称为子惯导。

如果子惯导和主惯导重合,并且没有安装误差,一次性传递对准是精确的。然而子惯导和主惯导重合且没有安装误差是不可能的,导弹在载机上的位置精度和机翼变形限制了一次性传递对准的精度,因此需要寻求精确对准的方法。

在一次性传递对准的基础上,利用比较主惯导和子惯导的运动参数测量值,计算出子惯导坐标轴的指向,可以进行精对准,这种方法叫作惯性测量匹配法。在惯性测量匹配法中,速度匹配法对准速度快、对准精度好,适用于空空导弹的使用。速度匹配法实质上是比较主惯导和子惯导比力积分后得到的速度在各自惯性系坐标轴上的投影,如果各自的比力足够精确,主、子惯导失调角均为零时,速度误差应为零。因此在误差补偿后使速度误差的方差最小就可以使失调角最小。速度匹配对准的框图如图 2.23 所示。

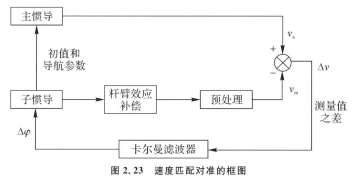

图 2.23　速度匹配对准的框图

下面建立速度误差方程。主惯导和子惯导经粗对准后失准角很小,用 $\boldsymbol{C}_\mathrm{s}^\mathrm{m}$ 的坐标转换矩阵表示,按子惯导绕 y 轴转 φ_y,绕 z 轴转 φ_z,绕 x 轴转 φ_x 的次序转到主惯导的 $\boldsymbol{C}_\mathrm{s}^\mathrm{m}$ 为

$$\boldsymbol{C}_\mathrm{s}^\mathrm{m} = \begin{bmatrix} \cos\varphi_z\cos\varphi_y & -\sin\varphi_z\cos\varphi_y\cos\varphi_x + \sin\varphi_y\sin\varphi_z & \sin\varphi_z\cos\varphi_y\sin\varphi_x + \sin\varphi_y\cos\varphi_z \\ \sin\varphi_z & \cos\varphi_z\sin\varphi_x & -\cos\varphi_z\sin\varphi_x \\ -\cos\varphi_z\sin\varphi_y & \sin\varphi_y\sin\varphi_z\sin\varphi_x + \cos\varphi_y\sin\varphi_x & -\sin\varphi_z\sin\varphi_y\sin\varphi_x + \cos\varphi_y\cos\varphi_z \end{bmatrix}$$

作以下小角度近似:$\sin\varphi_y \approx \varphi_y$,$\sin\varphi_z \approx \varphi_z$,$\sin\varphi_x \approx \varphi_x$,$\cos\varphi_y \approx \cos\varphi_z \approx$

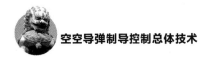

$\cos\varphi_x \approx 1$，$\sin\varphi_x \sin\varphi_y \approx \sin\varphi_x \sin\varphi_z \approx \sin\varphi_y \sin\varphi_z \approx 0$，可得

$$C_s^m = \begin{bmatrix} 1 & -\varphi_z & \varphi_y \\ \varphi_z & 1 & -\varphi_x \\ -\varphi_y & \varphi_x & 1 \end{bmatrix} = I + \boldsymbol{\Phi} \tag{2.25}$$

在此

$$\left.\begin{array}{c} \boldsymbol{\Phi} = \begin{bmatrix} 0 & -\varphi_z & \varphi_y \\ \varphi_z & 0 & -\varphi_x \\ -\varphi_y & \varphi_x & 0 \end{bmatrix} \\ C_m^s = (C_s^m)^T = I - \boldsymbol{\Phi} \\ C_b^s = C_m^s C_b^m = (I - \boldsymbol{\Phi})C_b^m \end{array}\right\} \tag{2.26}$$

主惯导中的速度方程为

$$\dot{v} = C_b^m f^b + g^i \tag{2.27}$$

子惯导中的速度方程为

$$\vec{\dot{v}} = C_b^m \vec{f}^b + \vec{g}^i \tag{2.28}$$

求子惯导与主惯导的速度差的导数为

$$\Delta\dot{v} = \vec{\dot{v}} - \dot{v} = C_b^m \vec{f}^b - C_b^m f^b + \vec{g}^i - g^i \tag{2.29}$$

代入式（2.26），并设 $\vec{f}^b - f^b = \Delta f^b$，$\vec{v} - v = \Delta v$，忽略重力矢量误差，整理得

$$\Delta\dot{v} = -\boldsymbol{\Phi} C_b^m f^b + C_b^m \Delta f^b = -\boldsymbol{\Phi} f^i + \Delta f^i =$$
$$-\boldsymbol{\varphi} \times f^i + \Delta f^i = f^i \times \boldsymbol{\varphi} + \Delta f^i \tag{2.30}$$

用 f^i 的反对称阵

$$F = \begin{bmatrix} 0 & -f_z & f_y \\ f_z & 0 & -f_x \\ -f_y & f_x & 0 \end{bmatrix} \tag{2.31}$$

计算矢量积，有

$$\Delta\dot{v} = F\boldsymbol{\varphi} + \Delta f^i \tag{2.32}$$

姿态误差方程为

$$\dot{\boldsymbol{\varphi}} = w_\omega \tag{2.33}$$

设

$$x = \begin{bmatrix} \Delta v \\ \boldsymbol{\varphi} \end{bmatrix} \tag{2.34}$$

可将状态方程写为

$$\dot{x} = Ax + w \tag{2.35}$$

式(2.35)中

$$A = \begin{bmatrix} 0 & 0 & 0 & 0 & -f_z & f_y \\ 0 & 0 & 0 & f_z & 0 & -f_x \\ 0 & 0 & 0 & -f_y & f_x & 0 \\ 0 & 0 & 0 & 0 & 0 & 0 \\ 0 & 0 & 0 & 0 & 0 & 0 \\ 0 & 0 & 0 & 0 & 0 & 0 \end{bmatrix}, \quad w = \begin{bmatrix} \Delta f^i \\ \boldsymbol{\varphi} \end{bmatrix} = \begin{bmatrix} \Delta f^i_x \\ \Delta f^i_y \\ \Delta f^i_z \\ w_{\omega_x} \\ w_{\omega_y} \\ w_{\omega_z} \end{bmatrix}$$

可将测量方程写为

$$z = Hx + n \tag{2.36}$$

式中：$H = \begin{bmatrix} 1 & 0 & 0 & 0 & 0 & 0 \\ 0 & 1 & 0 & 0 & 0 & 0 \\ 0 & 0 & 1 & 0 & 0 & 0 \end{bmatrix}$；$n$ 为测量噪声。

假设系统噪声 w 和测量噪声 n 是互不相关的高斯白噪声，可以用卡尔曼滤波器估计 Δv 和 $\boldsymbol{\varphi}$，进行精对准。

2.4.4.4　组合导航

惯性导航系统和卫星导航系统（如 GPS）是两种导航系统。惯性导航系统是自主导航系统，不容易受外界的干扰，但导航误差随时间增长而增大；而卫星导航系统恰恰相反，易受外界干扰，导航误差不随时间变化。这两种导航系统互补性强，因此惯性导航系统与卫星导航系统组合的导航系统可以做到比单独导航系统精度更高、性能更好。现在已有多种不同的组合结构，乃至市场上已有不同的组合导航系统出售。

惯性导航系统与卫星导航系统的组合结构可分为非组合系统、松组合系统和紧组合系统 3 种主要类型。

1. 非组合系统

非组合系统是在保持 GPS 和 INS 独立工作的基础上，利用 GPS 的位置估值和速度估值对 INS 的位置和速度进行重新设置，以限制 INS 的位置和速度的估值误差随时间的增长。这种方法对两个系统造成的变化最小，性能也能提高，但它对避免 GPS 的干扰无能为力。在该系统中，GPS 的位置估值只简单地用于每隔一定时间对 INS 指示的位置进行重新设置。

2. 松组合系统

松组合系统中 GPS 自主工作，同时对惯导系统提供测量更新。这两个系统实际上是串联工作的，GPS 导航计算提供的位置和速度估值形成 INS - GPS 组

合卡尔曼滤波器的测量输入。图 2.24 所示为松组合 INS－GPS 组合的简图。在该系统中,INS 和 GPS 的位置估值和速度估值进行比较,得到的差值形成了卡尔曼滤波器的测量输入值。

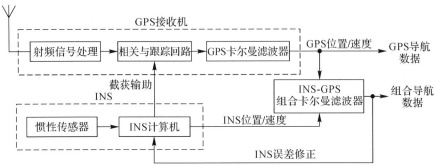

图 2.24　松组合 INS－GPS 组合结构简图

松组合系统的主要优点是实现简单和有冗余度。任何 INS 和任何 GPS 接收机都可以采用松组合。在松组合结构中,除组合方案外,还提供了一个可独立应用的 GPS 导航方案,即冗余度。冗余导航方案可用于监控组合方案的完整性,并在需要时协助滤波器故障的恢复。松组合方案中,组合卡尔曼滤波器提供的 INS 误差的估值可在每次测量更新后对 INS 系统进行修正。在这种系统组合中,GPS 仅用 INS 辅助卫星信号的截获。大多数这种系统组合既使用 GPS 的位置更新也使用速度更新。

松组合系统主要有以下缺点。

(1)使用串联的卡尔曼滤波器,GPS 滤波器的输出作为组合滤波器的测量输入,显然不满足测量噪声是"白噪声"的要求,会使滤波效果变差。

(2)当看到的卫星少于 4 颗时不能用 GPS 辅助 INS。

(3)组合滤波器需要知道 GPS 滤波器输出的协方差,它随卫星的排列和可用性发生变化。对很多 GPS 接收机来说,协方差数据是不可靠的或是根本得不到的。

3.紧组合系统

紧组合结构也称作集中或直接组合结构。这种方法是把 GPS 卡尔曼滤波器变成组合滤波器的一部分。GPS 跟踪回路提供的伪距和伪距率的测量值输入到 INS－GPS 组合滤波器,产生 INS 的误差估值。修正 INS 数据后形成组合导航数据,如图 2.25 所示。紧组合中通常是伪距和伪距率的测量值同时使用,伪距来自 GPS 编码跟踪回路,而伪距率主要来自精度较高、但可靠性较差的载波跟踪回路,这两个测量值是互补的。紧组合作为一个器件输出组合导航数据。在该系统中,GPS 的伪距测量值和伪距率测量值与惯性系统生成的这些量进行比较,除修正 INS 形成的组合导航数据外,还用于辅助 GPS 跟踪回路。

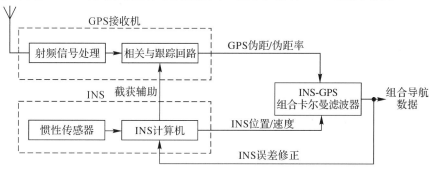

图 2.25 紧组合 INS - GPS 组合结构简图

紧组合系统主要有以下优点。

(1)不用考虑两个卡尔曼滤波器串联产生的测量噪声相关的统计问题。

(2)隐含完成 GPS 位置和速度协方差的交接。

(3)系统不需要完整的 GPS 数据辅助 INS,即使只跟踪单个卫星信号,GPS 数据也会输入滤波器,只是精度下降很快。

(4)与松组合相比,紧组合在干扰环境中工作时能更好地保持对卫星的锁定。

2.4.5 数据链

数据链是一种按照统一的数据格式和通信协议,以无线信道为主对信息进行实时、准确、自动、保密传输的数据通信系统或信息传输系统。数据链是获取信息优势,提高各作战平台快速反应能力和协同作战能力,实现作战指挥自动化的重要技术与装备。

对于中远距空空导弹,由于导引系统探测距离有限,在远距离上不能获得目标信息,必须通过数据链提供实时的目标指示,以形成制导控制指令,控制导弹向目标飞行。

2.4.5.1 数据链在空空导弹中的作用和特点

数据链为空空导弹实现中远距离精确打击提供了关键的中制导手段,它可以实时修正导弹航向,从而克服预设弹道的积累误差及目标机动带来的误差,将导弹引导到导引头搜索范围内,确保导引头的截获概率,图 2.26 所示为俄罗斯 P-172 导弹远程打击示意图。数据链不但提高了导弹的制导精度,扩展了攻击距离,而且提高了载机的生存概率,使其拥有更大的作战空间。借助数据链技术,可以用武器性能来弥补飞行平台的不足,有效提升战斗力。

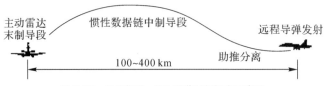

图 2.26　俄罗斯 P－172 导弹远程打击示意图

空空导弹数据链的作用主要有以下几种。

(1)提供目标机动信息,扩大攻击包线。空空导弹按照攻击距离可分为近距格斗导弹、中距拦射导弹和远距打击导弹。对于近距格斗导弹,其动力射程一般都大于导引头作用距离,利用数据链系统可实现发射后截获,在丰富战术战法的同时,大幅提高了导弹的攻击距离;对于中远程空空导弹,由于攻击对象具有较大的机动能力,导弹按照脱离载机前的目标信息将无法可靠截获传递目标信息,而其可使导弹能及时修正自身弹道,确保中、末制导的可靠交接,也降低了导弹截获假目标的概率。图 2.27 所示为美国先进中距空空导弹 AIM－120 的作战包线。从图中可以看出,在数据链加惯导的复合制导模式下,作战包线显著扩大,可以达到"先敌发射"的目的。

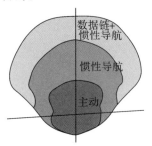

图 2.27　美国先进中距空空导弹 AIM－120 不同使用模式下的作战包线

(2)回传导弹信息,提高全向攻击能力,实现可靠他机制导。随着各国战机隐身技术的发展和电子战能力的提高,"大离轴角发射""静默攻击"等新的作战模式也应运而生。新一代空空导弹普遍采用双向数据链,可以实时回传导弹的状态信息,在大离轴攻击时,载机可以准确地与导弹进行通信,能够实现载机与导弹的可靠通信,实时掌握导弹状态,改善攻击效果;在他机制导时,可以确保初始时空基准的建立及密码、扩频码、跳频图案的同步等。

此外,利用数据链的回传信息,发射载机可以实时得知导弹的工作状况,当导弹进入末制导或者已经由其他平台稳定控制后,发射载机可以及时脱离,从而极大提高载机和人员的安全。同时,也可以通过回传的弹目信息、截获标志等,进行快速的初步毁伤效果评估。

(3)适应未来网络中心战的要求。网络中心战被认为是未来信息化战场的主要作战模式,它将战争规模从单一武器平台间的对抗发展为武器装备体系之间的整体对抗。从本质上说,网络中心战就是通过有效地将战场空间信息化、智能化和知识化的实体有机地连接成互联、互通、互操作的一体化网络,最终将信息优势转化为作战能力。空空导弹作为现代空战的主角之一,必须能有机地融入到这一新的作战模式中,通过数据链实时从作战网络中获取最新目标信息,并向作战网络上传自身工作状况,使作战系统充分掌握战场态势,做出最佳决策。因此数据链是空空导弹适应未来网络中心战的必备条件。

图 2.28 所示为数据链在空战中的主要功能示意图。

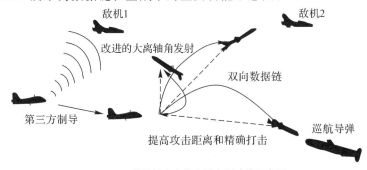

图 2.28 数据链在空战中的主要功能示意图

2.4.5.2 数据链设计要求

1. 功能要求

空空导弹武器系统对数据链的主要功能要求如下。

(1)信息传输。完成载机到导弹的目标信息发送与接收,包括目标的位置、速度和类型等;对于双向数据链系统,还要完成导弹到载机的导弹信息发送与接收,包括导弹的位置、速度和工作状态等。

(2)协议信息装订。导弹发射前,载机将分配的工作频点、加密密钥、通道号等协议信息装订到导弹,完成通信握手。

(3)功能自检。导弹数据链和载机数据链相配合完成数据链系统的地面检查和挂机状态下自检。

(4)对载机的适应性。对载机的适应性包括对载机的机型,发射方式,发射时及发射后载机的速度、过载、高度和姿态等的适应。

(5)多目标能力。满足一架载机对多枚导弹或多载机对多枚导弹同时进行数据传输的需要。

(6)抗干扰能力。具备抗窄带声准式干扰、宽带声塞式干扰、转发式干扰和

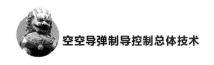

复合式干扰的能力。

(7)其他性能。其他性能包括质量、质心、尺寸等物理参数,电气及机械接口要求,环境适应性、测试性、维修性、可靠性、安全性、互换性、寿命等要求。

2.技术指标要求

数据链系统的技术指标要求主要有以下几项:

(1)通信方式、多目标方式;

(2)调制方式;

(3)工作波段;

(4)误码率、丢帧率;

(5)频点、跳频图案;

(6)工作带宽、频点数;

(7)加密方式;

(8)同步码、扩频码;

(9)编码方式;

(10)传输周期;

(11)传输时间,包括发射时间、接收时间、收发等待时间等;

(12)传输协议,包括信息量大小、内容及格式编排等;

(13)作用距离及对应的方位、俯仰覆盖范围;

(14)天线极化方式、增益及波束宽度;

(15)接收灵敏度、动态范围;

(16)发射功率,包括峰值功率和平均功率;

(17)数据链与飞控、遥测之间的信息交换,包括总线类型、信息速率、信息格式等;

(18)自检能力,包括自检时间、自检深度等;

(19)供电要求;

(20)物理参数要求。

2.4.5.3　数据链组成及工作原理

空空导弹数据链按传输方式分为单向数据链和双向数据链。早期的空空导弹如俄罗斯的 P-77、美国的 AIM120A-AIM120C 等大都采用单向数据链,即只有载机向导弹发送数据。随着空空导弹攻击距离的提高和作战模式的丰富,目前国外先进中远距空空导弹,如美国的 AIM120D、欧洲的"流星"等,均采用双向数据链,在单向数据链的基础上,增加了导弹向载机发送数据的回传链路。

空空导弹数据链作为连接导弹和载机的纽带,通常采用点对点半双工的工作模式,如图 2.29 所示。载机作为每次通信的发起端和控制端,在导弹发射前将分配的工作频点、加密密钥、通道号等装订到导弹,然后按照规定时序向导弹发送制导信息,发送完成后载机转入接收等待状态,如果载机在设定时间内未收到导弹回传信号,可以根据火控工作情况再次发送制导信息,也可不再发送,等待下一个数据链周期传送新的数据。导弹平时按照约定的频点等待接收,收到射频信号并解调正常后,在规定的时间内把要回传的信息发送给载机,完成一次机弹数据链通信。在多目标攻击(如一架载机制导多枚导弹或多架载机制导多枚导弹)时,数据链系统须采用多址方式工作。常见的多址方式有频分多址、时分多址和码分多址等,几种多址方式也可以复合应用。一般情况下,载机平台间和同一载机制导多枚导弹间的多址方式是不同的。

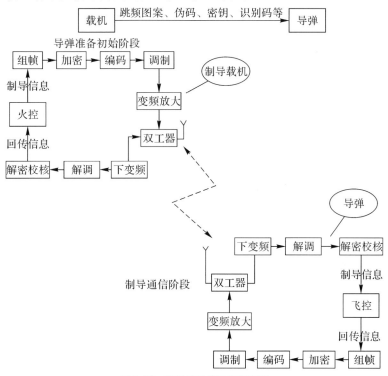

图 2.29　数据链系统工作原理图

如前所述,数据链系统包括弹载端机和机载端机两部分。这两部分的组成和工作原理是相同的,主要的区别在于:两者的收发逻辑控制是互逆的;机载端机的功率比天线增益更高;弹载端机在体积、功耗和动态适应能力等方面的要求更高,因此这里只介绍弹载数据链端机的工作原理。弹载数据链端机通常包括天线、微波收发信机、中频收发信机和二次电源四部分。

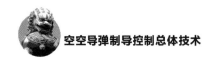

天线负责接收空间电磁波和向空间辐射电磁波,并形成要求的方向图,在指定的覆盖范围内满足通信距离对天线增益的要求,同时对来自导弹前向的干扰信号形成一定的抑制。

微波收发信机接收时将天线输出的射频信号下变频到中频并经放大和增益控制后,得到要求电平的中频信号并送入中频收发信机,发射时将中频收发信机输出的中频信号上变频并进行功率放大,输出到天线进行辐射。

中频收发信机是数据链的控制中心,须完成与载机及导弹的信息交换、系统同步等,并将接收到的中频信号变换为基带信号进行解调、解码、解密等,将回传数据加密编码后调制到中频输出。

二次电源将载机供电或弹载电源变换为数据链各部件所需的各种电压,并包含滤波、抗浪涌、抗欠压等电磁兼容设计。

参 考 文 献

[1]樊会涛.空空导弹方案设计原理[M].北京:航空工业出版社,2013.
[2]杨军,杨晨,段朝阳,等.现代导弹制导控制系统设计[M].北京:航空工业出版社,2005.
[3]杨军.导弹控制原理[M].北京:国防工业出版社,2008.
[4]杨军.现代导弹制导控制[M].西安:西北工业大学出版社,2016.

第 3 章

制导控制系统设计的理论基础

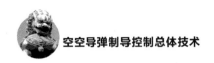

|3.1 导弹制导控制系统面临的理论问题|

众所周知,导弹是一个具有非线性、时变、耦合和不确定特性的被控对象,主要表现在以下几方面:

(1)导弹的动力学模型是一组非线性的微分方程组,纵向运动和侧向运动之间存在较强的耦合,特别是在大攻角机动时,控制系统通道之间存在复杂的相互作用;

(2)导弹的动力学特性与导弹飞行时快速变化的飞行速度、高度、质量和转动惯量之间的密切联系;

(3)导弹空间运动、导弹与空间介质的相互作用以及结构弹性引起的操纵机构偏转与导弹运动参数之间的复杂联系;

(4)控制装置元件具有非线性特性,例如舵机的偏转角度、偏转速度、响应时间受到舵机的结构及物理参数的限制;

(5)在传感器的输出中混有噪声,特别是在大过载情况下,传感器的噪声可能被放大;

(6)大量的各种类型的干扰作用;

(7)各种各样的发射和飞行条件,如飞行高度、导弹和目标在发射瞬间相对运动参数和目标以后运动的参数。

在选择制导控制系统的设计方法时,应充分考虑这些特点。

从本质上来讲,导弹的制导问题可以看成是对空中飞行的导弹质心进行位置控制的问题,导弹的控制问题可以看成是对空中飞行的导弹姿态、法向过载等动力学变量的稳定和控制问题,这些问题既可以用经典控制理论也可以用现代控制理论来解决。

本章将着重介绍几种控制系统设计理论,其中有些理论在导弹的工程设计中得到了成功的应用,如频率响应校正方法、PID 控制、最优传递函数设计法、极点配置方法和变结构控制等。

|3.2 控制理论发展概况|

控制理论的发展过程一般分为以下 3 个阶段。

(1)第一阶段,时间为 20 世纪 40—60 年代,称为"经典控制理论"时期。主要是解决单输入单输出问题,采用以传递函数、频率特性、根轨迹为基础的频域分析法,所研究的对象多半是线性定常系统。经典控制理论是建立在传递函数基础上的,系统传递函数可表示为 $Y(s)=G(s)X(s)$。经典控制理论的主要特点是,对单输入单输出线性定常对象完成镇定任务。其局限性主要表现为:①只适用于单输入单输出线性定常系统;②根据幅值裕度、相位裕度、超调量、上升时间等性能指标来确定校正装置,很大程度依赖于设计者的经验;③设计时无法考虑初始条件。

(2)第二阶段,时间为 20 世纪 60—70 年代,称为"现代控制理论"时期。这一时期提出了最优控制(Optimal Control)方法,又相继出现了自适应控制系统(Adaptive Control System)、卡尔曼滤波(Kalman Filter)等。现代控制理论与经典控制理论相比,其主要优点如下:①适用于多输入多输出系统,其系统可是线性或非线性、定常或时变的,特别是对多输入多输出系统得到透彻的研究;②采用时域分析方法,对于控制过程来说是直接的,直观且易理解;③系统设计方法基于确定一个控制规律或最优控制策略,计算机能够提供一系列解析设计方法,并有许多标准程序可用;④现代控制理论的综合步骤中还能考虑任务的初始条件。现代控制理论存在的问题如下:①主要考虑线性多变量系统的设计问题,非线性系统的设计考虑较少;②控制系统设计是根据标称模型设计的,在系统存在参数摄动、外部扰动、不确定性和未建模动态时,很难保证其鲁棒性;③设计指标与工程需求之间关系不直观,阻碍了其在工程上的应用。

(3)第三阶段,时间为 20 世纪 70 年代至今。针对非线性问题,出现了微分几何理论、逆系统方法及非线性系统直接设计方法等；针对干扰、模型参数和结构不确定性等问题，出现了变结构控制理论、鲁棒控制理论、参数空间方法；针对被控对象的模糊和不确定问题，出现了模糊控制理论和神经网络控制等先进控制理论。目标是扩大控制理论在工程上的应用范围，架起现代控制理论与工程应用之间的桥梁。

|3.3 经典控制理论|

3.3.1 频率响应校正方法

频率响应校正方法就是在频域内对线性定常控制系统进行校正的方法。所谓校正，就是在系统中加入一些其参数可以根据需要而改变的机构或装置，使系统整个特性发生变化，从而满足给定的各项性能指标。

在频域内进行系统设计，是一种间接设计方法，因为设计结果满足的是一些频域指标，而不是时域指标。然而，在频域内进行设计又是一种简便的方法，在伯德图上虽然不能严格定量地给出系统的动态性能，但却能方便地根据频域指标确定校正装置的参数，特别是对已校正系统的高频特性有要求时，采用频域法校正较其他方法更为方便。

频域设计的这种简便性，与开环系统的频率特性与闭环系统的时间响应有关。一般来说，开环频率特性的低频段表征了闭环系统的稳态性能；开环频率特性的中频段表征了闭环系统的动态性能；开环频率特性的高频段表征了闭环系统的复杂性和噪声抑制性能。因此，用频域法设计控制系统的实质，就是在系统中加入频率特性形状合适的校正装置，使开环系统频率特性形状变成所期望的形状。

按照校正装置在系统中的连接方式，控制系统校正方式可分为串联校正、反馈校正、前馈校正和复合校正四种。下面主要介绍目前工程实践中常用的三种校正方法，即串联校正、反馈校正和复合校正。

1. 串联校正

（1）概念。校正装置配置在前向通道上，这种校正方式称为串联校正，如图3.1所示。

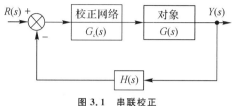

图 3.1 串联校正

（2）典型形式。常用的串联校正网络主要包括相角超前校正网络、相角滞后校正网络和滞后-超前校正网络 3 种类型。其传递函数的一般形式为

$$G_c(s) = \frac{K \prod\limits_{i=1}^{M}(s + z_i)}{\prod\limits_{j=1}^{N}(s + p_j)} \tag{3.1}$$

（3）特点。一般来说，串联校正设计比反馈校正设计简单，也比较容易对信号进行各种必要的形式变换。而串联校正装置又分无源和有源两类。无源串联校正装置通常由 RC 无源网络构成，结构简单，成本低廉，但会使信号在变换过程中产生幅值衰减，且其输入阻抗较低，输出阻抗较高，因此常常需要附加放大器，以补偿其幅值衰减，并进行阻抗匹配。有源串联校正装置由运算放大器和 RC 网络组成，其参数可以根据需要调整。

2. 反馈校正

（1）概念。校正装置配置在系统局部反馈通路之中，这种校正方式称为反馈校正，如图 3.2 所示。

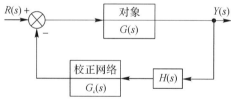

图 3.2 反馈校正

（2）基本原理。用反馈校正装置包围未校正系统中对动态性能改善有重大妨碍作用的某些环节，形成一个局部反馈回路，在局部反馈回路的开环幅值远大于 1 的条件下，局部反馈回路的特性主要取决于反馈校正装置，而与包围部分无关。适当选择反馈校正装置的形式和参数，可以使已校正系统的性能满足给定指标的要求。

（3）典型形式。由于频域响应法是对开环系统频率特性进行校正，而由图 3.1 和图 3.2 不难看出，这两种校正方法具有相同的环路开环特性。因此其典型形式与串联校正无本质区别。

(4)特点。反馈校正具有以下明显特点：

1)削弱非线性特性的影响；

2)减小系统的时间常数；

3)降低系统对参数变化的敏感性；

4)抑制系统噪声。

应当指出，进行反馈校正设计时，需要注意内回路的稳定性。如果反馈校正参数选择不当，使得内回路失去稳定，则整个系统也难以稳定可靠地工作，且不便于对系统进行开环调试。因此，反馈校正后形成的系统内回路，最好是稳定的。

3.复合校正

(1)概念。如果在系统的反馈控制回路中加入前馈通路，组成一个前馈控制和反馈控制相结合的系统，只要参数选择得当，不仅可以保持系统稳定，极大地减小乃至消除稳态误差，而且可以抑制几乎所有的可量测扰动，其中包括低频强扰动。这样的系统就称为复合控制系统，相应的控制方式称为复合控制。把复合控制的思想用于系统设计，就是所谓复合校正。复合校正中的前馈装置是按不变性原理进行设计的，可分为按扰动补偿和按输入补偿两种方式。按扰动补偿的复合控制系统如图3.3所示。

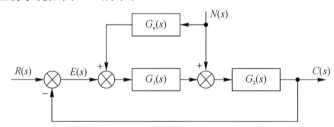

图 3.3　按扰动补偿的复合控制系统

图 3.3 中，$N(s)$ 为可量测扰动；$G_1(s)$ 和 $G_2(s)$ 为反馈部分的前向通路传递函数；$G_n(s)$ 为前馈补偿装置传递函数。复合校正的目的是恰当选择 $G_n(s)$，使扰动 $N(s)$ 经过 $G_n(s)$ 对系统输出 $C(s)$ 产生补偿作用，以抵消扰动 $N(s)$ 通过 $G_2(s)$ 对输出 $C(s)$ 的影响。由图 3.3 可知，扰动作用下的输出为

$$C(s) = \frac{G_2(s)[1 + G_1(s)G_n(s)]}{1 + G_1(s)G_2(s)} N(s) \tag{3.2}$$

扰动作用下的误差为

$$E(s) = -C(s) = -\frac{G_2(s)[1 + G_1(s)G_n(s)]}{1 + G_1(s)G_2(s)} N(s) \tag{3.3}$$

若选择前馈补偿装置的传递函数,即

$$G_n(s) = -\frac{1}{G_1(s)} \tag{3.4}$$

则由(3.2)和式(3.3)可知,必有 $C(s) = 0$ 及 $E(s) = 0$。因此,式(3.4)称为对扰动的误差全补偿条件。

按输入补偿的复合控制系统如图 3.4 所示。

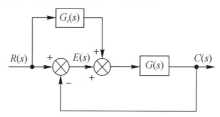

图 3.4　按输入补偿的复合控制系统

图 3.4 中, $G(s)$ 为反馈系统的开环传递函数。由 3.4 图可知,系统的输出量为

$$C(s) = [E(s) + G_r(s)R(s)]G(s) \tag{3.5}$$

由于系统的误差表达式为

$$E(s) = R(s) - C(s) = \frac{1 - G_r(s)G(s)}{1 + G(s)}R(s) \tag{3.6}$$

若选择前馈补偿装置的传递函数,即

$$G_r(s) = \frac{1}{G(s)} \tag{3.7}$$

则由式(3.5)和式(3.6)可知, $C(s) = R(s)$ 及 $E(s) = 0$。因此,式(3.7)称为对输入信号的误差全补偿条件。

最后需要指出的是,在工程实践中,大多采用部分补偿条件,或在对系统性能起主要影响的频段内实现近似全补偿,以使 $G_n(s)$ 或 $G_r(s)$ 的形式简单并易于物理实现。

3.3.2　PID 控制

控制工程界中广泛采用的一种控制器是 PID 控制器,也叫三项控制器,其传递函数为

$$G_c(s) = K_P + \frac{K_I}{s} + K_D s \tag{3.8}$$

它包括一个比例项、一个积分项和一个微分项。其时域输出方程为

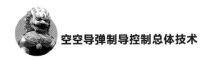

$$u(t) = K_P e(t) + K_I \int e(t) \mathrm{d}t + K_D \frac{\mathrm{d}e(t)}{\mathrm{d}t} \tag{3.9}$$

PID 控制器传递函数中的微分项实际上多为

$$G_d(s) = \frac{K_D s}{\tau_d s + 1} \tag{3.10}$$

式中，τ_d 远小于受控对象的时间常数，因而可以忽略不计。

PID 控制器在工程中得到了广泛的应用，这一方面是由于 PID 控制器能在不同的工作条件下保持较好的工作性能，一般说来，当受控对象 $G(s)$ 只有 1 个或 2 个极点（或可作 2 阶近似）时，PID 控制器对减小系统的稳态误差和改善系统瞬态性能的效果特别明显。另一方面也是由于它们功能简单，便于使用。

为实现这样的控制器，必须确定的 3 个参数为比例增益 K_P、积分增益 K_I 和微分增益 K_D。而 PID 控制器的 3 个参数选择本质上是在三维空间的搜索问题。三维搜索空间的不同点对应于 PID 控制器的不同参数，因此，通过选择参数空间的不同点，就可以获得时间-输入的不同系统响应（如阶跃响应）。

下面列出几种常用的 PID 参数确定方法：

（1）临界比例度法；

（2）响应曲线法；

（3）PID 归一参数的整定法；

（4）根轨迹法；

（5）ITAE 设计法。

3.3.3　ITAE 最优传递函数设计法

1. ITAE 最优性能指标

对一个阶次较低的控制系统的动态品质，可以用超调量、阻尼及调节时间等参数来衡量。而对一个阶次较高的控制系统，无法确定系统的解与上述三项指标的显函数。因此，在工程上常用系统的瞬时输出误差的泛函指标来表示控制系统品质的优劣。输出误差的泛函可取为输出误差的积分、输出误差二次方的积分等几种，在工程上用得较多的是

$$J_1 = \int_0^\infty t \, |e(t)| \, \mathrm{d}t \tag{3.11}$$

即 ITAE 泛函指标，其中 I 表示积分，T 表示时间，A 表示绝对值，E 表示误差。式（3.11）中，$e(t)$ 即如图 3.5 所示系统的误差信号；$u(t)$ 是系统不变部分 $W_0(s)$ 的控制信号。

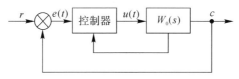

图 3.5　待设计的系统框图

2. ITAE 最优传递函数设计方法

ITAE 最优传递函数设计的基本思路是采用优化方法,找出能使目标函数 J_1 达到最小值时所对应的系统闭环传递函数,即最优传递函数 $\varphi_y(s)$,再通过补偿措施,使待设计系统的闭环传递函数等于 $\varphi_y(s)$,这就是最优传递函数设计方法。

目标函数采用式(3.11)表示的 J_1,借助计算机求解,可得到使 J_1 达到最小的最优传递函数。在此列出它们的标准形式。

阶跃输入 ITAE 最优传递函数(Ⅰ型系统)的标准形式为

$$\varphi_{y1}(s) = \frac{a_0}{s^n + a_{n-1}s^{n-1} + \cdots + a_1 s + a_0} \tag{3.12}$$

斜坡输入 ITAE 最优传递函数(Ⅱ型系统)的标准形式为

$$\varphi_{y2}(s) = \frac{\beta_1 s + \beta_0}{s^n + \beta_{n-1}s^{n-1} + \cdots + \beta_1 s + \beta_0} \tag{3.13}$$

抛物线输入 ITAE 最优传递函数(Ⅲ型系统)的标准形式为

$$\varphi_{y3}(s) = \frac{\gamma_2 s^2 + \gamma_1 s + \gamma_0}{s^n + \gamma_{n-1}s^{n-1} + \cdots + \gamma_1 s + \gamma_0} \tag{3.14}$$

下面分别用表 3.1~表 3.3 列出 $\varphi_{y1}(s)$、$\varphi_{y2}(s)$、$\varphi_{y3}(s)$ 的分母多项式的标准数值对应关系式。

表 3.1　$\varphi_{y1}(s)$ 分母的标准形式

$$s^2 + 1.41\omega_n s + \omega_n^2$$

$$s^3 + 1.75\omega_n s^2 + 2.15\omega_n^2 s + \omega_n^3$$

$$s^4 + 2.1\omega_n s^3 + 3.4\omega_n^2 s^2 + 2.7\omega_n^3 s + \omega_n^4$$

$$s^5 + 2.8\omega_n s^4 + 5.0\omega_n^2 s^3 + 5.5\omega_n^3 s^2 + 3.4\omega_n^4 s + \omega_n^5$$

$$s^6 + 3.25\omega_n s^5 + 6.6\omega_n^2 s^4 + 8.6\omega_n^3 s^3 + 7.45\omega_n^4 s^2 + 3.95\omega_n^5 s + \omega_n^6$$

$$s^7 + 4.47\omega_n s^6 + 10.42\omega_n^2 s^5 + 15.05\omega_n^3 s^4 + 13.54\omega_n^4 s^3 + 10.64\omega_n^5 s^2 + 4.58\omega_n^6 s + \omega_n^7$$

$$s^8 + 5.2\omega_n s^7 + 12.8\omega_n^2 s^6 + 21.6\omega_n^3 s^5 + 25.75\omega_n^4 s^4 + 22.2\omega_n^5 s^3 + 13.3\omega_n^6 s^2 + 5.15\omega_n^7 s + \omega_n^8$$

表 3.2　$\varphi_{y2}(s)$ 分母的标准形式

$$s^2 + 3.2\omega_n s + \omega_n^2$$

$$s^3 + 1.75\omega_n s^2 + 3.25\omega_n^2 s + \omega_n^3$$

$$s^4 + 2.41\omega_n s^3 + 4.93\omega_n^2 s^2 + 5.14\omega_n^3 s + \omega_n^4$$

$$s^5 + 2.19\omega_n s^4 + 6.5\omega_n^2 s^3 + 6.3\omega_n^3 s^2 + 5.24\omega_n^4 s + \omega_n^5$$

$$s^6 + 6.12\omega_n s^5 + 13.42\omega_n^2 s^4 + 17.16\omega_n^3 s^3 + 14.14\omega_n^4 s^2 + 6.76\omega_n^5 s + \omega_n^6$$

表 3.3　$\varphi_{y3}(s)$ 分母的标准形式

$$s^3 + 2.97\omega_n s^2 + 4.94\omega_n^2 s + \omega_n^3$$

$$s^4 + 3.71\omega_n s^3 + 7.88\omega_n^2 s^2 + 5.93\omega_n^3 s + \omega_n^4$$

$$s^5 + 3.81\omega_n s^4 + 9.94\omega_n^2 s^3 + 13.42\omega_n^3 s^2 + 7.36\omega_n^4 s + \omega_n^5$$

$$s^6 + 3.93\omega_n s^5 + 11.68\omega_n^2 s^4 + 18.56\omega_n^3 s^3 + 19.3\omega_n^4 s^2 + 8.06\omega_n^5 s + \omega_n^6$$

从表中数据可以看出，最优传递函数只需选一个参数 ω_n，它主要根据过渡段时间 t_n 的要求来决定。

对 Ⅰ 型系统即 $\varphi_{y1}(s)$ 而言，ω_n 与 t_n 的近似关系为

$$\omega_n \simeq \frac{6 \sim 8}{t_n} \tag{3.15}$$

对 Ⅱ 型系统即 $\varphi_{y2}(s)$ 而言，ω_n 与 t_n 的近似关系为

$$\omega_n \simeq \frac{5 \sim 9}{t_n} \tag{3.16}$$

对 Ⅲ 型系统即 $\varphi_{y3}(s)$ 而言，ω_n 与 t_n 的近似关系为

$$\omega_n \simeq \frac{5 \sim 10}{t_n} \tag{3.17}$$

式(3.15)～式(3.17)都是近似关系，分子上的数值大体上是阶次低的取最小值，阶次高的取最大值。这样，设计者可按稳态设计所得的系统原理模型，确定了系统的阶次 n，再根据设计要求，确定系统的类型，由此可以以表 3.1～表 3.3 中所列数据，直接将 ITAE 最优传递函数写出来。根据系统过渡段时间 t_n 的要求，利用式(3.15)～式(3.17)确定 ω_n 值，再将 ω_n 代入最优传递函数表达式，即可获得最优传递函数的实际表达式。

例 3-1　设系统未补偿系统开环传递函数为

$$W_0(s) = \frac{400}{s^4 + 29s^3 + 188s^2 + 160s}$$

系统具有 $n=4$ 阶,按 II 型最优系统设计,则可从表 3.2 的数据直接列写最优传递函数的标准形式为

$$\varphi_y(s) = \frac{5.93\omega_n^3 s + \omega_n^4}{s^4 + 3.71\omega_n s^3 + 7.88\omega_n^2 s^2 + 5.93\omega_n^3 s + \omega_n^4}$$

根据过渡过程时间 $t_s \leqslant 0.7\ s$ 的要求,由式(3.16)近似关系取 $\omega_n \simeq 10\ Hz$,将其代入 $\varphi_y(s)$,即为最优传递函数。

斜坡输入的 ITAE 最优传递函数,往往对阶跃输入的响应出现较大的超调量。为此,又有人提出一种阶跃响应超调量 $\sigma < 5\%$,使系统过渡过程时间最小的最优传递函数。最优传递函数的标准形式与式(3.13)相同,其分母各项系数的标准值见表 3.4。此外,最优传递函数的 ω_n 与时域性能指标之间有近似关系,见表 3.5。

根据阶跃响应的时域指标要求,如根据最大超调出现时间 t_p 或过渡时间 t_s,由表 3.5 求出需要的 ω_n 的值,再代入表 3.4 查出的标准分母形式,便可按式(3.13)写出所需的闭环最优传递函数来。

表 3.5 的近似关系是与表 3.4 的标准形式对应的,不能混用于表 3.1～表 3.3 所列 ITAE 最优传递函数。

表 3.4　阶跃响应最优传递函数分母的标准形式

$$s^2 + 20\omega_n s + \omega_n^2$$

$$s^3 + 8.75\omega_n s^2 + 22.75\omega_n^2 s + \omega_n^3$$

$$s^4 + 24.1\omega_n s^3 + 73.95\omega_n^2 s^2 + 102.8\omega_n^3 s + \omega_n^4$$

$$s^5 + 23\omega_n s^4 + 130\omega_n^2 s^3 + 235\omega_n^3 s^2 + 200\omega_n^4 s + \omega_n^5$$

$$s^6 + 15\omega_n s^5 + 190\omega_n^2 s^4 + 470\omega_n^3 s^3 + 600\omega_n^4 s^2 + 330\omega_n^5 s + \omega_n^6$$

$$s^7 + 20\omega_n s^6 + 200\omega_n^2 s^5 + 495\omega_n^3 s^4 + 900\omega_n^4 s^3 + 820\omega_n^5 s^2 + 360\omega_n^6 s + \omega_n^7$$

表 3.5　ω_n 与时域指标的近似关系

系统阶次 n	$\omega_n t_p$	$\omega_n t_s$	$\sigma/(\%)$
2	0.604	0.191	<0.3
3	1.67	0.94	<1.8
4	2.19	2.91	<3.7
5	3.22	4.27	<4.1
6	4.25	4.48	<3
7	4.67	5.35	<3.5

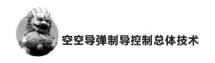

选用不同的目标函数,对不同的输入作用有不同的最优传递函数,以上仅介绍了三种,其他的大体类似,在此不一一列举。

|3.4 现代控制理论|

3.4.1 极点配置

一个系统的性能和它的极点位置密切相关,因此,采用极点配置设计控制系统在工程上广泛应用。其基本思路是引入状态反馈矩阵,使系统的特征多项式与理想系统的特征多项式相等,即把系统的极点配置在理想的位置。

利用极点配置设计控制系统首先要解决两个问题:①受控系统必须满足极点可配置的条件;②确定状态反馈增益矩阵 $\boldsymbol{K}$ 的算法。

1. 极点可配置条件

设受控系统状态方程为

$$\left.\begin{aligned}\dot{\boldsymbol{x}} &= \boldsymbol{A}\boldsymbol{x} + \boldsymbol{B}\boldsymbol{u} \\ \boldsymbol{y} &= \boldsymbol{C}\boldsymbol{x}\end{aligned}\right\} \tag{3.18}$$

要通过状态反馈的方法,使闭环系统的极点位于理想位置上,其充分必要条件是系统状态方程式(3.18)完全能控。

2. 极点配置算法

(1)状态方程空间极点配置。以单输入单输出系统为例,给定受控系统状态方程式(3.18)和一组期望的闭环特征值 $\{\lambda_1^*, \lambda_2^*, \cdots, \lambda_n^*\}$,要确定 $1 \times n$ 维的反馈增益矩阵 $\boldsymbol{K}$,使 $\lambda_i(\boldsymbol{A} - \boldsymbol{B}\boldsymbol{K}) = \lambda_i^*$,$i = 1, 2, \cdots, n$ 成立。

第 1 步:判断受控系统是否为完全能控。如果不完全能控,则进行能控性分解,找出系统的完全能控对。

第 2 步:写出引入状态反馈控制规律 $\boldsymbol{u} = \boldsymbol{v} - \boldsymbol{K}\boldsymbol{x}$ 后,系统闭环状态方程为

$$\dot{\boldsymbol{x}} = (\boldsymbol{A} - \boldsymbol{B}\boldsymbol{K})\boldsymbol{x} + \boldsymbol{B}\boldsymbol{v}, \quad \boldsymbol{y} = \boldsymbol{C}\boldsymbol{x}$$

第 3 步:计算 $\boldsymbol{A} - \boldsymbol{B}\boldsymbol{K}$ 的特征多项式

$$\det(s\boldsymbol{I} - \boldsymbol{A} + \boldsymbol{B}\boldsymbol{K}) = s^n + a_{n-1}s^{n-1} + \cdots + a_1 s + a_0$$

第 4 步:计算由理想极点所决定的特征多项式

$$a^*(s) = (s - \lambda_1^*)(s - \lambda_2^*) \cdots (s - \lambda_n^*)$$

第 5 步:令 $\det(s\boldsymbol{I} - \boldsymbol{A} + \boldsymbol{B}\boldsymbol{K}) = a^*(s)$,等式两边同阶次对应系数相等,即可求出反馈增益矩阵 $\boldsymbol{K}$。

（2）传递函数阵的极点配置。以二阶系统为例,给定受控系统传递函数矩阵为

$$G(s) = g(s)/d(s)$$

式中, $g(s) = \begin{bmatrix} l_{11}s + l_{12} \\ l_{21}s + l_{22} \end{bmatrix}$, $d(s) = s^2 + d_1 s + d_2$ 及系统的理想性能指标 ξ'_d 、

ω'_d ,确定状态反馈增益矩阵 K ,使系统的性能满足理想性能指标。

第 1 步:计算理想特征多项式

$$\lambda^*(s) = s^2 + 2\xi'_d \omega'_d s + \omega'^2_d$$

第 2 步:令 $K = \begin{bmatrix} k_1 & k_2 \end{bmatrix}^T$,计算受控系统的特征多项式

$$\lambda(s) = d(s) + K^T g(s)$$

第 3 步:根据极点配置方程,令

$$\lambda(s) = \lambda^*(s)$$

即

$$\begin{bmatrix} l_{11} & l_{21} \\ l_{12} & l_{22} \end{bmatrix} \begin{bmatrix} k_1 \\ k_2 \end{bmatrix} = \begin{bmatrix} 2\xi'_d \omega'_d - d_1 \\ \omega'^2_d - d_2 \end{bmatrix}$$

即可计算出反馈增益矩阵 K 。

3.4.2　线性系统二次型最优控制

按照给定的二次型目标寻找线性系统的最优控制问题在工程实际中也常常碰到。同时,它也是处理工程实际问题的一种有效方法。

对于线性系统常用的二次型目标函数

$$\left. \begin{aligned} \min_{u} J &= \frac{1}{2} x^T(t_f) S x(t_f) + \frac{1}{2} \int_{t_0}^{t_f} \left[x^T(t) Q(t) x(t) + u^T(t) R(t) u(t) \right] dt \\ \text{s. t.} \quad \dot{x}(t) &= A(t)x(t) + B(t)u(t), \qquad x(t_0) = x_0 \end{aligned} \right\}$$

$$(3.19)$$

式中, $R(t)$ 正定, $Q(t)$ 及 S 半正定, t_0 , t_f 固定,以下设 $R(t)$, $Q(t)$, S 为对称阵。

式（3.19）称为线性二次型调节器问题,简称 LQR（Linear Quadratic Regulator）。它的物理含义是:若系统受外界扰动,偏离零状态（即到达某一初态 x_0 ）后,应施加怎样的控制 u ,使系统回到零状态附近,满足二次型目标函数为最小。

二次型目标函数的第一项 $\frac{1}{2} x^T(t_f) S x(t_f)$ 表示稳态误差;第二项 $\int_{t_0}^{t_f} x^T(t) Q(t) x(t) dt$ 表示暂态误差的总度量;第三项 $\int_{t_0}^{t_f} u^T(t) R(t) u(t) dt$ 表示暂

态过程消耗控制能量的总和。

1. 有限时间调节器问题

式(3.19)中的终时 t_f 为有限值,这种问题就称为有限时间调节器问题。它突出了在有限时间内完成动态误差小、控制能量消耗少、稳态误差小的要求。

把式(3.19)化为无约束优化问题

$$\min_{\boldsymbol{u}} J = \frac{1}{2}\boldsymbol{x}^{\mathrm{T}}(t_f)\boldsymbol{S}\boldsymbol{x}(t_f) +$$

$$\frac{1}{2}\int_{t_0}^{t_f}\{[\boldsymbol{x}^{\mathrm{T}}(t)\boldsymbol{Q}(t)\boldsymbol{x}(t)+\boldsymbol{u}^{\mathrm{T}}(t)\boldsymbol{R}(t)\boldsymbol{u}(t)]+\boldsymbol{\lambda}^{\mathrm{T}}(t)[\boldsymbol{A}(t)\boldsymbol{x}(t)+\boldsymbol{B}(t)\boldsymbol{u}(t)-\dot{\boldsymbol{x}}(t)]\}\mathrm{d}t$$

根据泛函极值存在的必要条件,可得

$$\left.\begin{aligned}&\boldsymbol{\lambda}(t_f)=\boldsymbol{S}\boldsymbol{x}(t_f)\\&\dot{\boldsymbol{\lambda}}(t)=-[\boldsymbol{Q}(t)\boldsymbol{x}(t)+\boldsymbol{A}^{\mathrm{T}}(t)\boldsymbol{\lambda}(t)]\\&\boldsymbol{u}(t)=-\boldsymbol{R}^{-1}(t)\boldsymbol{B}^{\mathrm{T}}(t)\boldsymbol{\lambda}(t)\end{aligned}\right\} \tag{3.20}$$

把 $\boldsymbol{u}(t)$ 代入状态方程

$$\dot{\boldsymbol{x}}(t)=\boldsymbol{A}(t)\boldsymbol{x}(t)-\boldsymbol{B}(t)\boldsymbol{R}^{-1}(t)\boldsymbol{B}^{\mathrm{T}}(t)\boldsymbol{\lambda}(t) \tag{3.21}$$

由式(3.20)和式(3.21)可看出共有 $2n$ 个方程、$2n$ 个边值,因此该微分方程是可解的,但要求其解析解却十分困难。

不妨令 $\boldsymbol{\lambda}(t)=\boldsymbol{P}(t)\boldsymbol{x}(t)$,则

$$\dot{\boldsymbol{\lambda}}(t)=\dot{\boldsymbol{P}}(t)\boldsymbol{x}(t)+\boldsymbol{P}(t)\dot{\boldsymbol{x}}(t) \tag{3.22}$$

由式(3.20)~式(3.22)得

$$\dot{\boldsymbol{P}}(t)=-\boldsymbol{P}(t)\boldsymbol{A}(t)-\boldsymbol{A}^{\mathrm{T}}(t)\boldsymbol{P}(t)+\boldsymbol{P}(t)\boldsymbol{B}(t)\boldsymbol{R}^{-1}(t)\boldsymbol{B}^{\mathrm{T}}(t)\boldsymbol{P}(t)-\boldsymbol{Q}(t)$$

$$\tag{3.23}$$

边界条件 $\boldsymbol{P}(t_f)=\boldsymbol{S}$。

式(3.23)称为 Riccati 微分方程。由微分方程解的存在和唯一性定理知,矩阵 Riccati 方程的半正定解也是存在和唯一的。因此,最优控制 $\boldsymbol{u}(t)=-\boldsymbol{R}^{-1}(t)\boldsymbol{B}^{\mathrm{T}}(t)\boldsymbol{P}(t)\boldsymbol{x}(t)$,其结构形式如图 3.6 所示。

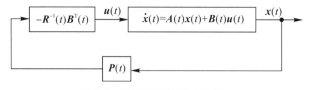

图 3.6 最优反馈控制的结构框图

2. 无限时间调节器问题

无限时间调节器问题的描述如下:

$$\min_{u} J = \frac{1}{2} \int_{t_0}^{\infty} \left[\boldsymbol{x}^{\mathrm{T}}(t) \boldsymbol{Q}(t) \boldsymbol{x}(t) + \boldsymbol{u}^{\mathrm{T}}(t) \boldsymbol{R}(t) \boldsymbol{u}(t) \right] \mathrm{d}t$$
$$\text{s.t.} \quad \dot{\boldsymbol{x}}(t) = \boldsymbol{A}(t) \boldsymbol{x}(t) + \boldsymbol{B}(t) \boldsymbol{u}(t), \qquad \boldsymbol{x}(t_0) = \boldsymbol{x}_0 \tag{3.24}$$

式中，$\boldsymbol{R}(t)$ 正定，$\boldsymbol{Q}(t)$ 半正定。

对于时变系统的无限时间最优调节问题有如下定理：

对线性时变系统，任取 $t \in [t_0, \infty)$，系统都是能控的，则时变系统无穷时间最优调节问题的最优解存在且唯一，其最优解为

$$\boldsymbol{u}(t) = -\boldsymbol{R}^{-1}(t) \boldsymbol{B}^{\mathrm{T}}(t) \boldsymbol{P}(t) \boldsymbol{x}(t) \tag{3.25}$$

式中，$\boldsymbol{P}(t)$ 是如下 Riccati 微分方程

$$\dot{\boldsymbol{P}}(t) = -\boldsymbol{P}(t) \boldsymbol{A}(t) - \boldsymbol{A}^{\mathrm{T}}(t) \boldsymbol{P}(t) + \boldsymbol{P}(t) \boldsymbol{B}(t) \boldsymbol{R}^{-1}(t) \boldsymbol{B}^{\mathrm{T}}(t) \boldsymbol{P}(t) - \boldsymbol{Q}(t)$$

的极限解（指当 $t_f \to \infty$ 的解）。

对于定常系统的无限时间最优调节问题有如下定理：

给定线性定常系统

$$\dot{\boldsymbol{x}} = \boldsymbol{A}\boldsymbol{x} + \boldsymbol{B}\boldsymbol{u}$$
$$\boldsymbol{x}(t_0) = \boldsymbol{x}_0 \tag{3.26}$$

设系统完全能控，则线性定常系统无穷时间最优调节问题的最优解存在且唯一，其最优解为

$$\boldsymbol{u}^* = -\boldsymbol{R}^{-1} \boldsymbol{B}^{\mathrm{T}} \boldsymbol{P} \boldsymbol{x} \tag{3.27}$$

式中，$\boldsymbol{P}(t)$ 是如下 Riccati 代数方程

$$\boldsymbol{P}\boldsymbol{A} + \boldsymbol{A}^{\mathrm{T}} \boldsymbol{P} - \boldsymbol{P}\boldsymbol{B}\boldsymbol{R}^{-1}\boldsymbol{B}^{\mathrm{T}}\boldsymbol{P} + \boldsymbol{Q} = 0 \tag{3.28}$$

的解。

3.4.3 变结构控制

1. 变结构控制的定义

广义地说，变结构控制就是在控制过程中，系统的结构（或模型）可发生变化的系统。而常说的变结构控制是指系统按照给定的切换函数，系统的控制信号发生改变的一种控制方式，也称之为滑动模态控制。

2. 变结构控制的设计

变结构控制设计要解决以下两个问题：

（1）选择切换函数，或者说确定切换面 $s_i = 0$；

（2）求取控制 $u_i(x)$。

设计的目标有以下 3 个，即变结构控制的三要素：

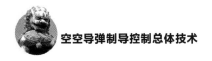

（1）所有相轨迹于有限时间内到达切换面；

（2）切换面内存在滑动模；

（3）滑动运动渐进稳定并具有良好的动态品质。

按时间顺序应该是先有 a，再有 b，后有 c，但是，目标 c 与切换函数的确定紧密相关，一旦确定了切换函数，也就决定了滑动运动的稳定性与动态品质。而目标 a 和 b 是在切换函数确定之后，由变结构控制 $u_i(x)$ 来保证的，因此，确定切换函数是首先要解决的问题。

3. 变结构控制的三要素

（1）存在条件。下面不加说明地给出滑动模态存在的充分条件为

$$s\dot{s} < 0 \tag{3.29}$$

（2）稳定条件。为了使系统 $\dot{x} = Ax + bu$ 在切换面 $s = C^T x = 0$ 上的滑动模态运动具有渐进稳定性，其充分必要条件是：系统在以 $s = C^T x = 0$ 的条件下算出的等效控制 u_{eq} 作为控制 u 是特征方程的所有根，除了 $C^T a^n$ 之外，都具有负实部。其中，C^T 为定常的 n 维行向量 $[C_1 \ C_2 \ \cdots \ C_n]$，$C_n = 1$；$a^n$ 是 A 阵的第 n 列。

（3）进入条件。如果系统 $\dot{x} = Ax + bu$ 中切换面 $s = C^T x = 0$ 是滑动面，那么不等式 $C^T a^n \leqslant 0$ 是进入的充分条件。

在设计变结构控制时，工程上也常用李雅普诺夫第二方法来确定滑动模态。下面结合线性二阶对象来说明这一方法的应用。

例 3 - 2 给定线性二阶对象

$$\left.\begin{array}{l} \dot{x}_1 = x_2 \\ \dot{x}_2 = -a_1 x_1 - a_2 x_2 - bu \end{array}\right\} \tag{3.30}$$

式中，a_1、a_2 和 b 为对象参数，设计该对象的变结构调节器。

1）首先建立开关方程

$$s = c_1 x_1 + x_2$$

计算其导数

$$\dot{s} = c_1 \dot{x}_1 + \dot{x}_2 = -a_1 x_1 + (c_1 - a_2) x_2 - bu$$

2）建立李雅普诺夫函数

$$V = \frac{1}{2} s^2$$

求导

$$\dot{V} = s\dot{s} = -a_1 x_1 s + (c_1 - a_2) x_2 s - bus$$

令

$$u = \psi x_1 + K x_2$$

式中，ψ 为变结构控制项，K 为比例控制项。引入比例控制项 K 的目的是确保变结构控制器的稳定性和提高系统快速性。将上式代入

$$\dot{V} = -(a_1 + b\psi)x_1 s + (c_1 - a_2 - bK)x_2 s < 0$$

并将开关方程代入，得

$$\dot{V} = -(a_1 + b\psi + c_1^2 - a_2 c_1 - bKc_1)x_1 s - (-c_1 + a_2 + bK)s^2 < 0$$

由此得出变结构控制系统的稳定性条件为

1)
$$c_1 < a_2 + bK$$

2)
$$\psi = \begin{cases} \psi^+, & x_1 s > 0 \\ \psi^-, & x_1 s \leqslant 0 \end{cases}$$

式中

$$\psi^+ = \max\left(\frac{-a_1 - c_1^2 + a_2 c_1 + bKc_1}{b}\right)$$

$$\psi^- = \min\left(\frac{-a_1 - c_1^2 + a_2 c_1 + bKc_1}{b}\right)$$

4. 变结构控制的特点

变结构控制的突出特点在于：当系统状态处于滑动运动时，具有对参数摄动的不变性和对外部干扰的鲁棒性。很重要的一点是，这种滑动运动是通过变结构控制器中理想的开关特性来实现的。由于时间上的延迟和空间上的滞后等，会使滑动运动呈现抖振现象。对任一变结构控制系统，往往要经过三种研究：理论分析、计算机仿真和实物实验，可能有以下一般结果。

（1）对数学模型不出现抖振。

（2）仿真结果出现抖振。仿真在原理上是数学模型的数字计算结果，出现抖振是由于数字计算的舍入误差引起的。

（3）实物实验出现抖振。这是由于实际上数学模型不精确引起的。

有了这个基本了解之后，对正确理解抖振、探讨其消除及削弱方法是有益的。

因为消除抖振的同时也将消除可贵的抗摄动抗干扰能力，所以采用削弱的手段才是可取的。工程上常采用具有饱和函数的准滑动模态变结构控制或通过调整不同趋近律的参数等方法来达到削弱抖振的目的。具体方法在此不详细叙述，可参考相关资料。

3.4.4　微分几何控制理论

对于非线性系统，不管是运动轨线或输出等，一般来说，都不能用线性系统

中我们所熟悉的子空间来描述。类似于线性系统的几何理论,可以通过引入微分流形的概念来讨论非线性系统的性质。直接讨论微分流形是很困难的,借助于 Frobenius 定理、Chow 定理及它们的推广,把对微分流形的讨论转换为对向量场及分布性质的研究,而李代数、李导数是这其中的主要工具。经过 10 余年的努力,非线性系统的几何理论已经有了很大的发展。它不但在理论上已初步形成了自己的完整体系,而且在一些尖端工程技术及工业上得到了应用。

微分几何方法所研究的主要对象为如下状态方程所表示的仿射非线性系统:

$$\begin{cases} \dot{x} = A(x) + \sum_{i=1}^{m} B_i(x)u_i, x(t_0) = x_0, x \in \mathbf{R}^n, u \in \mathbf{R}^m \\ y = C(x), \quad y \in \mathbf{R}^m \end{cases}$$

对于仿射非线性系统,基于非线性系统几何理论和相对度的概念,通过微分同胚和反馈,可以变换成能控的线性系统,这也就是一个精确线性化的过程。

虽然基于微分几何理论的反馈线性化方法为解决一类非线性系统的分析与综合问题提供了强有力的手段,但是反馈线性化方法要求有苛刻的条件,且结构复杂,有时很难获得所需的非线性变换。

微分几何方法主要有以下缺点。

(1)抽象性。从大体上说,微分几何方法在理论上比较容易展开,可以从统一的微分几何概念出发深入研究各种不同的问题。但这一途径比较抽象,不便在工程上推广使用。

(2)复杂性。即使是一个可线性化或可解耦系统,要检验其条件一般也很困难,而反馈实现则更困难。例如,状态反馈线性化实质上要解一组偏微分方程,这对一般系统几乎是不可能的。这限制了它的应用,特别是控制律在计算机上的实现。

(3)无层次性。在一般非线性变换下,线性结构被破坏,每次变换都是对系统的一种重新塑造,因此缺乏线性与非线性之间的相容性。

(4)准线性控制。目前常用的控制律是将非线性项消去后用线性控制律来控制非线性系统,这种方法对系统要求较高。例如在应用反馈线性化理论进行 BTT 导弹自动驾驶仪设计时出现的"零动力学问题",为了解决该问题,要求零动力系统具有"最小相位",从而进行导弹控制系统设计,而这种假定实际上是忽略了系统的非线性特性。

3.4.5 H_∞ 鲁棒控制理论

传统的控制器是基于系统的数学模型建立的,因此,控制系统的性能在很大程度上取决于模型的精确性,往往出于某种原因,对象参数变化使数学模型不能准确地反映对象特性,从而无法达到期望的控制指标。为解决这个问题,控制系统的鲁棒性研究成为现代控制理论研究中一个非常活跃的领域。简单地说,鲁棒控制就是对于给定的存在不确定性的系统,分析和设计能保持系统的正常工作的控制器。鲁棒镇定是保证不确定系统的稳定性,而鲁棒性能设计是进一步确定有某种指标下的一定的性能。

虽然 H_∞ 控制理论是目前解决鲁棒控制问题比较成功且比较完善的理论体系,但是在"最坏情况"下的控制却导致了不必要的保守性。与此同时发展的 μ 理论则同时考虑到了结构的不确定性问题,能够有效地、无保守地判断"最坏情况"下摄动的影响,而且当存在不同表达形式的结构化不确定性情况下,能分析控制系统的鲁棒稳定性和鲁棒性能问题。

3.4.6 参数空间方法

参数空间方法的基本思想是借助一个固定的定常状态或输出反馈控制,将系统的闭环极点配置在一个预定的区域之中,并且保证所考虑的多模系统的闭环极点位于该区域之内。对系统稳定性、稳定裕度、动态响应性能等方面的要求,由闭环极点的预定区域予以综合保证。因此,参数空间方法不但考虑了系统的稳定性要求,而且同时还间接考虑了系统的其他动态性能。

考虑一连续或离散闭环系统如图 3.7 所示。

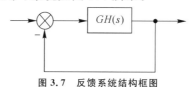

图 3.7 反馈系统结构框图

前向通道的 $GH(s)$ 是系统的传递函数(包括控制器),系统的特征方程可表示为

$$\det(1 + GH) = 0$$

也可用另一种形式表示为

$$P(\boldsymbol{s}, a) = 0$$

这里 P 是特征函数。向量 $\boldsymbol{s}$ 和未知参数 a 属于已知允许区域,$\boldsymbol{s}$ 的元素是复变量的函数,这些复变量可以是拉普拉斯变换,也可以是 z 变换。参数空间方法要解决的问题是:给定一族表征不确定系统的特征函数 P 和复平面上一 D 集合,找出一种设计方法,确定某种形式的控制,使 P 满足 D 稳定性。具体地说,检验 P 域中的函数的零点是否在 D 集合里。

基于这一思想,参数空间方法可以解决带有参数不确定性系统的控制问题。

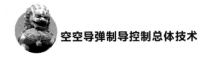

下面给出的模型就是设计中的不确定参数数学模型:

$$\dot{\boldsymbol{X}} = \boldsymbol{A}(t_i)\boldsymbol{X}(t) + \boldsymbol{B}(t_i)\boldsymbol{u}(t) , \quad i = 1, 2, \cdots, n$$

用这种方式描述的系统,称之为系统参数族,设计控制器的要求是,设计一个控制系统参数族的公共控制器(common controller),使其满足某些性能指标要求。

下面讨论参数空间方法设计多模系统控制器的步骤。

给定系统

$$\dot{\boldsymbol{x}} = \boldsymbol{A}\boldsymbol{x} + \boldsymbol{b}\boldsymbol{u}$$

式中,$(\boldsymbol{A}, \boldsymbol{b})$ 可控,找到一个状态反馈控制律 $\boldsymbol{u} = -\boldsymbol{K}^{\mathrm{T}}\boldsymbol{X} + r$,这样闭环系统 $\dot{\boldsymbol{X}} = (\boldsymbol{A} - \boldsymbol{b}\boldsymbol{K}^{\mathrm{T}})\boldsymbol{X} + \boldsymbol{b}r$ 有一个规定特征值集合 $s_1, s_2, \cdots, s_n$,闭环系统特征多项式为 $p(s) = \det(\boldsymbol{SI} - \boldsymbol{A} + \boldsymbol{b}\boldsymbol{K}^{\mathrm{T}}) = (s - s_1)(s - s_2)\cdots(s - s_n)$。一般极点配置方法是确定一组期望闭环特征值 $s_1, s_2, \cdots, s_n$,计算需要的反馈增益向量 $\boldsymbol{K}$,在区域极点配置的问题中,只给定 s 平面中的一个 Γ 区域,即要求 $s_1, s_2, \cdots, s_n \in \Gamma$。与极点配置比较,区域极点配置提供了更大自由度。

在使用一个固定增益向量 $\boldsymbol{K}$ 实现对象模型族 (A_i, b_i),$i = 1, 2, \cdots, N$ 的联立 Γ-稳定性(simultaneous Γ-stabilization)时,每个对象模型 (A_i, b_i) 都给出了一个 $\boldsymbol{K}$ 空间中的期望区域 $K_{\Gamma j}$,联立 Γ-稳定器(simultaneous Γ-stabilizers)是交集 $K_\Gamma = \bigcap_{j=1}^{N} K_{\Gamma j}$。图 3.8 给出了两个对象的情况。

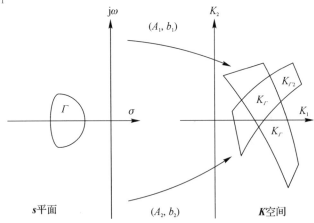

图 3.8 $K \in K_{\Gamma 1}$ 将 $(A_1 - b_1 K^{\mathrm{T}})$ 所有特值配置到 Γ,$K \in K_{\Gamma 2}$ 将 $(A_2 - b_2 K^{\mathrm{T}})$ 所有特值配置到 Γ,交集 $K_\Gamma = K_{\Gamma 1} \bigcap K_{\Gamma 2}$ 描述两对象模型联立 Γ-稳定器的集合

在工程实践中,参数空间方法常常在如下几个场合应用。

(1)容错控制领域。考虑到控制系统的传感器、执行机构和对象出现故障或出现很大变化(如参数大范围变化、结构变化)时,控制系统对象就呈现出多模特性。

（2）线性时变系统控制领域。对于线性时变系统，在其满足一定的条件时，可将其处理成参数不确定性系统，也就是多模系统。

（3）非线性系统控制领域。对于非线性系统，当满足一定的约束条件时，可将其处理成参数不确定性系统。将非线性系统小扰动线性化，不确定对象的参数向量 $\boldsymbol{\theta}_i$ 表征了非线性对象不同的工作点。

3.4.7 预定增益控制理论

预定增益控制理论在工程上主要解决线性时变系统和非线性时变系统的控制问题。如导弹、飞机等控制对象是一时变系统，如何保证飞行控制系统的参数随飞行条件的变化而自动地调整，就是预定增益控制理论所要解决的问题。因此，从本质上讲，预定增益控制就是解决飞行控制系统控制器的自适应调参问题。

1. 预定增益控制系统设计方法

考虑一般意义下被控对象有

$$
\begin{cases}
\dot{\boldsymbol{x}}(t) = f\big[\boldsymbol{x}(t),\boldsymbol{u}(t),\boldsymbol{w}(t)\big] \\
\boldsymbol{z}(t) = h_1\big[\boldsymbol{x}(t),\boldsymbol{u}(t),\boldsymbol{w}(t),\boldsymbol{r}(t)\big] \\
\boldsymbol{y}(t) = h_2\big[\boldsymbol{x}(t),\boldsymbol{u}(t),\boldsymbol{w}(t)\big]
\end{cases}
$$

式中，$\boldsymbol{x}(t)$ 是状态向量；$\boldsymbol{u}(t)$ 是控制输入向量；$\boldsymbol{w}(t)$ 是测量外部信号，用于预定增益；$\boldsymbol{r}(t)$ 是参考输入信号；$\boldsymbol{z}(t)$ 是测量误差信号；$\boldsymbol{y}(t)$ 是附加测量输出信号，用于控制和/或预定增益的目的。

控制目标是在参考输入信号 $\boldsymbol{r}(t)$ 和外部信号 $\boldsymbol{w}(t)$ 的作用下具有尽可能小的误差 $\boldsymbol{z}(t)$。要求闭环系统内部稳定，在常值输入下具有零稳定误差。

考虑预定增益控制器，其输入信号为 $\boldsymbol{z}(t)$、$\boldsymbol{y}(t)$、$\boldsymbol{w}(t)$ 和 $\boldsymbol{r}(t)$，写成以下一般形式（具有积分项）：

$$
\begin{cases}
\dot{\boldsymbol{x}}_B(t) = a_1\big[\boldsymbol{x}_B(t),\boldsymbol{x}_J(t),\boldsymbol{z}(t),\boldsymbol{y}(t),\boldsymbol{w}(t),\boldsymbol{r}(t)\big] \\
\dot{\boldsymbol{x}}_J(t) = a_2\big[\boldsymbol{x}_B(t),\boldsymbol{z}(t),\boldsymbol{y}(t),\boldsymbol{w}(t),\boldsymbol{r}(t)\big] \\
\boldsymbol{u}(t) = c\big[\boldsymbol{x}_B(t),\boldsymbol{x}_J(t),\boldsymbol{z}(t),\boldsymbol{y}(t),\boldsymbol{w}(t),\boldsymbol{r}(t)\big]
\end{cases}
$$

这个控制器是一个典型的预定增益控制器。预定增益控制系统的设计可以分为以下 4 步。

（1）在对象状态和外部输入取常值的情况下，计算对象平衡点的系统族。

（2）设计一个参数化线性系统族，改善对象在每一工作点的特定性能。

（3）根据参数化线性系统族的设计结果，给出预定的增益控制器。在每一个设计点上，给出控制信号使误差为零。另外，还能将整个系统线性化到控制器设

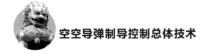

计时的平衡点上。

(4)通过仿真校验预定增益控制器的全局性能。

设计的前两步是设计预定增益控制器的主要工作。首先遇到的是定常工作点的局部系统族的存在性问题,它可以用隐函数定理来解决。在工程中通常是利用物理观察而不是用函数计算来分析这个问题。若采用线性控制器系统族控制,将使用时变参数系统预定增益控制器的设计方法。

设计的第三步是否成功,有赖于是否采用了合适的控制器结构去满足线性化条件。这同样是一个关键性的技术问题。只要外部信号在缓变输入情况下,具有期望性能的预定增益控制器能够找到,那么系统在小范围的性能将能够保证。

2. 预定增益控制的特点

尽管预定增益控制是一种自适应调参控制,但它与通常所说的自适应控制(如模型参考自适应控制)又有着明显的区别。预定增益控制要求被控对象随特征参数是时变或者是非线性变化的,而特征参数必须是可观测的。根据特征参数与被控制对象之间内在的对应关系,从而实现控制器增益的"在线"规划、调整。因此,从某种意义上说,预定增益控制是一种开环自适应控制。而自适应控制是利用被控对象的输入/输出特性来调整控制器的参数,它是一种闭环自适应控制。因此,预定增益控制通常用于导弹、飞机、无人机等控制对象与飞行条件(飞行高度、飞行马赫数、动压及飞行攻角等)密切相关的飞行器飞行控制系统的设计中。

3.4.8　模糊控制和神经网络控制

模糊控制主要是模仿人的控制经验,而不是依赖控制对象的模型,因此模糊控制器实现了人的某些智能,是智能控制的一个重要分支。模糊控制主要研究那些在现实生活中广泛存在、定性、模糊和非精确的信息系统的控制问题。

模糊控制主要由以下三部分组成:

(1)测量信息模糊化是将实测物理量转化为在该语言变量相应论域内不同语言值的模糊子集;

(2)推理机制是使用数据库和规则库,并根据当前的系统状态信息来决定模糊控制的输出子集;

(3)模糊集的精确化是将推理机制得到的模糊控制量转化为一个清晰、确定的输出控制量的过程。

模糊控制无须知道输入与输出间的数学依存关系,而主要依赖模糊规则和模糊变量的隶属度函数。

　　神经网络的本质是对一个给定的具有适当神经元及拓扑结构的网络,通过改变网络权值来完成复杂的函数映射关系。神经网络的优点是运算的并行性、存储的分布性、高度容错能力、强鲁棒性、非线性运算以及自学习自组织能力,但是,现有的神经网络控制存在一些缺点:①多层网络控制中,由于在每个学习周期中网络的所有权值都必须更新一次,这就使得学习过程很慢,难以满足实时性要求;②必须和具体的控制方法相结合。

|参 考 文 献|

[1]杨军.导弹控制原理[M].北京:国防工业出版社,2010.

第 4 章

空中目标的特性和环境

|4.1 空中目标特性|

空空导弹打击的主要空中目标是有人飞机、无人机、巡航导弹、弹道导弹及临近空间飞行器等。这里主要介绍飞机的一些主要特性。

对空空导弹作战性能有重大影响的是飞机的飞行速度特性、高度特性和机动特性,其飞行速度随不同的飞行高度而变化,机动能力与马赫数有关,这几方面的关系可以用飞行包络图表示。飞行包络由最小速度限、升限线和动压限制线组成。

飞机的最大飞行速度受发动机的推力限制。飞机的最小飞行速度和升限由飞机的升力必须等于重力、推力必须等于阻力的基本关系所决定。飞机的动压大小由飞机的飞行速度和高度所决定,受飞机结构强度所限制。低空大气密度大、阻力大,在飞机推力不变的情况下,最小飞行速度就小。最小飞行速度随飞行高度而增高,因为只有这样才能维持升力等于重力。升限随着飞行速度的增加而逐渐增加,达到最大速度后由于阻力的增加升限逐渐降低。

一般来说,战略轰炸机最大飞行速度在 $0.75 \sim 2.0 Ma$,升限在 $13 \sim 18 \ km$,过载值在 $1.4 \sim 4g$。歼击轰炸机最大飞行速度在 $0.95 \sim 2.5 Ma$,升限在 $12.5 \sim 20 \ km$,最大可用过载在 $5 \sim 9g$。战略侦察机的飞行高度通常都在歼击机飞行范

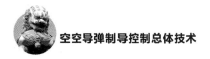

围之外的空域活动,飞机升限可达到 $24\sim25$ km,最大飞行速度可达到 $3.2Ma$,而低空侦察机则为了低空或超低空突防,利用地形跟踪技术,可在 100 m 或更低的高度飞行。

|4.2　目标的典型运动形式|

4.2.1　匀加速直线运动模型

平面内匀加速直线运动模型(CA)描述目标运动方程如下:

$$
\begin{cases}
x(t) = x_0 + \int v_x(t)\,\mathrm{d}t \\
y(t) = y_0 + \int v_y(t)\,\mathrm{d}t \\
z(t) = z_0 + \int v_z(t)\,\mathrm{d}t
\end{cases}
$$

式中：　$x(t)$，$y(t)$，$z(t)$——目标位置坐标；

　　　　$v_x(t)$，$v_y(t)$，$v_z(t)$——目标的速度；

　　　　x_0，y_0，z_0——目标的初始位置。

4.2.2　水平盘旋模型

平面内匀速转弯运动模型(CT)描述目标运动方程如下:

$$
\begin{cases}
x = x_0 + \dfrac{v}{\omega}\cos(t - t_0) \\
y = y_0 + \dfrac{v}{\omega}\sin(t - t_0) \\
z = z_0
\end{cases}
$$

式中：　　　ω——目标的转弯角速率；

　　　　　v——目标运动速度；

　　　　　t_0——运动开始时刻；

　　　x_0，y_0，z_0——目标的初始位置。

4.2.3 一般目标运动学模型

$$
\begin{cases}
\dot{x}_M = v_M \cos\theta_M \cos\psi_{vM} \\
\dot{y}_M = v_M \sin\theta_M \\
\dot{z}_M = -v_M \cos\theta_M \sin\psi_{vM} \\
x_M(0) = x_{M0} \\
y_M(0) = y_{M0} \\
z_M(0) = z_{M0} \\
v_M = v_M(t) \\
\theta_M = \theta_M(t) \\
\psi_{vM} = \psi_{vM}(t)
\end{cases}
$$

式中： $\dot{x}_M$ ——目标 x 轴方向速度；

$\qquad \dot{y}_M$ ——目标 y 轴方向速度；

$\qquad x_{M0}$ ——目标位置 x 向坐标初始值；

$\qquad y_{M0}$ ——目标位置 y 向坐标初始值；

$\qquad z_{M0}$ ——目标位置 z 向坐标初始值；

$\qquad v_M(t)$ ——目标速度函数；

$\qquad \theta_M(t)$ ——目标弹道倾角函数；

$\qquad \psi_{vM}(t)$ ——目标航向角函数。

|4.3 目标的辐射特性及散射特性|

温度高于绝对零度的物体,都会辐射包括红外线在内的电磁波,物体的红外辐射能量与物体的温度有关,温度越高,辐射的红外线能量越强,而且波长也有变化。

目标的雷达散射特性主要由其雷达散射截面(RCS)表征,而由于目标几何尺寸不同,其结构差异会造成其雷达的散射特性也有很大区别。

4.3.1 目标的红外辐射特性

经物理实验证明,任何物体只要它的温度高于绝对零度(−273℃),都能辐射红外线,故红外辐射属于热辐射。物体温度较低时主要辐射红外线,当温度较高时除仍有红外线辐射外,还出现了可见光能量辐射。红外辐射实质上也是一种电磁波辐射。

红外线是一种不可见光,其波长长于红色光波,比无线电波波长短。红外线的波长为 $0.76\sim1\,000\,\mu m$,在红外技术领域里,把红外光谱划分为以下四个波段:

(1)近红外波段($0.76\sim3\,\mu m$);

(2)中红外波段($3\sim6\,\mu m$);

(3)远红外波段($6\sim15\,\mu m$);

(4)超远红外波段($15\sim1\,000\,\mu m$)。

在航空技术中,运用最广泛的是波长为 $0.76\sim6\,\mu m$ 范围的红外线辐射,即近红外波段和中红外波段。

飞机的自身红外辐射源种类较多,引起红外辐射的因素也多,但对于喷气式战斗机的红外辐射研究必须考虑的四种辐射源为:①发动机燃烧室的空腔金属体;②飞机尾喷管排出的热燃气流;③飞机机体或壳体表面的辐射;④飞机蒙皮表面对包括太阳光、大气和地球反射的辐射能。喷气发动机燃烧室相当于一个被燃气加热的圆柱形腔体,属于空腔辐射。图 4.1 所示为喷气式飞机及太阳的辐射波谱。

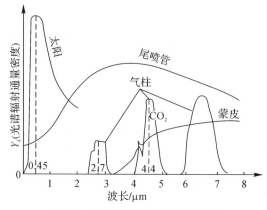

图 4.1 喷气式飞机及太阳的辐射波谱

当导弹从侧向或后半球对目标飞机进行攻击时,喷气流辐射是最重要的红外热辐射源。通过对飞机进行的空中动态测量和地面发动机试车研究表明,喷气流辐射在与喷气流轴线垂直的正侧向最大。由于飞机机体的遮挡,随着测试研究所取方向与喷气流的正流向之间的夹角增大,喷气流的辐射衰减加大。喷气流辐射在光谱分布上还具有比较明显的特点,即由于大气吸收,喷气流辐射除了受到衰减,同时随测试距离的不同,它的光谱分布也在改变。

对于蒙皮辐射,除非在中低空、中大马赫数下飞行才有可能对中波段红外辐射有所贡献。通常蒙皮的辐射波长在 10 μm 左右,而且所占波段较宽,加之飞机的蒙皮展开面积要比尾喷口的面积大许多倍。因此,蒙皮辐射范围在 8～14 μm 波段,占有较大比例。

由于红外大气传输窗口主要分布在 1～3 μm、3～5 μm 和 8～14 μm 三个波段,红外搜索跟踪系统在 1～3 μm 波段主要探测来源于目标机发动机尾喷口的热辐射,在 3～5 μm 波段主要探测来源于目标机发动机尾气流的热辐射,所以对具有红外导引系统的导弹在 1～3 μm、3～5 μm 的波段前向探测距离很近,后向探测距离却很远。而 8～14 μm 波段可以探测来源于目标机蒙皮的热辐射,因此全向探测效果要好得多。在整个红外波段内的探测效能如图 4.2 所示。图中,$E(\theta)$ 为方向的探测效能。

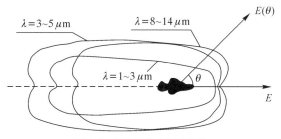

图 4.2　红外波段的探测效能

飞行器红外隐身技术就是综合应用外形、温控、材料等技术手段,消除飞行器与背景之间的辐射信号差异,使飞行器辐射特性尽可能与背景相同;当不能消除飞行器和背景之间的辐射差异时,应设法降低飞行器红外辐射源与背景的对比度,使红外探测系统无法识别飞行器;对于无法消除的红外辐射源,则应限制热辐射的方向以增加红外探测的困难。因此,飞行器红外隐身技术的内涵和最终目标是通过控制飞行器温度、发射率和辐射信号传输方向等方式,控制飞行器可能被探测到的红外特征信号,降低飞行器与典型作战背景环境在大气窗口内的红外辐射信号对比度,从而降低飞行器被发现、识别、跟踪、攻击的距离和概率。

4.3.2　目标的雷达散射特性

1. 雷达散射截面（RCS）的定义

雷达散射截面的定义是针对平面电磁波入射而言的。它与目标本身的特性,目标方向随发射机、接收机的位置变化以及入射的雷达频率有关,与距离无关,是在给定的方向上定量地观测入射电磁波能被目标散射或反射的情况。RCS 通常定义为

$$\sigma(\theta,\varphi,\theta_{\mathrm{i}},\varphi_{\mathrm{i}})=\lim_{R\to\infty}4\pi R^2\,\frac{|\overline{S_{\mathrm{r}}^{\mathrm{s}}(\theta,\varphi)}|}{|S_{\mathrm{r}}(\theta_{\mathrm{i}},\varphi_{\mathrm{i}})|}$$

式中,R , θ , φ 分别为球坐标中所研究的方位量,并且目标被固定在坐标原点（见图 4.3）。

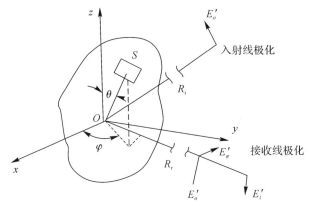

图 4.3　入射和散射波关系

2. 复杂目标雷达散射特性

现代喷气飞机和战术导弹的雷达散射截面如图 4.4 和图 4.5 所示。

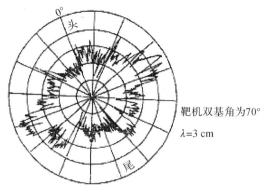

图 4.4 喷气式飞机的全方位雷达散射特性

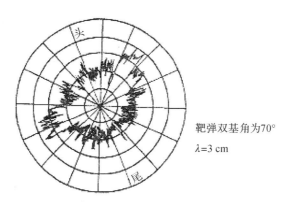

靶弹双基角为70°

$\lambda=3$ cm

图 4.5 典型的战术导弹雷达电波散射特性

由图可知,机身部分的回波面积要比其他部分的大,特别是两翼处的回波面积比任何其他部分大得多。图中 0°处表示机头方位(或鼻锥部分),通常它的回波面积较小,对单引擎喷气战斗机来说,其双基雷达回波面积为 0.01～0.5 m² 的数量级(在 X 波段)。对于导弹形状的目标,由于其外形呈细长圆柱体,所以其头部、尾部的雷达截面要比两翼处小得多,两翼处的雷达截面要比头部大数百倍(X 波段)。

此外,由于雷达工作波长不同而呈现的 RCS 也有所不同,图 4.6 和图 4.7 分别表示飞机目标在微波频率下的短波长范围和长波长范围情况下的 RCS 轮廓图。可见,在微波情况下出现的散射轮廓图很密集,它不像长波长情况下所出现的散射轮廓图那么清晰。这种现象往往是由于散射相位的原因,同样的目标尺寸下,微波频率要比长波长情况下出现的散射点多,因此回波面积的数值随波长的不同而变化。

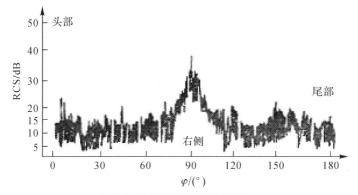

图 4.6 微波频率下典型的飞机回波

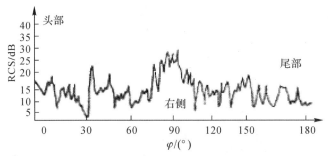

图 4.7　长波情况下同一架飞机的回波

雷达截面测量和使用的数据见表 4.1。

表 4.1　微波频率下所测若干目标的 RCS

目　　标	截面积/m²
通用的有翼导弹	0.5
小的单引擎飞机	1
小型战斗机或有四名乘员的喷气机	2
大型战斗机	6
中型轰炸机或中型喷气班机	20
巨型喷气机	100

　　雷达探测目标主要是靠接收目标反射的电磁回波来实现的,目标要减小雷达探测的作用距离和有效性,达到隐身的效果,主要途径是降低自身的反射回波能量和减小可能被雷达回波接收机接收到的反射回波。目前降低目标 RCS 的主要方式是外形隐身技术和涂覆吸波材料。

4.4　干扰特性

4.4.1　红外干扰技术

　　红外干扰技术是伴随着红外制导技术的发展而发展起来的。面对红外制导导弹对于载机威胁的日趋严重,迫使人们不断开发出先进的机载红外对抗手段,包括有源干扰和无源干扰。其中红外有源干扰技术包括红外诱饵弹、红外干扰机、定向红外对抗等。采用这些手段可以有效地对抗红外导弹,以确保载机自身的安全。其中红外诱饵弹的干扰效果与投放的时间间隔、投放的时机和一次投放的数量有关;红外干扰机和定向红外对抗系统的干扰效果与开机的时机有关。

1.红外诱饵弹

红外诱饵弹的工作过程是,利用点源式制导系统跟踪视场内辐射中心的原理,当红外诱饵弹被抛射点燃后产生高温火焰,并在一定光谱范围内产生强红外辐射,从而欺骗或诱惑敌红外制导系统,以达到保护载机的作用。红外诱饵弹的前身是侦察机上的照明闪光弹。目前普通的红外诱饵弹的药柱由镁粉、聚四氟乙烯树脂和黏合剂等组成。通过化学反应使化学能转变成辐射能,反应生成物主要有氟化镁、碳和氧化镁等,其燃烧反应温度高达 2 000 ～2 200 K。典型红外诱饵弹配方在真空中燃烧时产生的热量约为 7 500 J/g,在空气中燃烧时产生的热量约是真空中的 2 倍。

2.红外干扰机

红外干扰机是一种发射红外干扰信号,破坏和扰乱敌方红外观测系统或红外制导系统正常工作的光电干扰设备。一般来说红外干扰机由三部分组成:控制器、调制器、辐射器(包括光源),其组成框图如图 4.8 所示。

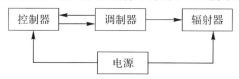

图 4.8　红外干扰机的组成框图

红外干扰机包括欺骗式干扰和大功率压制式光电干扰两大类型。欺骗式干扰设备是模拟飞机发动机及其他发热部件辐射的红外光谱而发射红外能量,比目标辐射的红外能量要强数倍至数十倍;大功率压制式光电干扰设备发射很强的红外辐射能量,迫使导弹的红外探测器工作于非线性饱和区,甚至将探测器击坏,从而使导弹不能有效跟踪目标,导致失效或偏离目标。

目前红外干扰机覆盖波段大多在 1～3 μm 和 3～5 μm,而 8～14 μm 的很少。其战术性能如下:①压制系数通常大于 3,少数大于 10;②干扰视场通常大于 10°;③覆盖方位:水平 360°,俯仰±25°。红外干扰机是非消耗性干扰设备,它发送经调制的强红外辐射脉冲,以破坏和降低红外导引头截获目标的能力,或者是破坏其观测系统,并破坏其跟踪状态。其工作特点是,由于红外干扰机与被保护目标一体,使来袭红外制导导弹无法从速度上把目标与干扰信号区分开。其

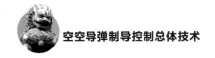

他主要工作特点是在无红外告警的情况下,可以较长时间连续工作,以弥补红外诱饵有效干扰时间短、弹药有限的不足;可以重复使用和连续工作;干扰视场宽;抗干扰能力强;隐蔽性好,尤其适用于低辐射的目标,自卫效果好。

3. 定向红外对抗

采用常规红外光源的定向红外对抗设备是人们最先开发的。美国采用铯灯作为干扰光源,聚成宽 $15°$、高低角为 $+10° \sim -70°$ 的棱锥形光束,而由 AN/AAR-44 红外型导弹逼近告警系统引导干扰光束。当 AAR-44 检测到导弹攻击时,即引导干扰光束瞄准导弹导引头。这种系统使铯灯全向连续辐射较短波长的红外能量,以对抗早期的红外导弹。仅当告警系统检测到目标后,才辐射较长波长的更强的定向光脉冲。

美国研制的"萤火虫"系统,使用双红外光束将氙灯能量聚集在逼近导弹上。虽然不如铯灯有效,但氙灯更亮、寿命更长,且一开机即可达到峰值输出。这样的光源易于进行干扰信号的调制。定向红外对抗系统以 256×256 元碲镉汞焦平面阵列作为导弹逼近告警系统,与红外干扰光源在同一个转塔架上。传感器能锁定导弹并有足够的灵敏度,甚至在导弹发动机燃尽后仍能跟踪导弹。跟踪系统的精度约为 $0.05°$,很容易使宽 $6°$ 的定向红外对抗干扰光束照射到导弹上。

4.4.2 电磁干扰技术

采用雷达导引头的导弹在完成任务的过程中遇到的电磁环境是复杂的,不仅有人为干扰(包括功率型干扰和欺骗型干扰),还有自然干扰(如地杂波、海杂波等)。复杂的电磁干扰环境对导引头的工作造成很大的威胁,干扰机的干扰形式、调制形式、调制参数及战术应用都是针对干扰导引头的体制、信号处理方法实现的。

1. 有源连续波噪声干扰

有源连续波噪声干扰是遮盖型干扰,其中包括阻塞式干扰、瞄准式干扰和扫频式干扰。这些干扰与导引头的接收机输入端的有用信号相加,使有用信号产生失真。因此,信号的检测概率降低,虚警概率增加,目标参数的测量精度降低。连续波噪声干扰,可以在时域、频域和空域遮盖有用信号,是最常见的干扰形式。

2. 箔条干扰

投掷在空中的箔条反射器包,形成偶极子云团,由于体积小,可以看成点目标,对导引头产生无源欺骗型干扰。周期性地投放反射器包,在空中汇合成箔条干扰走廊。导弹攻击的目标在箔条走廊中飞行,干扰带宽可以覆盖导引头的工作频率,对导引头产生无源遮盖型干扰(见表 4.2)。

表 4.2 箔条云团平均浓度 N 对导引头作用距离 R 的影响

R	总衰减/dB	单位体积内的根数 N/(根·m^{-3})
1	0	0
0.8	3.9	445
0.6	8.9	1 027
0.4	16	1 712
0.2	28	3 082
0.1	40	4 452

4.5 空气动力环境

作用在导弹上的空气动力和发动机推力特性,在其他条件相同的情况下,取决于介质(大气)的压强、温度及其他物理属性。大气状况(如它的压强、密度和温度等参数)在地球表面不同的几何高度上、不同的纬度上、不同的季节、一天内的不同时间上是不相同的。

4.5.1 标准大气

标准大气表中规定的大气参数不随地理纬度和时间而变化,它只是几何高度的函数。表中规定以海平面作为几何高度计算的起点,按高度不同可以把大气分成若干层。11 km 以下的为对流层,对流层内的气温随高度升高而降低,高度每升高 1 km,温度下降 6.5 ℃。11～32 km 为同温层或平流层,一般飞机和有翼导弹就是在对流层和同温层内飞行;同温层内的大气温度在 11～20 km 这一范围内保持为 216.7 K 不变,再往高去略有升高。声速变化曲线的规律和温度曲线是相同的。温度、大气压强、声速、大气密度随高度变化分别如图 4.9～图4.12 所示。

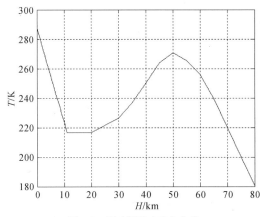

图 4.9 温度随高度变化曲线

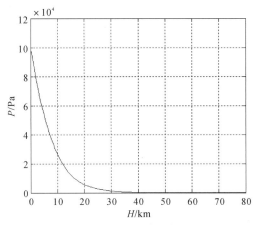

图 4.10 大气压强随高度变化曲线

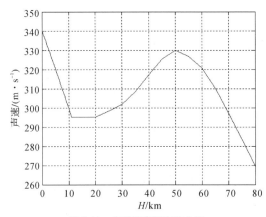

图 4.11 声速随高度变化曲线

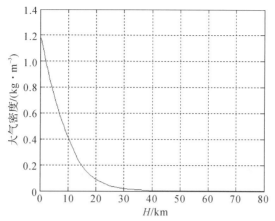

图 4.12　大气密度随高度变化曲线

　　大气压强就是观测点处单位面积上所承受的上空大气柱的重力,高度越高,大气压强越低。例如,高度在 16 km 左右,压强为标准大气压的 10%;而高度升到 31 km 处,压强几乎降到标准大气压的 1%。可以认为,在对流层内压强是高度的幂函数,再往高去,则按指数函数规律变化。

　　大气密度随高度的变化,在对流层内也是幂函数关系。在同温层的 11～20 km 高度范围内,密度变化规律与压强变化规律是相同的。

4.5.2　风干扰特性

　　导弹飞行过程中所处风场特性对导弹的飞行也会产生较大影响。不同的发射条件下对应的风场特性也是不同的。风的影响按照来流方向分为顺风、逆风和侧风三种,风的特性可以用定常风和阵风来刻画。

　　阵风的特点是风速和风向均会发生剧烈的变化。阵风的量级和方向又是完全不同的,它们是时间和空间的随机函数,只能根据实测由统计数据确定。在工程设计中,只能根据局部的实测数据对阵风进行估值。经估值分析,阵风可以分为垂直和水平阵风,并以 u 代表垂直阵风速度,w 代表水平阵风速度。一般情况,$w = 2u$。实测研究还证明,在对流层和平流层的下层,阵风速度随着高度增加而增大,计算阵风速度可以采用以下经验公式:

$$u = u_0 \sqrt{\frac{\rho_0}{\rho}}, \quad w = w_0 \sqrt{\frac{\rho_0}{\rho}}$$

式中:u_0 和 w_0 分别为与地面垂直和水平的风速;ρ_0 为地面空气密度;ρ 为某一

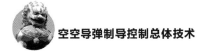

高度上的空气密度。因此,若知道地面风速的大致数据,按公式可以估计某一高度上阵风的速度。

导弹受阵风作用的影响将出现附加迎角和侧滑角。

导弹受到垂直风速 u 的干扰作用后,使吹向导弹合成气流的方向变为 v_1,由此形成了附加迎角 $\Delta\alpha_1$,有

$$\tan\Delta\alpha_1 = \frac{u\cos\theta}{v - u\sin\theta} \cong \frac{u}{v}\cos\theta$$

亦即是

$$\Delta\alpha_1 = \arctan\left(\frac{u}{v}\right)\cos\theta$$

同理,由水平风速 w_1 与导弹速度 v 合成的气流方向变为 v_2,这时可得附加迎角 $\Delta\alpha_2$ 为

$$\tan\Delta\alpha_2 = \frac{w_1\sin\theta}{v + w_1\cos\theta} \cong \frac{w_1}{v}\sin\theta$$

因此

$$\Delta\alpha_2 = \arctan\frac{w_1}{v}\sin\theta$$

如果风速分量 w_2 在侧滑角平面内垂直于飞行速度 v,同样可得侧滑角偏差值为

$$\Delta\beta = \arctan\frac{w_2}{v}$$

由攻角偏差 $\Delta\alpha$ 引起的纵向干扰力和干扰力矩为

$$\begin{cases} F'_{yd} = qsC_y^\alpha\Delta\alpha \\ M'_{zd} = qsC_y^\alpha\Delta\alpha(x_g - x_p) \end{cases}$$

式中,x_g 为重心至弹头顶点的距离;x_p 为压力中心至顶点的距离。同理,侧滑角偏差产生的干扰力和干扰力矩等于

$$\begin{cases} F'_{zd} = qsC_z^\beta\Delta\beta \\ M'_{yd} = qsC_z^\beta\Delta\beta(x_g - x_{p1}) \end{cases}$$

式中,x_{p1} 为侧向压力中心。

阵风采用冻结场假设的大气紊流,是一种局部平稳和高斯型的连续过程,须用随机过程的理论和方法进行研究。常用的描述阵风功率谱为 Dryden 谱。

1. 德莱顿(Dryden)模型

$$
\begin{cases}
\Phi_{\omega_x \omega_x}(\omega) = \dfrac{\sigma_{\omega_x}^2 L_{\omega_x}}{\pi v} \dfrac{1}{1 + (L_{\omega_x} \omega / v)^2} \\[3mm]
\Phi_{\omega_y \omega_y}(\omega) = \dfrac{\sigma_{\omega_y}^2 L_{\omega_y}}{\pi v} \dfrac{1 + 12 (L_{\omega_y} \omega / v)^2}{[1 + 4 (L_{\omega_y} \omega / v)^2]^2} \\[3mm]
\Phi_{\omega_z \omega_z}(\omega) = \dfrac{\sigma_{\omega_z}^2 L_{\omega_z}}{\pi v} \dfrac{1 + 12 (L_{\omega_z} \omega / v)^2}{[1 + 4 (L_{\omega_z} \omega / v)^2]^2}
\end{cases}
$$

式中，L_{ω_x}，L_{ω_y}，L_{ω_z} 为三个方向的紊流特征波长。

2. 阵风传递函数

为方便使用，引入白噪声随机过程，设计一传递函数 $T(s)$，当输入量 w 为白噪声时，输出量的频谱为希望的阵风谱。以 Dryden 谱的垂向谱 $\Phi_{\omega_z \omega_z}$ 为例，根据随机过程理论，有

$$
\Phi_{\omega_z \omega_z} = |T(\mathrm{i}w)|^2 \Phi_{ww}(\omega)
$$

式中，$\Phi_{ww}(\omega)$ 为激励功率谱，对于白噪声 $\Phi_{ww} = 1$，且 $|T(\mathrm{i}w)|^2 = T^*(\mathrm{i}w) T(\mathrm{i}w)$。

Dryden 谱为有理式，可以进行因式分解，得复频域中传递函数为

$$
T(s) = \sigma_w \sqrt{\frac{L_{\omega_z}}{\pi v}} \frac{1 + 2\sqrt{3} L_{\omega_z} s / v}{(1 + 2 L_{\omega_z} s / v)^2}
$$

|参 考 文 献|

[1] 杨军. 导弹控制原理[M]. 北京：国防工业出版社，2010.

[2] 张有济. 战术导弹飞行力学设计(上)(下)[M]. 北京：宇航出版社，1996.

[3] 杨军. 导弹控制系统设计原理[M]. 西安：西北工业大学出版社，1997.

[4] 郑志伟. 空空导弹系统概论[M]. 北京：兵器工业出版社，1997.

[5] 赵强，刘隆和. 红外成像制导及其目标背景特性分析[J]. 航天电子对抗，2006 (1)：27 - 29.

[6] 穆虹. 防空导弹雷达导引头设计[M]. 北京：宇航工业出版社，1996.

[7] 施德恒，许启富. 红外诱饵弹系统的现状与发展[J]. 红外技术，1997(1)：9.

第 5 章

空空导弹的基本特性

|5.1　导弹运动方程组|

导弹运动方程是表征导弹运动规律的数学模型,也是分析、计算或模拟导弹运动的基础。在建立导弹弹体运动模型之前,需要规定和采用一些常用的坐标系定义,同时还必须采用一些假设,以保证简化运动方程且不失一般性。

5.1.1　坐标系定义

现将常用的几种坐标系简述如下。

1. 地面坐标系($Oxyz$)

原点 O 选在发射点上;Ox 轴平行于 O 点处的地平面,一般以指向目标方向为正;Oy 轴垂直于地平面,向上为正;Oz 轴按右手法则确定。

地面坐标系可近似作为惯性坐标系。由于牛顿力学只在惯性系成立,所以应用牛顿运动定律列运动方程时必须采用惯性坐标系,习惯上可采用地面坐标系。

2. 弹体坐标系($O_1x_1y_1z_1$)

原点 O_1 选在导弹重心;O_1x_1 轴与弹体几何纵轴一致,指向弹头方向为正;O_1y_1 轴在导弹纵向对称平面内,与 O_1x_1 垂直,向上为正;O_1z_1 轴按右手法则

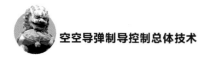

确定。

此坐标系与地面坐标系结合可决定导弹的姿态,通常以下述 3 个姿态角描述:

(1)俯仰角 ϑ:O_1x_1 与 xOz 水平面间的夹角,抬头为正;

(2)偏航角 ψ:O_1x_1 在 xOz 平面投影与 Ox 轴的夹角,由 Ox 轴量起,逆时针方向为正;

(3)滚动角 γ:O_1y_1 轴与通过纵轴的垂直平面的夹角,从尾部向头部看,导弹由垂直面向右滚动为正。

由于轴对称导弹弹体轴即为惯性主轴,而对于惯性主轴存在惯性积 $J_{x1y1}=J_{y1z1}=J_{z1x1}=0$,所以在刚体旋转方程中与这些量有关的诸项均可消去,故旋转运动方程常采用弹体坐标系。

3.弹道固连坐标系(即半速度坐标系 $O_1x_2y_2z_2$)

原点仍在重心 O_1;O_1x_2 轴沿速度方向,指向飞行方向为正;O_1y_2 轴在包含速度向量的垂直平面内与 O_1x_2 垂直,向上为正;O_1z_2 轴按右手法则决定。

弹道固连坐标系与地面坐标系结合,可描述弹道特征。所采用特征角如下:

(1)弹道倾角(航迹角)θ:O_1x_2 与水平面间夹角,指向水平面以上为正;

(2)航向角(弹道偏角)ψ_v:O_1x_2 在水平面上投影与地面坐标系 Ox 轴的夹角,由 Ox 轴量起,逆时针方向为正。

用此坐标系描述刚体平移运动方程可以得到比较简单的形式。

4.速度坐标系($O_1x_3y_3z_3$)

原点仍在重心 O_1;O_1x_3 轴与 O_1x_2 轴一致;O_1y_3 轴垂直于 O_1x_3,位于导弹弹体纵向对称平面内,向上为正;O_1z_3 轴按右手法则确定。

此坐标系与弹体坐标系结合可描述弹体与气流的相对关系,其间的特征角如下:

(1)攻角 α:O_1x_3 在导弹纵向对称平面内投影与 O_1x_1 轴的夹角,抬头为正;

(2)侧滑角 β:O_1x_3 与弹体纵向对称面间的夹角,从尾部向头部看,离开对称面向右侧滑为正。

5.1.2 导弹广义空气动力方程

空气动力 R 和力矩 M 取决于飞行的速度 v、导弹的几何尺寸与形状、导弹的方位角、空气的密度 ρ_∞、温度 T 等。根据量纲分析和相似理论可得

$$\left.\begin{array}{l}R=C_Rq_\infty S\\M=C_mq_\infty SL\end{array}\right\} \tag{5.1}$$

式中，q_∞ 为远前方来流动压；S 为特征面积；L 为特征长度；C_R 为空气动力系数；C_m 为空气动力矩系数。

在实际计算和分析导弹的气动特性时，需要把空气动力和力矩分解到一定的坐标系上，并赋予各分量相应的定义。在空气动力学中常用的坐标系有两个：速度坐标系和弹体坐标系。

空气动力系数沿速度坐标系分解：C_x 为阻力系数（一般定义指向后方为正），C_y 为升力系数，C_z 为侧力系数。

空气动力系数沿弹体坐标系分解：C_{x1} 为轴向力系数（一般定义指向前方为正），C_{y1} 为法向力系数，C_{z1} 为侧向力系数。

空气动力矩系数沿弹体系分解：m_x 为滚转力矩系数，m_y 为偏航力矩系数，m_z 为俯仰力矩系数。换算公式为

$$\begin{bmatrix} C_{x1} \\ C_{y1} \\ C_{z1} \end{bmatrix} = \begin{bmatrix} \cos\alpha\cos\beta & \sin\alpha & -\cos\alpha\sin\beta \\ -\sin\alpha\cos\beta & \cos\alpha & \sin\alpha\sin\beta \\ \sin\beta & 0 & \cos\beta \end{bmatrix} \begin{bmatrix} -C_x \\ C_y \\ C_z \end{bmatrix} \tag{5.2}$$

1. 空气动力

空气动力是导弹在空气中运动时产生的并作用于导弹压心上的气动力。气动力在速度坐标系 $O_1 x_3 y_3 z_3$ 上可以分解为 3 个分量，即阻力 X、升力 Y 和侧力 Z。它们分别以气动系数表示为

$$\left. \begin{aligned} X &= C_x qS \\ Y &= C_y qS \\ Z &= C_z qS \end{aligned} \right\} \tag{5.3}$$

式中：C_x 为阻力系数；C_y 为升力系数；C_z 为侧力系数；$q = \dfrac{1}{2}\rho V^2$；S 为气动力参考面积。

阻力 X 通常包括零升阻力和诱导阻力两部分，因此阻力系数可表示为 $C_x = C_{x0} + C_{xi}$。C_{x0} 为零升阻力系数，C_{xi} 为诱导阻力系数。前者仅取决于导弹的飞行高度和飞行马赫数，后者还与导弹的攻角和侧滑角有关。

升力 Y 主要由弹身、弹翼和舵面产生。在攻角和舵偏角比较小的情况下，升力系数可近似用线性公式表示，即

$$C_y = C_{y0} + C_y^\alpha \alpha + C_y^{\delta_z} \delta_z \tag{5.4}$$

式中：C_{y0} 为零攻角升力系数，对于轴对称导弹 $C_{y0} = 0$。

对于轴对称导弹来说，其侧力系数的求法与升力系数相同，即

$$\left. \begin{aligned} C_z^\beta &= -C_y^\alpha \\ C_z^{\delta_y} &= -C_y^{\delta_z} \end{aligned} \right\} \tag{5.5}$$

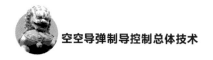

2. 空气动力产生的力矩

当研究作用在导弹上的力矩时,将采用弹体坐标系:

(1)俯仰力矩:$M_z = m_z qSL$;

(2)偏航力矩:$M_y = m_y qSL$;

(3)滚转力矩:$M_x = m_x qSL$。

俯仰力矩也称为纵向力矩,由空气动力和喷气反作用产生。在给定飞行速度和高度下,俯仰力矩系数与许多因素有关,其可以表示为攻角、舵偏角、俯仰角速率以及攻角和舵偏角变化率的函数,在 $\alpha,\delta_z,\omega_z,\dot{\alpha},\dot{\delta}_z$ 比较小的情况下,即

$$m_z = m_{z0} + m_z^\alpha \alpha + m_z^{\delta_z} \delta_z + m_z^{\bar{\omega}_z} \bar{\omega}_z + m_z^{\dot{\bar{\alpha}}} \dot{\bar{\alpha}} + m_z^{\dot{\bar{\delta}}_z} \dot{\bar{\delta}}_z \qquad (5.6)$$

式中: $\bar{\omega}_z$ —— 无量纲俯仰角速度,$\bar{\omega}_z = \dfrac{\omega_z L}{v}$;

$\dot{\bar{\alpha}},\dot{\bar{\delta}}_z$ —— 无量纲的角度变化率,分别可表示为 $\dot{\bar{\alpha}} = \dfrac{\dot{\alpha}L}{v}$,$\dot{\bar{\delta}}_z = \dfrac{\dot{\delta}_z L}{v}$;

m_{z0} —— 当 $\alpha = \delta_z = \omega_z = \dot{\alpha} = \dot{\delta}_z = 0$ 时的俯仰力矩系数,它是由于导弹外形相对于弹体坐标系 $O_1 x_1 z_1$ 平面不对称引起的,主要取决于飞行马赫数、导弹的几何形状、弹翼或安定面的安装角。

相对于 $O_1 y_1$ 轴的偏航力矩与俯仰力矩在机理上完全相似。俯仰力矩主要由作用在导弹部件弹身、弹翼、尾翼等的法向力所产生,而偏航力矩则由相应部件的侧向力所产生。显然偏航力矩系数可以表示为

$$m_y = m_y^\beta \beta + m_y^{\delta_y} \delta_y + m_y^{\bar{\omega}_y} \bar{\omega}_y + m_y^{\dot{\bar{\beta}}} \dot{\bar{\beta}} + m_y^{\dot{\bar{\delta}}_y} \dot{\bar{\delta}}_y \qquad (5.7)$$

式中 $\bar{\omega}_y = \dfrac{\omega_y L}{v}$,$\dot{\bar{\beta}} = \dfrac{\dot{\beta}L}{v}$,$\dot{\bar{\delta}}_y = \dfrac{\dot{\delta}_y L}{v}$。

由于所有导弹外形相对于 $O_1 x_1 y_1$ 平面总是对称的,所以 m_{y0} 总是等于零。

导弹在非对称扰流情况下,发生相对于纵轴的力矩,称为滚转力矩。与分析其他空气动力和力矩相同,其系数可以表示为

$$m_x = m_{x0} + m_x^\beta \beta + m_x^{\delta_x} \delta_x + m_x^{\delta_y} \delta_y + m_x^{\bar{\omega}_x} \bar{\omega}_x + m_x^{\bar{\omega}_y} \bar{\omega}_y \qquad (5.8)$$

式中: m_{x0} —— 由生产误差引起的外形不对称产生的力矩系数;

m_x^β —— 恢复力矩系数;

$m_x^{\delta_x}$ —— 操纵力矩系数;

$m_x^{\delta_y}$ —— 垂尾效应动力系数;

$m_x^{\bar{\omega}_x},m_x^{\bar{\omega}_y}$ —— 无量纲的旋转导数。

5.1.3 导弹刚体运动方程

为描述六自由度的导弹刚体运动,先给出弹体系和弹道系导弹刚体运动的

一般表达式。

1. 质心动力学方程

（1）弹体系质心动力学方程为

$$
\left.
\begin{aligned}
\frac{\mathrm{d}v_{x1}}{\mathrm{d}t} + \omega_y v_{z1} - \omega_z v_{y1} = a_{x1} \\
\frac{\mathrm{d}v_{y1}}{\mathrm{d}t} + \omega_z v_{x1} - \omega_x v_{z1} = a_{y1} \\
\frac{\mathrm{d}v_{z1}}{\mathrm{d}t} + \omega_x v_{y1} - \omega_y v_{x1} = a_{z1}
\end{aligned}
\right\}
\tag{5.9}
$$

式中：v_{x1}，v_{y1}，v_{z1} 为导弹飞行速度在弹体坐标系上的分量；a_{x1}，a_{y1}，a_{z1} 为导弹飞行加速度在弹体坐标系上的分量，则

$$
v = \sqrt{v_{x1}^2 + v_{y1}^2 + v_{z1}^2}
\tag{5.10}
$$

式（5.9）的第 1 个方程表明，当导弹存在俯仰和（或）偏航角速度时，会影响导弹的纵向加速度特性。在第 2 个方程中，$-\omega_x v_{z1}$ 项表明在 Oy_1 方向上存在一个由滚动运动引起的力，换句话说，由于滚动角速度的存在，导弹的偏航运动被耦合到俯仰运动中。第 3 个方程中的 $\omega_x v_{y1}$ 项亦如是，由于要求两个完全去耦，其理想的条件是 $\omega_x = 0$。这就是在设计导弹控制系统时一般采用滚动角稳定的控制方式的主要原因之一。

导弹在弹体坐标系中的加速度分量按下式计算，即

$$
\left.
\begin{aligned}
a_{x1} = (P - X_1 - G\sin\vartheta)/m \\
a_{y1} = (Y_1 - G\cos\vartheta\cos\gamma)/m \\
a_{z1} = (Z_1 + G\cos\vartheta\sin\gamma)/m
\end{aligned}
\right\}
\tag{5.11}
$$

式中：X_1，Y_1，Z_1 分别为轴向力、法向力和侧向力；ϑ 为俯仰角；γ 为滚转角。

（2）弹道系质心动力学方程为

$$
\left.
\begin{aligned}
\frac{\mathrm{d}v}{\mathrm{d}t} = a_{x2} \\
v\frac{\mathrm{d}\theta}{\mathrm{d}t} = a_{y2} \\
-v\cos\theta\frac{\mathrm{d}\psi_c}{\mathrm{d}t} = a_{z2}
\end{aligned}
\right\}
\tag{5.12}
$$

式中：a_{x2}，a_{y2}，a_{z2} 为导弹飞行加速度在弹道坐标系上的分量；θ 为弹道倾角；ψ_c 为弹道偏角。

导弹在弹道坐标系中的加速度分量按下式计算，即

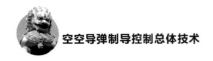

$$
\left.\begin{aligned}
a_{x2} &= (P\cos\alpha\cos\beta - Q - G\sin\theta)/m \\
a_{y2} &= [P(\sin\alpha\cos\gamma_c + \cos\alpha\sin\beta\sin\gamma_c) + Y\cos\gamma_c - Z\sin\gamma_c - G\cos\theta]/m \\
a_{z2} &= [P(\sin\alpha\sin\gamma_c - \cos\alpha\sin\beta\cos\gamma_c) + Y\sin\gamma_c + Z\cos\gamma_c]/m
\end{aligned}\right\}
$$

(5.13)

式中：Q 为阻力；Y 为升力；Z 为侧力；α 为攻角；β 为侧滑角；γ_c 为速度倾斜角。

2.弹体旋转动力学方程

$$
\left.\begin{aligned}
J_x \frac{d\omega_x}{dt} + (J_z - J_y)\omega_y\omega_z &= M_x \\
J_y \frac{d\omega_y}{dt} + (J_x - J_z)\omega_x\omega_z &= M_y \\
J_z \frac{d\omega_z}{dt} + (J_y - J_x)\omega_x\omega_y &= M_z
\end{aligned}\right\}
$$

(5.14)

在式(5.14)的第 1 个方程中，$(J_z - J_y)\omega_y\omega_z$ 是惯性积，它表明了交叉耦合的特性，若导弹具有两个对称面，则 $J_z = J_y$，那么，$J_z - J_y = 0$，即表明交叉耦合不存在，这就是往往采用轴对称布局的依据。在第 2、3 个方程中，若仍采用 $\omega_x = 0$ 的措施，则交叉耦合项可以忽略，即 $(J_x - J_z)\omega_x\omega_z = (J_y - J_x)\omega_x\omega_y = 0$。

3.弹体质心运动学方程

导弹在地面坐标系中的位置按下式计算，即

$$
\left.\begin{aligned}
\frac{dx}{dt} &= v_{x1}\cos\vartheta\cos\psi + v_{y1}(-\sin\vartheta\cos\psi\cos\gamma + \sin\psi\sin\gamma) + \\
&\quad v_{z1}(\sin\vartheta\cos\psi\sin\gamma + \sin\psi\cos\gamma) \\
\frac{dy}{dt} &= v_{x1}\sin\vartheta + v_{y1}\cos\vartheta\cos\gamma - v_{z1}\cos\vartheta\sin\gamma \\
\frac{dz}{dt} &= -v_{x1}\cos\vartheta\sin\psi + v_{y1}(\sin\vartheta\sin\psi\cos\gamma + \cos\psi\sin\gamma) + \\
&\quad v_{z1}(-\sin\vartheta\sin\psi\sin\gamma + \cos\psi\cos\gamma)
\end{aligned}\right\}
$$

(5.15)

4.弹体旋转运动学方程

$$
\left.\begin{aligned}
\frac{d\vartheta}{dt} &= 57.3(\omega_y\sin\gamma + \omega_z\cos\gamma) \\
\frac{d\psi}{dt} &= 57.3[(\omega_y\cos\gamma - \omega_z\sin\gamma)/\cos\vartheta] \\
\frac{d\gamma}{dt} &= 57.3[\omega_x - \tan\vartheta(\omega_y\cos\gamma - \omega_z\sin\gamma)]
\end{aligned}\right\}
$$

(5.16)

|5.2 弹体动力学模型简化|

5.2.1 导弹弹体动力学小扰动线性化

将导弹刚体动力学数学模型的一般表达式用来选择自动驾驶仪的参数是不方便的,通常只是在最后确定自动驾驶仪参数和评定制导控制系统性能时才使用它。为使设计工作简便可靠,必须对该式进行简化。简化条件如下:

(1)采用固化原则,即取弹道上某一时刻 t 飞行速度 v 不变,飞行高度 H 不变,发动机推力 P 不变,导弹的质量 m 和转动惯量 J 不变;

(2)导弹采用轴对称布局形式;

(3)当受到控制或干扰作用时,导弹的参数变化不大,且使用攻角较小;

(4)控制系统保证实现滚动角稳定,并具有足够的快速性。

采用上述简化条件后,就可得到无耦合的、常系数的导弹刚体动力学简化数学模型。

导弹空间运动通常由一组非线性微分方程组来描述,非线性问题往往是用一个近似的线性系统来代替的,在分析导弹的动态特性时,经常采用的是基于泰勒级数的线性化方法。

根据泰勒级数线性化方法,各空气动力和力矩可线性化为

$$
\left.
\begin{aligned}
\Delta X &= X^V \Delta V + X^\alpha \Delta \alpha + X^H \Delta H \\
\Delta Y &= Y^V \Delta V + Y^\alpha \Delta \alpha + Y^H \Delta H + Y^{\delta_z} \Delta \delta_z \\
\Delta Z &= Z^V \Delta V + Z^\beta \Delta \beta + Z^H \Delta H + Z^{\delta_y} \Delta \delta_y \\
\Delta M_x &= M_x^\beta \Delta V + M_x^\beta \Delta \beta + M_x^\alpha \Delta \alpha + M_x^{\omega_x} \Delta \omega_x + M_x^{\omega_y} \Delta \omega_y + \\
&\quad M_x^{\omega_z} \Delta \omega_z + M_x^H \Delta H + M_x^{\delta_x} \Delta \delta_x + M_x^{\delta_y} \Delta \delta_y \\
\Delta M_y &= M_y^\beta \Delta V + M_y^\beta \Delta \beta + M_y^{\omega_x} \Delta \omega_x + M_y^{\omega_y} \Delta \omega_y + M_y^{\dot\beta} \Delta \dot\beta + M_y^H \Delta H + \\
&\quad M_y^{\omega_y} \Delta \omega_y + M_y^{\delta_x} \Delta \delta_x + M_y^{\dot\delta_y} \Delta \dot\delta_y \\
\Delta M_z &= M_z^\beta \Delta V + M_z^\alpha \Delta \alpha + M_z^{\omega_x} \Delta \omega_x + M_z^{\omega_z} \Delta \omega_z + M_z^{\dot\alpha} \Delta \dot\alpha + M_z^H \Delta H + \\
&\quad M_z^{\delta_z} \Delta \delta_z + M_z^{\dot\delta_z} \Delta \dot\delta_z
\end{aligned}
\right\}
\quad (5.17)
$$

据此对导弹刚体运动进行的线性化处理,分别得到轴对称和面对称导弹小扰动线性化模型。

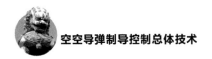

1. 轴对称导弹小扰动线性化模型

若导弹采用轴对称布局,则它的俯仰和偏航运动可由两个完全相同的方程描述。

俯仰运动小扰动线性化模型为

$$\left.\begin{array}{l} \ddot{\vartheta} + a_{22}\dot{\vartheta} + a_{24}\alpha + a'_{24}\dot{\alpha} + a_{25}\delta_z = 0 \\ \dot{\theta} - a_{34}\alpha - a_{35}\delta_z = 0 \\ \vartheta = \theta + \alpha \end{array}\right\} \tag{5.18}$$

偏航运动小扰动线性化模型为

$$\left.\begin{array}{l} \ddot{\psi} + b_{22}\dot{\psi} + b_{24}\beta + b'_{24}\dot{\beta} + b_{27}\delta_y = 0 \\ \dot{\psi}_v - b_{34}\beta = b_{37}\delta_y \\ \psi = \psi_v + \beta \end{array}\right\} \tag{5.19}$$

滚动运动小扰动线性化模型为

$$\ddot{\gamma} + b_{11}\dot{\gamma} + b_{18}\delta_x = 0 \tag{5.20}$$

式(5.18)~式(5.20)中各个系数通常称为动力系数,下面分别介绍其物理意义。

$a_{22} = -\dfrac{M_z^{\omega_z}}{J_z} = -\dfrac{m_z^{\omega_z}qSL}{J_z}\dfrac{L}{v}$,$a_{22}$ 为导弹的空气动力阻尼。它是角速度增量为单位增量时所引起的导弹转动角加速度增量。因为 $M_z^{\omega_z} < 0$,所以角加速度的方向永远与角速度增量 $\Delta\omega_z$ 的方向相反。由于角加速度 $a_{22}\dot{\vartheta}$ 的作用是阻碍导弹绕 oz_1 轴的转动,所以它的作用称为阻尼作用。a_{22} 就称为阻尼系数。

$a_{24} = -\dfrac{M_z^{\alpha}}{J_z} = -\dfrac{57.3m_z^{\alpha}qSL}{J_z}$,$a_{24}$ 表征导弹的静稳定性。

$a_{25} = -\dfrac{M_z^{\delta}}{J_z} = -\dfrac{57.3m_z^{\delta}qSL}{J_z}$,$a_{25}$ 为导弹的舵效率系数,它是操纵面偏转一单位增量时所引起的导弹角加速度。

$a_{34} = \dfrac{Y^{\alpha} + P}{mv} = \dfrac{57.3C_y^{\alpha}qS + P}{mv}$,$a_{34}$ 为弹道切线转动的角速度增量。

$a_{35} = \dfrac{Y^{\delta_z}}{mv} = \dfrac{57.3C_y^{\delta_z}qS}{mv}$,$a_{35}$ 为当攻角不变时,由于操纵面作单位偏转所引起的弹道切线转动的角速度增量。

$a'_{24} = -\dfrac{M_z^{\dot{\alpha}}}{J_z} = -\dfrac{m_z^{\dot{\alpha}}qSL}{J_z}\dfrac{L}{v}$,$a'_{24}$ 为洗流延迟对于俯仰力矩的影响。

$b_{11} = -\dfrac{M_x^{\omega_x}}{J_x} = -\dfrac{m_x^{\omega_x} qSL}{J_x} \dfrac{L}{2v}$ ，b_{11} 为导弹滚动方向的空气动力阻尼系数。

$b_{18} = -\dfrac{M_x^{\delta_x}}{J_x} = -\dfrac{57.3 m_x^{\delta_x} qSL}{J_x}$ ，b_{18} 为导弹的副翼效率。

$b_{22} = -\dfrac{M_y^{\omega_y}}{J_y}$ ，b_{22} 为阻尼动力系数。

$b_{24} = -\dfrac{M_y^{\beta}}{J_y}$ ，b_{24} 为恢复动力系数。

$b'_{24} = -\dfrac{M_y^{\dot\beta}}{J_y}$ ，b'_{24} 为下洗动力系数。

$b_{27} = -\dfrac{M_y^{\delta_y}}{J_y}$ ，b_{27} 为操纵动力系数。

$b_{34} = \dfrac{P - Z^{\beta}}{J_y}$ ，b_{34} 为侧向力动力系数。

$b_{37} = -\dfrac{Z^{\delta_y}}{J_y}$ ，b_{37} 为舵面动力系数。

a_{24} 系数的表达式可以写为

$$a_{24} = -\frac{57.3 C_N^{\alpha} qSL}{J_x} \frac{x_T - x_d}{L}$$

众所周知，压心位置 x_d 是攻角的函数。因此，a_{24} 亦是攻角 α 的函数。因为 $\Delta x = (x_T - x_d)/L$ ，若 C_N^{α} 不变，则

(1)当 $\Delta x > 0$ 时，$a_{24} < 0$，即导弹处于不稳定状态；

(2)当 $\Delta x = 0$ 时，$a_{24} = 0$，即导弹处于中立不稳定状态；

(3)当 $\Delta x < 0$ 时，$a_{24} > 0$，即导弹处于静稳定状态。

因此，系数 a_{24} 的正或负和数值大小反映了导弹静稳定度的情况。同时，随着攻角的变化，导弹的静稳定度亦发生变化。这是很重要的概念。

2.面对称导弹小扰动线性化模型

面对称导弹纵向小扰动线性化模型和轴对称导弹一样，其横侧向小扰动线性化模型为

$$\left.\begin{aligned}
&\frac{\mathrm{d}\omega_x}{\mathrm{d}t} + b_{11}\omega_x + b_{14}\beta + b_{12}\omega_y = -b_{18}\delta_x - b_{17}\delta_y + M_{gx} \\
&\frac{\mathrm{d}\omega_y}{\mathrm{d}t} + b_{22}\omega_y + b_{24}\beta + b'_{24}\dot\beta + b_{21}\omega_x = -b_{27}\delta_y + M_{gy} \\
&\frac{\mathrm{d}\beta}{\mathrm{d}t} + (b_{34} + a_{33})\beta + b_{36}\omega_y - \alpha\dot\gamma + b_{35}\gamma = -b_{37}\delta_y + F_{gz} \\
&\frac{\mathrm{d}\gamma}{\mathrm{d}t} - \omega_x - b_{56}\omega_y = 0
\end{aligned}\right\}
\qquad (5.21)$$

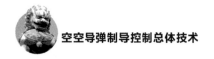

式中,动力系数定义如下:

$$a_{33} = -\frac{g}{v}\sin\theta \ , \ b_{36} = -\frac{\cos\theta}{\cos\vartheta} \ , \ b_{56} = \tan\vartheta$$

以下 3 项为相似干扰力矩和相似干扰力:

$$M_{gx} = \frac{M'_{gx}}{J_x} \ , \ M_{gy} = \frac{M'_{gy}}{J_y} \ , \ F_{gz} = \frac{F'_{gz}}{mv}$$

5.2.2 轴对称导弹刚体运动传递函数

在经典的自动控制理论中,要用传递函数和频率特性表征系统的动态特性。因此,设计导弹制导控制系统时,需要建立弹体的传递函数。

1.导弹纵/侧向刚体运动传递函数

导弹纵向刚体运动传递函数为

$$\frac{\dot{\vartheta}(s)}{\delta(s)} = \frac{-(a_{25} - a'_{24}a_{35})s + (a_{24}a_{35} - a_{25}a_{34})}{s^2 + (a_{22} + a'_{24} + a_{34})s + (a_{22}a_{34} + a_{24})} \tag{5.22}$$

$$\frac{\dot{\theta}(s)}{\delta(s)} = \frac{a_{35}s^2 + (a_{22} + a'_{24})a_{35}s + (a_{24}a_{35} - a_{25}a_{34})}{s^2 + (a_{22} + a'_{24} + a_{34})s + (a_{22}a_{34} + a_{24})} \tag{5.23}$$

忽略 a'_{24} 及 a_{35} 的影响(对旋转弹翼式飞行器和快速响应飞行器,a_{35} 不能忽略),有

(1)当 $a_{24} + a_{22}a_{34} > 0$ 时,导弹纵向运动传递函数为

$$W^{\vartheta}_{\delta_z}(s) = \frac{K_d(T_{1d}s + 1)}{T_d^2 s^2 + 2\xi_d T_d s + 1} \tag{5.24}$$

$$W^{a}_{\delta_z}(s) = \frac{K_d T_{1d}}{T_d^2 s^2 + 2\xi_d T_d s + 1} \tag{5.25}$$

传递函数系数计算公式为

$$\left. \begin{array}{l} T_d = \dfrac{1}{\sqrt{a_{24} + a_{22}a_{34}}} \\[3mm] K_d = -\dfrac{a_{25}a_{34}}{a_{24} + a_{22}a_{34}} \\[3mm] T_{1d} = \dfrac{1}{a_{34}} \\[3mm] \xi_d = \dfrac{a_{22} + a_{34}}{2\sqrt{a_{24} + a_{22}a_{34}}} \end{array} \right\} \tag{5.26}$$

(2)当 $a_{24} + a_{22}a_{34} < 0$ 时,导弹纵向运动传递函数为

$$W^{\vartheta}_{\delta_z}(s) = \frac{K_d(T_{1d}s + 1)}{T_d^2 s^2 + 2\xi_d T_d s - 1} \tag{5.27}$$

$$W_{\delta_z}^{\alpha}(s) = \frac{K_d T_{1d}}{T_d^2 s^2 + 2\xi_d T_d s - 1} \qquad (5.28)$$

传递函数系数计算公式为

$$\left. \begin{aligned} T_d &= \frac{1}{\sqrt{|a_{24} + a_{22} a_{34}|}} \\ K_d &= -\frac{a_{25} a_{34}}{|a_{24} + a_{22} a_{34}|} \\ T_{1d} &= \frac{1}{a_{34}} \\ \xi_d &= \frac{a_{22} + a_{34}}{2\sqrt{|a_{24} + a_{22} a_{34}|}} \end{aligned} \right\} \qquad (5.29)$$

（3）当 $a_{24} + a_{22} a_{34} = 0$ 时，导弹纵向运动传递函数为

$$W_{\delta_z}^{\vartheta}(s) = \frac{K'_d (T_{1d} s + 1)}{s(T'_d s + 1)} \qquad (5.30)$$

$$W_{\delta_z}^{\alpha}(s) = \frac{K'_d T_{1d}}{s(T'_d s + 1)} \qquad (5.31)$$

传递函数系数计算公式为

$$\left. \begin{aligned} T'_d &= \frac{1}{a_{22} + a_{34}} \\ K'_d &= \frac{a_{25} a_{34}}{a_{22} + a_{34}} \\ T_{1d} &= \frac{1}{a_{34}} \end{aligned} \right\} \qquad (5.32)$$

轴对称导弹侧向刚体运动传递函数与纵向刚体运动传递函数完全相同。

2.导弹倾斜刚体运动传递函数

导弹倾斜运动传递函数为

$$W_{\delta_x}^{\omega_x}(s) = \frac{K_{dx}}{T_{dx} s + 1} \qquad (5.33)$$

传递函数系数计算公式为

$$\left. \begin{aligned} K_{dx} &= -b_{18}/b_{11} \\ T_{dx} &= 1/b_{11} \end{aligned} \right\} \qquad (5.34)$$

5.2.3 面对称导弹刚体运动传递函数及状态方程

1.导弹纵向刚体运动传递函数

面对称导弹纵向刚体运动传递函数和轴对称导弹一样，在此不再叙述。

2.导弹横侧向刚体运动状态方程

侧向扰动的状态向量为 $\begin{bmatrix}\omega_x & \omega_y & \beta & \gamma\end{bmatrix}^{\mathrm{T}}$，其小扰动线性化模型可以写成状态方程形式：

$$\begin{bmatrix}\dot{\omega}_x\\\dot{\omega}_y\\\dot{\beta}\\\dot{\gamma}\end{bmatrix}=\boldsymbol{A}_{xy}\begin{bmatrix}\omega_x\\\omega_y\\\beta\\\gamma\end{bmatrix}-\begin{bmatrix}b_{18}\\0\\0\\0\end{bmatrix}\delta_x-\begin{bmatrix}b_{17}\\b_{27}\\b_{37}\\0\end{bmatrix}\delta_y+\begin{bmatrix}M_{gx}\\M_{gy}-b'_{24}F_{gz}\\F_{gz}\\0\end{bmatrix} \quad (5.35)$$

侧向扰动运动的性质取决于

$$G(s)=|s\boldsymbol{I}-\boldsymbol{A}_{xy}|=s^4+A_1s^3+A_2s^2+A_3s+A_4=0 \quad (5.36)$$

式中,特征方程各系数表达式为

$$\begin{aligned}
A_1 &= b_{22}+b_{34}+b_{11}+\alpha b_{24}b_{56}+a_{33}-b'_{24}b_{36}\\
A_2 &= b_{22}b_{34}+b_{22}b_{33}+b_{22}b_{11}+b_{34}b_{11}+b_{11}a_{33}-b_{24}b_{36}-\\
&\quad b'_{24}b_{36}b_{11}-b_{21}b_{12}+(b_{14}+b_{24}b_{56}+b'_{24}b_{11}b_{56}-b'_{24}b_{12})\alpha-b'_{24}b_{35}b_{56}\\
A_3 &= (b_{22}b_{14}-b_{21}b_{14}b_{56}+b_{24}b_{11}b_{56}-b_{24}b_{12})\alpha-\\
&\quad (b_{24}b_{56}+b'_{24}b_{11}b_{56}-b'_{24}b_{12}+b_{14})b_{35}+b_{22}b_{34}b_{11}+\\
&\quad b_{22}b_{11}b_{33}+b_{21}b_{14}b_{36}-b_{21}b_{12}a_{33}-b_{21}b_{12}b_{34}-b_{24}b_{11}b_{36}\\
A_4 &= -b_{35}(b_{22}b_{14}-b_{21}b_{14}b_{56}-b_{24}b_{11}b_{56}-b_{24}b_{12})
\end{aligned}\right\}$$

$$(5.37)$$

横侧向运动为偏航横滚耦合模型,其传递函数为四阶,公式比较烦琐,在此不再赘述。

| 5.3 弹体动力学性能分析 |

5.2 节介绍了导弹纵向和侧向扰动运动方程组,并求出了其传递函数,下面在此基础上对纵向短周期扰动运动的稳定性和过渡过程品质进行分析,并分析横侧向运动模态及其稳定性。

5.3.1 扰动运动的稳定性分析

导弹扰动运动随时间的增加是逐步衰减还是扩大的,主要取决于其传递函数特征方程的根。在复平面上,如果特征方程的根均在虚轴左侧,则扰动运动是衰减的,即稳定的;反之,则是不稳定的。特征方程的根与初值无关,虽然初值是产生扰动运动的原因之一,但不影响根的性质。特征方程的根仅由其系数决定。

5.3.2 纵向短周期运动动态分析

在理论弹道的某特征点上,导弹纵向自由扰动的型态和性质,均由这个特征点上特征方程的根决定。为了从数值上估计出扰动运动参数的衰减或发散程度,以及它们的最大值、振荡周期和经历时间,必须了解特征方程,求出它的根值。

大量实践经验证明,无论导弹的外形怎样变化,它的飞行速度和高度尽管各不相同,而它的特征方程的根,彼此间在量级上遵循着某种规律。下面以某地空导弹为例,对其纵向短周期运动的动态特性进行分析。

例 5 - 1 某地空导弹在 $H = 5\,000$ m 高度上飞行,$v = 641$ m/s,气动力学参数如下:

$$a_{22} = 1.01, \quad a'_{24} = 0.153\,3, \quad a_{24} = 102.2, \quad a_{25} = 67.2,$$
$$a_{34} = 1.152, \quad a_{35} = 0.143\,5, \quad a_{33} = 0.009\,4$$

由此可知,舵偏角 δ_z 到俯仰角速率 $\dot\vartheta$ 的传递函数为

$$\frac{\dot\vartheta(s)}{\delta_z(s)} = \frac{(a_{25} + a'_{24}a_{35})s + (a_{24}a_{35} + a_{25}a_{34})}{s^2 + (a_{22} + a'_{24} + a_{34})s + (a_{22}a_{34} + a_{24})} = \frac{67.222\,0s + 92.080\,1}{s^2 + 2.315\,3s + 103.363\,5}$$

$$(5.38)$$

根据其特征方程表达式,求得特征根为

$$\lambda_{1,2} = -1.158 \pm 10.1\mathrm{i}$$

可以看出,特征方程式的根为共轭复根,导弹纵向短周期自由扰动运动表现为振荡形式。以攻角为例,当 $\lambda_{1,2} = \sigma \pm \nu\mathrm{i}$ 时,其解析解形式为 $\alpha_{1,2} = D_1\mathrm{e}^{\sigma t}\sin(\nu t + \varphi_s)$,这里 ν 为振荡频率,$D_1\mathrm{e}^{\sigma t}$ 为其振幅,而振荡周期 $T = \dfrac{2\pi}{\nu} = 0.622$ s。衰减程度或发散程度是指振幅衰减 1/2 或增大 1 倍所需的时间。

由于共轭复根的实部决定扰动运动衰减程度,而虚部决定着角频率,可知其型态是周期短、衰减快,属于一种振荡频率高而振幅衰减快的运动。其阶跃响应如图 5.1 所示。

当俯仰操纵机构阶跃偏转时,导弹由一种飞行状态过渡到另一种飞行状态。如果不考虑惯性,则该过程瞬时完成。实际上,由于导弹的惯性,参数 ϑ、$\dot\vartheta$、n_y 和 α 在某一时间间隔内是变化的,这个变化过程称为过渡过程。当过渡过程结束时,参数 ϑ、$\dot\vartheta$、n_y 和 α 稳定在与操纵机构新位置相对应的数值上。

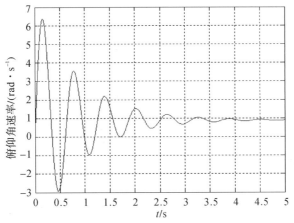

图 5.1 俯仰角速率阶跃响应

过渡过程的特性仅由相对阻尼系数 ξ_d 决定,而过渡过程时间轴的比例尺则由固有频率 ω_c 来决定。图 5.2 所示为不同 ξ_d 值时的过渡过程曲线。当给定 ξ_d 值时,过渡过程时间与振荡的固有频率 ω_c 成反比,或者说与时间常数 T_d 成正比。而

$$T_d = \frac{1}{\sqrt{-(a_{24} + a_{22}a_{34})}}$$

上式表明,增大 $|a_{24}|$,$|a_{24}|$ 和 a_{34} 将使 T_d 减小($|a_{24}|$ 影响是主要的),从而有利于缩短过渡过程的时间。但是增加动力系数 $|a_{24}|$,则要降低传递系数 K_d,这对操纵性又是不利的。因此,设计导弹制导控制系统时,必须合理地确定导弹的静稳定度。T_d 和 ω_c 还与飞行状态有关。随着飞行高度的增加,ω_c 要减小;随着飞行速度的增加,ω_c 要增大。因此,设计弹体与控制系统时,只能采取折中方案,综合考虑各种参数的要求。

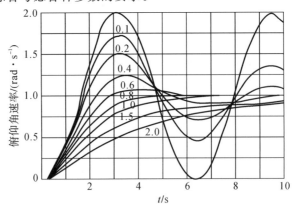

图 5.2 不同 ξ_d 值时的过渡过程曲线

5.3.3 横侧向短周期运动动态分析

1.横侧向运动模态

面对称导弹横侧向运动包括滚转、偏航和侧移 3 个自由度的运动。操纵面是副翼和方向舵,它们是导弹横侧向运动环节的两个输入量。面对称导弹横侧向扰动运动有 3 种模态,即滚转快速阻尼模态、振荡运动模态和缓慢螺旋运动模态。

(1)滚转快速阻尼模态。导弹受扰后的滚转运动,受到弹翼产生的较大阻尼力矩的阻止而很快结束。一方面由于大展弦比弹翼的滚转快速阻尼力矩导数 $|m_x^{\omega_x}|$ 大,另一方面因转动惯量 J_x 较小所致。滚转快速阻尼模态传递函数的时间常数 T_L 与 ρv_0 成反比,也与横滚阻尼气动导数成反比。对于使用小展弦比弹翼的导弹,$|m_x^{\omega_x}|$ 小,滚转阻尼特性不好,因此有必要加入人工阻尼。

(2)振荡运动模态(荷兰滚模态)。导弹受扰后,滚转阻尼运动很快结束,振荡运动显露出来。在横侧向振荡模态里,航向静稳定度 m_y^{β} 起恢复作用,直接消除侧滑角 β,而侧力导数 C_z^{β} 和航向阻力力矩 $m_y^{\omega_y}$ 起阻尼作用。C_z^{β} 和 $m_y^{\omega_y}$ 在数值上远小于 C_y^{α} 和 $m_z^{\omega_z}$,因此横侧向振荡模态的衰减很慢。此外,与纵向短周期模态不同,由于横滚静稳定度导数 m_x^{β} 的存在,伴随着侧滑角 β 的正负振荡,导弹还产生了左右滚转的运动。滚转运动加入振荡运动中使本来就小的阻尼比进一步减小,因此必须选择适当的横滚静稳定性。若横滚静稳定性设计得太大(m_x^{β} 的负值太大),会使振荡运动模态不稳定。

振荡运动模态的固有频率 ω_D 与速度成正比,阻尼比 ξ_D 与速度无关,两者都正比于 $\sqrt{\rho}$。ω_D 也与航向静稳定导数有关,即航向静稳定性越大,振荡运动模态固有频率越高。阻尼比 ξ_D 与 C_z^{β} 和 $m_y^{\omega_y}$ 成正比,与 $\sqrt{m_y^{\beta}}$ 成反比。

(3)缓慢螺旋运动模态。当 m_x^{β} 较小而 m_y^{β} 较大时,易形成不稳定的缓慢螺旋运动模态。该模态的发展过程如下。

若 $t=0$,有正的滚转角($\gamma>0$),则升力 Y 右倾斜与重力 G 合力使导弹向右侧滑。由于 $|m_x^{\beta}|$ 小,则使 γ 减小的负滚转力矩小;而 $|m_y^{\beta}|$ 较大,使得偏航角速率 ω_y 正值大。交叉动导数 $m_x^{\omega_y}$ 为正,产生较大的正滚转力矩。当负滚转力矩小于正滚转力矩时,导弹更向右滚转,于是 Y 与 G 的合力使导弹更向右侧滑,如此反复,逐渐使 γ 正向增大。升力的垂直分量 $Y\cos\gamma$ 则逐渐减小,轨迹向心力 $Y\sin\gamma$ 则逐渐增大,致使导弹形成盘旋半径愈来愈小、高度不断下降的螺旋飞行轨迹,故称为缓慢螺旋运动模态。

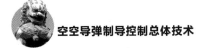

例 5 - 2 已知某飞行器在高度 $H = 12\,000$ m 上飞行,速度 $v = 222$ m/s,$\alpha \approx 0°$,各动力系数如下:

$b_{21} = 0.019\,8, b_{22} = 0.19, b_{24} = 2.28, b'_{24} = 0, b_{27} = 0.835, b_{34} = 0.059,$
$b_{37} = 0.015\,2, b_{12} = 0.56, b_{11} = 1.66, b_{14} = 6.2, b_{18} = 5.7, b_{17} = 0.75,$
$a_{33} = 0, b_{35} = -0.042\,2, b_{36} = -1, b_{56} = 0$

将各动力学系数值代入导弹横侧向特征方程得

$$\lambda^4 + 1.909\lambda^3 + 2.69\lambda^2 + 3.95\lambda - 0.004\,37 = 0$$

解此代数方程,求出它的 4 个根为

$$\begin{cases} \lambda_1 = -1.695 \\ \lambda_2 = 0.001\,105 \\ \lambda_{3,4} = -0.107 \pm 1.525i \end{cases}$$

4 个特征根分为 3 种情况:一个大实根 λ_1、一个小实根 λ_2 和一对共轭复根 $\lambda_{3,4}$(见图 5.3)。每一个根对应一个运动状态。大实根决定的运动状态是非周期收敛的,即滚转快速阻尼模态;小实根决定的运动状态时非周期的,但是发散很缓慢,即缓慢螺旋运动模态;一对共轭复根所决定的运动状态是振荡衰减的,即荷兰滚模态。

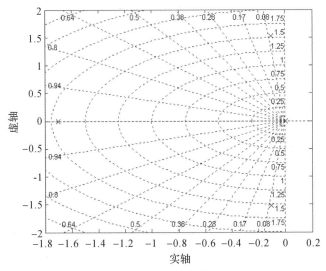

图 5.3 特征根分布图

图 5.4 所示为当 $\Delta\delta_y = 0.1$ rad 时,$\Delta\omega_x$,$\Delta\omega_y$,$\Delta\beta$,$\Delta\gamma$ 随时间变化曲线。

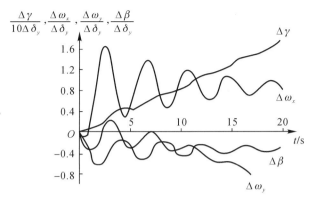

图 5.4 $\Delta \delta_y = 0.1 \, \text{rad}$ 时侧向扰动运动的过渡过程曲线

2. 对侧向稳定性的要求

（1）快收敛的倾斜运动。对于这种运动形式，一般要求衰减得快一些，这样，一方面可以有较好的倾斜稳定性，另一方面可以改善导弹对副翼偏转的操纵性能。

（2）稳定的荷兰滚运动。稳定的荷兰滚运动可以保证导弹的振荡运动能较快地稳定下来，微小的螺旋不稳定运动发展很缓慢，对自动驾驶仪的工作没有任何不利的影响，而它却可以改善荷兰滚运动的动态特性。

（3）慢发散的螺旋不稳定运动。对于慢发散运动，侧向稳定控制器完全有能力将它纠正过来。因此一般并不严格要求它一定是稳定的，而只要求发散得不太快。

|参 考 文 献|

[1]樊会涛.空空导弹方案设计原理[M].北京:航空工业出版社,2013.

[2]杨军.导弹控制原理[M].北京:国防工业出版社,2010.

[3]张有济.战术导弹飞行力学设计(上)(下)[M].北京:宇航出版社,1996.

[4]杨军.导弹控制系统设计原理[M].西安:西北工业大学出版社,1997.

[5]郑志伟.空空导弹系统概论[M].北京:兵器工业出版社,1997.

[6]曾颖超.导弹飞行动态分析[M].西安:西北工业大学出版社,1981.

第 6 章

对空空导弹的基本要求

|6.1　导弹的速度特性|

速度特性是导弹飞行速度随时间变化的规律 $v_D(t)$ 。导弹沿着不同的弹道飞行时,其 $v_D(t)$ 是不同的,但要满足以下共同要求。

(1)导弹平均飞行速度。导弹到达遭遇点的平均速度为

$$\bar{v}_D = \frac{1}{t}\int_0^t v_D(t)\mathrm{d}t \qquad (6.1)$$

式中,t 为导弹到达遭遇点的飞行时间。

由于当导弹沿确定的弹道飞行时,其可用过载取决于导弹速度和大气密度,导弹可用过载随速度的增加而增大,所以为保证导弹可用过载的水平,要求有较高的平均速度。

(2)导弹加速性。制导控制系统总是希望有足够长的制导控制时间,但是受最小杀伤距离的限制,一个显而易见的办法是提早对导弹进行制导控制。而影响导弹起控时间的因素之一就是导弹的飞行速度。若导弹发射后很快加速到一定速度,使导弹舵面的操纵效率尽快满足控制要求,就可达到提早对导弹进行制导控制的目的。引入推力矢量控制后,导弹在低速段也具有很好的操纵性,对导弹的加速性要求就可以适当放宽。

(3)导弹遭遇点速度(导弹末速)。当导弹被动段飞行时,在迎面阻力和重力的作用下,导弹速度下降,可用过载也下降,而当射击目标时,导弹需用过载还与

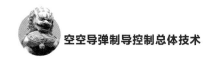

导弹和目标的速度比 v_D/v_M 有关。v_D/v_M 越小,要求导弹付出的需用过载越大,这种影响在对机动目标射击时更为严重,一般要求遭遇点的 $v_D/v_M > 1.3$。

|6.2 导弹最大可用过载|

所谓过载,是指作用在导弹上除重力之外的所有外力的合力 N(即控制力)与导弹重力 G 的比值,即

$$n = \frac{N}{G} \qquad (6.2)$$

由过载定义可知,过载是个矢量,它的方向与控制力 N 的方向一致,其模值表示控制力大小为重力的多少倍,即过载矢量表征了控制力 N 的大小和方向。

导弹可用过载是根据射击目标时导弹实际上所要付出的过载(即需用过载)来确定的,最大可用过载就是导弹在最大舵偏角下产生的过载。

1. 决定导弹需用过载的因素

(1)目标的运动特性。在目标高速大机动的情况下,导弹为了准确飞向目标就应果断地改变自己的方向,付出相应的过载,这是导弹需用过载的主要成分,它主要取决于目标最大机动过载,也与制导方法有关。

(2)目标信号起伏的影响。制导控制系统的雷达导引头或制导雷达对目标进行探测时,由于目标雷达反射截面或反射中心起伏变化,导致导引头测得目标反射信号出现大的起伏变化,这就是目标信号起伏,它总是伴随着目标真实的运动而发生,这就增大了对导弹需用过载的要求。

(3)气动力干扰。气动力干扰可以由大气紊流、阵风等引起。导弹的制造误差、导弹飞行姿态的不对称变化也是产生气动力干扰的原因。气动力干扰造成导弹对目标的偏离运动,要克服气动力干扰引起的偏差,导弹就要付出过载。

(4)系统零位的影响。制导控制系统中各个组成设备均会产生零位误差,由这些零位误差构成系统的零位误差,它亦使导弹产生偏离运动,要克服由系统零位引起的偏差,导弹也要付出过载。

(5)热噪声的影响。制导控制系统中使用了大量的电子设备,它们会产生热噪声,热噪声引起的信号起伏会造成测量偏差,它与目标信号起伏的影响是相同的,只是两者的频谱不同。

(6)初始散布的影响。导弹发射后,经过一段预定的时间,如助推器抛掉或导引头截获目标后,才进入制导控制飞行。在进入制导控制飞行的瞬间,导弹的速度矢量方向与要求的速度矢量方向存在偏差,通常将速度矢量的角度偏差称

为初始散布(角)。初始散布的大小与发射误差及导弹在制导控制开始前的飞行状态有关,要克服初始散布的影响,导弹就要付出过载。

2. 最大可用过载的确定

导弹在整个杀伤空域内的可用过载应满足射击目标所要求的需用过载之和。

综上所述,除目标运动特性外,其他各项均可认为是随机量,在初步设计时,导弹最大可用过载由下式确定:

$$n_{Dmax} \geqslant n_M + \sqrt{n_\omega^2 + n_g^2 + n_0^2 + n_s^2 + n_{\Delta\theta}^2} \tag{6.3}$$

式中:n_{Dmax}——导弹最大可用过载;

$\quad n_M$——目标最大机动引起的导弹需用过载;

$\quad n_\omega$——目标起伏引起的导弹需用过载;

$\quad n_g$——干扰引起的导弹需用过载;

$\quad n_0$——系统零位引起的导弹需用过载;

$\quad n_s$——热噪声引起的导弹需用过载;

$\quad n_{\Delta\theta}$——初始散布引起的导弹需用过载。

|6.3 导弹的阻尼|

在一般情况下,战术导弹的过载和攻角的超调量不应超过某些允许值,这些允许值取决于导弹的强度、空气动力特性的线性化及控制装置的工作能力。允许的超调量通常不超过 30%,这与导弹的相对阻尼系数 $\xi=0.35$ 相对应。对于现代导弹的可能弹道的所有工作点来说,通常不可能保证相对阻尼系数具有这样高的数值。例如,在防空导弹 SA-2 的一个弹道上,相对阻尼系数 ξ 从飞行开始的 0.35 变到飞行结束的 0.08。弹道式导弹 V2 在弹道主动段的大部分相对阻尼系数 $\xi < 0.10$。很多导弹的低阻尼特性是由于导弹通常具有小尾翼,同时有时其展长也小,而且常常是由在非常高的高度上飞行所决定的。

当导弹高空飞行时,其通过增加翼面和展长大大增加空气动力阻尼是不可能的,在这种情况下,通过改变导弹的空气动力布局来简化制导控制系统常常是无效的。同时,所需相对阻尼系数 ξ 可以相当简单地利用导弹包含角速度反馈或者角速度和角加速度反馈的方法来保证。这种方法与上述空气动力方法相比较具有以下优越性:由于尾翼减小,导致导弹质量的减轻、正面阻力的减小以及导弹结构上载荷的减少。

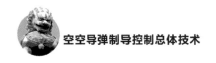

因此,通常对表征导弹阻尼特性的动力系数 a_{22},a'_{24},a_{24},a_{34} 不提出特殊要求。

|6.4　导弹的静稳定度|

为简化导弹控制系统的设计,通常要求在攻角的飞行范围内关系曲线 $m_z(\alpha)$ 是线性的。这要由导弹合理的气动布局,尤其是要由足够的静稳定度来达到。随着静稳定度的增加,空气动力特性线性变化范围也增大。

由于导弹的质心随着推进剂的消耗而向前移动,所以在飞行过程中导弹会变得更加稳定。导弹静稳定度的增加使导弹的控制变得迟钝。为更有效地控制导弹,提高导弹的性能,可将导弹的设计由静稳定状态扩展到静不稳定状态,即在飞行期间,允许导弹的静稳定度大于零。为保证静不稳定导弹能够正常工作,可以采用包含俯仰角(偏航角)或法向过载反馈的方法来实现对导弹的稳定。对导弹控制系统稳定性的分析表明,导弹的自动驾驶仪结构和舵机系统的特性在一定程度上限制了允许的最大静不稳定度。

在弹道式导弹的姿态稳定系统设计中,这种导弹由于没有尾翼或者尾翼面积很小经常是静不稳定的。高性能的空空和地空导弹为了保证其末端机动性,也采取了放宽静稳定度的策略。

必须指出,除非万不得已,有翼导弹设计仍考虑消除静不稳定度,因为它将使控制系统设计及其实现复杂化并降低其可靠性。

|6.5　导弹的固有频率|

按下式可以以相当高的精度计算出导弹的固有频率为

$$\omega_n \approx \sqrt{a_{24}} = \sqrt{\frac{-57.3 m_z^{c_y} C_y^\alpha qSL}{J_z}} \tag{6.4}$$

它是导弹重要的动力学特性。显然,这个频率取决于导弹的尺寸(其惯性力矩)、动压及静稳定度。当在相当稠密的大气层中飞行时,大型运输机的固有频率为 $\omega_n = 1 \sim 2$ rad/s,小型飞机为 $\omega_n = 3 \sim 4$ rad/s,超声速导弹为 $\omega_n = 6 \sim 18$ rad/s。当高空飞行时,飞行器的固有频率会大大降低,一般为 $\omega_n = 0 \sim 1.5$ rad/s。

为了对导弹固有频率的数值提出要求,下面简单地研究导弹、控制系统和制导系统之间的相互影响。

制导系统的通频带,即谐振频率或截止频率 ω_H 应当成为能保证脱靶的数学期望 m_b 和均方差 σ_h 之间的最佳关系。为此,制导系统应当对制导信号(目标运动)有足够精确的反应,并且能抑制随机干扰。截止频率 ω_H 的数量级可以根据制导信号的幅值频谱的宽度评价,而制导信号根据制导运动学弹道的计算结果是已知的。

在相当好的滤波特性的情况下,控制系统本身也会相当精确地复现制导信号。在控制系统具有小的截止频率 ω_{CT} 的情况下,控制系统将大的幅相畸变带入制导过程,这样就给制导系统的设计增加了困难。为了给制导系统工作建立满意的条件,正如根据自动控制理论得出的结论一样,必须将截止频率 ω_H 和 ω_{CT} 分离开,尽管是 2 个倍频程也好。这就是说(如果将控制系统看作振荡环节),当 $\omega_{CT} \geqslant 4\omega_H$ 以及 $\xi_{CT} > 0$ 时,振幅畸变不超过 10%。当控制系统具有很好的阻尼特性的情况下 $\xi_{CT} \geqslant 0.3$,振幅的畸变就在 $\omega_{CT} \geqslant 3\omega_H$ 的同一范围内。因此,可以大体上认为,控制系统的截止频率可以满足相当精确地复现制导信号的条件为

$$\omega_{CT} \geqslant 3\omega_H \tag{6.5}$$

确保控制系统截止频率处于最佳值的任务在一定的条件下可以仅仅用空气动力方法实现。在这种情况下,对导弹的固有频率必须提出要求,即

$$\omega_n \geqslant 3\omega_H \tag{6.6}$$

当在稀薄大气层中或在其范围以外飞行时,导弹的固有频率等于零。保证控制系统截止频率要求值的任务只能由导弹含有攻角和过载反馈的控制系统来完成。

为了简化控制系统,当条件可能时,同时采用空气动力学和自动控制的方法解决所讨论的任务才是合理的。通常,导弹设计师能够在一定限度内改变静稳定度来控制固有频率,这种静稳定度取决于导弹的结构配置和空气动力的配置。控制系统设计师可以通过导弹的固有频率来提高系统的截止频率,即

$$\omega_{CT} \geqslant k\omega_n \tag{6.7}$$

式中,系数 k 对于中等快速性的稳定系统来说是 1.1~1.4,而在高快速性的情况下是 1.5~1.8。考虑式(6.6),可将条件式(6.7)改写为以下形式,即

$$k\omega_n \geqslant 3\omega_H \tag{6.8}$$

由此可见,要求系数值越高,控制系统越复杂,更大的困难就落在控制系统的设计人员身上,因此在相当低的高度飞行时,导弹的固有频率不小于某个允许值 ω_n 才是合理的。例如,当 $\omega_H = 1$ rad/s 时,取 $k = 1$,则 $\omega_{nmin} = 3$ rad/s。然而,当高空飞行时,保持导弹的固有频率的值不小于 ω_n 的设计思路,由于导弹的其

他特性明显变坏,是不恰当的。

问题在于导弹在极限高度飞行时确定可用法向过载的设计情况。由于静稳定度的提高,固有频率 $\omega_n \approx \sqrt{a_{24}}$ 增大时,可用过载减小,并且,为了保持其所需的过载值,必须提高操纵机构的效率。这就使得舵面积过分增大,结果就引起正面阻力及铰链力矩的增大,最终提高导弹的质量并使舵传动机构复杂化。

当导弹低空飞行时,上述看法不起作用,但是为了简化稳定系统,可以合理地提高导弹的固有频率,但只能提高到一定限度。在导弹具有很大的固有频率的情况下,控制系统的形成发生困难,在这种情况下控制系统具有高快速性,而且其元件不应将明显的振幅和相位畸变带入控制过程。此时,舵传动机构仅占狭窄的位置,它的快速性总是受执行传动机构功率及铰链力矩的限制,因此,导弹在最小高度的固有频率最大值取决于传动机构的类型(液压的、气动的等)。

6.6 导弹的副翼效率

保证倾斜操纵机构必要效率的任务是由导弹设计师完成的,然而对这些机构效率的要求是根据对制导和控制过程的分析,并考虑操纵机构的偏转或控制力矩受限而最后完成的。

操纵机构效率及最大偏角应当使由操纵机构产生的最大力矩等于或超过倾斜干扰力矩,且由阶跃干扰力矩所引起的在过渡过程中的倾斜角(或倾斜角速度)不应超过允许值。

倾斜操纵机构最大偏角的大小通常由结构及气动设想来确定。如果控制倾斜运动借助于气动力实现,显然最大高度的飞行是确定对操纵机构效率要求的设计情况。

6.7 导弹的俯仰/偏航效率

俯仰和偏航操纵机构的效率由系数 a_{25}、b_{27} 的大小及操纵机构的最大力矩来表征。对俯仰及偏航操纵机构效率的要求取决于以下几方面:

(1)在什么样的高度上飞行,是在气动力起作用的稠密的大气层内,还是在气动力相当小的稀薄的大气层内飞行;

(2)飞行器是静稳定的、临界稳定的还是不稳定的;

(3)控制系统的类型(静差系统还是非静差系统)。

在各种飞行弹道的所有点上的操纵机构最大偏角应大于理论弹道所需的操纵机构的偏角,且具有一定的储备偏角。此外,操纵机构最大偏角不可能任意选择,它受结构上及气动上的限制。

对俯仰和偏航操纵机构的最大偏转角以及效率的要求(这种要求导弹设计师应当满足)在控制和制导系统形成时就应制定出来,这些要求取决于这些系统所担负的任务,也取决于其工作条件。

|6.8 导弹弹体动力学特性的稳定|

导弹动力学特性和飞行速度与高度的紧密关系是导弹作为控制对象的特点。现代导弹的速度和高度范围更大,以致表征导弹特性的参数可变化100多倍。导弹飞行速度及飞行高度的紧密关系大大增加了制导控制系统设计的难度,这种系统应当满足对导弹在任何飞行条件下所提出的高要求。制导控制系统应确保作为被控对象的导弹具有尽可能大的稳定特性。

保证控制系统动力学特性稳定的任务,一部分要由导弹设计师承担,但基本上由控制系统设计师承担,而他们之间的分工往往根据具体情况而定。

|6.9 导弹法向过载限制|

导弹所经受的最大法向过载不应超过某些由导弹强度条件所确定的极限允许值。如果导弹用于在很宽的速度和高度范围内飞行,则当设计导弹控制系统时,就应当解决最大法向过载和攻角及侧滑角的限制任务。

|6.10 导弹结构刚度及敏感元件的安装位置|

目前,在有效载荷质量和飞行距离给定的情况下,借助减小结构质量和燃料质量比来提高导弹飞行性能的倾向会使导弹结构刚度减小。为此,当设计导弹控制系统时必须考虑结构弹性对稳定过程的影响。

导弹在飞行中受到外载荷的作用会发生弹性振动。导弹的运动可以看作由质心的平移和绕质心的转动以及在质心附近的结构弹性振动的合成。与质心的平移和绕质心的转动相比可以认为结构弹性振动是一个小量运动。但是,在制导控制系统中测量导弹姿态变化的敏感元件,即自动驾驶仪中的角速度陀螺仪、线加速度计以及导引头中的角速度陀螺仪等,会感受到这一小量运动,并引入制导控制回路中,有时会严重影响系统的性能。

结构弹性振动的频率与导弹的结构刚度有关,即刚度愈大,其弹性振动频率愈高。制导控制系统是在一定的频带范围内工作,由于结构弹性振动的阻尼系数很小,它会造成系统稳定性下降或不稳定。

导弹结构的刚度指标之一是以振型的频率和振幅来度量的。对频率的要求是导弹的一阶振型频率要大于舵操纵系统的工作频带的 1.5 倍;至于振幅要求,主要应由它对导弹气动力的影响确定。它对制导控制系统的影响,可以由敏感元件的安装位置进行调节。原则上,角速度陀螺仪应安装在振型的波腹上,线加速度计应安装在振型的波节上,当然这是理想情况。这样就可避免或大大减弱导弹结构弹性振动对制导控制系统的影响。

6.11　导弹操纵机构及舵面刚度

与导弹结构的刚度一样,操纵机构和舵面的刚度也会影响制导控制系统的性能。

操纵机构是指舵机输出轴到推动舵面偏转的机构,它是舵伺服系统的组成部分,由于它是一个受力部件,它的弹性变形对舵伺服系统的特性有较大的影响,从而会影响制导控制系统的性能。当舵面偏转时,受到空气动力载荷的作用,舵面会发生弯曲和挠曲弹性变形,这会引起导弹的纵向和横向产生交叉耦合作用,进而影响制导控制系统性能。因此,对操纵机构及舵面的刚度均有一定的要求。

参 考 文 献

[1]杨军.导弹控制原理[M].北京:国防工业出版社,2010.

第 7 章

导弹制导控制系统方案论证

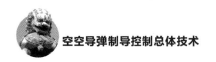

|7.1 制导控制系统设计要求|

空空导弹制导控制系统设计的基本要求可以归结为以下几条。

(1)确定制导方式类型。是单一制导还是复合制导,是雷达制导、红外制导还是多模制导,是主动制导、半主动制导还是被动制导应该首先确认。

(2)提高制导精度。提高制导精度是制导系统的根本任务。通过选择好的制导方式和导引律,设计具有优良响应特性的制导回路,提高弹上设备的精度等来满足制导精度的要求。

(3)增强抗干扰能力。无论是雷达型还是红外型空空导弹必须具有足够强的抗干扰能力,才能在现代空战中取得空中优势,多模制导也主要是为了抗干扰。

(4)实现战术使用的灵活性。实现特种弹道以及制导方式的切换。

(5)实现多目标和群目标的攻击。

(6)实现全空域飞行包线内导弹姿态的稳定和过载指令的快速响应。

(7)实现归零时间(初始段不加控制指令的时间)或机弹分离的安全控制。

(8)设置初始航向修正和 g 偏置(重力补偿或爬高)。

(9)实现最大过载限制、最大迎角限制、弹轴与视线(导弹与目标的连线)夹角的限制,避免超出导引头最大框架角。

(10)实现导弹自检。

(11)进行弹上设备工作时序的控制。

(12)进行导弹与载机的信息交换。

(13)进行弹上设备之间的信息交换。

(14)进行数字遥测信息的组织编排。

(15)实现攻击目标的选择。

(16)实现引战配合的最佳延迟时间。

(17)实现要求的可靠性、维修性、可检测性、电磁兼容性和环境适应性。

(18)减少体积、质量,简化弹上设备,降低成本。

7.2 制导体制选择

制导体制是空空导弹武器系统的关键要素,许多分系统方案都与制导体制密切相关,如导引系统方案、结构布局形式和武器系统方案等。空空导弹制导体制主要有红外制导、主动雷达制导、半主动雷达制导和复合制导(捷联惯导+数据链中制导+主动或半主动雷达末制导),每种制导体制在精度、抗干扰能力、技术复杂性及成本等方面均有各自的优缺点,近距离格斗导弹一般采用红外制导,中距拦射导弹须采用复合制导。

设计师可根据战术技术要求中对目标特性、精度、射程、抗干扰能力的要求及拟选择的制导体制,确定导引系统的方案,选择红外导引还是雷达导引。若选择红外导引,则须关注导弹高速飞行引起的气动加热影响。

7.3 控制方式选择

空空导弹基本控制模式有三通道控制和双通道控制两种。三通道控制有俯仰、偏航和滚转角位置稳定3个控制通道,双通道控制导弹无滚转控制通道,导弹在飞行过程中绕其纵轴低速滚转。滚转导弹为了降低通道之间的交叉耦合,在滚转通道引入了降低滚转角速度的措施,如在翼尖上安装陀螺舵等。导弹基本控制模式的确定与基本气动布局形式的选择是密切相关的,在设计中需要统筹考虑。

控制方式包括空气舵控制(鸭式或正常式)、空气舵/推力矢量组合控制以及空气舵/推力矢量/直接力复合控制。

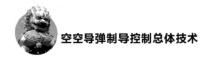

|7.4 稳定回路结构选择|

稳定回路又称为导弹飞行控制系统。构成稳定回路的惯性元件、控制器等叫作自动驾驶仪,也有资料把利用惯性元件构成的稳定回路叫作自动驾驶仪,也有不采用惯性元件的稳定回路(如 AIM-9B～AIM-9L 导弹)。导弹控制系统的结构是各种各样的,有线性控制的,有继电控制的,有各种形式常规控制的,也有各种自适应控制的。

7.4.1 力矩反馈控制系统结构

力矩反馈控制系统使舵机输出力矩与过载控制指令成比例,不用陀螺和加速度计构成反馈回路。对恒定的舵机输出力矩,产生的舵偏角和迎角随动压的增大而减小,而同等舵偏角和迎角产生的过载则随动压的增大而增大。因而通过力矩反馈使控制指令产生的过载随动压的变化得到了补偿。图 7.1 所示为力矩反馈的俯仰通道飞行控制系统结构框图。轴对称的导弹的偏航通道与俯仰通道是完全一样的。图中 U_1 为俯仰通道的控制电压,它由导引头产生,与视线角速度成正比。经过功率放大器产生控制电流 ΔI_1,驱动气动放大器产生俯仰通道舵机的控制力矩。在该力矩作用下,俯仰通道产生舵偏角 δ_1,于是弹体产生迎角 α_1 和过载 n_1。迎角和舵偏角使气流在舵面上产生铰链力矩 M_1,若忽略摩擦力,当 $M_1=M_j$ 时,δ_1 和 α_1 不再变化。早期的红外制导的导弹用这种控制结构的较多。它的最大优点是结构简单、成本低。

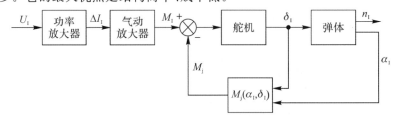

图 7.1 力矩反馈的俯仰通道飞行控制系统结构框图

7.4.2 速率陀螺和加速度计反馈控制结构

速率陀螺和加速度计反馈的控制结构是飞行控制系统最常用的控制结构。

图 7.2 所示为速率陀螺和加速度计反馈的俯仰通道三回路反馈控制系统结构框图。图中 $a_{1,c}$ 为输入俯仰通道自动驾驶仪的加速度控制指令，$a_{1,m}$ 是导弹产生的俯仰通道加速度。第一个回路是速率陀螺测量出的弹体俯仰角速度通过 K_{ϑ} 环节构成的反馈回路，称为阻尼回路，它可以增加弹体的阻尼和实现静不稳定弹体的控制；第二个回路是陀螺测量的弹体角速度通过 K_{ϑ} 环节反馈并积分成与姿态角成比例的信号，称为姿态回路；第三个回路是通过加速度计测量弹体在俯仰平面中的加速度，通过 K_a 环节反馈并积分构成的反馈回路，称为加速度回路。积分的作用是减小稳态误差。对于静稳定性比较大的导弹，也可以采用两回路的控制结构，不用伪姿态回路。在三回路的反馈结构中，阻尼反馈系数 K_{ϑ} 也有用一阶惯性环节代替的，以对阻尼回路进行校正；积分环节 K_i/s 也有用比例加积分代替的，早期的导弹用大时间常数的惯性环节代替积分；伪姿态反馈回路中的 K_{ϑ} 也可用 $1/(s+a_4)$ 代替，使伪姿态回路变成伪迎角回路，a_4 的定义为

$$a_4 = \frac{\rho + C_y^a qS}{mv}$$

式中：ρ —— 大气密度；

$\qquad C_y^a$ —— 升力系数对 α 的偏系数；

$\qquad q$ —— 动压；

$\qquad S$ —— 参考面积；

$\qquad m$ —— 导弹质量；

$\qquad v$ —— 导弹速度。

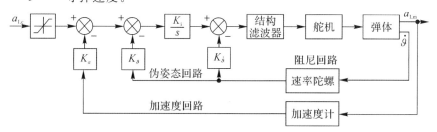

图 7.2 速率陀螺和加速度计反馈的俯仰通道三回路反馈控制系统结构框图

速率陀螺反馈的横滚通道控制系统结构框图如图 7.3 所示，图中 γ_c 为滚动角控制指令，$\dot{\gamma}$ 为弹体滚动角速度。它是由角速度反馈回路和通过积分建立的角度反馈回路组成的，比例加积分校正 $\left(K_p + \dfrac{K_i}{s}\right)$ 意在得到角度的一阶无静差控制。也有只用比例控制的，因为积分系数取得很大，则会不稳定；积分系数取得太小，则积分效果不明显，消除静差会很慢。

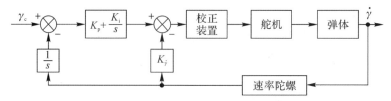

图 7.3 速率陀螺反馈的横滚通道控制系统结构框图

在速率陀螺和加速度计反馈的控制系统中,也有使用继电控制的,如"玛特拉 R530"导弹。

7.5 舵系统关键技术指标论证

7.5.1 论证思路

稳定设计指标与弹上设备指标论证的主要工作是找出飞行控制系统增稳回路截止频率与弹体一阶弯曲频率、舵机带宽之间的相互关系。下面分别研究三种导弹自动驾驶仪结构的指标论证问题。

稳定设计指标与弹上设备指标论证的主要思路是从法向过载自动驾驶仪开环、闭环的时域、频域性能指标出发,针对静稳定及静不稳定两种不同弹体,采用不同的稳定回路结构,在满足稳定回路低频和高频性能指标的要求下,初步给出各回路的控制增益,同时给出各回路的 ω_{cp}(对应幅值曲线穿越 0 dB 的频率)和 ω_{cg}(对应相频曲线穿越 $-180°$ 的频率)。

根据传统设计经验,舵系统和弹性弹体一阶振型的固有频率存在分离的必要性,稳定系统设计的最好条件是弹性弹体一阶振型的固有频率超过舵系统固有频率的 2 倍以上。

此时,在这种广泛应用的条件下,在相频特性中频段,相应各环节近似可用一阶惯性环节,得到相应幅稳定裕度频率 ω_{cg}、舵系统频率 ω_{dj} 和一阶弹性振型频率 ω_{tx} 的简单关系式为

$$\frac{1}{\omega_{cg}} = \frac{1}{\omega_{dj}} + \frac{1}{\omega_{tx}}$$

通过以上过程,可获得此种自动驾驶仪结构下,满足各反馈回路稳定裕度条

件下的增益和 ω_{cg} ,并且可获得舵机的频率要求 ω_{dj} 。经实践,以上推导基本满足工程实践要求。

为了推算舵机带宽、弹体静不稳定度及一阶弯曲振动频率的关系,以给出法向过载积分＋伪攻角＋伪姿态角速率反馈自动驾驶仪的结构形式,采用一些在导弹控制系统设计中常用的假设。

推导过程符号定义如下:

(1)复合回路闭环角频率 ω_{ct} ;

(2)复合回路闭环阻尼比 ξ_{ct} ;

(3)复合回路幅值裕度 ΔM_α ;

(4)复合回路相位裕度 $\Delta\varphi_\alpha$;

(5)角速率回路幅值裕度 ΔM_ω ;

(6)角速率回路相位裕度 $\Delta\varphi_\omega$;

(7)等效驱动器在对应幅值裕度频率 ω_{cg} 处 $M_{cg} \leqslant 1.4(3\ dB)$;

(8)弹性回路幅稳定裕度 ΔM_{tx} :不小于 6 dB 或者不大于 0.5。

7.5.2　复合回路闭环传递函数

角速率反馈回路的开环传递函数有如下形式(因小值,而取 $a_{35}=0$):

$$Y_{\delta_z}^{\omega_z}(s) = \frac{-K_t a_{25}(s+a_{34})}{s^2+(a_{22}+a_{34})s+a_{24}+a_{22}a_{34}} Y_{dj}(s)Y_{tl}(s)Y_{nf}(s)$$

式中: $Y_{tl}(s)$, $Y_{dj}(s)$, $Y_{nf}(s)$ 分别为角速度传感器、舵系统和弹性滤波器的传递函数。

定义幅值稳定裕度 G_m 和相位稳定裕度 P_m , ω_{cp} 为角速率回路相应相位稳定裕度的截止频率, ω_{cg} 为角速率回路相应幅值稳定裕度的频率,即相特性为 $-\pi$ 时的频率。

导弹在相位稳定裕度和幅值稳定裕度频率段中的传递函数可表示为

$$\frac{\omega_z(s)}{\delta_z(s)} = -\frac{a_{25}s}{s^2+a_{24}}$$

角速度传感器、舵系统和弹性滤波器的传递函数之积在上述频率段之间的表达式为

$$Y_{cg} = Y_{tl}Y_{dj}Y_{tx} = M_{cg}e^{-\frac{\pi}{2}\frac{s}{\omega_{cg}}} = M_{cg}e^{-j\varphi_{cg}}$$

式中

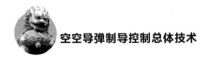

$$\varphi_{cg} = \frac{\pi}{2}\frac{\omega}{\omega_{cg}}$$

上式可以认为是稳定系统的硬件部分给系统的开环频率特性带来一个贡献,其形式为纯粹的相位滞后,它随频率增加而线性增长,直到频率为 ω_{cg} 时等于 $-\frac{\pi}{2}$。导弹和稳定系统硬件如此的表达式与实际情况相符合,并且分析也很方便。

在中频段,角速率到攻角的传递函数近似可以表示为

$$\frac{\alpha(s)}{\omega_z(s)} = \frac{1}{s}$$

复合回路闭环稳定系统的传递函数可表示为

$$Y_{CT} = \frac{\alpha(s)}{\alpha_c(s)} = \frac{k_{CT}}{1 + 2\xi_{CT}T_{CT}s + T_{CT}^2 s^2} = \frac{-k_r a_{25}}{s^2 - k_r a_{25}s + (a_{24} - k_a a_{25})}$$

式中:$k_{CT} = \dfrac{-k_a a_{25}}{a_{24} - k_a a_{25}}$;$T_{CT} = \dfrac{1}{\omega_{CT}} = \sqrt{a_{24} - k_a a_{25}}$;$\xi_{CT} = \dfrac{-k_r a_{25}}{2\omega_{CT}}$。

闭环稳定系统的固有频率 ω_{CT} 阻尼系数 ξ_{CT} 决定了系统的反应时间和超调量。确定闭环稳定系统输出特性要求的 ω_{CT} 和 ξ_{CT},可以根据稳定性的限制条件进行参数的综合。

7.5.3 角速率反馈回路稳定性条件

为了便于推导复合回路稳定性条件,首先给出仅需要通过角速率增稳的自动驾驶仪稳定性条件。利用所做的假设,而且还假定在感兴趣的频率范围,将角速率回路开环传递函数表示为

$$Y_{pa3}^{\omega} = \frac{-a_{25}K_r s}{(s^2 + a_{24})}Y_{cg}$$

此时,角速度开环回路频率特性在频率 $\omega > \sqrt{|a_{24}|}$ 范围中的表达式为

$$Y_{pa3}^{\omega} = \frac{a_{25}K_r \omega}{\omega^2 - a_{24}}M_{cg}e^{-j\frac{\pi}{2}(1 + \frac{\omega}{\omega_{cg}})}$$

给定角速度开环回路的幅、相稳定裕度分别由 ΔM_{ω} 和 $\Delta\varphi_{\omega}$ 进行限制。那时,考虑到幅稳定裕度对应的频率为 ω_{cg}。这里,开环频率特性的相位为 $-\pi$;而相稳定裕度对应的截止频率为 ω_{cp}。在此频率上,开环频率特性的幅值为1,得到以下确定硬件频率要求的方程式为

$$\begin{cases} \omega_{\mathrm{cg1}} = \dfrac{-a_{25}K_r M_{\mathrm{cg}}}{2\Delta M_\omega} + \sqrt{\left(\dfrac{a_{25}K_r M_{\mathrm{cg}}}{2\Delta M_\omega}\right)^2 + a_{24}} \\[3mm] \omega_{\mathrm{cg2}} = \dfrac{\omega_{\mathrm{cp}}}{1 - \dfrac{2}{\pi}\Delta\varphi_\omega} \\[3mm] \omega_{\mathrm{cp}} = \dfrac{-a_{25}K_r}{2} + \sqrt{\left(\dfrac{a_{25}K_r}{2}\right)^2 + a_{24}} \\[3mm] \omega_{\mathrm{cg}} = \max(\omega_{\mathrm{cg1}}, \omega_{\mathrm{cg2}}) \end{cases}$$

式中引入了角速率回路等效驱动器幅特性在频率为 ω_{cg} 时的幅值 M_{cg}，ω_{cp} 为角速率回路相应相稳定裕度的截止频率。

上式是根据幅稳定裕度的限制条件和相稳定裕度的限制条件确定硬件的频率特性要求，而其他的有效补充条件为 $a_{24} > 0$ 或 $a_{24} < 0$ 且 $-a_{25}K_r > 2\sqrt{|a_{24}|}$，即导弹是静稳定的或者是仅通过角速率反馈可以稳定的。

7.5.4 复合回路稳定性分析

在分析角速率回路稳定性后，下一步是在角速率回路闭环情况下，分析开环复合回路的稳定性。

复合回路开环传递函数为

$$Y_{\mathrm{pa3}}^\alpha = \frac{-k_a a_{25}}{s^2 - a_{25}k_r s + a_{24}} Y_{\mathrm{cg}} = M_{\mathrm{pa3}}^\alpha \mathrm{e}^{\mathrm{j}(-\pi + \Delta\varphi)}$$

式中：$M_{\mathrm{pa3}}^\alpha = \dfrac{-k_a a_{25}}{\sqrt{(\omega^2 - a_{24})^2 + (\omega a_{25}k_r)^2}}$。

在中频段，为相位调整的需要，复合回路相位调整为 $-\pi + \Delta\varphi$，保证中频段相位位于 $0 \sim -\pi$。其中

$$\begin{cases} \Delta\varphi = \varphi_1 + \varphi_2 \\[2mm] \varphi_1 = \arctan\left(\dfrac{-a_{25}k_r\omega}{\omega^2 - a_{24}}\right) \\[2mm] \varphi_2 = -\dfrac{\pi}{2}\dfrac{\omega}{\omega_{\mathrm{cg}}} \end{cases}$$

考虑到在满足 $\omega > \sqrt{|a_{24}|}$ 的条件下，有

$$\omega_{\mathrm{cg1}} = \frac{-a_{25}K_r M_{\mathrm{cg}}}{2\Delta M_\omega} + \sqrt{\left(\frac{a_{25}K_r M_{\mathrm{cg}}}{2\Delta M_\omega}\right)^2 + a_{24}}$$

当 $a_{24}=0$，即导弹为中立稳定时，取 $\omega_{cg}=\dfrac{M_{cg}a_{25}k_r}{\Delta M_\omega}$，在所研究的频率范围内可取更简单的形式，即

$$
\begin{cases}
\tan\varphi_1 \approx \dfrac{1}{\dfrac{\pi}{2}-\varphi_1} \\[4mm]
\varphi_1 = \dfrac{\pi}{2} + \dfrac{\omega^2-a_{24}}{a_{25}k_r\omega} \\[4mm]
\varphi_2 = \dfrac{\pi}{2}\,\dfrac{\omega\Delta M_\omega}{M_{cg}a_{25}k_r}
\end{cases}
$$

引入稳定裕度限制条件，伪攻角回路低频和高频时相应的幅稳定裕度为 ΔM_{ny}，ΔM_a，相稳定裕度为 $\Delta\varphi_a$，相稳定裕度相应的剪切频率为 $\tilde\omega_{cp}$，而形成幅稳定裕度 ΔM_a 的频率为 $\tilde\omega_{cg}$，则稳定裕度限制条件为

$$
\begin{cases}
M_a(\tilde\omega_{cp})=1\ ,\ \varphi_a(\tilde\omega_{cp})=\Delta\varphi_a\ , \\
M_a(\tilde\omega_{cg})=\Delta M_a\ ,\ M_a(0)=\Delta M_{ny}\left[a_{24}<0,M_a(\omega<\tilde\omega_{cp})>1\right]
\end{cases}
$$

根据闭环稳定系统的固有频率 ω_{CT} 和阻尼系数 ξ_{CT} 以及低频段稳定裕度的要求，确定稳定回路增益。

对于静稳定导弹来说，$(-k_aa_{25})_1=\omega_{CT}^2-a_{24}$。

对静不稳定导弹来说，除了满足闭环带宽的条件外，还须满足低频稳定裕度的要求，根据低频段的稳定裕度条件（$a_{24}<0$），有

$$
\begin{cases}
M_{pa3}^\alpha(0)=\Delta M_a \\
(-k_aa_{25})_2 = \dfrac{|a_{24}|}{2} \\
-k_aa_{25}=\max\left[(-k_aa_{25})_1,(-k_aa_{25})_2\right]
\end{cases}
$$

确定开环复合回路是否存在 $\tilde\omega_{cp}$，即在满足 $\omega_{CT}^2>2a_{24}$（当 $a_{24}>0$）的情况下，才需要引入复合回路增稳。

开环复合回路的截止频率为

$$
\tilde\omega_{cp}=\sqrt{C_3a_{24}+\sqrt{(C_3a_{24})^2+\dfrac{(\omega_{CT}^2-a_{24})^2-(1+C_2^2)a_{24}^2}{1+C_2^2(1+C_1)^2}}}
$$

式中

$$
\begin{cases}
C_1 = \dfrac{\pi}{2} \dfrac{\Delta M_\omega}{M_{cg}} \\[3mm]
C_2 = \dfrac{1}{\dfrac{\pi}{2} - \Delta \varphi_a} \\[4mm]
C_3 = \dfrac{1 + C_2^2 (1 + C_1)}{1 + C_2^2 (1 + C_1)^2}
\end{cases}
$$

根据确保复合回路相稳定裕度 $\Delta \varphi_a$ 的要求,有

$$
\begin{cases}
\varphi_1(\omega_{cp}) + \varphi_2(\omega_{cp}) = \Delta \varphi_a \\[2mm]
(-a_{25} k_r)_1 = \dfrac{C_2}{\widetilde{\omega}_{cp}} \left[\widetilde{\omega}_{cp}^2 (1 + C_1) - a_{24} \right]
\end{cases}
$$

根据确保复合回路幅稳定裕度 ΔM_a 的要求,有

$$
\begin{cases}
\varphi_1(\widetilde{\omega}_{cg}) + \varphi_2(\widetilde{\omega}_{cg}) = 0 \\[2mm]
\widetilde{\omega}_{cg} = \dfrac{\pi}{2} a_{25} k_r \dfrac{1}{1 + C_1} \\[3mm]
\Delta M_a = \dfrac{\omega_{CT}^2 - a_{24}}{\widetilde{\omega}_{cg}^2 - a_{24}} \\[3mm]
(-a_{25} k_r)_2 = \dfrac{2}{\pi}(1 + C_1) \sqrt{\dfrac{\omega_{CT}^2 - a_{24}(1 - \Delta M_a)}{\Delta M_a}} \\[3mm]
a_{25} k_r = \max\left[(a_{25} k_r)_1, (a_{25} k_r)_2 \right]
\end{cases}
$$

由此可以算出稳定回路参数 k_a、k_r。

可由下式计算出确保角速率回路稳定裕度所需的硬件频率,即

$$
\begin{cases}
\omega_{cg1} = \dfrac{-a_{25} K_r M_{cg}}{2\Delta M_\omega} + \sqrt{\left(\dfrac{a_{25} K_r M_{cg}}{2\Delta M_\omega} \right)^2 + a_{24}} \\[4mm]
\omega_{cg2} = \dfrac{\omega_{cp}}{1 - \dfrac{2}{\pi} \Delta \varphi_\omega} \\[4mm]
\omega_{cp} = \dfrac{-a_{25} K_r}{2} + \sqrt{\left(\dfrac{a_{25} K_r}{2} \right)^2 + a_{24}} \\[3mm]
\omega_{cg} = \max(\omega_{cg1}, \omega_{cg2})
\end{cases}
$$

稳定回路硬件带来的相移是舵系统、弹性滤波器以及相应的角速率传感器和线加速度传感器所引起的相位滞后的总合。

还应看到,弹性滤波器用于抑制导弹弹体弯曲振荡一次振型的幅度,像一个具有强微分作用的二阶振荡环节($\xi = 0.15$)和一个具有强阻尼作用的振荡环节($\xi = 1$)。它们具有相同的固有频率,即一次振型频率 ω_{tx}。

此时,在这种广泛应用的条件下,在相频特性中频段,相应各环节近似可用一阶惯性环节得到相应幅稳定裕度频率 ω_{cg}、舵系统频率 ω_{dj} 和一阶弹性振型频率 ω_{tx} 的简单关系式为

$$\frac{1}{\omega_{cg}} = \frac{1}{\omega_{dj}} + \frac{1}{\omega_{tx}}$$

由设计经验可知,舵系统和弹性弹体一阶振型的固有频率分离存在必要性,稳定系统设计的最好条件是弹性弹体一阶振型的固有频率超过舵系统固有频率的 2 倍以上。

7.5.5 高频幅值特性分析

仅考虑弹体一阶弹性弯曲振型时,法向过载控制系统结构框图如图 7.4 所示。

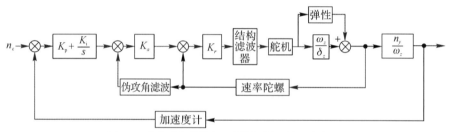

图 7.4 考虑弹体弹性法向过载自动驾驶仪结构框图

图中弹性部分可用一个二阶环节表示为

$$G_{tx} = \frac{b_1 s}{s^2 + a_1 s + a_0} = \frac{k_{11} s}{T_1^2 s^2 + 2\xi_1 T_1 s + 1}$$

假定在某一飞行条件下弹性弹体传函系数为 $a_0 = 98\,596, a_1 = 2.89, b_1 = 7$,在这里仅考虑一阶弹性影响。在高频段,复合回路弹性开环传递函数为

$$M_{pa3}^{\alpha} = \frac{b_1 k_r s}{s^2 + a_1 s + a_0} Y_{dj}(s) Y_{nf}(s)$$

这里未考虑速率陀螺影响。

高频稳定裕度 ΔM_{tx} 的概念可理解为相位衰减 $180°$ 的频率点处对应的弹性回路的幅值。在一阶弹性振型频率处,系统相位衰减为 $180°$。在该条件下,弹性回路频率特性如图 7.5 所示。

弹性振动回路的幅值稳定裕度可以表示为弹性弹体相应幅值之积,对于角速率反馈和复合回路增稳结构,有

$$\Delta M_{tx} = \frac{-b_1 k_r}{\sqrt{(\omega_{tx}^2 - a_0)^2 + (a_1 \omega_{tx})^2}} M_{dj}(\omega_{tx}) M_{nf}(\omega_{tx})$$

可以得出

$$M_{dj}(\omega_{tx}) = \frac{\Delta M_{tx}\sqrt{(\omega_{tx}^2 - a_0)^2 + (a_1\omega_{tx})^2}}{-b_1 k_r M_{nf}(\omega_{tx})}$$

式中：$M_{dj}(\omega_{tx})$ 为舵系统幅值特性；$M_{nf}(\omega_{tx})$ 为结构滤波器幅值特性。

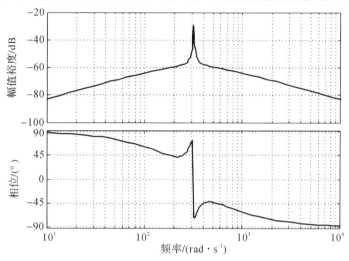

图 7.5 弹性回路频域特性

满足要求的舵系统频率特性以相频特性 φ_{dj} 和幅频特性 M_{dj} 可表示为

$$\begin{cases} \varphi_{dj} = -\dfrac{\omega}{\omega_{dj}}\dfrac{\pi}{2} \\[2mm] M_{dj} = \begin{cases} 1, \omega < \omega_{dj} \\ M_{dj}(\omega_{dj}), \omega = \omega_{dj} \\ M_{dj}(\omega_{tx}), \omega = \omega_{tx} \end{cases} \end{cases}$$

式中：ω_{dj} 为舵系统固有频率；ω_{tx} 为一阶弹性振型频率。

|7.6 复合制导空空导弹截获概率论证|

中远程空空导弹普遍采用中制导加末制导的复合制导体制，中制导为数据链加捷联惯导导引，末制导为主动雷达导引。在中、末制导交接段，导弹截获目标的概率（TAP）是一个重要的设计指标。截获概率的计算，可以根据制导控制系统详细仿真的数学模型用蒙特卡罗法进行。但这种方法要对每条弹道进行大量的计算才能得到统计结果，费时、费力，而且必须在建立制导控制系统详细仿真数学模型的基础上才能进行,然而在导弹总体方案设计阶段通常不具备这些条件。针对蒙特卡罗法的这些弱点,本节另辟蹊径对导弹截获目标概率的算法进行了研究,分析了影响截获概率的五种主要误差源,建立了在一次弹道计算中完成截获概率计算的数学模型。

7.6.1　计算截获概率的数学模型

在中、末制导交接段,导弹飞行控制系统根据导弹目标的距离、相对速度和目标的方向给出目标回波的多普勒频率和方位指示,主动雷达导引头根据目标指示参数设置多普勒频率,并使导引头天线指向目标。由于各种随机误差因素的影响,所以导引头天线不能准确地指向目标,而是指向目标附近的一个区域内,这称为目标指示误差。目标指示误差是一个服从正态分布的随机变量,设其均值为 m,均方差为 σ。如图 7.6 所示,T 为目标中心,目标指示的散布中心为 O,OT 之间的距离为目标指示误差的均值 m。根据正态分布的特性,目标指示的绝大多数应该落在以 O 为圆心、3σ 为半径的圆内。由于导引头有一定的视场角,所以将其设为以 T 为圆心、d 为直径的圆。当目标位于视场内回波能量达到规定值时,如果此时回波的多普勒频率又落入滤波器的带宽内,导引头就能截获目标(即使进行频率搜索,所需时间也很短,可忽略其影响)。导引头天线指向形成图 7.6 中两个圆相交的阴影区内,表示目标落入导引头波束内,此时目标有可能被导弹截获,该阴影区的大小即为导弹截获目标的概率。

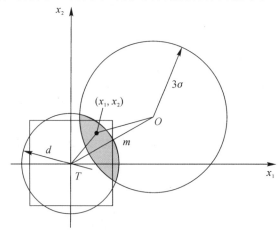

图 7.6　截获概率示意图

截获概率示意图中描述目标指示误差的两个量值 m 和 σ 的大小与武器系统的许多因素有关。描述目标附近区域的 d 值大小主要与目标有效反射面积、

导弹目标之间的距离和导引头的特性有关,计算式为

$$d = \begin{cases} 0, & \sqrt{E/A} \geqslant 1 \\ \Delta\varphi_0 \cdot \sqrt{\ln\left[\left(\sqrt{E/A} - \mu\right)/(1-\mu)\right]/\ln F_0}, & \mu \leqslant \sqrt{E/A} < 1 \\ \Delta\varphi_{\max}, & \sqrt{E/A} < \mu \end{cases} \quad (7.1)$$

式中:E 为导引头接收机目标信号能量阈值;A 为当导引头天线精确指向目标时,接收机的目标输入信号能量;$\Delta\varphi_0$ 为天线方向图主瓣波束的宽度(功率电平 0.5);μ 为天线方向图旁瓣的平均电平;F_0 为功率电平 0.5;$\Delta\varphi_{\max}$ 为天线方向图主瓣波束最大宽度。

式(7.1)是在天线标准方向图的近似表达式下得到的,其含义是当导弹离目标比较远时,即使导引头天线精确指向目标,由于目标反射信号能量小于阈值,导引头也不能截获目标,即 $d=0$。随着导弹与目标越来越近,目标反射信号能量越来越强,则 d 值变得越来越大,直到在导引头最大视场内均能截获目标,$d=\Delta\varphi_{\max}$。

由图 7.6 可知,如果知道 d、m 和 σ 这 3 个值的大小,计算导引头天线指向落入阴影区的概率就是一个纯数学问题。为了简化计算得到解析表达式,可以利用一个等面积(边长为 $0.5\pi d$)的正方形来代替直径为 d 的圆,则落入概率可以表示为

$$P_0 = [2F(U_1) - 1][F(U_2) - F(U_3)]P_{\mathrm{DL}} \quad (7.2)$$

式中:$F(U) = \dfrac{1}{\sqrt{2\pi}}\displaystyle\int_{-\infty}^{U} \mathrm{e}^{-\frac{t^2}{2}}$ 为服从标准正态分布函数的随机变量落入 $(-\infty, U)$ 区间内的概率;$U_1 = 0.5\sqrt{\pi}\, d/\sigma$;$U_2 = (0.5\sqrt{\pi}\, d - m)/\sigma$;$U_3 = (-0.5\sqrt{\pi}\, d - m)/\sigma$;$P_{\mathrm{DL}}$ 用来表示导弹接收到数据链的概率,当数据链接收机的输入信号能量大于或等于阈值时,$P_{\mathrm{DL}}=1$,若小于阈值,则 $P_{\mathrm{DL}}=0$。

式(7.2)是导引头一次截获目标的概率。为了防止虚警,导引头在信号处理时,一般需要连续 N 次截获才认为是对目标的成功截获,因此一次成功截获目标的概率为

$$P_{\mathrm{r1}}^{j}(t) = P_0^N \quad (7.3)$$

在弹道上,不同点上的 $P_{\mathrm{r1}}^{j}(t)$ 值是不同的,这也是 $P_{\mathrm{r1}}^{j}(t)$ 中含有时间 t 的原因。$P_{\mathrm{r1}}^{j}(t)$ 中的 j 表示对目标的第 j 次成功截获。随着导弹接近目标,目标反射信号能量越来越强,但目标指示误差越来越大,对导引头截获目标来说,这是两个相反的过程。导引头截获目标是一个连续的过程,因此累积截获概率为

$$P_r^H(t) = 1 - \prod_{j=1}^{N_T} [1 - P_{r1}^j(t)] \qquad (7.4)$$

式中，N_T 为从导弹截获开始时刻（0 时刻）到 t 时刻导引头成功截获目标的次数。

式(7.4)表明，每次截获都是相互独立的。若每次截获都是绝对相关的，则累积截获概率为

$$P_r^K(t) = \max_{j=1}^{N_T} P_{r1}^j(t) \qquad (7.5)$$

实际上，每次截获之间既不是相互独立的，也不是绝对相关的，因此

$$P_r(t) = P_r^K(t)\rho + P_r^H(t)(1-\rho) \qquad (7.6)$$

式中，ρ 为每次截获之间的相关系数，常取 $\rho = 0.9$。

在上面的计算中，假设截获目标时导引头不搜索，导引头搜索情况下对目标的截获概率本书不做介绍。

7.6.2 影响截获概率的五种主要误差源及其计算公式

描述目标指示误差的两个量值 m 和 σ 的大小与武器系统的许多因素有关。从工程设计的角度考虑，主要有以下五种误差源：

(1)机载主惯导与弹载子惯导的对准误差；

(2)弹载加速度计的测量误差；

(3)弹载陀螺的测量误差；

(4)机载雷达的测量误差；

(5)目标机动引起的误差。

前四项误差被认为是服从零均值正态分布的随机变量，且互不相关。目标机动引起的误差确定了目标指示误差的均值 m，下面研究这五种误差源和描述目标指示误差的量值 m 和 σ 的关系。

设目标指示总误差为 $\boldsymbol{F}$，可近似表示为

$$\boldsymbol{F} = \boldsymbol{F}_B + \boldsymbol{F}_A + \boldsymbol{F}_G + \boldsymbol{F}_R + \boldsymbol{F}_M \qquad (7.7)$$

式中：$\boldsymbol{F}_B$ 为由对准误差引起的目标指示误差矢量；$\boldsymbol{F}_A$ 为由加速度计测量误差引起的目标指示误差矢量；$\boldsymbol{F}_G$ 为由陀螺测量误差引起的目标指示误差矢量；$\boldsymbol{F}_R$ 为由机载雷达测量误差引起的目标指示误差矢量；$\boldsymbol{F}_M$ 为由目标机动引起的目标指示误差矢量。

式(7.7)中的前 4 个矢量均为服从正态分布的随机变量，而且均值为零，第

5 个矢量是 $\boldsymbol{F}$ 矢量的均值,其目标指示误差的方差为

$$D_S = D_B + D_A + D_G + D_R \tag{7.8}$$

则其均方差为 $\sigma = \sqrt{D_S}$ 。

D_B 的值由对准误差和导弹与目标的相互位置来确定,其计算式为

$$D_B = E\{\|[\boldsymbol{\varphi} \times (\boldsymbol{R} + \boldsymbol{R}_n)] \times \boldsymbol{R}\|^2 / \|\boldsymbol{R}\|^4\} \tag{7.9}$$

式中: $\boldsymbol{\varphi}$ 为对准误差矢量; $\boldsymbol{R}$ 为目标相对于导弹的位置矢量; $\boldsymbol{R}_n$ 为导弹视在加速度在导引轨迹上的二重积分。

由加速度计测量误差引起的目标指示误差方差计算式为

$$D_A = E\left[\left\| \left(\int_0^t \int_0^Z \boldsymbol{A} \mathrm{d}y \mathrm{d}z \boldsymbol{W}_0 + \int_0^t \int_0^Z \boldsymbol{ABW} \mathrm{d}y \mathrm{d}z \right) \times \boldsymbol{R} \right\|^2 / \|\boldsymbol{R}\|^4 \right] \tag{7.10}$$

式中: $\boldsymbol{A}$ 为从导弹固连坐标系到惯性坐标系的转换矩阵; $\boldsymbol{B}$ 为加速度计交叉耦合矩阵; $\boldsymbol{W}_0$ 为导弹加速度计零位漂移矢量; $\boldsymbol{W}$ 为导弹加速度矢量。

由陀螺测量误差引起的目标指示误差方差计算式为

$$E\left(\left\| \varphi(t)\boldsymbol{R} + \left\{ \int_0^t \int_0^Z [\varphi(y)\boldsymbol{W}(y)] \mathrm{d}y \mathrm{d}z \times \boldsymbol{R} \right\} \right\|^2 / \|\boldsymbol{R}\|^4 \right) \tag{7.11}$$

式中: $\varphi(t)$ 为导弹转弯角测量的总误差,是 t 的函数; $\boldsymbol{W}(y)$ 为导弹在 y 时刻的加速度。

由机载雷达测量误差引起的目标指示误差方差计算式为

$$D_R = [0.5(S_{YY} + 2S_{YC}T + S_{CC}T^2)(1 + \cos^2\alpha)\|\boldsymbol{R}_H\|^2 +$$
$$(S_{dd} + 2S_{dv}T + S_{vv}T^2)\sin^2\alpha]/D^2 \tag{7.12}$$

式中: S_{YY} 为载机测量目标角位置时的误差方差; S_{CC} 为载机测量目标视线角速度时的误差方差; S_{YC} 为角位置误差与角速度误差的相关函数; T 为从接收到最后一个数据链时刻起计算所用的时间; α 为载机-目标连线与导弹-目标连线之间的夹角; $\boldsymbol{R}_H$ 为目标相对载机的位置矢量; S_{dd} 为载机测量目标距离时的误差方差; S_{vv} 为载机测量接近速度时的误差方差; S_{dv} 为距离误差与接近速度误差的相关函数; D 为导弹与目标之间的距离。

式(7.7)中 $\boldsymbol{F}_M$ 的均值即为目标指示误差的均值,主要由目标机动引起,计算式为

$$m = [(E_Y + E_C T)\|\boldsymbol{R}_H\|\cos\alpha +$$
$$(E_d + E_v T)\sin\alpha]/D + W_H T^2/(2D) \tag{7.13}$$

式中: E_Y 为载机测量机动目标角位置时的误差均值; E_C 为载机测量机动目标视线角速度时的误差均值; E_d 为载机测量机动目标距离时的误差均值; E_v 为载机测量机动目标速度时的误差均值; W_H 为在垂直于载机-目标视线平面内的目

标加速度值。

式(7.9)～式(7.13)的推导可利用空间的几何关系完成,但过程十分复杂,篇幅所限本书从略。

7.6.3　截获概率数学模型的使用方法

该截获概率计算数学模型可以嵌入弹道计算的数学模型中,在中、末制导交接段开始(发射机加高压)时启动截获概率计算,而后在弹道计算的每一步都进行截获概率的计算,得到单调增的截获概率值,最大值就是这条弹道的截获概率。计算步骤如下:

(1)读入式(7.1)以及式(7.9)～式(7.13)所需的原始数据。

(2)按式(7.1)计算导引头截获区的直径 d。

(3)在进行截获概率计算前,先按式(7.9)～式(7.13)进行目标指示各项方差和目标指示均值的计算。

(4)按式(7.8)计算目标指示的均方差。

(5)按式(7.13)计算目标指示的均值。

(6)按式(7.2)计算落入概率 P_0。

(7)按式(7.3)～式(7.6)计算截获概率 P_r。

在攻击区的计算中,把给定的截获概率要求作为搜索攻击区边界的约束条件之一。当截获概率满足不了要求时,缩小攻击区的远界,反之扩大攻击区的远界,这样可得到满足截获概率要求的攻击区。

7.6.4　典型弹道的截获概率计算结果

计算截获概率需要大量的原始数据,其中很多是统计数据。原始数据主要有两类:一类与载机和导弹的本身特性有关,当导弹武器系统确立以后,这类参数即固定不变;另一类与发射条件和目标特性有关,即与导弹的弹道特性有关,不同弹道上导引头对目标的截获概率是不一样的。图7.7举例给出了典型弹道的截获概率计算结果,发射条件如下:发射距离 $D_0 = 52\ \text{km}$,发射高度 $H = 15\ \text{km}$,载机速度 $v_H = 450\ \text{m/s}$,目标速度 $v_T = 450\ \text{m/s}$,进入角为 $0°$(正迎头),目标过载 $n_T = 2$。图7.7中, P_{r1} 为一次成功截获概率随时间的变化曲线, P_r 为累计截获概率随时间的变化曲线。

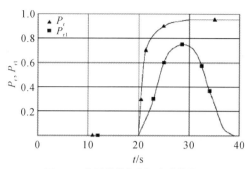

图 7.7 典型弹道截获概率计算结果

由图 7.7 可以看出,每步计算的 P_{r1} 随着时间的增加由小变大,再由大变小。这是两个相反过程相互作用的结果,因为随着导弹接近目标,接收机中收到的目标反射信号越来越强,而目标指示误差越来越大。由图 7.7 还可看出,这条典型弹道的累积截获概率为 0.95。另外,对于复合制导的空空导弹的攻击区,必须对攻击区内截获目标概率提出明确的要求,如要求不小于 0.95。不同截获概率下的攻击区有比较大的差别,图 7.8 给出了以目标为中心的 3 种不同截获概率下的攻击区比较。发射条件如下:发射高度 $H=15$ km,载机速度 $v_H=450$ m/s,目标速度 $v_T=450$ m/s。由图 7.8 可以看出,后半球攻击时,由于发射距离比较近,所以攻击区差别不大,迎头攻击时,截获概率为 0.70 时的最大发射距离为 88 km,而截获概率为 0.95 时的最大发射距离仅有 48 km。

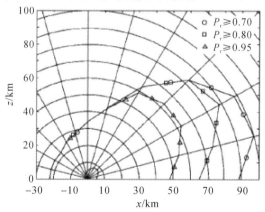

图 7.8 不同截获概率下的攻击区

7.6.5 影响截获概率的因素分析

利用上述方法,可以方便地研究各主要误差源对截获概率的影响,通过大量

仿真计算,找出最大误差源,根据工程可实现程度对各项误差给出合理的精度分配,并重点控制最大误差源,以满足截获概率的要求。

(1)由式(7.9)可知,提高对准精度、减小 φ 可以缩小总误差的分布区域,提高截获概率。对准精度对目标指示误差影响较大,并随中制导距离的增加而成比例增加。

(2)式(7.10)和式(7.11)表明,提高加速度计和陀螺的精度,即提高导航精度,同样可缩小总误差的分布区域,提高截获概率。这项误差随着导弹飞行时间的增加而增大,即随中制导距离的增加而增加。目前捷联惯导的精度已比较高,这项影响较小。

(3)提高机载雷达或其他获取目标运动参数的精度,减小式(7.12)中的载机测量目标角位置时的误差方差 S_{YY},可提高目标指示的精度。目前这项误差是所有误差源中影响最大的。

7.7 制导系统论证弹道计算模型

在方案设计阶段一般采用三自由度模型,三自由度模型考虑了载机的测量参数、弹上惯性器件参数、数据链参数和弹体的响应特性,可以完成弹道攻击区、最大/最小发射距离、导弹机动能力及制导精度等总体性能的基本参数估算与分析。

快速分析仿真是指通过数学模型简化获得高操作速度的数学仿真,它是一种快速而又经济的分析方法。随着计算机的迅速发展,目前已能做到仿真运行时间比导弹飞行时间还短(可达到后者的数十分之一到数百分之一),这就是所谓的"超实时仿真"。因此它可以广泛用于以下方面:

(1)发射包络计算,包括导弹发射前载机上在线计算;

(2)不可逃逸包络计算;

(3)F-极包络计算;

(4)飞行试验规划;

(5)火控系统有效性分析;

(6)飞行后分析。

要进行快速分析仿真,除利用计算速度快的计算机外,还必须建立合理简化的数学模型,它既要能真实地反映导弹的弹道特性,又要大量地简化计算,包括建立简化的数学模型和利用较简单的积分方法。

本节建立的数学模型是以平衡状态的升力、阻力为基础的三自由度质心运动的数学模型。因此它可以完成导弹对目标在各种攻击条件下的仿真。

快速分析仿真用于研究导弹的弹道特性,包括射程、速度、机动能力等,而不是用于研究稳定性和脱靶量,因而才可以利用简化的数学模型。本节建立简化数学模型的条件如下:

(1)导弹具有弹体滚动角稳定系统;

(2)俯仰、偏航通道之间是解耦的,无耦合;

(3)平衡状态的升力系数对攻角是线性的,即升力系数对攻角的偏导数为常数;

(4)导弹具有足够高的截获概率,即攻击区的大小与截获概率无关。

复合制导的空空导弹是高性能的空空导弹,以上条件一般均能满足。

关于弹道仿真的精度,其在纵向运动上取决于导弹的推力特性和阻力特性。推力特性容易解决,计算量不大,但阻力特性则比较复杂。阻力是由零阻和诱阻构成的,诱阻又取决于总攻角和气动滚动姿态角。因此为提高仿真精度要利用攻角和侧滑角来计算总攻角和气动滚动姿态角。而横向通道因有自动驾驶仪,导弹可以很好地响应过载指令,因此横向通道的计算精度则主要取决于过载指令响应的时间延迟和过载限制。这些问题将在后面一一讨论。

1. 导弹的运动方程

导弹的制导与控制系统的微分方程高达数十阶,时间常数又很小,用对这些方程积分的方法进行快速分析仿真是不合适的。由于快速分析仿真的主要目的是研究导弹的弹道特性,而不是脱靶量或稳定性,所以可利用导弹质心运动的三自由度方程。

导弹质心运动在半速度坐标系中的投影为

$$
\left.\begin{array}{l}
m\dfrac{\mathrm{d}v_{\mathrm{m}}}{\mathrm{d}t} = P\cos\alpha\cos\beta - X - G\sin\theta_{\mathrm{m}} \\[2mm]
mv_{\mathrm{m}}\dfrac{\mathrm{d}\theta_{\mathrm{m}}}{\mathrm{d}t} = (P\sin\alpha + Y)\cos\gamma_{\mathrm{m}} + (P\cos\alpha\sin\beta - Z)\sin\gamma_{\mathrm{m}} - G\cos\theta_{\mathrm{m}} \\[2mm]
-mv_{\mathrm{m}}\cos\theta_{\mathrm{m}}\dfrac{\mathrm{d}\psi_{\mathrm{m}}}{\mathrm{d}t} = (P\sin\alpha + Y)\sin\gamma_{\mathrm{m}} - (P\cos\alpha\sin\beta - Z)\cos\gamma_{\mathrm{m}}
\end{array}\right\}
$$

$$(7.14)$$

式中:　　m ——导弹质量;

v_{m} ——导弹速度;

P ——推力;

G ——重力;

X、Y、Z ——空气动力在速度坐标系(其 x 轴沿速度方向,向前为正;y 轴在弹体坐标系俯仰平面内,向上为正;z 轴按右手法则确定)坐标轴上的投影；

θ_m —— 弹道倾角；

ψ_m —— 弹道偏角；

γ_m —— 速度坐标系倾角；

α —— 攻角；

β —— 侧滑角。

对式(7.14)中的 3 个方程积分得到 v_m、θ_m、ψ_m。在惯性系中导弹速度矢量 $\boldsymbol{v}_m = \begin{bmatrix} x_m & y_m & z_m \end{bmatrix}^T$ 的分量由

$$\left.\begin{array}{l} \dot{x}_m = v_m \cos\theta_m \cos\psi_m \\ \dot{y}_m = v_m \sin\theta_m \\ \dot{z}_m = -v_m \cos\theta_m \sin\psi_m \end{array}\right\} \tag{7.15}$$

确定。对式(7.15)积分得到导弹质心运动的位置矢量 $\boldsymbol{R}_m = \begin{bmatrix} x_m & y_m & z_m \end{bmatrix}^T$。

需要注意的是，α、β 的定义是按文献[2-3]中的定义，不同的文献该定义可能有所不同。

2. 升力、阻力的计算

由于这里是三自由度数学模型，所以只能利用平衡状态的气动参数计算 X，Y，Z。所谓平衡状态即力矩系数为零的状态，$m_z(\alpha,\delta,M) = m_y(\beta,\delta,M) = 0$，由此可得到固定 M 时舵偏角和攻角、舵偏角和侧滑角的函数关系。那么平衡状态的升力系数就只是 α，M 的函数，侧向力系数就只是 β，M 的函数。而零阻系数是高度、马赫数的函数，诱导阻力系数是总攻角、气动滚动姿态角和马赫数的函数。如果用 $C_X(\alpha_\Sigma,\varphi,M,h)$，$C_Y(\alpha,M)$，$C_Y(\beta,M)$ 分别表示在速度坐系中平衡状态的阻力系数、升力系数和侧向力系数，则

$$\left.\begin{array}{l} X = QSC_X(\alpha_\Sigma,\varphi,M,h) \\ Y = QSC_Y(\alpha,M) \\ Z = QSC_Z(\beta,M) \end{array}\right\} \tag{7.16}$$

式中：Q —— 动压头（$Q = \dfrac{1}{2}\rho v_m^2$）；

S —— 参考面积；

α_Σ —— 总攻角；

φ —— 气动滚动姿态角（速度矢量在弹体系 oyz 平面上投影与 y 轴的夹角）；

M —— 马赫数；

h —— 高度。

令

$$
\begin{cases}
C_Y^\alpha = \dfrac{\partial C_Y}{\partial \alpha} \\[2mm]
C_Z^\beta = \dfrac{\partial C_Z}{\partial \beta} \\[2mm]
C_{Xi}^{\alpha^2} = \dfrac{\partial C_X}{\partial (\alpha_\Sigma^2)}
\end{cases}
$$

由于吹风数据 α , β 以度为单位, 上式仍以度为单位, 仿真模型统一以弧度为单位, 则

$$
\begin{cases}
C_Y = C_Y^\alpha \alpha \times 57.3 \\
C_Z = C_Z^\beta \beta \times 57.3 \\
C_X = C_{X0} + C_{XI}^{\alpha^2} \alpha_\Sigma^2 \times (57.3)^2
\end{cases}
$$

式中: C_{X0} 是零阻系数, 从而式 (7.16) 可写为

$$
\left.
\begin{aligned}
X &= QS\left[C_{X0} + C_{XI}^{\alpha^2} \alpha_\Sigma^2 \times (57.3)^2\right] \\
Y &= QSC_Y^\alpha \alpha \times 57.3 \\
Z &= QSC_Z^\beta \beta \times 57.3
\end{aligned}
\right\}
\tag{7.17}
$$

α_Σ , φ 可由几何关系得到:

$$
\left.
\begin{aligned}
\alpha_\Sigma &= \arccos(\cos\alpha\cos\beta) \approx \sqrt{\alpha^2 + \beta^2} \\
\varphi &= \arccos(\sin\alpha/\sin\alpha_\Sigma)
\end{aligned}
\right\}
\tag{7.18}
$$

对 α , β 作小角近似: $\sin\alpha = \alpha$, $\sin\beta = \beta$, $\cos\alpha = 1$, $\cos\beta = 1$ 。利用式 (7.17) 则可将式 (7.14) 写为

$$
\left.
\begin{aligned}
m v_{\mathrm m} \dot\theta_{\mathrm m} &= \alpha(P + 57.3 QSC_Y^\alpha)\cos\gamma_{\mathrm m} + \beta(P - 57.3 QSC_Z^\beta)\sin\gamma_{\mathrm m} - G\cos\theta_{\mathrm m} \\
- m v_{\mathrm m} \cos\theta_{\mathrm m} \dot\psi_{\mathrm m} &= \alpha(P + 57.3 QSC_Y^\alpha)\sin\gamma_{\mathrm m} - \beta(P - 57.3 QSC_Z^\beta)\cos\gamma_{\mathrm m}
\end{aligned}
\right\}
\tag{7.19}
$$

由式 (7.19) 解出 α , β 为

$$
\left.
\begin{aligned}
\alpha &= \frac{(m v_{\mathrm m}\dot\theta_{\mathrm m} + G\cos\theta_{\mathrm m})\cos\gamma_{\mathrm m} - m v_{\mathrm m}\cos\theta_{\mathrm m}\dot\psi\sin\gamma_{\mathrm m}}{P + 57.3 QSC_Y^\alpha} \\[2mm]
\beta &= \frac{(m v_{\mathrm m}\dot\theta_{\mathrm m} + G\cos\theta_{\mathrm m})\sin\gamma_{\mathrm m} + m v_{\mathrm m}\cos\theta_{\mathrm m}\dot\psi\cos\gamma_{\mathrm m}}{P + 57.3 QSC_Y^\beta}
\end{aligned}
\right\}
\tag{7.20}
$$

如果已知 $P, \dot\theta_{\mathrm m}, \dot\psi_{\mathrm m}$, 则可用式 (7.20) 计算 α , β 。对于轴对称的导弹 $C_Y^\alpha = C_Y^\beta$, 再用式 (7.17) 和式 (7.18) 计算式 (7.14) 第 1 个方程的右函数。P 是推力, 由推力曲线给出。$\dot\theta_{\mathrm m}, \dot\psi_{\mathrm m}$ 可由俯仰、偏航通道自动驾驶仪输出得到。对自由飞行中无滚动的导弹 $\gamma_{\mathrm m}$, 即为初始滚动角 $\gamma_{\mathrm m}(0)$ 。

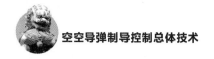

3.自动驾驶仪的简化

复合制导空空导弹都有完善的自动驾驶仪,有横滚姿态角稳定系统和俯仰、偏航通道解耦算法。因此可把俯仰、偏航两通道简化成独立的,通常可用一阶惯性环节近似表示加速度指令响应的动特性:

$$G_A(s) = \frac{1}{\tau_A s + 1}$$

式中:时间常数 τ_A 可作为高度、速度和时间的函数拟合,也可作为动压头 Q 和绕弹体 y、z 轴的转动惯量 J_y、J_z 的函数拟合。

按动压头或高度分段用线性函数拟合 τ_A,主动段可用下式拟合 τ_A:

$$\tau_A = K_1 - K_2 Q(h, v_m) - K_3 t$$

助推段、巡航段 K_3 取不同的值。被动段则用下式拟合 τ_A:

$$\tau_A = K'_1 - K_2 Q(h, v_m)$$

分段的多少取决于自动驾驶仪的性能和要求的拟合精度。

由于作为弹体二阶动特性的时间常数与 $\sqrt{\dfrac{J_y}{Q}}$ 成正比,可用下式更好地拟合 τ_A:

$$\tau_A = K \sqrt{\frac{J_y}{Q(h, v_m)}}$$

其中,K 一般不用分段,满足不了拟合精度时可分段。

导弹两通道的加速度限制可用实际自动驾驶仪采用的算法,例如若为"方"过载限制,则

$$a_y = \begin{cases} a_{y\max} \operatorname{sign} a_{yc}, & |a_{yc}| \geqslant a_{y\max} \\ a_{yc}, & |a_{yc}| \leqslant a_{y\max} \end{cases} \qquad (7.21)$$

$$a_z = \begin{cases} a_{z\max} \operatorname{sign} a_{zc}, & |a_{zc}| \geqslant a_{z\max} \\ a_{zc}, & |a_{zc}| \leqslant a_{z\max} \end{cases} \qquad (7.22)$$

式中:a_y,a_z 为限幅器输出的加速度指令;$a_{y\max}$,$a_{z\max}$ 为限幅器的限制值。若为"圆"过载限制,加速度限制值为 $a_{\max}$,则两通道限制值为

$$\left. \begin{array}{l} a_{y\max} = a_{\max} a_{yc} / \sqrt{a_{yc}^2 + a_{zc}^2}, \quad \sqrt{a_{yc}^2 + a_{zc}^2} \geqslant a_{\max} \\ a_{z\max} = a_{\max} a_{yc} / \sqrt{a_{yc}^2 + a_{zc}^2}, \quad \sqrt{a_{yc}^2 + a_{zc}^2} \leqslant a_{\max} \end{array} \right\} \qquad (7.23)$$

式中:a_{zc},a_{yc} 为限幅器输入,限制算法仍为式(7.21)和式(7.22)。

如果需要对攻角和天线框架角限制,可求出对应的限制过载,仍用上述算法实现。

4.视线角和视线角速度

为使导引头截获目标,在中、末制导交接段要给出视线的方向,可用视线在

惯性系中的两个欧拉角表示。而在末制导段视线角速度是通过导引头测量的，因此要用导弹、目标相对运动参数给出目标指示的欧拉角和视线角速度的表达式。首先建立视线坐标系：x_s 轴位于天线中心到目标反射中心的连线上，指向目标为正，y_s 轴与 x_s 轴正交位于导弹俯仰平面内，z_s 轴与 x_s、y_s 轴正交，3 轴成右手坐标系，坐标原点位于天线中心。在快速分析仿真中，略去导弹质心到天线中心的距离，把导弹和目标都看成质点。

视线坐标系是由惯性坐标系依次绕 y 轴转 ψ 角，绕新的 z 轴转 θ 角，绕最终的 x 轴转 γ_m 角得到的，由此惯性坐标系到视线坐标系的坐标转换矩阵为

$$\boldsymbol{C}_i^s = \begin{bmatrix} \mathrm{C}\theta\mathrm{C}\psi & \mathrm{S}\theta & -\mathrm{C}\theta\mathrm{S}\psi \\ -\mathrm{C}\theta\mathrm{C}\psi\mathrm{C}\gamma_m + \mathrm{S}\psi\mathrm{S}\gamma_m & \mathrm{C}\theta\mathrm{C}\gamma_m & \mathrm{C}\theta\mathrm{S}\psi\mathrm{C}\gamma_m + \mathrm{C}\psi\mathrm{S}\gamma_m \\ \mathrm{S}\theta\mathrm{S}\psi\mathrm{S}\gamma_m + \mathrm{S}\psi\mathrm{C}\gamma_m & -\mathrm{C}\theta\mathrm{S}\gamma_m & -\mathrm{S}\theta\mathrm{S}\psi\mathrm{S}\gamma_m + \mathrm{C}\psi\mathrm{C}\gamma_m \end{bmatrix} \quad (7.24)$$

式中：下标 i 表示惯性系；上标 s 表示视线系；而矩阵中的 C，S 分别表示 cos，sin 函数。

导弹、目标相对位置在惯性系中的分量用 x,y,z 表示，即

$$\boldsymbol{R} = \begin{bmatrix} x_t - x_m & y_t - y_m & z_t - z_m \end{bmatrix}^T \equiv \begin{bmatrix} x & y & z \end{bmatrix}^T \quad (7.25)$$

式中：下标 m，t 分别表示导弹、目标。由此

$$\left. \begin{aligned} \mathrm{C}\psi &= x/\sqrt{x^2 + z^2} \\ \mathrm{S}\psi &= -z/\sqrt{x^2 + z^2} \\ \mathrm{C}\theta &= \sqrt{x^2 + z^2}/\sqrt{x^2 + y^2} \\ \mathrm{S}\theta &= y/\sqrt{x^2 + y^2 + z^2} \end{aligned} \right\} \quad (7.26)$$

由式(7.26)可得到目标指示的两个欧拉角：

$$\left. \begin{aligned} \psi &= \arcsin(-z/\sqrt{x^2 + z^2}) \\ \theta &= \arcsin(y/\sqrt{x^2 + y^2 + z^2}) \end{aligned} \right\} \quad (7.27)$$

相对速度 $\boldsymbol{v} = \begin{bmatrix} \dot{x} & \dot{y} & \dot{z} \end{bmatrix}^T$，视线角速度可以表示为

$$\boldsymbol{\omega} = \boldsymbol{R} \times \boldsymbol{v}/R^2 = \frac{1}{R^2} \begin{bmatrix} y\dot{z} - z\dot{y} & z\dot{x} - x\dot{z} & x\dot{y} - y\dot{x} \end{bmatrix}^T \quad (7.28)$$

式中：$R = \sqrt{x^2 + y^2 + z^2}$。

ω 在视线坐标系中的投影可利用式(7.24)、式(7.26)和式(7.28)求出，则有

$$\begin{bmatrix} \omega_{sx} \\ \omega_{sy} \\ \omega_{sz} \end{bmatrix} = \boldsymbol{C}_i^s \boldsymbol{\omega} = \begin{bmatrix} 0 \\ \dfrac{1}{R\sqrt{x^2 + z^2}} \left\{ \mathrm{C}\gamma_m(z\dot{x} - x\dot{z}) + \dfrac{\mathrm{S}\gamma_m}{R}\left[(x^2 + z^2)\dot{y} - (x\dot{x} + z\dot{z})y\right] \right\} \\ \dfrac{1}{R\sqrt{x^2 + z^2}} \left\{ -\mathrm{S}\gamma_m(z\dot{x} - x\dot{z}) + \dfrac{\mathrm{C}\gamma_m}{R}\left[(x^2 + z^2)\dot{y} - (x\dot{x} + z\dot{z})y\right] \right\} \end{bmatrix}$$

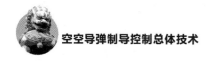

在导引律算法中通常还要用到导弹目标的接近速度,可由下式给出:

$$v_c = \boldsymbol{v} \cdot \boldsymbol{R} = \frac{x\dot{x} + y\dot{y} + z\dot{z}}{R}$$

5.目标运动方程

复合制导的空空导弹对目标和导弹的运动通常在惯性坐标系中处理,目标在惯性系中的运动方程可用

$$\left.\begin{aligned} \dot{\boldsymbol{R}}_t &= \boldsymbol{v}_t \\ \dot{\boldsymbol{v}}_t &= \boldsymbol{a}_t \end{aligned}\right\} \tag{7.29}$$

描述。

式中:$\boldsymbol{R}_t = \begin{bmatrix} x_t & y_t & z_t \end{bmatrix}^T$;$\boldsymbol{v}_t = \begin{bmatrix} \dot{x}_t & \dot{y}_t & \dot{z}_t \end{bmatrix}^T$;$\boldsymbol{a}_t = \begin{bmatrix} a_{tx} & a_{ty} & a_{tz} \end{bmatrix}^T$。而 x_t,y_t,z_t 为目标位置在惯性系的 x,y,z 轴上的投影;a_{tx},a_{ty},a_{tz} 为目标加速度在惯性系的 x,y,z 轴上的投影。

在末制导段可以直接利用式(7.29)积分得到的目标运动参数。但在中制导段由于只能得到数据链传输时刻的目标运动参数,所以中制导段利用的目标运动信息应为

$$\boldsymbol{R}_t(t) = \boldsymbol{R}_t(t_i) + (t - t_i)\boldsymbol{v}_t(t_i), \quad t_i < t \leqslant t_{i+1}$$

而 $\boldsymbol{R}_t(t_i)$,$\boldsymbol{v}_t(t_i)$ 由式(7.29)积分得到。

6.快速分析仿真方块图

为了闭合空空导弹复合制导快速分析仿真系统,必须由自动驾驶仪输出速度坐标系的俯仰、偏航加速度,即用 a_{vy},a_{vz} 表示 $\dot{\theta}$ 和 $\dot{\psi}$:

$$\begin{cases} \dot{\theta} = \dfrac{1}{v_m}\left[\left(\dfrac{P}{m}\sin\alpha + \dfrac{Y}{m}\right)\cos\gamma_m + \left(\dfrac{P}{m}\cos\alpha\sin\beta - \dfrac{Z}{m}\right)\sin\gamma_m - g\cos\theta\right] \\ \dot{\psi} = \dfrac{-1}{v_m\cos\theta}\left[\left(\dfrac{P}{m}\sin\alpha + \dfrac{Y}{m}\right)\sin\gamma_m + \left(\dfrac{Z}{m} - \dfrac{P}{m}\cos\alpha\cos\beta\right)\cos\gamma_m\right] \end{cases}$$

注意到

$$\begin{cases} a_y = \dfrac{P}{m}\sin\alpha + \dfrac{Y}{m} \\ a_z = \dfrac{Z}{m} - \dfrac{P}{m}\cos\alpha\cos\beta \end{cases}$$

则有

$$\dot{\theta} = \frac{1}{v_m}(a_y\cos\gamma_m - a_z\sin\gamma_m - g\cos\theta) \tag{7.30}$$

$$\dot{\psi} = \frac{-1}{v_m\cos\theta}(a_y\sin\gamma_m + a_z\cos\gamma_m) \tag{7.31}$$

如果导引律或自动驾驶仪中有重力补偿,式(7.30)中的 $g\cos\theta$ 项要去掉。

导引头的动特性可简化为一阶惯性环节,设时间常数为 τ_G,7.5 节已给出了导引头能测量的信息的算法,只有视线角速度考虑滞后。

关于导引律这里无法给出具体形式,因为复合制导的空空导弹都使用了弹载计算机,可以实现各种不同意义下的最优导引律或其简化的工程算法,在不同的使用条件下甚至可使用不同的导引律。但不论使用哪种导引律,这里给出的导弹目标相对运动的信息是足够用的。如果在弹上利用比较复杂的算法估计目标机动的加速度,为保证仿真的速度,亦可直接利用目标加速度而略去估计算法,对弹道特性不会产生显著的影响。这点和用于研究脱靶量的详细仿真是不同的。

中制导导引律与末制导导引律可以是相同的,也可以是不同的,还可能有各种特殊弹道的中制导导引律,这取决于导弹的具体设计。初制导段为了载机安全,导弹按预定的程控弹道飞行,在快速分析仿真中是否引入,取决于仿真的目的。

参 考 文 献

[1]樊会涛.空空导弹方案设计原理[M].北京:航空工业出版社,2013.

[2]杨军,等.现代导弹制导控制系统设计[M].北京:航空工业出版社,2005.

[3]杨军,等.导弹控制原理[M].北京:国防工业出版社,2010.

[4]杨军,等.现代导弹制导控制[M].西安:西北工业大学出版社,2016.

[5]樊会涛.复合制导空空导弹截获目标概率研究[J].航空学报,2010,31(6):1225 - 1229.

[6]吕长起.复合制导空空导弹快速分析仿真[J].航空兵器,1998(6):1 - 8.

第 8 章

导弹稳定控制系统设计与分析

|8.1 空空导弹稳定控制系统的基本任务|

　　自动驾驶仪和广义控制对象(舵机和弹体)组成的闭环控制回路称为稳定回路,也称为稳定控制系统。稳定控制系统的基本任务是稳定弹体姿态和实现对过载指令的快速响应。它是制导回路中的一个闭合回路。

　　滚转通道稳定控制系统有以下三种类型。

　　(1)滚转角控制系统,其任务为控制弹体滚转角和跟踪滚转角指令,适用于采用极坐标控制[倾斜转弯(Bank-To-Turn,BTT)控制]的空空导弹,飞行过程中需要根据法向力的合成方向改变弹体滚转角。

　　(2)滚转角稳定系统,其任务为飞行过程中保持弹体滚转角不变。

　　(3)滚转角速度稳定系统,其任务为在干扰力矩作用条件下将弹体滚转角速度稳定在一定的范围内。

　　空空导弹法向过载控制系统的主要任务有以下三项。

　　(1)校正飞行器动力学特性,使其具有良好的阻尼特性、稳定的传递增益、满足要求的稳定裕度和快速性。

　　(2)稳定控制系统应该能够有效地抑制作用在导弹上的外部干扰以及稳定控制系统部件本身的内部干扰。

　　(3)将弹体最大法向过载限制在某一给定值。

|8.2 稳定控制系统的性能指标|

(1)确保导弹在所有飞行条件下的稳定性,包括俯仰、偏航通道的稳定性和滚动通道的稳定性,以及考虑三通道耦合的空间稳定性。如果没有稳定性就谈不上对导弹运动的控制和对过载指令的快速响应。对滚动通道的稳定性,不同的导弹有不同的要求。例如,雷达导弹要保持极化方向一致需要滚动角度稳定,而红外导弹一般要求滚动角速度稳定。

(2)提高弹体绕质心角运动的阻尼。弹体在大气中运动的阻尼很小,特别是在高空。一般静稳定的弹体阻尼系数在 0.1 以下,属于严重欠阻尼,因此必须使用角速度反馈进行人工阻尼干预,把阻尼系数提高到 0.4～0.8 之间。

(3)稳定导弹的静态传递系数和动态特性。由于导弹飞行高度、速度的变化会导致气动导数和压心的变化,以及燃料的消耗会导致质量、质心和转动惯量的变化,而这些变化必然使导弹的静态传递系数和动态特性发生变化,使得在某些飞行条件下稳定裕度下降,动态品质变坏,甚至不稳定,所以必须通过反馈控制把导弹的静态传递系数和动态特性的变化控制在一定的范围内。

(4)对过载指令的快速响应。稳定回路是制导回路的一个内回路,对过载指令的快速响应意味着稳定回路有足够的带宽,只有这样才能保证制导回路的带宽,才能保证制导精度。

(5)稳定回路必须具备一定的抗干扰能力。作用在稳定回路上的干扰包括突风、推力偏心、外形误差、元器件误差和弹体振动等。这些都会造成制导精度的下降。稳定回路必须对这些干扰有一定的抑制能力。

综上所述,对稳定回路的性能要求可以归结为以下几项。

(1)对带宽的要求。俯仰、偏航通道稳定回路的团环带宽在整个飞行条件下应不低于 1～2 Hz,稳定度值不小于 8 dB,相位不小于 $60°$。滚动通道的带宽应不低于 7～10 Hz。

(2)对稳定角度和角速度的要求。有滚动角度应稳定要求的,滚动角度应稳定在要求的值上,如误差在 $-15°$～$15°$ 的范围内。要求稳定角速度的,应达到小于 $150°/s$。弹体俯仰、偏航角速度要求要和俯仰、偏航过载指令响应的快速性相协调。过载指令响应得越快,弹体角速度越大。

(3)对过载响应的快速性要求。空空导弹的飞行空域宽,动压变化范围大,因此对过响应的快速性要求应按典型飞行条件下的高度和马赫数提出,如飞行在低空($H=0$ km),飞行马赫数为 2 时,上升时间小于 0.15 s;飞行在高空($H=20$ km),飞行马赫数为 4 时,上升时间小于 0.6 s 等。超调量可以要求不大于

20%,稳态误差不大于 10%。

（4）对抑制伺服颤振的要求。稳定回路必须抑制伺服颤振,通过设计结构滤波器或其他抑制高频措施来解决。设计完成后要进行抑制伺服颤振的试验分析,以验证有效性。

（5）其他还有对最大过载限制,对最大迎角限制,对导引头位标器最大离轴角限制,对俯仰、偏航最大可用舵偏角的限制等。

|8.3 空空导弹典型稳定控制系统|

8.3.1 空空导弹滚转稳定控制系统

假设作用在导弹上的滚转干扰力矩为

$$M_{xd} = M_x^{\delta_x} \delta_{xd}$$

使导弹绕纵轴转动,其角速度为

$$\gamma(t) = K_{dx} \delta_{dx} \left(1 - e^{-\frac{t}{T_{dx}}}\right) = -\frac{M_{xd}}{M_x^{\omega_x}} \left(1 - e^{-\frac{t}{T_{dx}}}\right) \tag{8.1}$$

因而,在过渡过程消失后建立起恒角速度为

$$\dot{\gamma}(\infty) = -\frac{M_{xd}}{M_x^{\omega_x}} \tag{8.2}$$

滚转角速度稳定系统结构框图如图 8.1 所示。

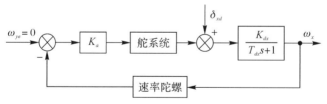

图 8.1 角速度稳定系统结构框图

系统对干扰力矩的响应,可用闭环系统对应传递函数描述为

$$\frac{\dot{\gamma}(s)}{\delta_{xd}(s)} = \frac{K_{dx}}{1 + K_{dx} K_a} \frac{1}{\frac{T_{dx}}{1 + K_{dx} K_a} s + 1} \tag{8.3}$$

将式(8.3)与导弹传递函数

$$\frac{\dot{\gamma}(s)}{\delta_{xd}(s)} = \frac{K_{dx}}{T_{dx} s + 1} \tag{8.4}$$

比较可以看出,由于滚转角速度反馈稳定系统的传递系数是飞行器传递系数的$1/(1+K_{dx}K_a)$,所以滚转角速度反馈的作用等效于飞行器气动阻尼的增加或惯性的降低,另外过渡过程也加快了。引入反馈后,在阶跃干扰的作用下,倾斜角速度的稳态值为

$$\dot{\gamma}(\infty)=\frac{1}{1+K_{dx}K_a}\left(-\frac{M_{xd}}{M_x^{\omega_x}}\right) \tag{8.5}$$

因此,这种方法不能消除滚转角速度,为了减小这个角速度必须挑选尽可能大的开环系统传递系数$K_0=K_{dx}K_a$。

滚转角稳定系统和滚转角控制系统结构框图如图8.2所示。为了消除干扰力矩作用条件下滚转角的控制静差,滚转角控制回路采用比例积分控制。

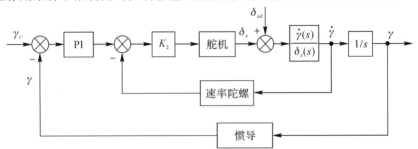

图8.2 滚转角稳定系统/滚转角控制系统结构框图

8.3.2 空空导弹发射分离稳定控制

机弹安全分离对于空空导的发射是至关重要的。首先要得到导弹在载机流场中的气动参数和导的离机时刻,载机流场中的气动参数可以通过分离轨迹系统(Captive Trajectory System,CTS)或网格风洞试验得到,如果舵偏角置零(要考虑零位误差)是安全的,可以在初始段设置零舵偏角,俗称"归零"。"归零"时间要保证导弹安全离开载机,从导弹离机时刻起$0.3\sim0.8$ s,这个时间取决于导弹离开载机的速度和目标在载机的上方还是下方,导弹离机速度大则"归零"时间短,离机速度小则"归零"时间长;目标在载机下方时"归零"时间短,目标在载机上方时"归零"时间长。如果设置零舵偏角不安全,可以设置分离过载(也称拖引过载)或分离舵偏角,施加的大小和时间根据发射条件和导弹在载机流场中的气动参数确定,构造出的计算公式或逻辑关系由载机火控系的计算机实现。

8.3.3 空空导弹法向过载控制

下面给出空空导弹两种典型的自动驾驶仪结构形式,它们分别是法向过载

积分＋伪姿态角＋姿态角速率反馈自动驾驶仪结构和法向过载积分＋伪攻角＋姿态角速率反馈自动驾驶仪结构。

1. 法向过载积分＋伪姿态角＋姿态角速率反馈自动驾驶仪结构（见图 8.3）

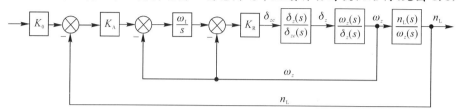

图 8.3　法向过载积分＋伪姿态角＋姿态角速率反馈自动驾驶仪结构

这种控制结构具有很多优点，如控制结构简单，控制参数少，可以实现对静不稳定弹体的控制，可以直接利用捷联惯导组合仪表输出信息构造反馈等。正因如此，这种自动驾驶仪结构在导弹研制中得到了广泛的应用，如"爱国者"地空导弹。

如果忽略舵机惯性，导弹弹体动力学（包括自动驾驶仪中的积分环节）为三阶系统，根据极点配置理论，基于法向过载积分、伪姿态角和姿态角速率反馈系统可以实现任意极点配置。因此从理论上说，该结构具有任意的静不稳定对象的校正能力。然而，舵机的有限带宽将直接限制自动驾驶仪稳定静不稳定弹体的能力。

另外，因为法向过载积分、伪姿态角和姿态角速率反馈系统的内回路是一个伪姿态角和姿态角速率反馈系统，本身无法实现任意极点配置，所以法向过载积分、伪姿态角和姿态角速率反馈系统是一个单自由度系统，必须一次完成设计，同时满足对系统的跟踪性能和稳定性要求。同时，其闭环增益在通常情况下接近于 1，但小于 1。但在高空低动压条件下，闭环增益小于 1。为了实现导弹飞行控制系统控制指令的精确传输能力，必须引入一个归一化增益。很显然，归一化增益将和气动参数及导弹飞行条件密切相关，特别是在高空低动压条件下，控制指令的传输精度将依赖于对飞行条件和气动参数的已知程度。

2. 法向过载积分＋伪攻角＋姿态角速率反馈自动驾驶仪结构（见图 8.4）

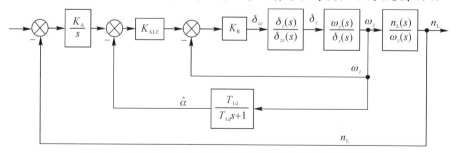

图 8.4　法向过载积分＋伪攻角＋姿态角速率反馈自动驾驶仪结构

这种自动驾驶仪结构利用捷联惯导系统提供的速率陀螺和加速度计,通过角速率信号滤波给出伪攻角的方法建立了基于法向过载积分+伪攻角+姿态角速率反馈的自动驾驶仪结构。忽略加速度回路非线性控制增益的自动驾驶仪结构如图 8.4 所示。该结构也是一种将增稳和指令精确传输两种功能可以分开实现的自动驾驶仪结构。伪攻角+姿态角速率反馈实现了对静不稳定弹体对象任意极点配置,法向过载回路完成指令精确传输的功能。同时闭环增益为 1,实现了导弹飞行控制系统控制指令的精确传输。

|8.4 空空导弹弹性弹体稳定控制|

8.4.1 问题的提出

在有效载荷质量及飞行距离给定的情况下,借助减小结构质量和燃料质量比而提高飞行器飞行性能的倾向就会引起飞行器结构刚度的减小。这样就会迫使在设计飞行器及其稳定系统时必须考虑结构弹性对稳定过程的影响。

当控制力矩加到弹性飞行器壳体上时,除了使导弹产生围绕质心的旋转外,还会发生横向弹性振动,该振动由多个不同谐振频率的正弦波组成,其中第一阶谐振最为强烈。如果安装在弹体上的敏感元件位置不当,在传感信号中将不仅包含导弹刚体的运动,还有弹体弹性变形的附加信号。这一附加信号相当于控制系统的一种干扰输入,并通过导弹的气动弹性效应形成回路反馈,不仅影响控制的精度与飞行动态品质,尤其当控制系统工作频带与弹性振动频带相交时,可能因为两者的相位差较大而导致失稳,这类现象称之为"伺服气动弹性问题"。

为了克服弹性对稳定过程的影响,可以采用下述两种方法:①将飞行器结构设计成保证振动一阶振型频率(有时要求是二阶振型频率)大大超过稳定系统的截止频率,一般为 5 倍以上。这时结构振型可看作是稳定系统的高频模态,不影响稳定性。②合理地设计稳定系统,可以采取以下几种措施:

(1)正确地配置导弹的测量元件,尽量减少弹性振动信号串入稳定系统中;

(2)在导弹振型频率处引入滤波器,压制振动;

(3)采用振动主动抑制技术。

8.4.2　敏感元件安装位置的选择

在这里只简单介绍一下考虑一阶振型时敏感元件位置的选择方法。图 8.5 所示为导弹一阶振型的示意图。很显然,如果敏感元件是三自由度陀螺和二自由度陀螺,应放在振型的波腹上,即图 8.5 中的 C 点,该点 $\varphi'(x) = 0$;如果敏感元件是加速度计,应放在振型的节点上,即图 8.5 中的 A、B 点,该点 $\varphi(x) = 0$。实际上,在工程中由于部件安排的限制,敏感元件有时无法放在理想的位置,此时应保证将其放在距理想位置尽可能近的位置上。

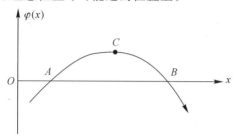

图 8.5　导弹一阶振型示意图

8.4.3　相位稳定及增益稳定方法

8.4.3.1　控制系统基本组成

大多数雷达制导寻的导弹的自动驾驶仪都具有 3 个回路,如图 8.6 所示。

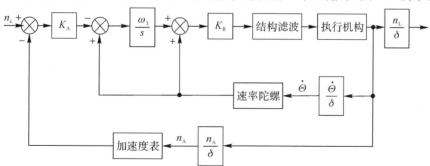

图 8.6　导弹自动驾驶仪的基本结构框图

这 3 个回路为加速度反馈回路、角速率反馈回路及角速率积分反馈回路。飞控系统的主要部件为弹体、气动舵面、执行机构、速率陀螺和加速度计。在系

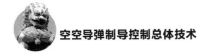

统中角速率回路带宽很大,结构振动的影响最为明显。角速率回路一般由速率陀螺、执行机构、结构滤波器和弹体组成。

与角速率回路类似,加速度回路同样要受到结构振动的影响,不过这种影响相对较弱,一般可以忽略。

为研究结构振动对导弹控制系统稳定性的影响,计算出角速率回路的奈奎斯特图和波特图,如图 8.7 和图 8.8 所示。从图中可以清楚地看出,一阶振型造成系统不稳定。

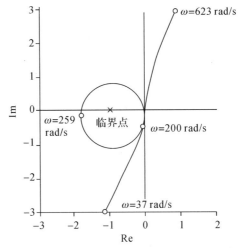

图 8.7　一阶振型使系统奈奎斯特曲线包围临界点

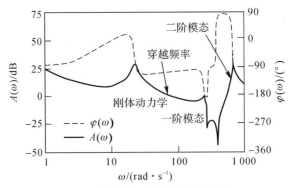

图 8.8　结构模态尖峰引起系统不稳定

通过减小回路增益可使系统具有合适的增益裕度(−6 dB)。然而这种方法降低了穿越频率,导弹自动驾驶仪的响应变差了。

一个简单的解决方法是利用执行机构和速率陀螺的相位滞后旋转结构振型远离临界点,使系统稳定,这种方法被称为相位稳定技术。如果结构振动造成的频率响应尖峰较大的话,会对系统的性能造成不好的影响,为此,应在系统中引入陷波滤波器来压制振动。这种方法被称为增益稳定技术。下面分别对这两种技术进行介绍。

8.4.3.2 控制系统的相位稳定

相位稳定方法不是通过引入陷波滤波器来改善系统的不稳定性的。首先它利用执行机构的动力学去旋转一阶振型的相位,使其远离稳定性的临界点。在工程中执行机构频带很宽,通过降低执行机构的频带可使一阶振型近似旋转 $90°$,使系统获得合适的幅值裕度。很显然,这种方法可以稳定一阶模态,但引入的相位滞后有可能造成二阶模态的不稳定,如图 8.9 所示。

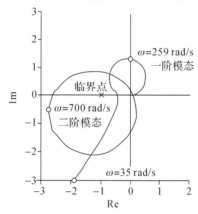

图 8.9 只使用执行机构进行相位稳定造成二阶模态不稳定

通过引入速率陀螺动力学,给二阶模态造成 $90°$ 相位滞后,最终使二阶模态也稳定下来。稳定后系统的奈奎斯特曲线和波特图分别如图 8.10 和图 8.11 所示。

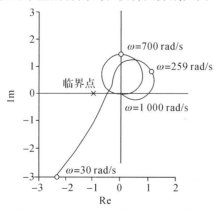

图 8.10 相位稳定后系统的奈奎斯特曲线

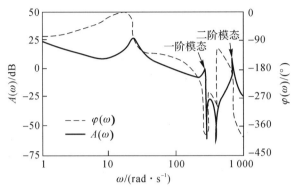

图 8.11　相位稳定后系统的波特图

现在在穿越频率处系统已具有合适的相位裕度和幅值裕度。低频幅值裕度和相位裕度分别为 5.7 dB 和 39°,高频幅值裕度和相位裕度分别为 10 dB 和 42°,如图 8.12 所示。

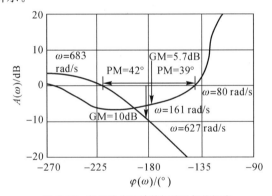

图 8.12　相位稳定系统的幅值及相位裕度

虽然系统相位稳定,但是在模态频率处,系统仍存在较大的频率响应尖峰。如果在速率回路中存在该频率处的噪声,将会造成舵偏速率饱和及执行机构过热。这些噪声可能来源于速率陀螺输出及数字控制系统的模数转换噪声。因此,为改善系统对噪声的抑制能力,消除这些尖峰是十分必要的。

8.4.3.3　控制系统增益稳定

为消除频率响应尖峰,引入一陷波滤波器,滤波器传递函数为

$$\frac{e_0(s)}{e_i(s)} = \frac{\dfrac{s^2}{\omega_0^2} + 1}{\dfrac{s^2}{\omega_0^2} + 2\dfrac{\xi_0}{\omega_0}s + 1}$$

式中：e_i 为输入信号；e_0 为输出信号；ξ_0 为滤波器阻尼。

滤波器的分子用于陷波，分母用于滤波器的物理实现。通常 $\xi_0 > 0.6$，ω_0 即为需要抑制的频响尖峰（即频率响应尖峰的简称）频率。将陷波滤波器串入角速率回路，计算出此时的波特图，如图 8.13 所示。由图可见，滤波器消除了一阶振型尖峰，但滤波器引入的相位滞后使回路的相位裕度下降了 $20°$。

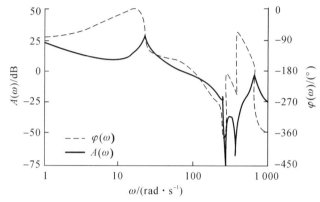

图 8.13 结构滤波器消除一阶振型尖峰后的波特图

通过串入另一个陷波滤波器，消除了二阶振型引入的频率响应尖峰，滤波器引入的相位滞后使回路的相位裕度下降了 $8°$。计算系统的奈奎斯特曲线和波特图分别如图 8.14 和图 8.15 所示。很显然，频率响应尖峰被消除了。

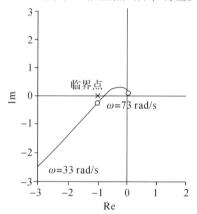

图 8.14 增益稳定后系统的奈奎斯特曲线

陷波滤波器的引入使系统的相位裕度下降到令人不能接受的地步。为保持合适的相位裕度值，必须适当地减小穿越频率。例如，在引入陷波滤波器之前，低频相位裕度为 $40°$，在引入陷波滤波器之后，相位裕度下降到 $12°$，期望的相位裕度值为 $30°$，经计算可知，当穿越频率为 62 rad/s 时，满足系统设计要求。

必须指出,随着导弹飞行条件的变化,弹体模态频率也会发生相应的变化。因此设计的陷波滤波器应在某个频段内都具有较好的陷波性能。为此,要将幅值裕度从 6 dB 增加到 15 dB,以提高系统对模态频率变化的适应性。

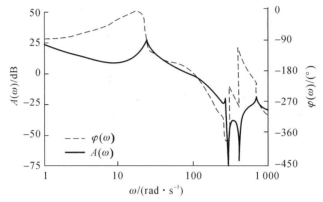

图 8.15　增益稳定后系统的波特图

8.4.3.4　结论

高性能战术导弹自动驾驶仪在受到结构模态的影响时,常常导致不稳定,借助于相位稳定或增益稳定可消除这种不稳定。相位稳定可用于具有较大带宽的自动驾驶仪中,但不能消除模态峰值增益。模态峰值增益会导致自动驾驶仪中的舵机出现过热和饱和问题。使用陷波滤波器的增益稳定可以降低模态峰值增益,但常导致自动驾驶仪带宽变窄。将相位稳定和增益稳定结合起来用于自动驾驶仪设计可使系统对模态频率变化具有鲁棒性。

8.5　空空导弹弹体动力学特性的稳定

8.5.1　引言

飞行器动力学特性与飞行速度和高度的强有力关系是飞行器作为控制对象的基本特点。根据导弹速度图形、高度范围、弹道特性及飞行器气动布局,飞行器的动力学特性的变化可以是很大的。描述现代飞行器动力学特性的参数变化可达 100 多倍。

导弹的这种动力学特性大大增加了制导与控制系统设计的难度,因此保证导弹弹体动力学特性的稳定是一项十分重要的任务。在工程设计中,保证弹体动力学特性稳定的任务一部分要由飞行器设计师承担,但基本上由控制系统设计师承担,他们之间的分工视具体情况而定。

由自动控制原理可知,闭环系统最重要的特性(稳定性、精度、谐振频率和振荡性等)在很大程度上取决于开环系统的传递系数,因此保证系数基本不变是动力学特性稳定的首要任务。

飞行器设计师采用下述方法可以将传递系数变化范围缩小一些:

(1)选择气动特性随马赫数变化小的飞行器气动布局;

(2)飞行器合理的结构配置,这种配置借助于燃料配置及合适的消耗程序导致有利于飞行器动力学稳定的导弹质心随时间的变化;

(3)沿飞行器纵轴移动弹翼,使导弹在不同飞行条件下具有符合要求的动力学特性;

(4)在舵传动机构中引入变传动比机构,该机构的传动比随导弹的某个飞行参数变化,如 H、v、q 等。

全面、彻底地解决导弹动力学特性的稳定问题有赖于控制系统设计师的工作,可使用以下方法解决这个问题:

(1)使用力矩平衡式舵机;

(2)飞行器包含深度负反馈,其中包括法向过载的深度负反馈,由自动控制原理可知,深度负反馈可有效抑制受控对象的参数变化;

(3)采用带有反馈的舵传动机构,反馈深度与速度头成正比;

(4)采用预定增益控制技术,根据时间或某些参数(如 H、v、q 等)改变稳定系统某些元件的传递系数,主要是校正网络的参数;

(5)引入非线性控制技术,如振荡自适应思想。

另外,以现代控制理论为基础的模型参考自适应控制、自校正控制及变结构控制在解决导弹动力学特性的稳定问题上有很大的潜力,有待理论界和工程界的进一步努力。

8.5.2 力矩平衡式舵机自适应自动驾驶仪

某型空空导弹俯仰稳定回路由磁放大器、舵机和弹体环节组成,其运算方框图如图 8.16 所示。

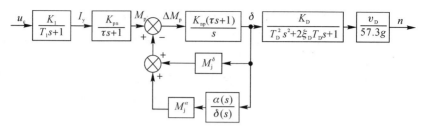

图 8.16　某型空空导弹俯仰稳定回路运算方框图

图中：

$$u_c \text{——导引头经坐标变换器的输出电压；}$$

$$K_{np} \text{——舵机静外特性斜率；}$$

$$I_y \text{——磁放大器输往舵机控制绕组的控制电流；}$$

$$M_j^\delta \text{、} M_j^\alpha \text{——铰链力矩导数；}$$

$$K_1 \text{、} T_1 \text{——磁放大器增益及时间常数；}$$

$$K_D \text{、} K_\alpha \text{、} \xi_D \text{、} T_D \text{——弹体传递函数系数；}$$

$$M_p \text{——舵机输出力矩；}$$

$$\delta \text{——舵偏角；}$$

$$K_{pn} \text{——舵机控制特性斜率；}$$

$$\alpha \text{、} \theta_D \text{、} n \text{、} v_D \text{——弹体攻角、弹道倾角、法向过载、飞行速度；}$$

$$\tau \text{——舵机时间常数。}$$

局部回路的化简如图 8.17 所示。

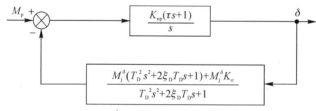

图 8.17　M_p - δ 局部回路框图

回路闭环传递函数为

$$\frac{\delta(s)}{M_p(s)} = \frac{K_{np}(\tau s + 1)/s}{1 + \dfrac{K_{np}(\tau s + 1)(M_j^\delta T_D^2 s^2 + 2\xi_D T_D M_j^\delta s + M_j^\delta + M_j^\delta K_\alpha)}{s(T_D^2 s^2 + 2\xi_D T_D s + 1)}} = $$

$$\frac{(\tau s + 1)(T_D^2 s^2 + 2\xi_D T_D s + 1)/K_j}{A_3 s^3 + A_2 s^2 + A_1 s + 1} \tag{8.6}$$

式中：$K_j = M_j^\delta + M_j^\delta K_\alpha$；

$$A_3 = \frac{T_D^2 (1 + K_{np} M_j^\delta \tau)}{K_j K_{np}};$$

$$A_2 = \frac{2\xi_D T_D + K_{np} M_j^{\delta}(2\xi_D T_D \tau + T_D^2)}{K_j K_{np}};$$

$$A_1 = \frac{1 + K_{np}(K_j \tau + 2\xi_D T_D M_j^{\delta})}{K_j K_{np}}。$$

由以上推导结果可知,铰链力矩反馈包围的舵机,$M_p \sim \delta$ 之间的传递系数为 $1/K_j$,它是随飞行高度、速度变化的。

$u_c \sim \dot{\theta}_D$ 之间的开环传递函数为

$$\frac{\dot{\theta}_D(s)}{u_c(s)} = \frac{K_1 K_{pn} K_D / K_j}{(T_1 s + 1)(A_3 s^3 + A_2 s^2 + A_1 s + 1)} =$$

$$\frac{K_1 K_{pn} K_{M_p}^{\dot{\theta}}}{(T_1 s + 1)(A_3 s^3 + A_2 s^2 + A_1 s + 1)} \qquad (8.7)$$

式中:$K_{M_p}^{\dot{\theta}} = K_D / K_j$,由于 K_D 随飞行条件变化比较剧烈,引入铰链力矩反馈后使 $K_{M_p}^{\dot{\theta}}$ 变化范围变小。

$u_c \sim n$ 之间的开环传递函数为

$$\frac{n(s)}{u_c(s)} = \frac{K_1 K_{pn} K_{M_p}^{\dot{\theta}} v_D / 57.3g}{(T_1 s + 1)(A_3 s^3 + A_2 s^2 + A_1 s + 1)} =$$

$$\frac{K_1 K_{pn} K_{M_p}^{n}}{(T_1 s + 1)(A_3 s^3 + A_2 s^2 + A_1 s + 1)} \qquad (8.8)$$

式中:$K_{M_p}^{n} = K_{M_p}^{\dot{\theta}} v_D / 57.3g$,考虑 v_D 的变化,系数 $K_{M_p}^{n}$ 基本保持不变。

某型空空导弹稳定回路参数计算结果见表 8.1。

表 8.1　某型空空导弹稳定回路参数计算结果

H/km	Ma	$K_{M_p}^{\dot{\theta}}/[(°) \cdot s^{-1}/(N \cdot m)]$	$K_{M_p}^{n}/(N \cdot m)^{-1}$	T_p/s	ξ'_D	T'_D/s	$K_q^{n}/[(°)^{-1} \cdot s]$
5.0	2.5	0.805	1.15	0.150	0.062 0	0.022 62	1.75
10.0	1.5	1.350	1.09	0.312	0.042 0	0.055 25	1.66
10.0	2.0	1.020	1.10	0.250	0.041 1	0.042 37	1.67
10.0	2.5	0.863	1.16	0.234	0.040 0	0.039 22	1.76
15.0	2.5	0.877	1.16	0.433	0.020 0	0.059 52	1.76
21.0	3.0	0.780	1.25	1.010	0.011 0	0.090 91	0.90

将式(8.7)和式(8.8)变换可得

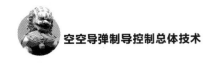

$$\frac{\dot{\theta}_{\mathrm{D}}(s)}{u_{\mathrm{c}}(s)} = \frac{K_1 K_{\mathrm{pn}} K_{M_{\mathrm{p}}}^{\dot{\theta}}}{(T_1 s + 1)(T_{\mathrm{p}} s + 1)(T'_{\mathrm{D}} s^2 + 2\xi'_{\mathrm{D}} T'_{\mathrm{D}} s + 1)} \tag{8.9}$$

$$\frac{n(s)}{u_{\mathrm{c}}(s)} = \frac{K_1 K_{\mathrm{pn}} K_{M_{\mathrm{p}}}^{n}}{(T_1 s + 1)(T_{\mathrm{p}} s + 1)(T'_{\mathrm{D}} s^2 + 2\xi'_{\mathrm{D}} T'_{\mathrm{D}} s + 1)} \tag{8.10}$$

通过对某型空空导弹稳定回路进行分析和计算,可以获得以下几个基本结论。

(1)采用铰链力矩反馈舵机,其稳定回路不需要设置横向加速度传感器,便可以使稳定回路的传递系数不随飞行高度、速度而剧烈变化,从表8.1中可以看出,$K_{M_{\mathrm{p}}}^{n}$ 和 $K_{M_{\mathrm{p}}}^{\dot{\theta}}$ 的变化范围是比较小的。

(2)稳定回路含有一个阻尼系数很小($\xi'_{\mathrm{D}} = 0.011 \sim 0.062$)的振荡环节,同时含有一个 $T_{\mathrm{p}} = 0.15 \sim 1.01$ s 的惯性环节,它远比 T'_{D} 大,也比 T_1 大,且随飞行高度增大而增大。它成为整个系统的主导极点,极大地削弱了二阶振荡环节对系统的影响,将弹体从一个振荡性很强的二阶环节改造成惯性特性,因此不须采用通常的速率陀螺反馈的方法去提高弹体的阻尼。

(3)由于 T_{p} 比其他任何环节的时间常数大,所以它决定了稳定回路的通频带较窄,也导致控制系统的通频带较窄,这对抑制噪声干扰起有利作用。

(4)由于 T_{p} 较大,所以它对导弹的机动性能有很大影响,会增大导弹的动态误差。

(5)采用铰链力矩反馈舵机的导弹只能在有限飞行条件下保持较好的性能,因此它只用于近距、小型导弹的设计中。

8.5.3　闭环调参强迫振荡自适应自动驾驶仪

利用强迫振荡进行闭环调参的滚动回路和两个开环调参的侧向回路组成强迫振荡自适应驾驶仪。闭环调参的强迫振荡自适应滚动回路原理框图如图8.18所示。

为了探测弹体动力学特性的变化,用专设的一个振荡器给滚动回路附加上一个频率为 ω_0 的强迫振荡。自适应调参回路以保持舵系统输入信号中的强迫振荡振幅不变为原则,对滚动回路的可变增益 K_a 进行自适应调整,以补偿弹体动力学特性的变化。

侧向回路是具有速率阻尼回路、复合稳定回路和加速度回路的常规结构。为适应弹体动力学特性的变化,在速率反馈通道中设置了一个可变增益 K_b。由于弹体的侧向动力学特性与滚动动力学特性有着密切的关系,侧向回路的可变增益 K_b 也利用滚动回路中的 K_a 信号去进行自适应调整。在实际应用中,为实现方便，K_b 可设计成与 K_a 相等。

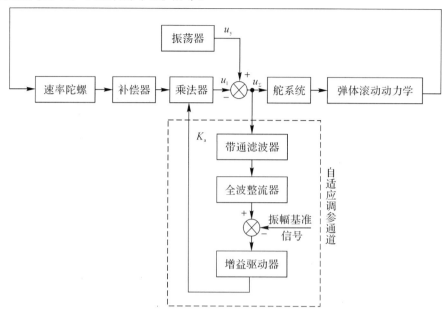

图 8.18 闭环调参的强迫振荡自适应滚动回路原理框图

　　滚动回路和侧向回路按常规设计。下面只讨论滚动回路中的自适应设计的主要问题。

　　设滚动回路的开环传递函数为 $W(s)$，振荡器的输出为 u_y，舵系统输入端的综合信号为 u_Σ。u_y 和 u_Σ 的关系可简单地表示为图 8.19 所示的形式。

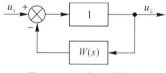

图 8.19 u_y 和 u_Σ 的关系

　　设振荡器的输出为

$$u_y = A_y \sin\omega_0 t \tag{8.11}$$

则舵系统输入端的稳态振荡分量为

$$u_\Sigma = A_\Sigma \sin(\omega_0 t + \varphi_\Sigma) \tag{8.12}$$

式中

$$A_\Sigma = A_y / \sqrt{(1 + A_0\cos\varphi_0)^2 + (A_0\sin\varphi_0)^2} \tag{8.13}$$

$$A_0 = |W(j\omega_0)| \tag{8.14}$$

$$\varphi_0 = \angle W(j\omega_0) \tag{8.15}$$

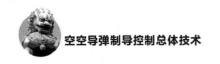

$$\varphi_\Sigma = \arctan \frac{A_0 \sin\varphi_0}{1 + A_0 \cos\varphi_0} \tag{8.16}$$

这种驾驶仪的自适应原理要求强迫振荡频率 ω_0 足够高,使得在导弹的各种飞行条件下,从副翼偏角 δ 到滚动角速度 $\dot{\gamma}$ 的弹体频率特性,在 ω_0 处有以下近似关系,即

$$\left| W_D(j\omega_0) \right| = \left| \frac{c_3}{j\omega_0 + c_1} \right| \approx \frac{c_3}{\omega_0} \tag{8.17}$$

$$\angle W_D(j\omega_0) = \angle \frac{c_3}{j\omega_0 + c_1} \approx -90° \tag{8.18}$$

式中:c_1——滚动阻尼动力系数;

c_3——副翼效率系数。

也就是说,可以认为 A_0 与 c_3 成正比,φ_0 近乎常数。以下讨论也就是在这个前提下进行的。

根据滚动回路设计,可以得出理想开环传递函数 $\overline{W}(s)$。强迫振荡频率 ω_0 和振荡器输出信号的振幅 A_y 确定之后,A_0 和 A_Σ 的理想值 $\overline{A}_0$ 和 $\overline{A}_\Sigma$ 分别为

$$\overline{A}_0 = \left| \overline{W}(j\omega_0) \right|$$

$$\overline{A}_\Sigma = A_y / \sqrt{(1 + \overline{A}_0 \cos\varphi_0)^2 + (\overline{A}_0 \sin\varphi_0)^2}$$

当 c_3 发生变化时,A_0 与 A_Σ 也发生变化。自适应调参回路根据 A_Σ 偏离 $\overline{A}_\Sigma$ 的信息调整滚动回路的可变增益 K_a,使 A_Σ 保持为 $\overline{A}_\Sigma$,从而使 A_0 保持为 $\overline{A}_0$,$W(s)$ 保持为 $\overline{W}(s)$。

闭环调参的强迫振荡自适应驾驶仪已被成功地应用于美国的"不死鸟"远程空空导弹上。

闭环调参的强迫振荡自适应驾驶仪具有良好的调参准确性,但由于强迫振荡频率的选择受到严格的限制,以致要求副翼作频率较低而振幅很小的强迫振荡,实现上可能存在相当大的难度。

8.5.4 捷联惯导数字式自适应自动驾驶仪

捷联惯导数字式自适应自动驾驶仪由以下几部分组成。

(1)捷联惯导系统:为导弹提供惯性基准,为导弹实时地提供飞行速度、飞行高度、攻角和飞行时间的信息,并测量弹体角速率及加速度。

(2)控制系统参数数据库:由控制理论综合而得,存储着不同飞行条件下控制系统保持良好性能所必需的参数值。

（3）常规自动驾驶仪结构。

（4）导弹执行机构和弹体。

图 8.20 所示为数字式自适应自动驾驶仪的结构框图。

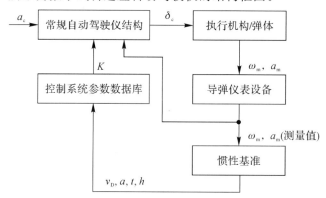

图 8.20 数字式自适应自动驾驶仪结构框图

数字式自适应自动驾驶仪的工作过程是：由导弹仪表设备测得弹体的角速度信息和加速度信息，一路用于导弹自动驾驶仪的反馈信号，另一路通向捷联惯导计算机；由捷联惯导计算机计算出导弹的飞行速度、飞行高度、攻角和滚动角等飞行条件信息，这些信息与弹体动力学有着对应的关系。为保证导弹在任何飞行条件下都具有满意的飞行品质，通常应在不同的飞行条件下选取不同的控制增益，而惯导系统恰好提供表征飞行条件的信息，此时这些信息被用作控制系统调参的特征参数。利用这些特征参数查寻控制增益表获得控制增益 K，然后将其代入控制算法，计算出控制指令 δ_c。

导弹飞行条件与其弹体动力学有着密切的关系，这是由其内在因素决定、外部特征表现出来的。影响导弹弹体动力学的内在因素主要有以下几种。

（1）推力特性。导弹弹体动力学系数 a_{25}，a_{34} 皆与推力有关，因而推力的变化将对弹体动力学特性产生很大影响。

（2）导弹重心、质量和转动惯量。导弹弹体动力学系数 $a_{22} \sim a_{35}$ 皆与导弹的重心、质量和转动惯量有关。

（3）马赫数。导弹的飞行马赫数主要影响弹体的气动力特性，因导弹的马赫数变化范围很大（$Ma = 0.0 \sim 6.0$），这个因素的影响不可忽视。

（4）动压。除了推力矢量控制引入的动力学系数外，几乎所有的动力学系数都与动压有关。

（5）攻角。在导弹进行大攻角飞行时，导弹的气动力特性将随攻角发生很大

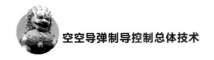

变化,这些变化将反映在导弹的动态特性上。这里讲的攻角指的是导弹的总攻角。

(6)气流扭角。在大攻角的情况下,气流扭角对有翼导弹的气动力特性影响十分显著,但对无翼式导弹的气动力特性的影响是很小的。

(7)速度。在 a_{22},a_{24},a_{34} 和 a_{35} 这些动力学系数中,都有导弹飞行速度项,因此它也将影响导弹的动力学特性。

在上面的这些因素中,有一些它们之间有着密切的关系,如导弹的推力特性、重心、质量和转动惯量皆是导弹飞行时间的函数,导弹的马赫数、动压和飞行速度都由飞行高度和马赫数决定。因此从外部特征上看,影响导弹弹体动力学的特征参数有导弹飞行时间、马赫数、飞行高度、总攻角和气流扭角等。

导弹的自动驾驶仪有很多种结构,为了保证导弹具有很高的性能,通常选用3回路控制器结构,即角速度反馈回路、角速度积分反馈回路和加速度反馈回路。这种自动驾驶仪结构具有以下基本特点:

(1)自动驾驶仪增益随导弹的飞行高度和马赫数变化很小;

(2)不管是稳定的还是不稳定的弹体都可以很好地控制;

(3)具有良好的阻尼特性;

(4)导弹的时间响应可以降低到适合于拦截高性能飞机的要求值;

(5)具有良好的抑制力矩干扰的能力。

对于捷联惯导数字式自适应自动驾驶仪,其整个设计过程如下:

(1)导弹飞控系统性能指标的确定;

(2)确定导弹特征参数,为控制参数的调整提供依据;

(3)计算对应所有特征参数空间点处弹体动力学的模型参数;

(4)利用控制理论完成导弹所有飞行条件下的控制参数计算,给出控制参数数据库;

(5)根据特征参数的变化情况,确定控制器的调参频率,由此提出对捷联惯导系统信号传输速率的要求;

(6)控制器离散化频率的确定;

(7)设计结果的仿真研究。

|8.6 空间稳定性问题|

前面对稳定回路的设计分析是单通道独立进行的,实际上 3 个通道之间是存在耦合的,特别是在大迎角情况下这种耦合可能引起不稳定。降低耦合、保证空间稳定性是本节讨论的问题。

8.6.1 空间耦合问题

弹体 3 个通道的耦合来自两方面,一是弹体运动方程的耦合,二是气动力的耦合。

先看弹体运动的耦合,只讨论轴对称的弹体。由弹体角速度的方程把力矩中和角速度有关的项单独写出来,利用 $I_y = I_z \gg I_x$ 可得

$$
\left.
\begin{aligned}
\dot{\omega}_{xb} &= -c_1 \omega_{xb} + M_x(\alpha, \varphi, \delta_{\mathrm{I}}, \delta_{\mathrm{II}}) \\
\dot{\omega}_{yb} &= -c_1 \omega_{yb} + M_y(\alpha, \varphi, \delta_{\mathrm{I}}, \delta_{\mathrm{II}}) + \omega_{xb}\omega_{zb} \\
\dot{\omega}_{zb} &= -c_1 \omega_{zb} + M_z(\alpha, \varphi, \delta_{\mathrm{I}}, \delta_{\mathrm{II}}) - \omega_{xb}\omega_{zb}
\end{aligned}
\right\}
\tag{8.19}
$$

下面导出 $\dot{\alpha}, \dot{\beta}$ 的方程,$\dot{\alpha}, \dot{\beta}$ 的方向分别在弹体系的 z 轴、速度系的 y 轴方向,则有

$$
\boldsymbol{C}_{\mathrm{b}}^{\mathrm{v}}
\begin{bmatrix} \omega_{xb} \\ \omega_{yb} \\ \omega_{zb} \end{bmatrix}
-
\begin{bmatrix} \omega_{xv} \\ \omega_{yv} \\ \omega_{zv} \end{bmatrix}
=
\begin{bmatrix} 0 \\ \dot{\beta} \\ 0 \end{bmatrix}
+
\boldsymbol{C}_{\mathrm{b}}^{\mathrm{v}}
\begin{bmatrix} 0 \\ 0 \\ \dot{\alpha} \end{bmatrix}
\tag{8.20}
$$

式中:$\omega_{xb}, \omega_{yb}, \omega_{zb}$ 分别为弹体系绕 x, y, z 轴的角速度;$\omega_{xv}, \omega_{yv}, \omega_{zv}$ 分别为速度系绕 x, y, z 轴的角速度。利用 $\boldsymbol{C}_{\mathrm{b}}^{\mathrm{v}}$ 的表达式展开式(8.20),由后两行可得

$$
\left.
\begin{aligned}
\dot{\beta} &= \omega_{xb}\sin\alpha + \omega_{yb}\cos\alpha - \omega_{yv} \\
\dot{\alpha} &= \omega_{zb} - \frac{1}{\cos\beta}(\omega_{xb}\cos\alpha\sin\beta - \omega_{yb}\sin\alpha\sin\beta - \omega_{zv})
\end{aligned}
\right\}
\tag{8.21}
$$

速度坐标系的运动方程为

$$
m\left(
\begin{bmatrix} \dot{v}_{\mathrm{m}} \\ 0 \\ 0 \end{bmatrix}
+
\begin{bmatrix} \omega_{xv} \\ \omega_{yv} \\ \omega_{zv} \end{bmatrix}
\times
\begin{bmatrix} v_{\mathrm{m}} \\ 0 \\ 0 \end{bmatrix}
\right)
=
\begin{bmatrix} F_x \\ F_y \\ F_z \end{bmatrix}
\tag{8.22}
$$

式中: $\qquad m$——导弹质量;

$\qquad v_{\mathrm{m}}$——导弹速度;

F_x, F_y, F_z——分别为作用在弹上的合力在速度系 x, y, z 轴上的投影。

由式(8.22)展开后,可得

$$\left.\begin{aligned}\omega_{zv} &= \frac{F_y(\varphi, \alpha, \delta_{\mathrm{I}}, \delta_{\mathrm{II}})}{mv_{\mathrm{m}}} \\[2mm] \omega_{yv} &= -\frac{F_z(\varphi, \alpha, \delta_{\mathrm{I}}, \delta_{\mathrm{II}})}{mv_{\mathrm{m}}}\end{aligned}\right\} \tag{8.23}$$

将式(8.23)代入式(8.21),可得

$$\left.\begin{aligned}\dot{\beta} &= \omega_{xb}\sin\alpha + \omega_{yb}\cos\alpha + \frac{F_z(\varphi, \alpha, \delta_{\mathrm{I}}, \delta_{\mathrm{II}})}{mv_{\mathrm{m}}} \\[2mm] \dot{\alpha} &= \omega_{zb} - \frac{1}{\cos\beta}\left[\omega_{xb}\cos\alpha\sin\beta - \omega_{yb}\sin\alpha\sin\beta - \frac{F_y(\varphi, \alpha, \delta_{\mathrm{I}}, \delta_{\mathrm{II}})}{mv_{\mathrm{m}}}\right]\end{aligned}\right\} \tag{8.24}$$

由几何关系(见图8.21)有

$$\left.\begin{aligned}v_x\tan\alpha_{\mathrm{I}} &= v_z \\[2mm] \frac{v_x}{\cos\alpha_{\mathrm{II}}} &= v \\[2mm] \tan\beta &= \tan\alpha_{\mathrm{I}}\tan\alpha_{\mathrm{II}}\end{aligned}\right\} \tag{8.25}$$

设 α, β 为小角度,则 $\cos\alpha = 1, \sin\alpha = \alpha, \cos\beta = 1, \sin\beta = \beta$,略去二阶小量,$\alpha_{\mathrm{I}} = \beta$ 而 α 即 α_{II},式(8.24)可简化为

$$\left.\begin{aligned}\dot{\alpha}_{\mathrm{I}} &= \omega_{xb}\alpha_{\mathrm{II}} + \omega_{yb} + \frac{F_z(\varphi, \alpha, \delta_{\mathrm{I}}, \delta_{\mathrm{II}})}{mv_{\mathrm{m}}} \\[2mm] \dot{\alpha}_{\mathrm{II}} &= \omega_{zb} - \omega_{xb}\alpha_{\mathrm{I}} + \frac{F_y(\varphi, \alpha, \delta_{\mathrm{I}}, \delta_{\mathrm{II}})}{mv_{\mathrm{m}}}\end{aligned}\right\} \tag{8.26}$$

现在把式(8.26)和式(8.19)联立在一起,则有

$$\left.\begin{aligned}\dot{\omega}_{xb} &= -c_1\omega_{xb} + M_x(\alpha, \varphi, \delta_{\mathrm{I}}, \delta_{\mathrm{II}}) \\[2mm] \dot{\omega}_{yb} &= -a_1\omega_{yb} + M_y(\alpha, \varphi, \delta_{\mathrm{I}}, \delta_{\mathrm{II}}) + \underline{\omega_{xb}\omega_{zb}} \\[2mm] \dot{\omega}_{zb} &= -a_1\omega_{zb} + M_z(\alpha, \varphi, \delta_{\mathrm{I}}, \delta_{\mathrm{II}}) - \underline{\omega_{xb}\omega_{yb}} \\[2mm] \dot{\alpha}_{\mathrm{I}} &= \underline{\omega_{xb}\alpha_{\mathrm{II}}} + \omega_{yb} + \frac{F_z(\varphi, \alpha, \delta_{\mathrm{I}}, \delta_{\mathrm{II}})}{mv_{\mathrm{m}}} \\[2mm] \dot{\alpha}_{\mathrm{II}} &= \omega_{zb} - \omega_{xb}\alpha_{\mathrm{I}} + \frac{F_y(\varphi, \alpha, \delta_{\mathrm{I}})}{mv_{\mathrm{m}}}\end{aligned}\right\} \tag{8.27}$$

式(8.27)中下画线项表示一个通道和其他通道发生关系的耦合项,可以看

到,即使简化模型也存在3通道耦合,而且都是由 M_x (气动力)和 ω_{xb} (弹体运动)引起的,斜吹干扰力矩在大迎角时比较大,如果控制不好会导致大的横滚角速度 ω_{xb} 并产生气动滚角 φ,最终可能不稳定。

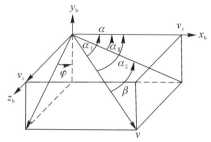

图 8.21   角度关系

8.6.2   降低空间耦合的方法

由于空间耦合主要是由滚动干扰力矩和滚动角速度产生的,所以降低空间耦合的最好方法是设计优良的滚动通道稳定回路,迅速抑制斜吹力矩,不产生大的横滚角速度,不产生大的滚转角,从而阻断或降低空间耦合。

要设计优良的滚动通道稳定回路的前提是有滚动控制良好的气动外形,如 $3° \sim 5°$ 的差动舵偏角或副翼偏角可以控制最大的斜吹力矩,如果控制能力不够,说明气动外形设计是不成功的。

在气动外形有足够的滚动控制能力的前提下,控制系统应保有足够的滚动通道的闭环带宽,以保证滚动控制的快速性。例如,小展弦比的空空导弹俯仰(或偏航),稳定回路闭环带宽为 $1 \sim 2$ Hz,滚动通道闭环带宽为 $7 \sim 10$ Hz。

在稳定回路设计完成后,可以找出系统空间稳定的最大迎角,如果这个迎角产生的过载能满足攻击机动目标的要求,则其可作为最大限制迎角。

如果上述方法满足不了要求,则可以设计非线性滤波器进行调整。图 8.22 所示为非线性滤波器的结构框图,它的①、②、③、④各点的波形如图 8.23 所示。若输入为变频率的正弦波①,经限幅器后成为变频率的方波②,通过时间常数为 T 的惯性环节后生成频率、幅度都变化的波形③,再经过整流后输出波形④。对波形④进行谐波分析可以看出,幅频特性随频率升高而降低,而相频特性不变。非线性滤波器用 G_{n1} 表示,它在滚动稳定回路中的位置如图 8.24 所示。稳定回路的增益随马赫数和动压的变化而变化。要增大带宽就必须增大增益,线性系统的增益和相位是相关的,增益高稳定裕度就小,而非线性滤波器可以达到希望的带宽,幅频很快衰减,而相频不受影响,当然它不适用于叠加原理。这种滤波器在国外某先进的空空导弹上已得到成功应用。

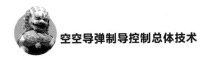

图 8.22 非线性滤波器的结构框图

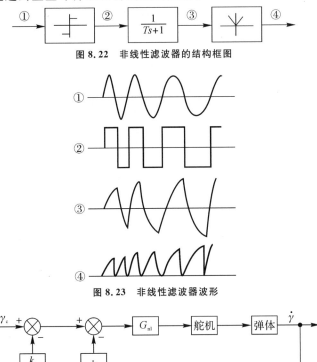

图 8.23 非线性滤波器波形

图 8.24 非线性滤波器在滚动稳定回路中的位置

8.6.3 主通道进行空间耦合补偿

在不考虑陀螺分量 $\omega_{xb}\omega_{yb}$ 和 $\omega_{xb}\omega_{zb}$，以及 $a_5 \approx 0$ 的条件下，空间运动方程组可写为

$$\left.\begin{array}{l} \dot{\omega}_{xb} + c_1\omega_{xb} - M_x(\alpha_{\mathrm{I}},\alpha_{\mathrm{II}},\delta_{\mathrm{I}},\delta_{\mathrm{II}}) = c_3\delta_{\mathrm{III}} \\ \ddot{\alpha}_{\mathrm{I}} + (a_1+a_4)\dot{\alpha}_{\mathrm{I}} + (a_2+a_1a_4)\alpha_{\mathrm{I}} + a_1(\omega_{xb}\alpha_{\mathrm{II}}) + (\omega_{xb}\alpha_{\mathrm{II}})' = a_3\delta_{\mathrm{I}} \\ \ddot{\alpha}_{\mathrm{II}} + (a_1+a_4)\dot{\alpha}_{\mathrm{II}} + (a_2+a_1a_4)\alpha_{\mathrm{II}} + a_1(\omega_{xb}\alpha_{\mathrm{I}}) + (\omega_{xb}\alpha_{\mathrm{I}})' = a_3\delta_{\mathrm{II}} \end{array}\right\}$$

$$(8.28)$$

选择控制律把耦合项消去，为此选

$$\left.\begin{array}{l} \delta_{\mathrm{I}} = u_1 + K_n\left[(\omega_{xb}\alpha_{\mathrm{II}}) + \tau(\omega_{xb}\alpha_{\mathrm{II}})'\right] \\ \delta_{\mathrm{II}} = u_2 - K_n\left[(\omega_{xb}\alpha_{\mathrm{I}}) + \tau(\omega_{xb}\alpha_{\mathrm{I}})'\right] \end{array}\right\}$$

$$(8.29)$$

若选取 $K_n=\dfrac{a_1}{a_3}$, $\tau_n=\dfrac{1}{a_1}$, 将式(8.29)代入式(8.28), 则耦合项完全被抵消掉, 有

$$
\left.
\begin{aligned}
&\dot{\omega}_{xb}+c_1\omega_{xb}-M_x(\alpha_{\mathrm{I}},\alpha_{\mathrm{II}},\delta_{\mathrm{I}},\delta_{\mathrm{II}})=c_3\delta_{\mathrm{III}}\\
&\ddot{\alpha}_{\mathrm{I}}+(a_1+a_4)\dot{\alpha}_{\mathrm{I}}+(a_2+a_1a_4)\alpha_{\mathrm{I}}=a_3u_1\\
&\ddot{\alpha}_{\mathrm{II}}+(a_1+a_4)\dot{\alpha}_{\mathrm{II}}+(a_2+a_1a_4)\alpha_{\mathrm{II}}=a_3u_2
\end{aligned}
\right\}
\tag{8.30}
$$

简单地说, 利用控制量引入的耦合量把耦合抵消掉, 这种补偿只有在迎角大于容许值(大高度、小动压)的情况下才能使用。这种方法的主要优点是控制信号的结构与斜吹力矩的结构无关, 缺点是引入的补偿量必须考虑不易确定的时间延迟。

8.6.4　滚动通道进行空间耦合补偿

导弹的横滚运动方程为

$$
\dot{\omega}_{xb}+c_1\omega_{xb}-M_x(\alpha_{\mathrm{I}},\alpha_{\mathrm{II}},\delta_{\mathrm{I}},\delta_{\mathrm{II}})=c_3\delta_{\mathrm{III}}
\tag{8.31}
$$

假设知道滚转力矩系数的精确表达式 $\hat{m}_x(\alpha_{\mathrm{I}},\alpha_{\mathrm{II}},\delta_{\mathrm{I}},\delta_{\mathrm{II}})$, 则力矩和力矩系数的关系为

$$
\hat{M}_x(\alpha_{\mathrm{I}},\alpha_{\mathrm{II}},\delta_{\mathrm{I}},\delta_{\mathrm{II}})=\hat{m}_x(\alpha_{\mathrm{I}},\alpha_{\mathrm{II}},\delta_{\mathrm{I}},\delta_{\mathrm{II}})qSL
\tag{8.32}
$$

式中: q ——动压;

S ——参考面积;

L ——参考长度。

按下面的规律选择滚动控制舵偏角, 即

$$
\delta_{\mathrm{II}}=u_3-\frac{1}{c_3}\hat{m}_x(\alpha_{\mathrm{I}},\alpha_{\mathrm{II}},\delta_{\mathrm{I}},\delta_{\mathrm{II}})qSL
\tag{8.33}
$$

将式(8.33)代入式(8.31), 可得

$$
\dot{\omega}_{xb}+c_1\omega_{xb}=c_3u_3
\tag{8.34}
$$

斜吹力矩得到完全补偿。这种方法的缺点是必须知道斜吹力矩的解析式, 并且也要考虑构造补偿量的时间延迟。

(1)鸭式布局滚转力矩系数的表达式为

$$
\hat{m}_x(\alpha_{\mathrm{I}},\alpha_{\mathrm{II}},\delta_{\mathrm{I}},\delta_{\mathrm{II}})=\kappa(\alpha_{\mathrm{I}}\delta_{\mathrm{II}}-\alpha_{\mathrm{II}}\delta_{\mathrm{I}})
\tag{8.35}
$$

控制舵偏角为

$$
\delta_{\mathrm{II}}=u_3-\frac{1}{c_3}\kappa(\alpha_{\mathrm{I}}\delta_{\mathrm{II}}-\alpha_{\mathrm{II}}\delta_{\mathrm{I}})qSL
\tag{8.36}
$$

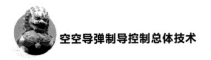

（2）正常式布局滚转力矩系数的表达式如下：

$$\hat{m}_x(\alpha_{\mathrm{I}},\alpha_{\mathrm{II}})=\kappa(\alpha_{\mathrm{I}}^3\alpha_{\mathrm{II}}-\alpha_{\mathrm{II}}^3\alpha_{\mathrm{I}}) \tag{8.37}$$

控制舵偏角为

$$\delta_{\mathrm{II}}=u_3-\frac{1}{c_3}\kappa(\alpha_{\mathrm{I}}^3\alpha_{\mathrm{II}}-\alpha_{\mathrm{II}}^3\alpha_{\mathrm{I}})qSL \tag{8.38}$$

|参 考 文 献|

［1］杨军,杨晨,段朝阳,等.现代导弹制导控制系统设计［M］.北京:航空工业出版社,2005.

［2］杨军,于云峰.使用捷联惯导的导弹自适应自动驾驶仪特征参数的选取方法［J］.西北工业大学学报,1995,13(3):373-377.

［3］樊会涛.空空导弹方案设计原理［M］.北京:航空工业出版社,2013.

［4］梁晓庚,王伯荣,余志峰,等.空空导弹制导控制系统设计［M］.北京:国防工业出版社,2006.

第 9 章

导弹制导控制系统设计与分析

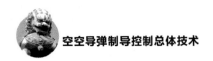

|9.1 空空导弹制导系统设计|

9.1.1 制导系统的设计依据

制导系统的设计依据完全根据武器系统的战术技术指标而定,有些要求本身就是武器系统的指标。制导系统设计的主要依据是典型目标特性、攻击区、制导精度、作战反应时间、武器系统的抗干扰性和环境条件等。

1. 典型目标特性

在武器系统设计的最初阶段,即方案论证阶段已经明确该武器系统所要对付的典型目标。制导系统设计就要充分了解和考虑典型目标特性。

典型目标特性包括以下几种:

(1)速度特性:最大速度、纵向加速和减速特性;

(2)机动能力:指目标可能用多大的过载在水平和高低方向机动;

(3)目标对雷达和光学的散射辐射特性:雷达散射特性包括等效散射面积和散射的噪声频谱,光学辐射特性包括工作的频段和光谱特性;

(4)目标飞行的最大和最小高度;

(5)目标的干扰特性。

目标特性对系统设计具有以下几方面的影响:

(1)制导系统测量方案的设计；

(2)导引规律的选择；

(3)目标测量数据的处理及滤波的形式；

(4)控制指令的形式及数值。

2.攻击区

攻击区是衡量空空导弹有关性能的最被广泛关注的设计依据，又称发射区和发射包线。攻击区的表示包括多种形式，但目的都是相同的，都是为了显示在给定条件下空空导弹的有效边界和区域。在攻击区中最常见的是动力攻击区、考虑导引头截获特性的可能攻击区、发射后不管攻击区、不可逃逸攻击区。在仿真中根据变化量不同又有高度攻击区、目标进入角水平攻击区和载机发射角水平攻击区，其图形中心要么是目标，要么是载机。在攻击区计算中初始条件应尽量符合实际。在仿真前必须确定限制条件，限制条件的不同对攻击区的影响也很大。

常见的空空导弹攻击区形式是以目标为中心的极坐标攻击区，这种攻击区的优点是可以从图中看出载机从不同方向攻击目标的最大和最小发射距离，但是在实战中飞行员需要的是以载机为中心的攻击区。另外在方案论证阶段为比较不同参数导弹的性能，往往需要对它们的攻击区进行比较，但是攻击区数量极大，这主要是由于载机和目标的速度和机动过载均和高度有关，组合起来数量就很大。其实这种情况完全可以设计一种随高度变化的攻击区来表示。实战中飞行员更关心的是发射时目标进入角固定，而载机的发射离轴角变化的攻击区。

攻击区就是对于确定的载机和目标，计算导弹在给定条件下的有效边界或区域。这里的给定条件是指载机和目标的运动（发射状态及其发射后状态）要符合其飞行剖面（尤其是速度、姿态、机动过载和升限等），对导弹来讲要符合其限制条件。

常见的攻击区包括高度攻击区、进入角水平攻击区和发射角水平攻击区等。攻击区的计算模型就是在导弹弹道计算模型的基础上，建立与弹道模型闭合的自动搜索模型，结合弹道计算的限制条件和搜索精度，计算出在给定条件下的有效边界或区域（最大发射距离和最小发射距离）。

3.制导精度

制导精度是衡量制导系统设计结果优劣的重要指标，因此它也是系统设计的重要依据。制导系统的结构、形式和参数选择都必须满足精度指标的要求。

4.作战反应时间

作战反应时间是指从发现目标到导弹发射的这段时间间隔。在探测系统发现目标后，跟踪设备测量目标的状态参数（位置、速度等），发射装置调转到预定方位,选择合适的导引规律,同时导弹做好发射准备的一系列工作,其中包括弹上制导控制设备加电、初始参数装订、陀螺启动、弹上电池激活、地面(或载机)电源转到弹上电源供电和惯性器件开锁等。武器系统要求反应时间尽可能短,因此陀螺启动时间、弹上制导控制设备加电及其准备时间都要有一定要求,这样,自动化、快速性在当前制导系统设计中已提到重要的地位。

5.武器系统的抗干扰性

武器系统的抗干扰性是一个重要的、关系武器系统有效性的问题。抗干扰问题牵涉的面很广,这里仅指当制导测量系统受干扰时某些参数测量不到或不准确,可以改为不用该参数的导引规律,又如增加导弹惯性测量组合可在弹上自测其飞行状态等,都有助于改善武器系统的抗干扰能力。

6.环境条件

环境条件有外部环境(温度、湿度、风力等)和内部环境(也有温度等问题),但关键的是弹上的振动、冲击和过载等。它们对元部件的工作都有很大的影响,特别是惯性测量组合的测量精度、可靠性等受振动条件影响很大,在设计时应予以考虑。

9.1.2 制导系统的设计任务

制导系统设计的最终目的是使系统以给定的概率命中目标,主要任务是选择制导方式和控制方式、设计导引规律、设计制导系统原理结构图、精度设计、设计导弹的稳定控制系统、设计制导控制回路和控制装置等。

1.选择制导方式和控制方式

导弹常用的制导方式包括遥控制导、寻的制导和复合制导。控制方式也可分为单通道、双通道和三通道控制3种。

控制方式选择的原则和依据在专门章节将有较详细的论述,这里只说明制导方式选择的原则和依据:

(1)首先要满足战术技术指标要求;

(2)系统应该轻便、简单;

(3)经济性好;

(4)使用方便、可靠。

例如,对付近程、超低空目标可以选用光学(包括可见光、红外)自动寻的制导系统或遥控制导系统。对付中高空、中远程的目标,如果探测系统的测量精度满足要求,则可以选用遥测制导。下列情况则不能选用单一的遥控制导:射程较远、仅靠地面雷达测量不能达到精度要求或者虽能达到但设备庞大、技术复杂、经济性差,此时应选用复合制导,即选用遥控制导＋寻的制导的方式对目标进行拦截。

2.设计导引规律

导引规律通常有经典导引规律与现代导引规律之分,但是它们之间没有严格的界限。某些经典导引规律目前在应用过程中也做一定的修改,而在一定条件下用现代控制理论推导的最优导引规律都是经典类型的推广。

(1)经典导引规律。经典导引规律包括追踪法、三点法、前置点(半前置点)法、平行接近法和比例导引法等。这些导引法都是建立在早期导引概念的基础上。目前导弹大多数还是应用上面这些导引规律,不过在它们的基础上做些改进。

(2)现代导引规律。随着控制理论和计算机技术的发展,近年来各种最优或次优导引方法相继出现,并在实际控制系统设计中得到应用。这些优化的导引规律都是针对某些问题为达到所要求的目的而采用的。例如,为解决发射偏差较大时导弹能很快引入制导雷达波束中心而采用最速引入法,为达到某种位置而引入最速爬升或最速转弯,为对付机动目标或随机误差而提出的各种最优控制律,为了节省燃料而采用最佳推力等。这些导引律一般都根据不同目的选择相应的指标泛函,并使其达到最小求得。

导引规律选择的前提和约束如下。

1)武器系统的战术技术要求,包括武器系统的制导方式和作战空域。

2)测量系统的特性,包括可观测状态量和可探测空域和视场角。

3)导弹特性,包括导弹最大可用过载和导弹初始发射的散布度。

4)目标特性,包括目标机动能力和目标、导弹的速度比。

5)制导系统的要求,包括制导系统实现的难易程度和制导精度的要求。

6)费效比的估计,经过各方面论证、计算,设计出合适的导引律。

3.设计制导系统原理结构图

制导系统的原理结构图是制导系统各组成部分的功能联系图,即制导过程信息流程图,是制导回路设计的基础。

设计原理结构图的依据如下。

(1)武器系统总体方案。给出典型目标的特性、作战空域和制导方式。

(2)根据制导方式论证制导系统的方案。这里所指的方案就是对系统组成与工作原理的设计选择,对各主要组成部分的功能划分,并提出其主要的性能指标。采用寻的制导时,则要根据目标特性和环境条件及作战空域选定导引头类型,例如选用雷达导引头、可见光导引头、红外导引头或其他类型导引头等。每一类导引头还要确定用什么波段、扫描方式和对目标的信息处理要求等。

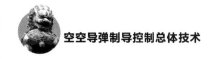

原理结构图是制导系统方案的进一步具体化,是推导制导系统数学模型的依据,因此制定原理结构图是制导系统设计的一项重要工作,要做好这项工作应做到以下几点。

(1)制导系统的原理方案与制导系统的结构原理图应一致。

(2)原理结构图应包括参与制导和控制过程的所有硬件设备,如制导用测量设备,指令形成设备,指令传输、稳定控制回路的设备等。

(3)原理结构图要明确全部输入/输出关系,按信号流程,结构图中的上一个框图输出就是下一个框图的输入,且其物理量相同,如果不相同则要增加转换环节,转换可有以下几种含义:①运动学关系的转换,如弹体运动环节的输入是舵偏角,输出是加速度,但测量系统测得的信息可能是位置或某种相对角度,这两个环节之间需要转换;②坐标转换,即两个不同坐标系间信息传递时所需要的转换;③物理量之间的转换,如非电量变为电量,模拟量变为数字量;④单位之间的转换等。

(4)制导系统是闭环系统,通常输入是目标状态,输出是导弹状态,二者作为指令形成装置的输入。在某些情况下,为专门研究某信号(如某种干扰)对系统某参量的影响可以作结构图变换,把该信号作输入,所考虑的参量作输出。

(5)结构图的制定由简到繁,首先画原理框图,再依据设计的进展情况逐渐细化,直到把每一块中参与制导的各主要组成部分都画出来。结构图并不是越细越好,系统过于复杂不易分析问题。研究不同问题时还应对系统框图进行相应简化,就是根据各部分对所研究问题的影响程度作简化。

4. 精度设计

制导系统应把导弹引导到目标"附近",最好是直接命中,但并不是在所有情况下都能做到直接命中,通常有一定的误差,就是说总是以一定的概率落入目标为中心半径为 R 的误差圆内。如何能保证以给定的概率落入这个圆,就是精度设计的任务。

精度设计首先要依据武器系统设计方案的要求,主要有以下几项:

(1)误差圆的大小,它取决于战斗部的威力半径和目标的尺寸;

(2)单发落入误差圆的概率,它取决于单发杀伤概率的要求和对一个目标发射的导弹数;

(3)制导系统所受到的各种干扰特性;

(4)制导系统方案。

精度设计工作往往要经过若干次循环,直到经过靶场试验的检验修正设计才能解决得比较好。系统各部分在没有设计、生产出来或没有经过靶场试验时,许多误差源的性质和量级大小都不准确,因此开始计算时精度本身就存在偏差。

为满足系统的精度要求,有时还得攻克一些精度难关,或者对各部件的精度要求进行调整。精度设计的主要工作有以下几项:

(1)收集和分析制导系统所有组成部分的误差源,包括各种干扰、测量误差、控制原理误差和计算误差等;

(2)计算所有误差源对命中精度的影响,并把所有误差按一定规律进行合成,以求得落入给定误差圆的概率;

(3)研究提高精度的途径;

(4)对制导系统各部分提出精度要求。

9.1.3 制导系统设计的基本阶段

当进行理论研究时,制导系统的总体设计可分为以下 3 个阶段。

(1)第一阶段:首先近似研究导弹在采用各种不同导引规律时的运动,在这里广泛地使用弹道特性的运动学研究、导弹的飞行是理想地执行着导引的条件,制导系统简化为静态方程。

这一阶段要确定理想弹道,拟定出导弹结构参数的一些主要要求,这是很近似的分析。

(2)第二阶段:研究整个制导系统方程组——导弹动力学方程、运动学方程和控制系统方程,这时已考虑到导弹旋转运动的惯性和制导系统动力学。此外,还考虑到在确定基准运动时所没考虑的一切干扰,这些干扰可能是给定的已知时间函数或者是时间的随机函数。制导系统方程组通常是将导弹的实际运动参数相对于第一阶段中已确定基准运动的小偏差加以线性化,得到变系数线性微分方程组,然后采用一种近似分析方法——系数冻结法,将一个变系数问题分解为多个常系数问题加以研究,即根据多条典型弹道上某些特征点(如起控时刻、抛掉助推器、速度最大或最小、失稳、导引头停止工作等典型工作状态及某些中间状态)参数作为常系数,去分析制导系统中各个环节的参数随时间变化的规律。

(3)第三阶段:考虑所有外界干扰的作用,同时还考虑到制导系统的主要非线性对系统工作的影响,最后根据系统的准确度选择系统的主要参数。

对于一个具有严重非线性特性的制导系统的统计分析,习惯使用的方法是蒙特卡罗法。在此方法中,对于导弹制导系统这个非线性模型,施加不同的随机选择的初始条件和根据给定的典型统计量而形成的随机强迫作用,进行大量的数字仿真,为得到真实系统变量统计量的估值提供了基础。但是,这种方法需要消耗大量的计算机时间。近年来,人们又研究出了一些更为有效的方法,如协方

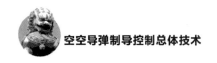

差分析描述函数法(CADET)。这种方法是用来直接确定具有随机输入的非线性系统的统计特性的一种方法,这种方法的主要优点是可以大大节省计算机的运算时间。

|9.2 导引规律|

导引规律就是描述导弹在向目标接近的整个过程中应满足的运动学关系,如果导引规律选择得合适,就能改善导弹的飞行特性,充分发挥导弹武器系统的战斗性能。因此,选择合适的导引规律或改善导引规律存在的某些问题并寻找新的导引规律是导弹设计的重要课题之一。而分析各种导引规律的优缺点是制导系统设计的基础,本节给出导引规律选择的基本要求并简要研究一些典型导引规律的特点。

9.2.1 导引规律选择的基本要求

在选择导引规律时,需要从导弹的飞行性能、作战空域、技术实施、导引精度、制导设备和战斗使用等方面的要求进行综合考虑。

(1)弹道上(尤其在命中点附近)需用过载要小。过载是弹道特性的重要指标。要求在整个弹道上需用法向过载不超过可用法向过载,特别是在弹道末段或在命中点附近。需用法向过载小,一方面可以提高导引精度,缩短导弹命中目标所需的航程和时间,进而扩大导弹作战空域;另一方面可用法向过载可以相应减小,这对于用空气动力进行控制的导弹来说,升力面面积可以缩小,相应地导弹的结构质量可以减轻。如果考虑到导弹在实际飞行过程中存在着各种干扰,则在设计导弹时还应留有一定的过载余量,总之要求导弹的可用法向过载应该满足

$$n_\mathrm{p} \geqslant n_\mathrm{R} + \Delta n_1 + \Delta n_2$$

式中:n_p——导弹的可用法向过载;

n_R——导弹的需用法向过载;

Δn_1——导弹为消除随机干扰所需的法向过载余量;

Δn_2——导弹为消除系统误差及非随机干扰等因素所需的法向过载余量。

(2)具有在尽可能大的作战空域内摧毁目标的可能性。空中活动目标的高度和速度可在相当大的范围内变化。在选择导引规律时,应考虑目标参数的可能变化范围,尽量使导弹在较大的作战空域内攻击目标。对于空空导弹来说,所

选择的导引规律应使导弹具有全向攻击的能力;对于地空导弹来说,不仅能迎击,而且还能尾追和侧击。

(3)应保证目标机动对导弹弹道(特别是末段弹道)的影响最小,这将有利于提高导弹导向目标的精度。

(4)抗干扰性能好。目标为逃避导弹的攻击,常施放干扰来破坏对目标的跟踪,因此,所选择的导引规律应在目标施放干扰的情况下具有对目标进行顺利攻击的可能性。

(5)在技术实施上应简易可行。所选择的导引规律需测量的参量应尽可能少,且测量简单、可靠,不应使计算装置过于庞杂。

9.2.2　比例导引规律

1. 比例导引方程

比例导引规律是指导弹在攻击目标的导引过程中,导弹速度矢量的旋转角速度与目标瞄准线的旋转角速度成比例的一种导引规律。比例导引方程为

$$\varepsilon = \frac{\mathrm{d}\sigma}{\mathrm{d}t} - K \frac{\mathrm{d}q}{\mathrm{d}t} = 0$$

式中:K 为比例系数。

对上式积分,就可以得到比例导引方程的另一种表达形式,即

$$\varepsilon = (\sigma - \sigma_0) - K(q - q_0) = 0$$

2. 比例系数 K 的选择原则

比例系数 K 的大小直接影响弹道特性,影响导弹能否直接命中目标。选择合适的 K 值除考虑这两个因素外,还需考虑结构强度所允许的承受过载的能力,以及制导系统能否稳定地工作等因素。

(1)K 值的下限应满足 $\dot{q}$ 收敛的条件。$\dot{q}$ 收敛使导弹在接近目标的过程中目标线的旋转角速度 $|\dot{q}|$ 不断减小,相应的过载也不断减小。$\dot{q}$ 收敛的条件为

$$K > \frac{2|\dot{r}|}{v\cos\eta}$$

这就限制了 K 的下限值。由上式可知,从不同方向攻击目标,$|\dot{r}|$ 值是不同的,K 的下限值也不相同,这就要依据具体情况选取适当的 K 值,使导弹从各个方向攻击的性能都能适当照顾,不至于优劣悬殊;或者只考虑充分发挥导弹在主攻方向上的性能。

(2)K 值受可用法向过载的限制。K 的上限值如果取得过大,由 $n = \dfrac{Kv\dot{q}}{g}$ 可知,即使 $\dot{q}$ 值不太大,也可能使需用过载很大。导弹在飞行过程中若需用法

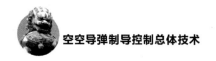

向过载超过可用法向过载,则导弹将不能沿比例导引弹道飞行。因此,可用法向过载限制了 K 的上限值。

(3) K 值应满足制导系统稳定工作的要求。如果 K 值选得太大,外界干扰对导弹飞行的影响将明显增大。$\dot{q}$ 的微小变化将引起 $\dot{\sigma}$ 的很大变化,从制导系统能稳定地工作的角度出发,K 值的上限要受到限制。

综合考虑上述因素,才能选择出一个合适的 K 值。它可以是一个常数,也可以是一个变数。

3. 比例导引规律的优缺点

比例导引规律的优点如下:①在满足 $K > \dfrac{2|\dot{r}|}{v\cos\eta}$ 的条件下,$|\dot{q}|$ 逐渐减小,弹道前段较弯曲,能充分利用导弹的机动能力;②弹道后段较为平直,使导弹具有较富裕的机动能力;③只要 K、η_0、q_0、p 等参数组合适当,就可以使全弹道上的需用法向过载均小于可用法向过载,因而能实现全向攻击。因此,比例导引规律得到了广泛的应用。

比例导引规律的缺点是命中目标时的需用法向过载与命中点的导弹速度和导弹的攻击方向有直接关系。

为了消除上述比例导引规律的缺点,以改善比例导引特性,可采用其他形式的比例导引规律。例如,采用需用法向过载与目标线旋转角速度成比例的导引规律,即

$$n = K_1 \dot{q}$$

或

$$n = K_2 |\dot{r}| \dot{q}$$

式中:K_1、K_2 为比例系数。

常把这种导引规律称为广义比例导引规律。

4. 广义比例导引规律的最佳性

下面给出广义比例导引规律的一般形式为

$$n = N' \dot{R} \dot{q}$$

式中:N' 为比例导引常数,亦称导航比。

下面进行广义比例导引规律的最佳性推导,首先给出下述假设。

(1) 仅研究导弹和目标在垂直于视线方向上的运动,而不考虑它们沿视线的运动分量,这样求得的控制指令为"横向控制"指令。

(2) 假设 $\dot{R}$ 为常数,这样,若导弹飞行时间为 t_f,则导弹-目标相对距离为

$$R = \dot{R}(t_f - t) \tag{9.1}$$

图 9.1 所示为在同一平面内导弹和目标的相对运动。

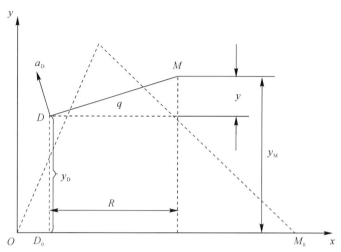

图 9.1 在同一平面内导弹和目标的相对运动

（3）忽略目标在垂直于视线方向上的加速度及制导系统的惯性的影响，可得

$$\begin{cases} \dfrac{\mathrm{d}^2 y_M}{\mathrm{d}t^2} = 0 \\ \dfrac{\mathrm{d}^2 y_D}{\mathrm{d}t^2} = a_D = u_c \end{cases}$$

式中：a_D——导弹的横向加速度；

u_c——加于自动驾驶仪的横向控制指令（加速度指令）。

在上述假设下，建立最佳控制问题的数学模型。依图 9.1，有

$$y = y_M - y_D$$

并取 $y(t_f) = y_{t_f}$ 之值为终点脱靶量。将上式对时间 t 取二阶微分，可得

$$\frac{\mathrm{d}^2 y}{\mathrm{d}t^2} = -u_c \qquad (9.2)$$

方程之初始条件为

$$y(0) = y_0, \dot{y}(0) = \dot{y}_0$$

要求终点脱靶量为零，即

$$y(t_f) = 0 \qquad (9.3)$$

最佳性能指标取为

$$J = \int_0^{t_f} u_c^2(t) \mathrm{d}t \qquad (9.4)$$

方程式（9.2）、约束条件式（9.3）、指标函数式（9.4）即所求的最佳控制问题

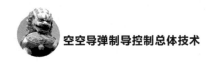

的数学模型,解此问题,即可求得最佳控制指令 u_c。解法如下。

在给定初始条件下,解方程式(9.2)可得

$$y(t) = y_0 + \dot{y}_0 t - \int_0^t (t - \xi) u_c(\xi) \mathrm{d}\xi \qquad (9.5)$$

考虑到条件式(9.3),在 $t = t_f$ 时,有

$$\int_0^{t_f} (t_f - \xi) u_c(\xi) \mathrm{d}\xi = y_0 + \dot{y}_0 t_f \qquad (9.6)$$

依施瓦茨不等式,式(9.6)左端积分满足不等式

$$\left[\int_0^{t_f} (t_f - \xi) u_c(\xi) \mathrm{d}\xi \right]^2 \leqslant \int_0^{t_f} (t_f - \xi)^2 \mathrm{d}\xi \int_0^{t_f} u_c^2(\xi) \mathrm{d}\xi$$

欲使品质指标式(9.4)达到极小值,应使

$$u_c(t) = K(t_f - t) \qquad (9.7)$$

将 $u_c(t)$ 代入后,可使不等式变为等式。将式(9.7)代入式(9.6)可得

$$K = \frac{3}{t_f^3}(y_0 + \dot{y}_0 t_f) \qquad (9.8)$$

因此

$$u_c(t) = \frac{3(y_0 + \dot{y}_0 t_f)}{t_f^3}(t_f - t) \qquad (9.9)$$

在实际使用式(9.9)计算制导指令时,总认为当前时刻为 $t = 0$,这样求得的 $u_c(0)$ 适用于当前时刻起的一个短时间段中,直到下次再重复计算为止。下次计算时,仍认为当前时刻 $t = 0$。因此实际使用的制导指令是 $u_c(0)$,故得

$$u_c = u_c(0) = \frac{3\dot{R}}{\dot{R} t_f^2}(y_0 + \dot{y}_0 t_f) \qquad (9.10)$$

当 q 较小时,有

$$\dot{q} = \frac{y_0 + \dot{y}_0 t_f}{\dot{R} t_f^2} \qquad (9.11)$$

将式(9.11)代入式(9.10),可得

$$u_c = N' \dot{R} \dot{q} \qquad (9.12)$$

此处 $N' = 3$。这样便证明了广义比例导引规律是最优导引规律。

9.2.3 扩展式比例导引规律

对于攻击大机动的目标,比例导引规律不是最佳导引规律,一般有较大的脱靶量。导弹机动需用过载受初始误差(如负离轴角)、导弹加速度和目标机动等

因素影响大,为克服上述缺陷,提高导弹的制导精度,在介于最佳导引规律和比例导引规律之间,发展了一种较为实用的扩展式比例导引规律。它以比例导引规律为主,兼顾了导弹机动、目标机动的影响,如

$$n_c = k_n \dot{R} \dot{q} + k_m \dot{v}_m \varphi_m \tag{9.13}$$

或

$$n_c = k_r \dot{R} \dot{q} + k_m \dot{v}_m \varphi_m + \frac{1}{2} \ddot{q} t_{go}^2 \tag{9.14}$$

$$n_c = k_1 R_T / t_{go}^2 + k_2 n_{mY} + k_3 n_T + k_g g \tag{9.15}$$

式(9.15)为某先进雷达导弹采用的导引规律。它仍是以比例导引规律为主的扩展式比例导引规律,因为脱靶距离 R_T 和剩余飞行时间 t_{go} 近似为

$$\left.\begin{array}{l} R_T = R \dot{q} t_{go} + (n_T - n_{mY}) g t_{go}^2 / 2 \\ t_{go} = R / \dot{R} \end{array}\right\} \tag{9.16}$$

将式(9.16)代入式(9.15),并令

$$\left\{\begin{array}{l} k_2 - 0.5 k_1 g = 0 \\ k_1 / t_{go} = k_n(t) \\ \dfrac{1}{2} k_1 g + k_3 = k_T \end{array}\right.$$

则式(9.15)变为

$$n_c = k_n(t) \dot{R} \dot{q} + k_T n_T + k_g g \tag{9.17}$$

式(9.17)充分体现了 $\dot{R} \dot{q}$ 的比例导引规律,同时又考虑了目标机动 n_T 和重力加速度 g 的影响。

9.2.4 最佳导引规律

最佳导引规律是在现代控制理论基础上发展起来的,实质在于优化控制,使系统性能指标最佳。最佳导引规律分为确定型(不考虑测量噪声和目标机动噪声)和随机型两种。

1. 以脱靶量和耗能最小为性能指标的导引规律

$$J = R_T^2(T) + \lambda \int_0^T U^2 \mathrm{d}t \tag{9.18}$$

式中:J、T、λ、R_T、U 分别表示目标函数、飞行终端时间、能量控制加权值($0 < \lambda < 1$)、脱靶量及控制量(或者耗能量)。

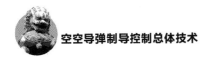

对应式(9.18)的最佳导引规律为

$$n_c = kt_{go}^3 R\dot{q}/(3\lambda + t_{go}^3)$$

2. 以脱靶量和视线角速度最小为性能指标的非线性最佳导引规律

这种非线性最佳导引规律为

$$a_c = 2R\dot{q} + a_T\cos\varphi_T + a_{mX}\sin(\varphi_m) + \lambda R\dot{q}/\cos\varphi_m \tag{9.19}$$

式中：a_c——导弹横向加速度指令；

$\quad\lambda$——卡尔曼滤波器稳定性调整系数($0 < \lambda < 1$)。

该导引规律可明显推迟末端视线角速度 $\dot{q}$ 的发散，因 $\dot{q}$ 发散将导致导引头丢失目标、系统失控和最终脱靶。

3. 滑动模态变结构制导律

变结构控制对未知和不确定干扰具有不变性，因而变结构制导律受到广泛重视。它适用于攻击大机动目标，并具有对系统参数变化和干扰的鲁棒性。其中一种工程较实用的滑模变结构制导律如式(9.20)所示，即

$$a_{mv} = \begin{cases} (2+k)R\dot{q}, & t \leqslant t_0 \\ (2+k)R\dot{q} + \Omega\text{Sat}(\dot{q}e), & t > t_0 \end{cases} \tag{9.20}$$

式中：Ω 为加权系数；Sat 为饱和函数，即

$$\text{Sat}(q,e) = \begin{cases} \dot{q}/|e|, & |\dot{q}| \leqslant e \\ \text{sign}\dot{q}, & |\dot{q}| > e \end{cases}$$

式中：$|e|$ 为某一设定的 $\dot{q}$ 门限值。

9.3 空空导弹制导系统分析方法

在整个制导系统的设计过程中，制导系统的分析主要用于两个地方：①在系统方案设计时，用于不同制导方案间的分析比较，以帮助进行方案的选择；②在制导系统设计的第三阶段进行精度分析，以研究系统的统计特性，对制导系统进行性能评估。

系统分析的方法主要有以下两种：

(1)解析分析法，常用于系统设计时方案的选择；

(2)仿真分析法，常用于系统性能评定。

9.3.1 解析分析法

下面重点讨论两种近似解析分析方法。一种是时域近似分析法,它可获得简化系统的通解,从中可以近似了解系统的时间响应与参数的相互关系。另一种是频域近似分析法,它可获得"参数固化"和线性化条件下制导系统的频率特性,对了解制导系统的频带、稳定控制系统对制导系统的影响以及制导系统的稳定裕度等有很大意义。

1. 时域近似分析法

这里研究的分析方法是基于分析制导系统经简化了的微分方程组的精确解。用这样的方法分析不可能给出精确的定量上的结果,它的重要优点是获得通解。

简化后的制导系统计算结构框图如图 9.2 所示。其中弹体动力学稳定回路和导引头回路用一惯性环节来近似,$n(t)$ 为导引头噪声输入。

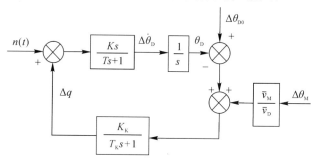

图 9.2 简化的制导系统计算结构框图

根据上述简化计算结构图可写出制导系统经简化后的微分方程组并求得通解,由此给出系统的时间响应与主要参数的相互关系(见图 9.3~图 9.6)。

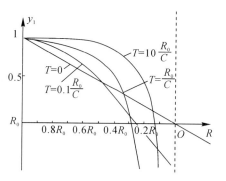

图 9.3 $y_1(t)$ 随 R 的变化曲线($N=1$)

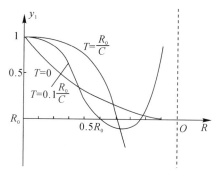

图 9.4 $y_1(t)$ 随 R 的变化曲线($N=2$)

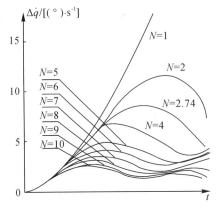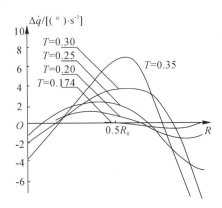

图 9.5 $\Delta\dot{q}$ 过渡过程 $(\Delta\theta_{\mathrm{M}}\neq0,T=0.25)$ 图 9.6 $\Delta\dot{q}$ 过渡过程 $(\Delta q_0=C,\Delta\dot{q}_0=C,N=6)$

由图 9.3 和图 9.4 可以看出,当 $T\neq0$ 时,系统在制导的末端将丧失稳定性,这是因为 $R\rightarrow0$ 时,$\Delta\dot{q}$ 开始无限地增加,而时间常数 T 愈大,过渡过程起始段也愈长,因而系统丧失稳定性的时间愈早。若继续加大时间常数,则过渡过程延续很长,以致几乎在整个制导时间里,起始误差都不减小,直到最后发生剧烈发散。比较图 9.3 和图 9.4 可以看出,随着 K 增大,过渡过程不再是单调变化,而是具有振荡性,K 愈大,$\Delta\dot{q}$ 的振荡次数愈多。

由图 9.5 可以看出,目标机动引起的动态误差 $\Delta\dot{q}$ 随着 N 值的增大而明显减小,当 $N=1$ 时,误差 $\Delta\dot{q}$ 随时间剧烈发散。由图 9.6 可以看出,初始误差 $\Delta\dot{q}_0$ 所引起的动态误差随着时间常数 T 的增大而增大。比较图 9.5 和图 9.6 还可看出,在同一条件下,目标机动引起的动态误差较初始误差引起的 $\Delta\dot{q}$ 要大得多,因此,目标机动的影响是应该被主要考虑的因素。

2.频域近似分析法

频域法在自动控制系统的设计和分析中得到了广泛的应用,但是在分析制导系统时,应用频域法的可能性受到相当多的限制。这是由于制导系统是严重的时变系统,只有在参数固化假设下才能求得时变系统的频率特性。因此利用频域法来分析制导系统,不可能指望得到满意的定量结果,只能用于定性分析。在工程上频域法主要用于导弹制导回路失稳距离的估算。

制导回路的失稳距离用来描述制导系统的稳定性,当导弹的失稳距离较大时,制导系统的稳定性不好,导弹的脱靶量也较大。导弹失稳的主要原因是导弹制导回路的动态滞后影响。以红外空空导弹为例,一组典型的数据是:当失稳距离小于 130 m 时,导弹最终的脱靶量小于 10 m,满足制导精度要求。很显然,对导弹制导回路失稳距离的分析和预计在导弹制导系统设计中十分重要。

对导弹制导回路失稳距离的近似分析可以在导弹制导回路线性化模型上进

行。利用导弹运动学函数、导引头线性化模型、制导算法线性化模型和稳定控制系统线性化模型,分析其临界稳定条件,便可以近似得到导弹制导回路失稳距离值。

9.3.2 仿真分析法

在复杂武器系统(如战术导弹)研制的后几个阶段,以系统的数学模型作为基础进行系统性能分析是十分必要的。为使系统性能分析的结果具有足够的置信度,建立的数学模型一般应尽可能精确、可靠。因此在其中不可避免地包含非线性影响和随机作用。非线性一般包括固有物理规律的非线性、金属构件的非线性,以及自身结构的非线性;随机作用可包括噪声、传感器测量误差、随机输入和随机初始条件。当随机作用不可忽略时,需要对系统特性用统计的方法来研究。例如,通过对导弹拦截时脱靶量距离进行统计分析,评价导弹的性能。

对于具有严重非线性特性的系统进行统计分析,采用理论分析的手段是不可能的,目前只能借助仿真的手段来解决。通常人们广泛使用的方法是蒙特卡罗法。在此方法中,利用给出的非线性模型,施加不同的随机选择的初始条件和根据给定的典型统计量而形成的随机强迫作用,进行大量的计算机仿真,由此得到仿真结果的集合。它是获得真实系统变量统计量估值的基础。然而为使所得结果的精度具有足够的置信度,对一个复杂的非线性系统进行多达上千次的试算常常是必要的。将蒙特卡罗法用于系统性能估计时,这种计算量还是可以接受的。在某些场合需要详细研究各种设计参数对系统性能的影响时,必然会消耗大量的计算机时间,这使得蒙特卡罗法变得并不十分令人满意。目前,已出现了几种新的分析方法较好地解决了这个问题,如协方差分析描述函数法(CADET)、统计线性化伴随方法(SLAM)等。本节主要对蒙特卡罗法进行介绍。

蒙特卡罗法是一种直接仿真方法,它用于随机输入非线性系统性能的统计分析。这种方法需要确定系统对有限数量的典型初始条件和噪声输入函数的响应。因此,蒙特卡罗法所要求的信息包括系统模型、初始条件统计和随机输入统计量。

1. 系统模型

蒙特卡罗法所依据的系统模型由状态方程形式给出,即

$$\dot{\boldsymbol{X}}(t) = f(\boldsymbol{X}, t) + \boldsymbol{G}(t)\boldsymbol{W}(t) \tag{9.21}$$

假定系统状态变量为正态分布,给定初始状态变量的均值和协方差为

$$E[\boldsymbol{X}(0)] = m_0 \tag{9.22}$$

$$E\{[\boldsymbol{X}(0) - m_0][\boldsymbol{X}(0) - m_0]^{\mathrm{T}}\} = P_0 \tag{9.23}$$

2. N 次独立模拟计算

所谓 N 次独立模拟计算指的是重复以下过程：

(1)按照给定的统计值 m_0，产生用随机数作为初始的随机状态矢量 $\boldsymbol{X}(0)$。

(2)根据给定随机输入的均值 $b(t)$ 及谱密度矩阵 $\boldsymbol{Q}(t)$ 来产生伪随机数，作为随机输入噪声。

(3)对状态方程进行数值积分，从 $t=0$ 到系统的终端时刻 $t=t_F$ 为止。

蒙特卡罗法的原理可由图9.7来说明。

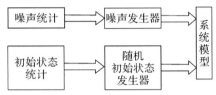

图9.7 蒙特卡罗法模拟原理图

3. 状态矢量的均值和协方差估值的计算

进行 N 次独立模拟计算之后，得到一组状态轨迹，记为

$$\boldsymbol{X}^{(1)}\left[t,X^{(1)},\boldsymbol{W}^{(1)}(T)\right]$$
$$\boldsymbol{X}^{(2)}\left[t,X^{(2)},\boldsymbol{W}^{(2)}(T)\right]$$
$$\cdots$$
$$\boldsymbol{X}^{(N)}\left[t,X^{(N)},\boldsymbol{W}^{(N)}(T)\right]$$

式中：$0 \leqslant t \leqslant t_F$。

应用总体平均的方法求出状态矢量 $\boldsymbol{X}(t)$ 的均值和协方差的估值如下：

$$\left.\begin{array}{l} \hat{m}(t)=\dfrac{1}{N}\sum_{i=1}^{N}\boldsymbol{X}^{(i)}(t) \\[3mm] \hat{P}(t)=\dfrac{1}{N-1}\sum_{i=1}^{N}\left[\boldsymbol{X}^{(i)}(t)-\hat{m}(t)\right]\left[\boldsymbol{X}^{(i)}(t)-\hat{m}(t)\right]^{\mathrm{T}} \\[3mm] \hat{\sigma}(t)=\sqrt{P(t)} \end{array}\right\} \tag{9.24}$$

4. 估计值的精度评定

作为参数估计而言，不能只给出这些参数的近似值，还要指出这些近似值的精度才行。应该指出，估值 $\hat{m}(t)$ 和 $\hat{\sigma}(t)$（以下简称 $\hat{m}, \hat{\sigma}$）也是随机变量，当样本容量（即实验次数）足够大时，近似得到

$$\left.\begin{array}{l} E(\hat{m})=m \\[2mm] E(\hat{\sigma})=\sigma \\[2mm] \sigma(\hat{m})=\sigma/\sqrt{2N} \end{array}\right\} \tag{9.25}$$

换句话说，对于大的 N 值，样本平均值 $\hat{m}$ 服从正态分布 $N(m,\sigma/\sqrt{N})$，样

本均方差服从正态分布 $N(m, \sigma/\sqrt{N})$，则有

$$
\left.
\begin{aligned}
P(\,|\,\hat{m} - m\,| \leqslant \sigma/\sqrt{N}\,) &= 0.682\ 7 \\
P(\,|\,\hat{m} - m\,| \leqslant 2\sigma/\sqrt{N}\,) &= 0.954\ 5 \\
P(\,|\,\hat{m} - m\,| \leqslant 3\sigma/\sqrt{N}\,) &= 0.997\ 3
\end{aligned}
\right\}
\tag{9.26}
$$

将式(9.26)稍加变化，对于大 N 值，可用估值 $\hat{\sigma}$ 近似代替式中真值 σ，可得

$$
\left.
\begin{aligned}
P\left(\hat{m} - \frac{\hat{\sigma}}{\sqrt{N}} \leqslant m \leqslant \hat{m} + \frac{\hat{\sigma}}{\sqrt{N}}\right) &= 0.682\ 7 \\
P\left(\hat{m} - \frac{2\hat{\sigma}}{\sqrt{N}} \leqslant m \leqslant \hat{m} + \frac{2\hat{\sigma}}{\sqrt{N}}\right) &= 0.954\ 5 \\
P\left(\hat{m} - \frac{3\hat{\sigma}}{\sqrt{N}} \leqslant m \leqslant \hat{m} + \frac{3\hat{\sigma}}{\sqrt{N}}\right) &= 0.997\ 3
\end{aligned}
\right\}
\tag{9.27}
$$

由此得到了状态变量均值 m 的区间估计，也就是给出了样本平均值 $\hat{m}$ 的精确度，这可以叙述如下：

区间 $\left[\hat{m} - \dfrac{2\hat{\sigma}}{\sqrt{N}}, \hat{m} + \dfrac{2\hat{\sigma}}{\sqrt{N}}\right]$ 能包含状态变量均值 m 的概率是 $0.954\ 5$，称该区间为均值估值置信概率为 $0.954\ 5$ 的置信区间，其他两个式子可作类似解释。

类似地，对均方根估值 $\hat{\sigma}$ 有

$$
\left.
\begin{aligned}
P\left(\hat{\sigma} - \frac{\hat{\sigma}}{\sqrt{2N}} \leqslant \sigma \leqslant \hat{\sigma} + \frac{\hat{\sigma}}{\sqrt{N}}\right) &= 0.682\ 7 \\
P\left(\hat{\sigma} - \frac{2\hat{\sigma}}{\sqrt{2N}} \leqslant \sigma \leqslant \hat{\sigma} + \frac{2\hat{\sigma}}{\sqrt{2N}}\right) &= 0.954\ 5 \\
P\left(\hat{\sigma} - \frac{3\hat{\sigma}}{\sqrt{2N}} \leqslant \sigma \leqslant \hat{\sigma} + \frac{3\hat{\sigma}}{\sqrt{2N}}\right) &= 0.997\ 3
\end{aligned}
\right\}
\tag{9.28}
$$

通常，$N > 25$ 才可近似作为大样本，采用上述的参数估计方法。

9.4 空空导弹复合制导

9.4.1 复合制导的基本概念

对于近距战术导弹而言，因为其作用距离较近，一般均采用直接末制导方式，或经过较短时间不控或程控飞行之后进入末制导方式。然而，中远程战术导弹有完全不同的要求，其发射距离达到 60 km 以上，这种"超视距"的工作条件

导致必须引入中制导段,而中制导段与末制导段有着以下明显不同的性能特点。

(1)发射时导引头不可能也不需要对目标截获,控制信息亦不从导引头取得。

(2)中制导段一般不以脱靶量作为性能指标,而只把导弹引导到能保证末制导可靠截获目标的一定"篮框"内,因此不需要很准确的位置终点。

(3)为了改善中制导及末制导飞行条件,一个平缓的中制导弹道是需要的。此外,必须使末制导开始时的航向误差不超过一定值。

(4)导弹的飞行控制可以划分为两部分:一是实现特定的飞行弹道;二是必须对目标可能的航向改变做出反应。后者取决于来自载机对目标位置、速度或加速度信息的适时修正,这种修正在射程足够大时是必需的。

(5)当采用自主形式的中制导时,误差将随时间积累,这决定了必须把飞行时间最短作为一个基本的性能指标,它减少了载机受攻击的机会,同时扩大了载机执行其他任务方面的灵活性。此外,由于发动机和其他技术水平的限制,要做到使小而轻的导弹具有长射程,必须考虑在长时间的中制导段确保导弹能量损耗尽量小,这等效于使导弹在末制导开始前具有最大的飞行速度和高度,这一点对于提高末制导精度是非常必要的。

(6)两个制导段的存在使得中制导段到末制导段之间的交接问题变得至关重要。这也是中远程战术导弹的一个技术关键。为保证交接段的可靠截获,必须综合采取各种措施。

(7)中制导段惯导和指令修正技术的采用,使得大量的导弹和目标运动状态信息可以获得,因而为中远程导弹采用各种先进的制导律提供了有利条件。同时,由于中制导飞行时间长,导弹状态变量的时间尺度划分与近程末制导飞行阶段相比有很大不同,这就为采用简化方法求解最优问题提供了可能,例如采用奇异摄动方法。

(8)尽管导弹和目标的运动状态信息可以得到,但由此形成的导引控制规律仍不能用于末制导。这主要是由于估值误差的存在会使脱靶量超出允许值。当中制导与末制导采用不同的导引规律时,交接段的平稳过渡应给予足够的重视。

由于中制导段的这些不同的特点,导致在中制导系统的工程实现和中制导律的设计上可能与末制导完全不同。

9.4.2　制导模式

1.中制导模式

中制导可能采用以下几种模式。

(1)半主动制导。这种方式不存在角截获问题,因此,只需要满足速度截获的条件即可。其缺点是载机仍须一直照射目标,不具有"发射后不管"能力,同时需有大功率雷达和照射器系统。美国的"麻雀"中距空空导弹就采用了该方案。

(2)平台式惯导。早期的海防导弹通常以此作为导航基准,技术较为成熟,但一般有工作角度受限的问题而不能全姿态使用,故适用于对付小机动目标如舰艇等。其缺点是体积、质量较大,成本较高。意、法联合研制的"奥托马特"反舰导弹就采用了该方案。

(3)捷联式惯导。由于传感器和计算机技术的发展,捷联惯导已日趋在战术导弹上实际使用。这种制导方式设备简单,易于实现重复度技术,可靠性高,成本低,体积小。新近装备的多种空空导弹、反舰导弹和巡航导弹等都采用了该方案。

(4)自动驾驶仪导航。在中制导距离不大的情况下,这是一种实际可行的途径。它具有技术继承性强、成本低的优点,同时能使导弹具有"发射后不管"能力。当然,要比通常的自动驾驶仪具有更高的要求。以色列研制的"迦伯列"反舰导弹采用了该方案。

与末制导律一样,中制导也存在导引律的选择问题。上面提到的几种模式提供了必要的导航基准信息。将该信息与指令传输到弹上的目标运动参量综合,形成各种最优或次优制导律,控制导弹的飞行轨迹。

2. 末制导模式

末制导段的工作应在末制导导引头最大可能的作用距离上开始,这一点对提高角截获的概率是必要的,这个距离为 $10\sim20$ km。在到达该距离之前,导引头位标器应根据解算出的目标方位进行预定偏转,使目标落入其综合视场之内。末制导应采用主动式或被动式雷达及红外导引头。为保证目标截获,应对导引头瞬时视场、扫描范围、截获时间,以及位标器指向误差等做出分析和鉴定。导引律的形成应尽量采用各种滤波、补偿和优化技术,如考虑导弹系统的实际限制条件、目标机动、闪烁噪声抑制、雷达瞄准误差的补偿,以及采用高性能自动驾驶仪和其他末制导修正技术。高性能自动驾驶仪的采用能显著改善末制导的性能,使脱靶量明显减少。除此之外,末制导系统应具有跟踪干扰源的能力。

3. 典型的复合制导模式

中制导和末制导构成了复合制导的基本制导分段。除此之外,有时还需要导弹在离轴后作一定程序的上仰机动,这种初始机动对避开主波束和使导弹爬升到阻力更小的高度上飞行都是有利的。

以上 3 个制导段不一定每次发射都具备,可能只有 1 个或 2 个,而且每段内的制导模式也可能不同。这些要根据发射导弹的距离、方位、目标机动及有无干扰等情况,由载机火控系统根据确定的判断逻辑进行选择并装订给导弹。可能

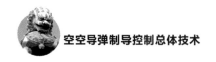

的复合制导模式有以下几种：

(1)指令＋惯导＋末制导；

(2)惯导＋末制导；

(3)自动驾驶仪＋末制导；

(4)直接末制导；

(5)跟踪干扰源。

9.4.3　交接段的误差与截获

复合制导的关键技术之一是保证中制导段到末制导段的可靠转接，即末制导导引头在进入末制导段时能可靠地截获目标。对目标的截获包括距离截获、速度截获和角度截获三方面。

(1)当导弹被导引至末制导导引头的作用距离时，即认为实现了距离截获，这时导弹的导引头将进入目标搜索状态。

(2)速度截获是指当采用脉冲多普勒或连续波雷达体制时，应确定末制导开始时导弹与目标间雷达信号传输的多普勒频移，以便为速度跟踪系统的滤波器进行频率定位，保证使目标回波信号落入滤波器通带。因为此多普勒频移是根据解算出的导弹-目标接近速度而得到，所以与实际频移之间存在误差，可能使目标回波信号逸出滤波器通带而不被截获。为此，在主动末制导开始之前，必须在多普勒频率预定的基础上加上必要的频率搜索。

(3)角度截获问题在所有的复合制导模式下都是存在的。其根源在于末制导导引头总有一个有限的视场，目标可能落在此视场之外而不能被截获。为了保证截获，必须把位标器预定到计算出的目标视线方向上。然而，工程中存在着理论上无法确定的各种误差因素，会造成位标器指向与实际的目标方向之间的不一致，这种不一致被称为导引头指向角误差。构成这种误差的主要因素有目标位置测量误差、导弹位置测量误差、预偏信号形成误差、位标器伺服机构误差、整流罩瞄准误差和弹体运动耦合误差等。合理的设计应要求末制导导引头的瞬时视场角略大于误差角。如果不行，则应在交接段给位标器加上一定的扫描程序。

9.4.4　中制导导引律的选择

为实现中远程导弹制导精度的要求，导引律的选择有极为重要的影响。导引律对中制导的影响主要可以概括为以下几方面：

(1)中制导段的能量最省(末速度最大或时间最短);

(2)中制导至末制导交接段的航向误差最小;

(3)中制导至末制导交接段的指向误差不超过给定值;

(4)中制导至末制导交接段的目标视线与弹轴夹角小于给定值;

(5)中制导的弹道平缓,攻角、侧滑角较小。

由于中制导不是以脱靶量为指标,所以通常的比例导引规律及其变化形式可能不适用.而采用基于最优控制理论的导引律可以大大改善中制导段的性能。几种典型的中制导导引律有奇异摄动(SP)导引律、弹道形成(TS)导引律、比例(PN)导引律、"G 偏置＋航向修正"(GB)导引律和航向修正(EB)导引律。奇异摄动导引律以末速最大或时间最短为性能指标,采用对变量进行时间尺度分割的办法使系统降阶以简化和近似最优算法;弹道形成导引律则以末速最大为性能指标,依靠直接对系统状态方程进行变换简化,以便解出最优控制指令。两种方法都得到了令人满意的结果:发射区扩大,末速提高,弹道平滑,航向误差很小,在更短的飞行时间内达到很高的制导精度。"G 偏置十航向修正"导引律是一种类似于程序指令方式的弹道控制规律,它的工作原理是根据导弹发射距离、高度及发射仰角等参数选择一种初始上仰机动,使导弹爬升到阻力较小的适宜高度上,然后保持水平巡航飞行,当接近末制导距离时引入航向修正指令,把导弹航向强行控制到末制导要求的理论碰撞航向上。作为比较,比例导引律也可在中制导段采用。最简单的中制导导引律是航向修正导引律,它在整个中制导飞行期间不施加任何控制,导弹只按发射时选择的航向作直线飞行,在末制导开始前的交接段期间引入航向修正信号,把导弹航向控制到末制导要求的理论碰撞航向上。

为了评价中制导导引律的优劣,对几种中制导导引律进行仿真分析,因为涉及能量问题,所以仿真在垂直平面内进行。仿真时使用了一种典型的中程拦射空空导弹的气动力参数和自动驾驶仪数学模型。仿真中对导弹比能、中制导飞行时间、飞行速度及脱靶量等进行了全面比较,其结果如下。

(1)导弹比能。从导弹能量消耗指标来看 GB 导引律明显地提高了中制导的性能,SP 导引律与其情况类似。以下按性能优劣顺序排列依次是 TS 导引律、PN 导引律和 EB 导引律。例如,GB 和 EB 导引律相比,整个飞行期间导弹比能可节省 5%～20%。

(2)飞行时间。所有导引律下的中制导飞行时间相差很小。其中,TS、PN 和 EB 导引律弹道很接近,均比较平直,因而飞行时间短;GB 和 SP 导引律因有爬高过程而时间较长,不过,在最坏情况下相差亦小于 10%。

（3）脱靶量。在仿真中为了比较导弹的脱靶量，末制导均采用比例导引律。由于能量节省及飞行速度的提高，GB、TS 和 SP 等导引律的采用均导致脱靶量的降低。可以说，脱靶量的大小与能量损耗的多少是成正比的。

（4）中制导弹道。从弹道弯曲程度看，似乎 GB 和 SP 导引律比较弯曲。但应指出，这种弯曲并未导致明显恶劣的动态环境，对惯导系统亦不会构成特别威胁。例如，导弹过载仅有 10g 左右，且持续时间很短，最大的导弹俯仰角速度也是很小的。

（5）航向误差。由于在交接段引入了航向修正指令，使末制导开始时的航向误差均很小。因此，能够满足所有导引律对航向误差的要求。

（6）目标视线与弹轴夹角。这一夹角的大小与导弹发射投影比及导弹目标速比有关，只要按允许攻击条件使发射前置角不超过允许值，交接段的目标视线与弹轴的夹角是不会超出允许值的。

（7）交接段指向误差。前面已经概述了对指向误差的要求，这里仅指出，以现有的各分系统所能达到的精度而言，指向误差是不大的，导引头综合视场的范围是足够用的。

（8）发射边界。采用 SP 和 GB 导引律后，由于飞行能量的节省，导致了允许发射边界的扩大，约提高了 20%。

（9）导引律与发射条件的关系。导引律的选择与发射条件有密切的关系。例如，在较短距离发射条件下，简单的导引律已经足够，而无须采用复杂的最优导引律。现以 G 偏置导引律的效果和使用条件为例作以说明。

1）发射距离。当发射距离 R_1 较小时，引入 G 偏置后，性能反而被破坏，相反，随着 R_1 的增大 G 偏置指令的值亦应随之增大。这种距离关系很容易理解，在短的发射距离上，高空飞行的低阻力效应将被机动导致的诱阻的增加所抵消。

2）发射高度。随着发射高度降低，G 偏置效果增强。这种关系是由于导弹在高空飞行时，阻力梯度较低空飞行时更小。

3）发射仰角。一般规律是，上射角增加时，G 偏置效果减弱；反之，下射角增加时，G 偏置效果增强。这种变化是由于上射攻击时的导弹弹道已经是一种爬升弹道，所以再加上 G 偏置将是多余的。

可见，G 偏置导引律中的 G 偏置量存在一个与发射条件诸元有关的函数关系。如前所述，任何优化导引律均需要相当复杂的计算，因此，对于一个给定的战术导弹系统，应把这种函数制成表格，发射时以查表方式调用。对其他形式的导引律，也存在类似的特点。

|9.5 空空导弹制导系统导引头-弹体运动耦合分析|

在导弹的寻的制导系统中,无论是红外导引头还是雷达导引头都存在着导引头-弹体运动耦合,只是产生这些耦合的原因各不相同。因为导引头-弹体运动耦合对导弹制导系统的稳定性有着显著影响,所以在寻的导弹制导系统的分析与设计中必须考虑它对导弹制导与控制系统的影响。本节分别论述红外导引头-弹体运动耦合问题和雷达导引头天线罩瞄准误差问题,探讨它们对导弹制导系统性能的影响以及解决这些问题的技术途径。

9.5.1 红外导引头-弹体运动耦合分析

在红外制导导弹中,红外导引头与导弹弹体运动之间存在着耦合,这种耦合会对导弹稳定回路带来不良的后果。本节以某型空空导弹为例,通过对其制导系统局部小回路进行初步分析,进一步了解和认识这种耦合对系统特性的影响。

1. 制导系统局部小回路数学模型

制导系统局部小回路由导引头回路和稳定回路组成,系统框图如图 9.8 所示。从图中可以看出,导引头回路和稳定回路之间存在着耦合,这是由导引头的结构特点决定的。

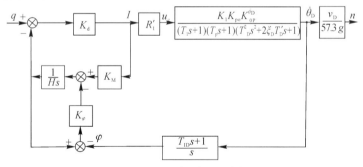

图 9.8　制导系统局部小回路框图

2. 小回路临界稳定状态分析

回路的开环传递函数为

$$\frac{\vartheta(s)}{\Delta(s)} = \frac{K_\varphi \dot{K}_q^{\theta_D}(Ts+1)}{s(T_r s+1)(T_1 s+1)(T_p s+1)(T'_D{}^2 s^2 + 2\xi'_D T'_D s+1)}$$

根据奈奎斯特稳定性判据,确定系统处于临界稳定所对应的开环增益。表 9.1 给出了不同飞行条件下系统的临界稳定开环增益和 K_φ 值。

表 9.1 不同飞行条件下系统的临界稳定开环增益和 K_φ 值

H/km	10	15	21
Ma	2.0	2.5	3.0
$K_\varphi K_{\dot{q}}^{\dot{\theta}_D}$	1.794	0.378	0.081 9
K_φ	0.351	0.086	0.021 0

由上述对临界稳定状态的分析可获得以下回路稳定性分析的定性结论。

(1)开环增益增大,回路稳定性下降,随着高度增加,开环增益临界值降低,即回路稳定性随着高度增加而降低。

(2)K_φ 值增大,对回路稳定存在不利影响:随着高度增加,开环增益临界值降低。因此,必须限制 K_φ 值。当 $K_\varphi < 0.02$ 时,回路在全高度上稳定;当 $K_\varphi > 0.02$ 时,在 21 km 高度回路将丧失稳定。

(3)K_φ 对其他控制性能的影响。

这里分别用回路频率特性曲线和阶跃过渡过程曲线来研究。回路闭环传递函数为

$$\frac{\dot{\theta}_D(s)}{\dot{q}(s)} = \frac{s}{B_6 s^6 + B_5 s^5 + B_4 s^4 + B_3 s^3 + B_2 s^2 + B_1 s + 1}$$

局部回路系统框图如图 9.9 所示。

$\dot{q} - n$ 的传递函数为

$$\frac{n(s)}{\dot{q}(s)} = \frac{K_{\theta_D}^n (T_\varphi s + 1)}{B_6 s^6 + B_5 s^5 + B_4 s^4 + B_3 s^3 + B_2 s^2 + B_1 s + 1}$$

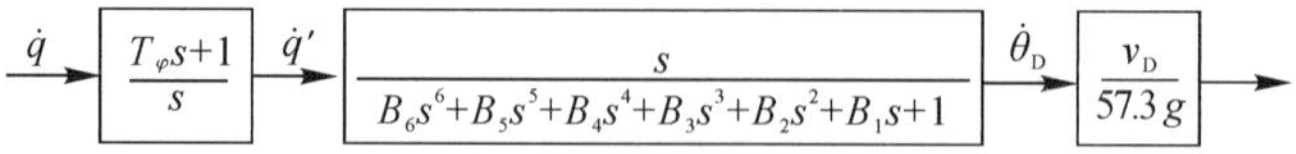

图 9.9 局部回路系统框图

根据回路的开环零、极点分布,可以绘制 $K_\varphi K_{\dot{q}}^{\dot{\theta}_D}$ 由零变至无穷大的根轨迹,如图 9.10 所示。

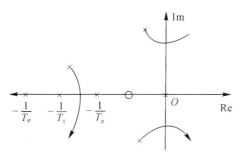

图 9.10 局部回路根轨迹

若$-\dfrac{1}{T_p}$，$-\dfrac{1}{T_1}$两支根轨迹位于实轴上，则传递函数为

$$W_q^n(s)=\frac{K_{\theta_D}^n(T_\varphi s+1)}{(T'_r s+1)(T'_1 s+1)(T'_p s+1)(T''_D s^2+2\xi''_D T''_D s+1)(T_0 s+1)}$$

若$-\dfrac{1}{T_p}$，$-\dfrac{1}{T_1}$两支根轨迹不位于实轴上，则传递函数为

$$W_q^n(s)=\frac{K_{\theta_D}^n(T_\varphi s+1)}{(T'_r s+1)(T_1^2 s^2+2\xi_1 T_1 s+1)(T''_D s^2+2\xi''_D T''_D s+1)(T_0 s+1)}$$

若$K=0$，则传递函数为

$$W_q^n(s)=\frac{W_q^n}{(T_r s+1)(T_1 s+1)(T_p s+1)(T'_D s^2+2\zeta'_D T'_D s+1)(T_0 s+1)}$$

至此，便可以根据对应不同高度、速度绘制对数频率特性曲线和研究单位阶跃响应。不同飞行条件和K_φ值的传递函数系数值($H=10$ km，$Ma=2.5$)见表9.2。

表 9.2 不同飞行条件和K_φ值的传递函数系数值

序　号	K_φ	K_q	T_1	T_p	T'_D	ξ'_D	
1	0.0	4.86	0.08	0.234	0.039 2	0.04	

序　号	K_φ	$K_{\theta_p}^n$	T_φ	T'_1	T'_p	T_0	T''_D	ζ''_D
2	0.06	1.364	16.6	0.090 6	0.182	0.14	0.039 5	0.036

对数频率特性曲线如图 9.11 所示。

由图 9.11 可以看出：

1)$K_\varphi=0.06$与$K_\varphi=0.0$相比，低频幅值降低，说明系统增益降低了，即降低了复现控制信号的稳定精度。

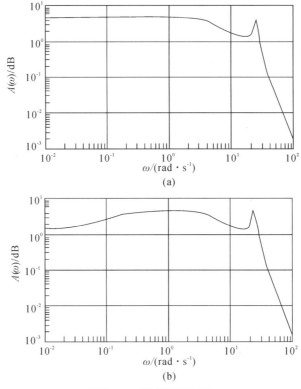

图 9.11 对数频率特性曲线

2) $K_\varphi = 0.06$ 与 $K_\varphi = 0.0$ 相比,带宽略有增大,谐振峰值略有增高,对噪声的抑制能力有所降低。

由 $W_q^n(s)$ 可绘制单位阶跃响应曲线,如图 9.12 所示。

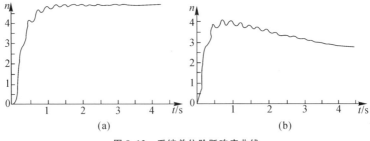

图 9.12 系统单位阶跃响应曲线

由图 9.12 可知,当 $K_\varphi = 0$ 时,单位阶跃响应的稳定值为 K_q^n,且过渡过程很快结束;当 $K_\varphi > 0$ 时,单位阶跃响应的稳态值 $K_{\theta_D}^n$ 有明显降低,且过渡过程时间明显变大,在 15 s 以上。

综上所述，$K_\varphi > 0$，使导弹稳态法向过载 n 减少。随着 K_φ 增大，导弹法向过载减少，控制系统的控制精度下降。

9.5.2 雷达导引头天线罩瞄准误差分析

从射频能量的传输效率考虑，雷达天线前面不应该有任何遮挡物。然而，为避免雷达天线系统在恶劣的环境条件下遭受损失，通常在天线的前面安装一塑料或者陶瓷天线罩。对一般的雷达天线，为了减少射频能量的传输损耗和天线罩的瞄准误差，天线罩可采用低损耗的介质材料制造，其形状可作成球形。

导弹武器系统的雷达寻的导引头，其天线罩不仅需要考虑本身的电气性能，还要考虑弹体外形的气动特性，如气动阻力、气动加热等。因此，导引头天线罩的性能不仅与弹体的结构外形、本身的厚度、材料、制造公差和飞行期间的表面腐蚀、抗振有关，而且与导引头接收信号的频率、极化等电气特性有关，设计中要考虑的因素较多，比一般雷达天线罩要复杂得多。

在寻的导弹制导系统的分析与设计中，令人感兴趣的是天线罩的瞄准误差和瞄准误差斜率，因为它们直接影响系统的制导精度。下面从系统的角度来研究天线罩瞄准误差产生的原因以及它对系统性能的影响，最后讨论天线罩瞄准误差补偿的可能途径。

1. 天线罩瞄准误差产生的原因

天线罩和天线系统的瞄准误差可以定义为实际目标方向和天线波束指向之差。它主要是由于射频波以不同的入射角通过天线罩到达天线以后，使天线口径场的相位和幅度发生改变所致。出现这种现象是因为天线罩曲率半径是非均匀的，如图 9.13 所示。

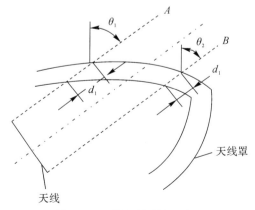

图 9.13　天线罩引起的相位滞后

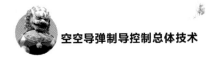

当两平行射线 A 和 B 同时通过天线罩时,由于天线罩曲率半径的非均匀性,射线 A 通过天线罩的入射角大于射线 B 的入射角,从而使每条射线因通过天线罩的路径长度不同而引入相位滞后或相差,这种相差称为插入相位。显然,插入相位将引起天线方向图的变化,从而改变天线波束指向,即出现瞄准误差。

2. 天线罩瞄准线误差斜率影响分析

假定导弹系统动力学用五阶二项表达式表示,其框图如图 9.14 所示。假设没有天线罩的影响,则导弹系统动力学传递函数为

$$\frac{n_y(s)}{\varepsilon_s(s)} = \frac{K_R \mid \Delta \dot{R} \mid}{\left(1 + \dfrac{T_m}{5}s\right)^5} \tag{9.29}$$

式中: K_R——比例导航系数;

$\mid \Delta \dot{R} \mid$——接近速度;

T_m——导弹系统动力学无天线罩耦合时的近似时间常数。

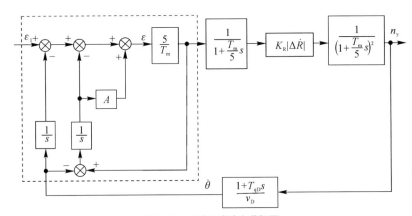

图 9.14 导弹系统动力学框图

当考虑天线罩影响时,导弹系统动力学传递函数变为

$$\frac{n_y(s)}{\varepsilon_s(s)} = \frac{K_R \mid \Delta \dot{R} \mid}{\left(1 + \dfrac{T_m}{5}s\right)^5 + \dfrac{K_R \mid \Delta \dot{R} \mid A}{v_D}(1 + T_{qD}s)} \tag{9.30}$$

利用古尔维茨判据判断系统的稳定性。以 T_{qD}/T_m 的比值为纵坐标,$K_R \mid \Delta \dot{R} \mid A/v_D$ 的比值为横坐标,表示导弹系统动力学的稳定性结果,如图 9.15 所示。

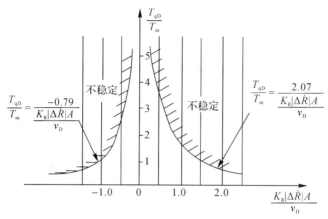

图 9.15　存在天线罩耦合时导弹系统动力学稳定性区域

由图 9.15 清楚可见, T_{qD}/T_m 的比值越大, $K_R|\dot{\Delta R}|A/v_D$ 的稳定范围就越小。由图 9.15 可以确定任一给定条件下参数的限制值。描述系统稳定性的一个近似公式为

$$-0.79 < \frac{K_R|\dot{\Delta R}|AT_{qD}}{v_D T_m} < 2.07 \qquad (9.31)$$

式(9.31)的左边建立了负的天线罩误差斜率限制边界,右边建立了正的天线罩误差斜率限制边界。

上面讨论了天线罩瞄准误差斜率对系统稳定性的影响,下面要讨论天线罩瞄准误差斜率对系统等效时间常数和有效导航比的影响。

考虑天线罩瞄准误差斜率以后的导弹系统动力学等效时间常数可以认为是式(9.26)分母中的一次项系数,即

$$T = T_m + \frac{K|\dot{\Delta R}|AT_{qD}}{v_D} = T_m\left(1 + \frac{K|\dot{\Delta R}|AT_{qD}}{v_D T_m}\right)$$

式中清楚地表明,天线罩瞄准误差斜率和弹体气动力时间常数对导弹系统动力学等效时间常数有明显的影响。图 9.16 所示为导弹系统动力学等效时间常数的标准曲线。

式(9.30)的增益为

$$\frac{n_y}{\varepsilon_s}\Big|_{t\to\infty} = \frac{K_R|\dot{\Delta R}|}{1 + \dfrac{K_R|\dot{\Delta R}|A}{v_D}} \qquad (9.32)$$

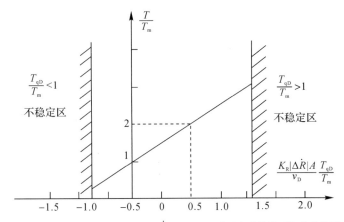

图 9.16　天线罩瞄准误差斜率 $K_R|\Delta\dot{R}|A/v_D$ 对导弹动力学等效时间常数的影响

由式(9.32)可知,有效导航比 N 与下式中的 N_1 成正比,即

$$N_1 = \frac{K_R}{1 + \dfrac{K_R\,|\,\Delta\dot{R}\,|\,A}{v_D}} \tag{9.33}$$

因此,可以根据天线罩的误差斜率对有效导航比进行修正。图 9.17 给出了 N_1/K_R 的标准曲线。由图可知,负的天线罩误差斜率使有效导航比增大,正的误差斜率使其减小。

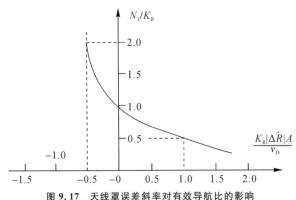

图 9.17　天线罩误差斜率对有效导航比的影响

综上所述,导弹系统动力学的稳定性区域、等效时间常数、有效导航比都受导航系数、接近速度、导弹速度、天线罩误差斜率、气动力时间常数和无耦合时导弹系统动力学时间常数的影响。如果气动时间常数与无耦合时导弹系统动力学时间常数的比值很小,接近速度与导弹速度的比值很小,天线罩瞄准误差斜率很小,那么就能获得较大的稳定区域。

3. 天线罩瞄准误差补偿的可能途径

从前面的分析可知,在雷达寻的导弹制导系统中,天线罩瞄准误差是一个不应忽视的重要参数之一。它不仅直接影响系统的制导精度,而且在系统中引入了一种有害反馈——弹体姿态角速度耦合效应,因此有必要对天线罩瞄准误差进行补偿。目前对这一种误差的补偿主要有两条途径:一是采用变壁厚的天线罩;二是采用微处理机进行数字补偿。下面简要介绍一下这两种方法的补偿原理。

(1)采用结合式天线罩透镜模型。在天线罩-天线系统中,天线罩误差主要是由于天线辐射波各平行射线以不同的入射角通过天线罩时,到达天线的路径不一样引起的相位滞后所致。如果在设计天线罩时,通过改变天线罩壁厚的办法使各平行射线通过天线罩的路径相等,就可以减少或者消除这一相位滞后,达到补偿的目的。而变壁厚设计将以结合式天线罩透镜模型为基础。在工程中,这种方法十分有效。

(2)采用数字补偿方法。从前面的分析可知,采用结合式天线罩透镜模型能够改善天线罩的电气性质,并能获得满意的补偿效果,但也存在许多不足之处。该方法需要改变天线罩的壁厚,这样使天线罩的设计、生产和检验变得相当麻烦。数字计算机的飞速发展使天线罩的数字补偿成为可能。这种方法的主要思想是在导引头分系统中引入微处理机来补偿天线罩的瞄准误差或者瞄准误差斜率。天线罩可以采用普通的廉价材料,恒定壁厚。目前这种方法已在工程中得到了应用。

9.6 空空导弹寻的制导系统分析实例

本节首先以空空导弹制导控制系统线性化模型为基础,利用解析分析方法研究制导控制回路的稳定性,然后讨论用蒙特卡罗法模拟空空导弹的全弹道飞行过程,并在多次模拟的基础上,求得导弹脱靶量的蒙特卡罗解,给出导弹脱靶量的数学期望和方差的置信区间。在模拟导弹飞行时,尽可能逼真地模拟导弹工作过程中的各种干扰和导弹制导控制系统参数的随机变化以及各种非线性特性的影响。与其他数学模拟方法相比,这种方法更接近于导弹飞行过程中的实际工作状态,因而所得出的结论更为可靠。

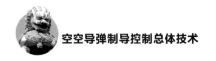

9.6.1 空空导弹制导控制系统的数学模型

假定空空导弹与目标在同一个平面内运动,其相互间的运动关系如图 9.18 所示。

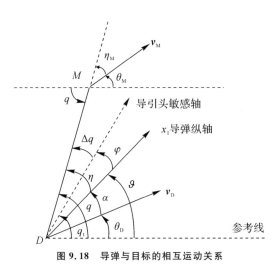

图 9.18 导弹与目标的相互运动关系

图中:r ——导弹至目标的距离;

　　q ——视线角,为目标线与参考线间的夹角;

　　v_D ——导弹速度向量;

　　v_M ——目标速度向量;

　　η ——导弹前置角,为目标线与 v_D 之间的夹角;

　　η_M ——目标前置角,为目标延长线与 v_M 之间的夹角;

　　θ_D ——导弹弹道倾角,为 v_D 与参考线之间的夹角;

　　θ_M ——目标航迹角,为 v_M 与参考线之间的夹角;

　　α ——导弹攻角,为 v_D 与导弹纵轴 X_1 之间的夹角;

　　φ ——导引头方位角,为导弹纵轴与导引头敏感轴之间的夹角;

　　q_t ——导引头敏感轴与参考线之间的夹角;

　　Δq ——导引头敏感轴与目标线之间的夹角。

1. 导引头

空空导弹红外导引头的结构框图如图 9.19 所示。

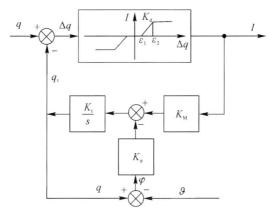

图 9.19 红外导引头结构框图

图中：K_φ——φ 角修正系数；

$\quad K_M$——力矩产生器传递系数；

$\quad K_t$——陀螺跟踪装置传递系数,为陀螺角动量 H 的倒数,即 $K_t = \dfrac{1}{H}$；

$\quad K_d$——导引头非线性特性线性段传递系数。

2. 磁放大器

磁放大器的结构框图如图 9.20 所示。

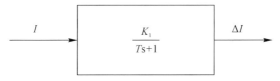

图 9.20 磁放大器结构框图

图中：K_1——坐标变换器传递系数、磁放大器传递系数以及舵斜率调整电阻传递系数的乘积；

$\quad T_1$——磁放大器时间常数。

3. 舵系统

舵系统的结构框图如图 9.21 所示。

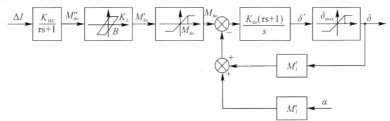

图 9.21 舵系统结构框图

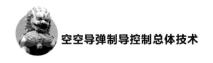

图中： K_{MC}——舵机控制特性的斜率；

M_{do}，M'_{do}——舵机操纵舵面的力矩，在线性工作时 $M_{do}=M'_{do}$；

τ——舵机的电流-力矩转换机构的时间常数；

K_{do}——舵机机械特性斜率；

M_j^δ——铰链力矩对舵偏角的导数；

M_j^α——铰链力矩对攻角的导数；

B——力矩迟滞回环宽度；

δ_{max}——最大舵偏角；

K_Z——间隙特性线性段斜率。

4.弹体动力学环节

导弹纵向小扰动线性化方程组为

$$\left.\begin{array}{l} \ddot{\vartheta}+a_{22}\dot{\vartheta}+a_{24}\alpha+a_{25}\delta=0 \\[2mm] \dot{\theta}_D-a_{34}\alpha-a_{35}\delta=0 \\[2mm] \vartheta-\theta_D-\alpha=0 \end{array}\right\} \qquad (9.34)$$

此方程组又可表示为

$$\left.\begin{array}{l} \ddot{\vartheta}=-a_{22}\dot{\vartheta}-a_{24}\alpha-a_{25}\delta \\[2mm] \dot{\theta}_D=a_{34}\alpha+a_{35}\delta \\[2mm] \vartheta=\theta_D+\alpha \end{array}\right\} \qquad (9.35)$$

式中：a_{22}、a_{24}、a_{25}、a_{34}、a_{35} 为气动参数。

5.运动学环节

由导弹与目标的相互运动关系（见图9.18），可得

$$\dot{q}=[v_D\sin(q-\theta_D)-v_M\sin(q-\theta_M)]/r \qquad (9.36)$$

$$\dot{r}=-v_D\cos(q-\theta_D)+v_M\cos(q-\theta_M) \qquad (9.37)$$

式中：q、θ_D、θ_M 以（°）为单位；$\dot{q}$ 以 rad/s 为单位。

9.6.2　空空导弹制导系统解析分析方法

1.制导回路稳定性分析

某型空空导弹整体制导控制回路是由自动寻的导引头、自动驾驶仪、弹体动力学环节及运动学环节组成的闭合回路。原始结构图如图9.22所示。

其稳定控制回路采用铰链力矩反馈平衡的舵机，不需要横向加速度计，便可使稳定控制回路传递系数不随飞行高度、速度而剧烈变化。

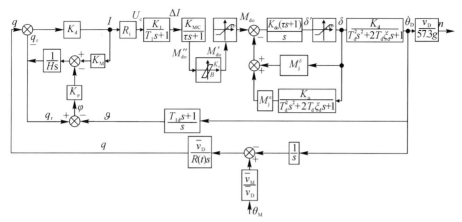

图 9.22　制导控制回路结构图

控制电压 U_c 到 $\dot{\theta}_D$ 的开环传递函数为

$$W_{U_c}^{\dot{\theta}_D}(s) = \frac{K_1 K_{MC} K_{M_{do}}^{\dot{\theta}_D}}{(T_1 s + 1)(T_p s + 1)(T'_d{}^2 s^2 + 2\xi'_d T'_d s + 1)}$$

式中：$K_{M_{do}}^{\dot{\theta}_D}$ 为 M_{do} 到 $\dot{\theta}_D$ 之间的传递系数，$K_{M_{do}}^{\dot{\theta}_D} = \dfrac{K_d}{K_3}$，$\dfrac{1}{K_3}$ 为 M_{do} 到 δ 之间的传递系数。

通过对参数计算可知，稳定控制回路含有一个阻尼系数很小（$\xi'_d = 0.011 \sim 0.062$，$\omega'_d = 11 \sim 44$ rad/s）的振荡环节，且 ξ'_d 和 ω'_d 随高度增加而减小；同时含有一个 $T_p = 0.15 \sim 1.01$ s 的惯性环节，它远比 T'_d 大，也比 T_1 大，且随飞行高度增大而增大。这样，在复平面上，$\dfrac{1}{T_p}$ 成为稳定控制回路的主导极点。弹体原为一个阻尼性能很差的振荡环节，被改造成一个呈惯性环节特性的弹体，因此不需要采用通常的速率陀螺反馈的方法去提高弹体的阻尼。

当 $K_\varphi = 0$ 时，即不考虑导引头-弹体耦合情况，制导回路通过简化可以看作 n_M 为输入、n_D 为输出，n_D 跟随 n_M 的随动系统。

制导回路开环传递函数为

$$W(s) = \frac{\dfrac{1}{r} 57.3 g K_q^n}{s(T_r s + 1)(T_1 s + 1)(T_p s + 1)(T'_d{}^2 s^2 + 2\xi'_d T'_d s + 1)}$$

式中：$T_r = \dfrac{H}{K_M K_\alpha}$，开环传递系数为 $\dfrac{v_D K_q^{\dot{\theta}_D}}{r}$，$K_q^{\dot{\theta}_D}$ 为目标视线角速率 $\dot{q}$ 到导弹弹道倾角角速率 $\dot{\theta}_D$ 之间的传递系数。

当 $K_\varphi > 0$ 时,即考虑导引头-弹体耦合情况下的制导回路开环传递函数为

$$W(s) = \frac{\frac{1}{r}57.3gK_{\dot\theta_D}^{n}(T_\varphi s+1)}{s(T'_r s+1)(T^2 s^2+2\xi Ts+1)(T''_d{}^2 s^2+2\xi'_d T''_d s+1)(T_d s+1)}$$

式中:$K_{\dot\theta_D}^{n}$ 为导弹弹道倾角角速率 $\dot\theta_D$ 到过载 n 之间的传递系数,$W(s)$ 开环传递系数近似为 $\frac{v_D}{r}$。

制导回路的稳定性指沿基准弹道导向目标的飞行轨迹的稳定性,或指稳定目标线(视线)的性能。由制导系统开环传递函数可知,制导系统是个剧烈的变参数系统,从发射到遭遇目标,对应开环传递系数由较小值趋于∞。导弹接近目标时,一般离目标前 0.5～1 s,开环传递系数大至某值,制导回路必丧失稳定,所谓稳定性乃指失稳前整个导引过程都应稳定,一般取相位裕度大于 30°,幅值裕度大于 6 dB,可通过选择开环传递系数或引入校正满足此要求。

当进行稳定性分析时,仍采用系数冻结法,将制导回路中的可变参数用固定于许多典型弹道的一些特征点上的参数来表示,就是通过变参数系统化或多个线性定常系统来进行分析。判断稳定性时,可由离目标前 0.5～1 s 的那些弹道点开始判断,对空空导弹来说,若此时刻是稳定的,则以前各时刻一定稳定,这样可简化分析计算工作。

经分析计算,当 r 达 r_D 时,制导回路处于临界稳定,r_D 成为失稳距离。计算结果见表 9.3。

表 9.3　制导回路参数计算结果

$H/$km	10	10	10	10	15	15	21
Ma	2	2	2	2	2	2	3
$K_{do}/[(°)\cdot s^{-1}\cdot kg\cdot m]$	10	10	40	40	10	10	10
K_φ	0	0.06	0	0.06	0	0.06	0
$r_D/$m	177	155	152	130	207	170	247

可以看出:r_D 随高度增大而增大,随 K_φ 增大而减小,随 K_{do} 增大而减小。

失稳后 $\dot q$ 发散失控。为了不致过早失控,造成脱靶量太大,则要求 r_D 不能太大,一般认为 $r_D = 200～300$ m 比较合适,或失稳时刻为遇靶时刻前 0.5～1 s 为好。

但脱靶量不仅和 r_D 有关,还与制导系统精度和抑制噪声能力有关,因为它

们决定了失稳时刻的大小,若小,则表示导弹速度向量基本指向瞬时命中点,那么在失稳后的很短的时间间隔内,发散不会过大,脱靶量能满足要求。

2.制导回路参数的选择

(1)带宽及理想的制导系统特性。带宽是制导系统的重要参数,其数值的选择影响稳定性和稳定裕度,以及对有用制导信号的控制精度及噪声干扰信号的抑制能力。

由图 9.22 可知,制导系统可近似看作由运动环节及弹上制导系统组成,整个制导系统在误差 $\Delta n = n_M - n$ 作用下工作。其中 $W_{\Delta n}^{\dot{i}} = \dfrac{57.3g}{r(t)s}$,当 $r(t)$ 减小时,该项传递系数增大,即运动学环节对数幅频特性的 0 dB 线随 $r(t)$ 减小而平移,导致该环节的带宽随 $r(t)$ 减小而增大,如图 9.23 所示。当 $r(t)=100$ m 时,$\omega_D = 5.7$ rad/s,近似带宽 1 Hz,就是说与制导信号成正比的目标视线角速率 $\dot{q}$ 的频率变化范围也是 1 Hz。

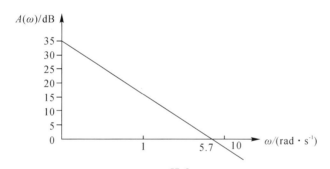

图 9.23　运动学环节 $\dfrac{57.3g}{r(t)s}$ 对数幅频特性

假若 $r(t)=100$ m 时,导弹制导系统仍能受控,则要求导弹制导系统幅频特性能很好地复现 1 Hz 的制导信号,对小于 1 Hz 的信号,幅频特性幅值应足够大。又由于已知制导系统存在 2 Hz 的噪声干扰信号,那么要求制导系统对它有足够的抑制能力,体现在制导系统幅频特性上,对 2 Hz 以上的信号应足够衰减。

(2)参数的选择。当 $K_\varphi = 0$ 时,制导系统幅频特性比较接近图 9.24 所示理想制导系统特性。当 $K_\varphi = 0.06$ 时,低频段幅值明显降低,即降低了对制导信号的控制精度。因此应设法减小 K_φ 值。

关于 K_{do}(见图 9.25)。不同特征点的飞行条件和制导控制系统参数见表 9.4。

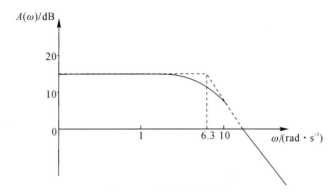

图 9.24 理想制导系统特性

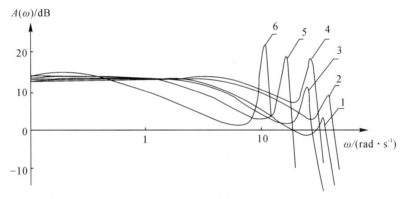

图 9.25 制导回路频率特性

表 9.4 不同特征点的飞行条件和制导控制系统参数

序　　号	1	2	3	4	5	6
H/km	5	5	10	10	15	21
Ma	2	2	2.5	2.5	2.5	3.0
$K_{\text{do}}/[(°)\cdot s^{-1}\cdot kg\cdot m]$	10	40	10	40	10	10
K_{φ}	0	0	0	0	0	0

当 $K_{\text{do}}=10(°)\cdot s^{-1}\cdot kg\cdot m$，$H\leqslant 15\ km$ 时，制导系统幅频特性接近理想特性(见图 9.25 曲线 1、3、5)；当 $H=21\ km$ 时，制导系统带宽较理想特性为小(见图 9.25 曲线 6)，由于系统谐振频率随高度增大而降低，谐振峰值随高度增大而增大，带宽较小些是合理的，有利于抑制噪声干扰。

当 $K_{\text{do}}=40(°)\cdot s^{-1}\cdot kg\cdot m$，$H\leqslant 10\ km$ 时，带宽有明显增大(见图 9.25 曲线 2、4)，系统谐振频率及谐振峰值都相应增大，致使噪声干扰影响加剧，振荡

性加剧；当 $H \geqslant 15 \text{ km}$ 时，制导系统不稳定。因此设计中 $K_{do} = 10(°) \cdot \text{s}^{-1} \cdot \text{kg} \cdot \text{m}$ 是合理的。

9.6.3 空空导弹制导系统仿真分析方法

由制导控制系统的数学模拟结构图可以列出以下微分方程组：

$$\dot{r} = v_M \cos(q - \theta_M) - v_D \cos(q - \theta_D) \tag{9.38}$$

$$\dot{q} = [v_D \sin(q - \theta_D) - v_M \sin(q - \theta_M)]/r \tag{9.39}$$

$$\dot{q}_t = k_t[K_M I - K_\varphi(q - \vartheta)] \tag{9.40}$$

$$\dot{\Delta I} = (K_1 I - \Delta I)/T_1 \tag{9.41}$$

$$\dot{M}''_{do} = (K_{MC} \Delta I - M''_{do})/\tau \tag{9.42}$$

$$\dot{\delta}' = (\Delta M + \Delta M \cdot \tau) K_{do} \tag{9.43}$$

$$\dot{\theta}_D = a_{34}(\vartheta - \theta_D) + a_{35}\delta \tag{9.44}$$

$$\ddot{\vartheta} = -a_{22}\dot{\vartheta} - a_{24}(\vartheta - \theta_D) - a_{35}\delta \tag{9.45}$$

式(9.43)两边均有导数项，不便于微分方程组的求解。将式(9.43)所对应环节的传递函数进行等效变换，将传递函数

$$\frac{K_{do}(\tau s + 1)}{s}$$

等效变换为传递函数

$$\frac{1}{1 - \dfrac{(\tau s + 1)}{s} K_{do}\tau}$$

即将结构框图

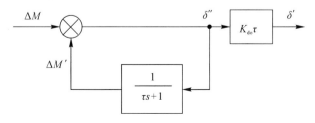

等效变换为结构框图

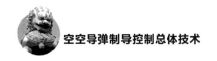

由等效结构框图可得方程为

$$\Delta M + \Delta M' = \delta'' \qquad (9.46)$$

$$\tau \Delta \dot{M}' + \Delta M' = \delta'' \qquad (9.47)$$

$$\delta' = K_{do} \tau \delta'' \qquad (9.48)$$

消去 δ'' 可得

$$\Delta M' = \Delta M / \tau \qquad (9.49)$$

$$\delta' = K_{do} \tau (\Delta M + \Delta M') \qquad (9.50)$$

式(9.49)可替换式(9.43)。令 $\dot{\vartheta} = x$，可得微分方程组为

$$\dot{r} = v_M \cos(q - \theta_M) - v_D \cos(q - \theta_D) \qquad (9.51)$$

$$\dot{q} = [v_D \sin(q - \theta_D) - v_M \sin(q - \theta_M)] / r \qquad (9.52)$$

$$\dot{q}_t = K_t [K_M I - K_\varphi (q - \vartheta)] \qquad (9.53)$$

$$\dot{\Delta I} = (K_1 I - \Delta I) / T_1 \qquad (9.54)$$

$$\dot{M}''_{do} = (K_{MC} \Delta I - M''_{do}) / \tau \qquad (9.55)$$

$$\Delta M' = \Delta M / \tau \qquad (9.56)$$

$$\dot{\theta}_D = a_{34} (\vartheta - \theta_D) + a_{35} \delta \qquad (9.57)$$

$$\dot{x} = -a_{22} x - a_{24} (\vartheta - \theta_D) - a_{25} \delta \qquad (9.58)$$

$$\dot{\vartheta} = x \qquad (9.59)$$

带非灵敏区的导引头饱和非线性方程为

$$I = \begin{cases} 0, & |\Delta q| \leqslant \varepsilon_1 \\ K_d (\Delta q - \varepsilon_1 \sin \Delta q), & \varepsilon_1 < |\Delta q| \leqslant \varepsilon_2 \\ K_d (\varepsilon_1 - \varepsilon_2) \operatorname{sign} \Delta q, & |\Delta q| > \varepsilon_2 \end{cases} \qquad (9.60)$$

式中：$\Delta q = q - q_t$。

舵机力矩迟滞回环随信号幅值的不同而具有大小不同的回环，这种迟滞回环非线性特性是难以用函数形式表达的。可以用间隙特性来近似表示最大迟滞回环的非线性特性，其方程为

$$M'_{do} = \begin{cases} K_Z (M''_{do} - B \operatorname{sign} \dot{M}''_{do}), & \left| \dfrac{M'_{do}}{K_Z} - M''_{do} \right| > B \\ \operatorname{const}(\dot{M}''_{do} = 0), & \left| \dfrac{M'_{do}}{K_Z} - M''_{do} \right| < B \end{cases} \qquad (9.61)$$

式中：K_Z 为回环的线性段斜率。

舵机力矩饱和非线性方程为

$$M_{do} = \begin{cases} M'_{do}, & |M'_{do}| < M_{do} \\ M_{do}\,\text{sign}M'_{do}, & |M'_{do}| \geqslant M_{do} \end{cases} \quad (9.62)$$

舵偏角饱和非线性方程为

$$\delta = \begin{cases} \delta', & |\delta'| < \delta_{\max} \\ \delta_{\max}\,\text{sign}\delta', & |\delta'| \geqslant \delta_{\max} \end{cases} \quad (9.63)$$

式中,$\delta' = K_{do}\tau(\Delta M + \Delta M')$;$\Delta M = M_{do} - (M_j^{\delta}\delta + M_j^{\alpha}\alpha)$。

微分方程式(9.51)~式(9.59)和非线性方程式(9.60)~式(9.63)是模拟导弹攻击目标过程的全部方程。

在实际过程中,导弹攻击目标的过程是一个非常复杂的过程。导弹在空中高速飞行时,会受到各种各样的随机干扰的影响,导弹的飞行速度、气动参数和铰链力矩导数等系统参数不仅在同一弹道的不同弹道点各不相同,而且在同一弹道点这些参数也会发生随机变化。

在导弹控制系统中,比较严重的干扰是背景干扰噪声和热噪声。为了模拟这些干扰,在导引头的输入端和磁放大器的输出端都加有随机干扰。用 $N(0,\sigma)$ 正态分布随机数来模拟这些随机干扰。

气动参数 a_{22}、a_{24}、a_{25}、a_{34}、a_{35} 和铰链力矩导数 M_j^{δ}、M_j^{α} 以及导弹的飞行速度 v_D 在导弹飞行过程中都是不断变化的参数。利用实验方法测量这些参数时,只能选择几个重要的弹道特征点进行实验,然后根据多次实验所得结果,给出这些参数的平均值。在进行全弹道数学模拟时,可根据所给出的弹道特征点参数,利用插值方法获取所需要的全弹道参数。将这种参数值称为标称值。由于实验时的测量误差、插值法所产生的误差、气动条件的变化以及各种随机干扰的影响,使得在导弹飞行过程中这些参数的真实值相对于标称值总是存在着偏差,而且这些偏差带有很大的随机性。于是,可在标称值上附加 $N(0,\sigma)$ 正态分布随机数来模拟气动参数和铰链力矩导数的这种随机变化。

考虑到电源电压、频率以及环境条件的变化均会对放大器等产生影响,在传递系数 K_d、K_1 和磁放大器时间常数 T_1 的标称值上都加有 $N(0,\sigma)$ 正态分布随机数,用来模拟这些参数所发生的随机变化。

根据给定的初始条件,就可以利用计算机解微分方程组,求得各状态变量的值,然后将这一步计算所得到的状态变量值作为微分方程组新的初值,再进行下一步计算,直至导弹进入盲区或导弹与目标的接近速度 $\dot{r} > 0$ 时为止。

通过多次重复计算,并对计算结果进行统计分析,可得出导弹制导系统精度分析的结论。

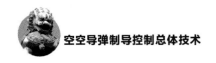

|参 考 文 献|

[1] 杨军,杨晨,段朝阳,等.现代导弹制导控制系统设计[M].北京:航空工业出版社,2005.

[2] 杨军.导弹控制原理[M].北京:国防工业出版社,2010.

[3] 杨军.现代导弹制导控制[M].西安:西北工业大学出版社,2016.

第 10 章

空空导弹先进导引技术

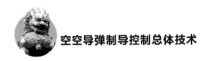

空空导弹制导控制总体技术

|10.1　空空导弹红外导引技术|

10.1.1　概述

　　红外导引头自从空空导弹诞生以来就一直伴随着空空导弹的发展而发展，第一代红外空空导弹采用的是单元非制冷的硫化铅探测器，工作在近红外波段，只能探测飞机发动机尾喷口的红外辐射；第二代红外空空导弹采用的是单元制冷硫化铅或锑化铟探测器，敏感波段延伸至中红外，探测灵敏度提高，可探测飞机发动机的尾焰；第三代红外空空导弹采用的是高灵敏度的单元或多元制冷锑化铟探测器，能够从前侧向探测目标；第四代红外空空导弹采用的是红外成像制导，具有较强的抗干扰能力。

　　综观四代空空导弹的发展历程，空战需求和技术进步共同推动着导弹的更新换代。红外型导弹走过了从单元—多元—红外成像的导引体制发展历程，正在向多波段红外成像发展。红外成像导引技术作为第三代红外制导技术，已经成为精确制导技术的发展主流。

10.1.2　红外成像导引头自动目标识别技术

　　自动寻的系统可以实现"打了不管"的功能，增加了作战生存能力，是精确制

226

导武器经常使用的系统,其主要依赖于对目标的正确、可靠和高效识别。光电对抗技术的高速发展对目标识别提出了更加苛刻的要求,如何选择和设计目标识别算法一直困扰着自动寻的系统设计师。不同的自动寻的系统对目标识别的需求也成为自动目标识别技术发展的主要原动力。

1. 自动寻的系统对目标识别算法的要求

用于自动寻的系统的自动目标识别应具备较高的跟踪精度、很强的干扰抑制能力以及快速反应能力。具体来说有以下要求。

(1)实时性要求。自寻的导引系统要求在帧周期之内完成帧成像积分、帧图像传输和帧图像自动识别功能,但导引系统的空间有限,弹载计算机体积受限,因而计算能力有限,自动目标识别的计算量应尽可能小,这样才能在有限的计算资源条件下结合并行处理技术来满足导引系统的实时性要求。

(2)跟踪精度要求。自动目标识别给出的光轴与视线的角位置是导引头随动系统的输入信号,自动目标识别误差是导引头随动系统误差的主要来源之一,自动目标识别的跟踪精度越高,导引头的跟踪精度就越高,对于成像导引头来说一般要求自动目标识别的动态跟踪精度不大于两个像素。

(3)虚警率与检测概率要求。自动目标识别应该在尽可能小的虚警条件下获得尽可能大的检测概率,这样才能最大可能地检测出目标而尽量不出错。一般自动目标识别的虚警率控制在 10^{-5} 量级,而检测概率要求不小于 90%(在信噪比不小于 3 dB 的条件下)。

(4)鲁棒性要求。导引系统工作在复杂的环境之中,所成图像质量受季节和天气变化、日历、地形条件、植被类型和条件、传感器视角、目标类型、载体运动特性、传感器噪声特性、各种伪装和欺骗等因素的影响而发生变化,自动目标识别应能够适应这些条件的变化,应能够适应运动模糊、旋转模糊、尺度变化、气动光学效应、对比度变化以及具备抑制各种噪声的能力。自动目标识别应有较强的鲁棒性。

(5)抗干扰能力强。现代战争的光电对抗环境日益复杂,自寻的导弹处于各种人为光电干扰以及自然背景干扰环境之中,自动目标识别应具备抵抗人为干扰和背景干扰的能力。

(6)对作战保障条件要求低。自动目标识别一般只适用于某些特定的场合,普遍适应的自动目标识别技术基本是不现实的。但自动目标识别不应该对作战保障条件提出苛刻的要求,应尽量不需要在战时提供实时的信息保障。当然,可以需要一些外部信息支持,如非实时的目标区域图片等,以降低对作战保障的要求,使自寻的导弹系统成为有效的武器系统。

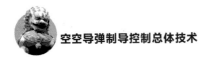

2.现有主要目标识别算法性能分析

现有的目标识别算法主要有统计模式自动目标识别、基于模型(知识)的自动目标识别、基于不变量的自动目标识别、特征匹配自动目标识别和模板相关匹配自动目标识别等几种。

(1)统计模式自动目标识别。统计模式自动目标识别基于以下假设:同类物体的特征聚集于多维特征空间的同一区域,而不同种类的物体的特征处于特征空间的不同区域,并且这些区域是易于区分的。该算法通过计算图像中每个候选检测区的矩形域的亮度来检测感兴趣区,找到目标的潜在区域后,提取图像的统计特征并在特征空间中聚类,将每类所对应的特征度量与系统已存储的各种具体目标类型的特征度量比较,选择最接近的为待识别目标。

统计模式自动目标识别完全依赖于自动目标识别系统大量的训练和基于模式空间距离度量的特征匹配分类技术,不具备学习并适应动态环境的智能,对样本的选取和样本的数量较敏感,难以有效处理姿态变化、目标部分遮掩、高噪声环境、复杂背景以及目标污损模糊等情形的目标识别。即使是在有限区域范围内,由于天气状况的改变其性能也会发生重大变化,因此其大多数成功的应用只局限于很窄的场景定义域内。

(2)基于模型(知识)的自动目标识别。早在20世纪70年代末期,人工智能和专家系统技术就被普遍应用于自动目标识别研究,从而掀起了智能自动目标的研究热潮,并由此形成了基于模型(知识)的自动目标识别技术。基于模型的自动目标识别是通过对待识别图像形成假设并试图验证候选假设来进行的。顶层假设基于辅助智能信息开始特征和证据的提取而不需要特别的目标假设,然后将已提取的特征和论据相结合来触发目标假设的形成,接着从目标假设中产生二级假设去预测图像中的某些特征,最后推理机制试图通过与随后提取的图像特征进行匹配来验证预测结果。这样,从下一层假设中得到的推论性证据用于更新和修改目标假设,然后或者表示识别出了目标,或者启动另外一轮的下一层假设和验证循环往复最终识别出目标,因此基于模型的自动识别又称作基于知识的自动目标识别。基于模型的自动目标识别具有一定的规划、推理和学习的能力,在一定程度上克服了统计自动目标识别的局限性,极大地推动了自动目标识别系统走向实用化的进程,但基于模型的自动目标识别系统的知识利用程度是很有限的,加上还存在知识源的辨别、知识的验证、适应新场景时知识的有效组织、规则的明确表达和理解、实时性等很多难以解决的问题,因此,基于模型(知识)的自动目标识别技术在近期内还不可能真正进入实用。

(3)基于不变量的自动目标识别。基于不变量的自动目标识别提取目标的形状、颜色和纹理等特征中的某种不变特征来对目标进行识别。目前以形状特征为基础的不变量自动目标识别研究成果最多,如矩不变量、傅里叶描述子、HOUGH 变换、形状矩阵和主轴方法等,近年又出现了一些算法,如复杂度、扁率、比重和偏心率等,其中,以 M. K. Hu 提出的代数不变矩理论为代表的矩不变量的应用最为广泛。

基于不变量的自动目标识别一般具有对目标平移、旋转、缩放的不变性,有简单明确的特征表达方式,通过搭配组合并进行合理的参数设计能够可靠地对目标进行自动识别,在对许多具体目标(如飞机、坦克、车辆等)的识别中表现出了良好的性能。但基于不变量的自动目标识别有两个显著的缺点:①对噪声比较敏感,当图像存在噪声或者模糊时难以保证所提取的特征具有不变性,使用时需要进行预处理来减小图像噪声;②基于不变量的自动目标识别,特别是基于矩不变量的自动目标识别计算量和所需的存储空间较大,难以在弹载实时系统中满足实时性要求。

(4)特征匹配自动目标识别。特征匹配法是通过比较标准图像目标与实时图像目标的特征来实现目标识别。它利用目标的某种特征,如几何特征、纹理特征、不变矩特征、仿射不变特征、透射不变特征等,对目标进行识别。该方法提取实时图中目标的特征与记忆的特征进行比较,计算两者之间某种距离,最小时即确定为目标。特征匹配法充分地利用了目标的形状信息,对目标的几何和灰度畸变不敏感,因而可以保证较高的跟踪精度,其计算量和存储容量大大减少。20 世纪 70 年代以来,特征匹配法受到了人们普遍的重视,先后提出了序贯特征探测法、特征聚类法、线性特征匹配法、综合特征匹配法及结构/符号匹配法等。但特征匹配法对噪声十分敏感,对预处理和特征提取有较高的要求,比较适合于目标特征明显、噪声较小的场合。另外,在纹理较少的图像区域提取的特征的密度通常较小,局部特征的提取困难。特征匹配法的特征提取计算代价较大,并且需要一些自由参数和事先按经验选取门槛值,不便于实际应用。

(5)模板相关匹配自动目标识别。模板相关匹配法通过计算实时图与参考图之间的相关测度,根据最大相关值所在位置确定实时图中目标的位置。模板相关匹配法具有很强的噪声抑制能力,可以在很强的噪声条件下工作,它对有关目标的知识要求甚少,而且计算形式非常简单,容易编程和硬件实现,因而一开始就受到了人们的重视,人们陆续提出了归一化相关法、相位和双级相关法、统计互相关法、幅度排序相关法和广义相关法。在改进的相关法中,影响最大的是序贯相似性算法(Sequential Similarity Detection Algorithm,SSDA),后来有人也提出了一些性能优于 SSDA 的算法,但原理与 SSDA 相同,只不过使用了不同的测度而已。之后,人们又提出了空间相关测度算法,其改进工作一直延续至今。从国外自动目标识别技术的成功应用来看,模板相关匹配法是以后自动目

标识别算法的主要研究方向。但该方法对几何和灰度畸变十分敏感,计算量偏大,而且往往不能利用目标的几何特性,易产生积累误差。它适用于实时图与参考图的产生条件较为一致、目标尺寸变化很小、景物各部分的相关性不强的场合。人们对于提高匹配精度和匹配速度有关的各种问题,如定位精度、噪声、灰度电平偏差及量化误差等误差因素对匹配性能的影响等都进行了系统的研究,为模板匹配技术在寻的系统中的应用奠定了一定的技术基础。

10.1.3　红外成像导引头控制技术

常规的红外导引头通常采用俯仰-偏航双框架形式,其控制一般采用基于比例-积分-微分(Proportion Integration Differentiation,PID)算法的速率陀螺位标器控制方案。这种常规红外导引头在空空导弹上得到了大量应用,有着较好的作战性能。

在常规红外导引头的基础上,新的导引头控制方法也在不断被提出和研究,包括新的控制方法的应用,如基于自抗扰方法的导引头控制器设计,还有新的导引头结构下的控制方法研究,如半捷联红外导引头的控制、滚仰式红外导引头的控制等。

10.1.3.1　基于自抗扰技术的红外成像导引头控制器设计

导引头稳定回路是一个典型的速率反馈系统,主要由控制器、随动系统、成像系统和速率陀螺组成,其原理框图如图 10.1 所示。

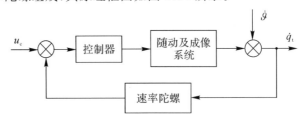

图 10.1　红外成像导引头稳定回路组成原理框图

导引头稳定回路的经典控制方法有多种,如 PID 控制、超前校正、迟后校正、超前迟后校正和前馈校正等,但是当对导引头去耦能力要求较高时,这些方法难以满足要求,针对此问题,许多学者提出了新的的设计方法,如变结构控制和模糊 PID 控制等,下面介绍基于自抗扰控制算法的稳定回路控制方案。

1. 自抗扰控制器的组成

自抗扰控制技术是一种新的控制系统综合方法,它以自抗扰控制器

（ADRC）为代表，其结构框图如图 10.2 所示。

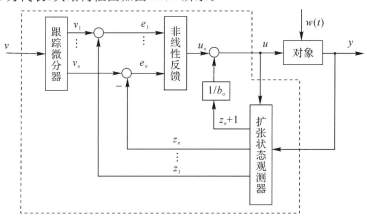

图 10.2　自抗扰控制器结构框图

由图 10.2 可以看出，自抗扰控制器主要由跟踪微分器（TD）、扩张状态观测器（ESO）、非线性反馈（NLSEF）三部分组成，各部分的作用如下。

（1）跟踪微分器：用于跟踪输入信号及其各阶微分信号，对参考输入安排过渡过程并提供高信噪比的微分信号。

（2）扩张状态观测器：根据输入 $u(t)$ 和系统可量测状态，对系统的状态和系统扰动进行跟踪估计。使用估计量对系统进行补偿，从而将有未知外扰作用的非线性、不确定对象化为简单的“积分串联型”，实现对象的线性化和确定性化。

（3）非线性反馈：对状态误差进行非线性组合配置，以提高自抗扰控制器的适应性和鲁棒性。

自抗扰控制器延续了经典控制系统的结构，只是在输入、反馈和前向通道中分别引入了几个不同于经典控制的环节。输入处引入跟踪微分器、反馈通道处引入扩张状态观测器、前向通道中引入非线性反馈环节，因此自抗扰控制器是一种基于跟踪微分器处理参考输入，扩张状态观测器估计系统状态、模型和外扰，实施非线性反馈控制的非线性控制器。自抗扰控制器的核心是把系统模型的不确定性和未知的外扰作用都认为是对系统的“总扰动”，用扩张状态观测器估计出其实时作用量而给予补偿，实现对象的线性化和确定性化。

2. 自抗扰控制器设计

框架角速度的数学模型为

$$\ddot{\varphi} = \frac{-\dot{\varphi} + w}{T_m} + \frac{57.3 k'_m}{T_m} u_c$$

令 $x = \dot{\varphi}, a(t) = \dfrac{-\dot{\varphi} + w}{T_m}, b = \dfrac{57.3 k'_m}{T_m}$，则上式可写为

$$\dot{x} = a(t) + bu_c \qquad (10.1)$$

由于跟踪微分器的主要作用为给输入安排过渡过程,不是必要的,此处未采用该模块,所以设计的自抗扰控制器只由一个二阶扩张状态观测器和一个一阶非线性反馈组成。

对式(10.1)设计如下的扩张状态观测器:

$$\begin{cases} \dot{z}_1 = z_2 - \beta_{01}e + b_0 u(t) \\ \dot{z}_2 = -\beta_{02}\mathrm{fal}(e, \alpha_0, \delta_0) \end{cases}$$

式中:z_1 为跟踪框架角速度;z_2 为跟踪内部不确定性和外部弹体扰动;b_0 为 b 的标榜值。

一阶非线性反馈的形式为

$$\begin{cases} e_1 = \dot{\varphi}_c - z_1 \\ u_0(t) = \beta_1\mathrm{fal}(e_1, \alpha_1, \delta_1) \end{cases}$$

式中:$\dot{\varphi}_c$ 为框架角速度指令。

最终的控制量为

$$u_c(t) = u_0(t) - z_2/b_0$$

这样就得到了基于自抗扰技术的红外成像导引头稳定回路的控制器。

3. 仿真分析

某仿真条件下的稳定回路去耦性能仿真结果和稳定回路指令跟踪性能仿真结果分别如图 10.3 和图 10.4 所示。

仿真结果表明,与传统的 PI 控制相比,采用自抗扰控制的稳定回路具有更好的去耦性能和鲁棒性。

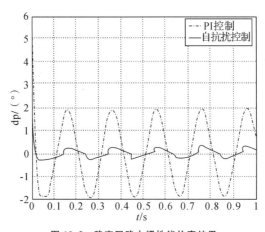

图 10.3　稳定回路去耦性能仿真结果

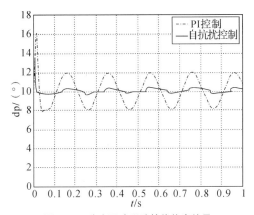

图 10.4 稳定回路跟踪性能仿真结果

10.1.3.2 半捷联式红外成像导引头控制器设计

速率陀螺稳定平台以其较高的稳定精度和较大的带宽而在战术导弹中获得广泛应用。但对于导引头低成本、小型化、智能化的发展需要,直接采用速率陀螺稳定方式受到限制,为此可以采用半捷联稳定方式来解决探测器平台的稳定问题。此处给出一种半捷联导引头稳定与跟踪方案,并基于该方案完成导引头稳定回路与跟踪回路控制器的设计。

1. 半捷联导引头稳定与跟踪方案

半捷联红外成像导引头稳定回路方案如图 10.5 所示。其原理如下:利用与弹体捷联的速率陀螺测量的弹体姿态角速度与旋转变压器测量的框架相对于弹体的旋转角速度重构光轴惯性空间旋转角速度,得到与速率陀螺稳定平台相同的反馈形式,实现光轴指向惯性空间稳定。

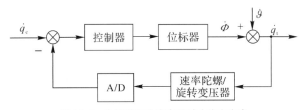

图 10.5 半捷联红外成像导引头稳定方案

半捷联红外成像导引头视线角跟踪回路方案如图 10.6 所示。半捷联导引头视线角跟踪回路的主要功能及原理如下:利用红外成像系统及信息处理系统得到的失调角信息,实现光轴对目标视线的跟踪;利用稳定回路实现光轴指向对弹体扰动的隔离,保证在弹体扰动条件下光轴惯性空间指向稳定。

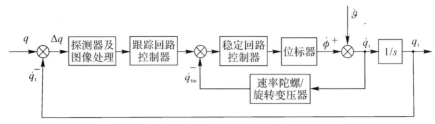

图 10.6 半捷联红外成像导引头视线角跟踪回路方案

2. 半捷联导引头稳定与跟踪回路控制器设计

某半捷联红外成像导引头伺服平台线性化数学模型为

$$\frac{\dot{\varphi}(s)}{u_a(s)} = \frac{3.5}{1.01s + 1}$$

为达到隔离度指标要求,同时保证系统的稳定性,半捷联导引头稳定回路采用 PI 控制实现平台的稳定,控制器形式为

$$G_A(s) = K_p\left(1 + \frac{1}{T_i s}\right)$$

采用临界比例法确定 PI 控制器的参数为

$$G_A(s) = 0.56 + \frac{47.27}{s}$$

半捷联红外成像导引头视线角跟踪回路可采用比例控制,控制增益可由视线角跟踪回路时间常数确定。假定跟踪回路时间常数指标为 T,则跟踪回路增益应满足

$$K \geqslant \frac{1}{T}$$

3. 仿真分析

在幅值为 40°,频率为 3 Hz 的弹体扰动条件下,目标视线角指令为零时光轴惯性空间指向曲线如图 10.7 所示,半捷联红外成像导引头视线角跟踪回路隔离度约为 4.2%。在弹体扰动条件下,目标视线角速度为 10°/s 时,图 10.8 所示为半捷联红外成像导引头视线角速度输出曲线。

由仿真结果可知,半捷联红外成像导引头隔离度满足技术指标要求,视线角跟踪回路能保证光轴较好地跟踪目标视线,验证了本节所提出的半捷联导引头稳定与跟踪方案的合理性与可行性。

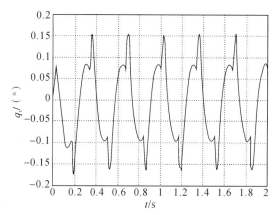

图 10.7　光轴惯性空间指向曲线

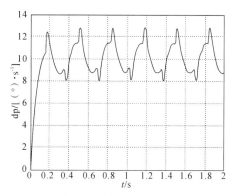

图 10.8　导引头视线角速度输出曲线

10.1.3.3　滚仰式红外成像导引头控制器设计

滚仰式导引头具有体积小、质量轻及跟踪场大等优点,其离轴角可以达到±90°,是新一代近距格斗空空导弹导引头稳定平台的理想选择,目前国外已有应用。其结构如图 10.9 所示。

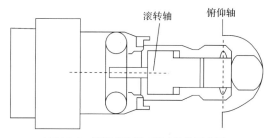

图 10.9　滚仰式捷联导引头结构示意图

空空导弹在对高速机动目标进行跟踪攻击时,除了受到弹体姿态运动影响之外,还受到自身发动机的振动、外部高速气流的冲击和气动力的扰动作用,使弹体处于复杂的振动和摆动状态。这种剧烈的弹体姿态变化会对滚仰式捷联导引头的稳定控制产生严重影响,使常规的 PID 控制方法难以满足精度要求。滚仰式捷联导引头稳定平台的控制技术是一种先进的稳定跟踪控制技术,也是目前捷联导引头控制领域的重点研究内容,从控制方法来看,目前的主要研究方向是各种先进控制理论与传统 PID 相结合的复合控制方法,如抗饱和 PID 控制方法、自适应模糊 PID 控制方法以及基于神经网络整定的 PID 控制方法等;从研究的问题来看,主要集中在改善传统 PID 控制方法在滚仰导引头控制中的稳定跟踪性能,以及滚仰式导引头特有的过顶问题。

1. 滚仰式导引头过顶问题的抗饱和控制器设计

对滚仰式导引头设计而言,过顶跟踪问题是导引头设计中无法回避的问题。在控制上,滚仰式导引头的过顶跟踪问题实质是个典型的执行器饱和问题。为了解决滚仰式导引头的"过顶跟踪"问题,必须解决电机的饱和控制问题。解决这类问题的方法主要有直接法和抗饱和法两种。本节采用抗饱和设计法(也就是补偿器设计法)。

抗饱和设计法也被称为两步法,这种设计方法的具体步骤分为以下两步。

(1)不考虑饱和非线性环节,按照实际需要的性能指标设计控制器。

(2)考虑饱和非线性环节,设计抗饱和补偿器控制降低饱和环节对系统的影响。

目前,抗饱和控制基本有了一个统一的框架,具体如图 10.10 所示。

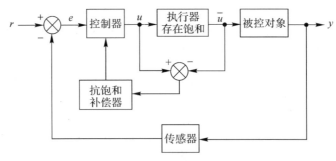

图 10.10　抗饱和框架

图 10.10 给出了含抗饱和补偿器的闭环系统结构,r 为参考输入,u 为控制输出。显然,只有在系统出现饱和时,抗饱和补偿器输入不为零,补偿器才有所

动作,其作用是保证闭环系统稳定,且将闭环系统的性能变坏的程度减为最小。

这种方法可以用各种控制理论进行设计,设计相对简单并且易于实现。不过虽然抗饱和控制基本有了统一的框架,但是具体的抗饱和控制器还是各有差别。本节采用的是引入马尔可夫状态转换(MRS)模型的抗饱和控制器,如图10.11 所示。

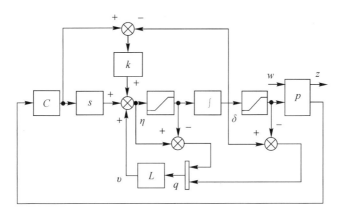

图 10.11　MRS 控制器

这种抗饱和控制器可以对执行器的幅值和速度(或者速度和加速度)同时进行饱和补偿。当只需进行一种补偿时,按需求去掉一个饱和环节即可。

按照上面的方法抗饱和控制器设计如下:导引头控制回路分为速度回路和位置回路;位置回路为外回路,速度回路为内回路。按照性能指标设计好导引头控制回路后,在速度回路加入抗饱和控制器,如图 10.12 所示。

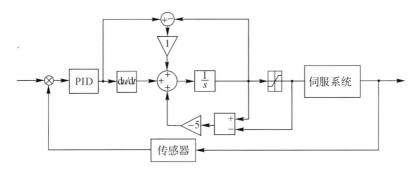

图 10.12　导引头抗饱和控制器

在某仿真条件下,仿真结果如图 10.13 所示。

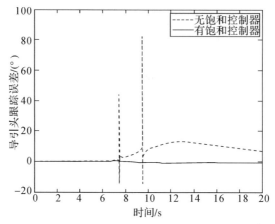

图 10.13　仿真结果

仿真结果表明,在出现驱动器饱和的情况后,未考虑饱和问题设计的控制回路跟踪发散了(跟踪误差角远远超过了跟踪要求);而采用抗饱和控制器的跟踪系统跟踪情况良好。

2.滚仰式导引头的自适应模糊 PID 控制器设计

本节针对滚仰式捷联导引头工作环境恶劣、常规控制方法难以满足控制要求的问题,提出一种自适应模糊 PID 控制策略,该方法结合模糊控制的优点,能够有效解决滚仰式捷联导引头对机动目标的稳定跟踪问题。

从控制角度来看,滚仰式捷联导引头是一个具有前馈稳定的伺服系统,其稳定跟踪控制原理框图如图 10.14 所示。

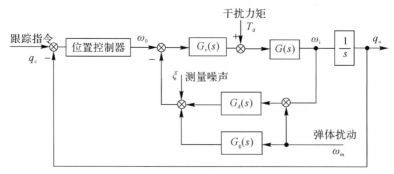

图 10.14　滚仰式捷联导引头稳定跟踪控制原理框图

图中:$G_v(s)$ 是速度回路控制器传递函数;$G(s)$ 是滚仰式稳定平台的传函;T_d 是扰动力矩;$G_d(s)$ 是测速环节的传递函数;$G_g(s)$ 为惯导陀螺传递函数;ξ 为传感

器测量噪声；ω_i 为平台输出角速度；ω_m 为弹体扰动；ω_0 为角速度指令。

　　导引头位置回路校正环节采用二维自适应模糊 PID 控制器，以受控变量和输入给定值的误差 e 和误差变化 ec 作为输入，设计模糊控制规则，运用模糊推理实现对 PID 参数的最佳调整。自适应模糊 PID 控制器结构如图 10.15 所示。

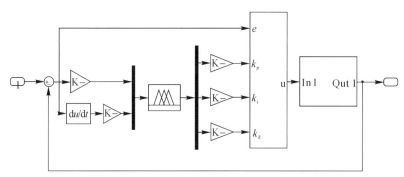

图 10.15　自适应模糊 PID 控制器

　　模糊控制规则是自适应模糊 PID 控制器的关键，设计模糊控制规则需要考虑框架角误差和框架角误差的变化趋势。其控制原则是误差较大时须尽快消除误差，误差较小时以保证系统稳定性为主。据此得模糊控制理论的整定规则如下。

　　(1)当 e 与 ec 符号相同时，误差 e 在向绝对值 e 增大的方向变化。若 e 较大时，应提高系统的相应速度取较大 k_p，为防止系统响应出现较大超调、避免积分饱和取较小 k_i，为减少干扰及避免微分过饱和取较小 k_d。若 e 较小时，可采用一般控制，取中等 k_p、较大 k_i 和较小 k_d，以提高系统的稳态性能。

　　(2)当 e 与 ec 符号相异时，误差 e 在向绝对值 e 减小的方向变化。若 e 较大时，应迅速减小误差 e，取中等 k_p，较小 k_i 和中等 k_d。若 e 较小时，取较小 k_p、较大 k_i 和较小 k_d，以提高系统的稳态性能，避免震荡。

　　为了验证设计的自适应模糊 PID 控制器，当导引头稳定平台框架角误差分别给定 $5°$ 的阶跃信号时，导引头跟踪系统的阶跃响应曲线如图 10.16 所示。

　　由图中可以看出，自适应模糊 PID 控制器与传统 PID 控制器相比，其响应调节时间和上升时间较短，阶跃响应的超调量小，动态性能好。

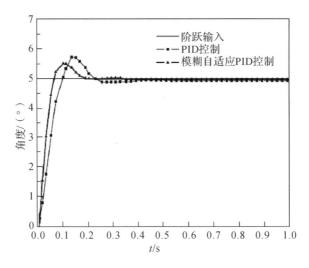

图 10.16　输入 5°阶跃信号时导引头系统响应

10.1.4　红外成像导引头目标运动信息估计技术

随着现代空战条件下目标机动性能的大幅度提高,经典的比例导引法已无法适应目标机动制导要求。提取更多的制导信息,有利于采用信息融合的方法对不确定信息进行精确估计,使得抗机动、抗噪声、抗干扰能力更出众的新型导引律的发展和实现成为可能。因此,提取更多的制导信息是为了适应现代空战复杂形势的变化,更好地将导弹导引到目标上实现精确打击。

红外成像制导属于被动制导,有些参数无法直接测量,如相对距离、相对速度和相对加速度等信息,这些信息需要通过滤波估计等方法来获取,如何提取这些信息来用于新型导引律就是目标运动信息估计技术研究的主要内容。下面详细介绍一种基于自适应变焦技术的目标信息估计技术。

1. 自适应变焦系统

变焦控制系统是导弹红外成象导引头中的一个重要控制回路,它的任务是使目标图像在目标距离变化时保持规定的大小,通常通过改变变焦系统的焦距实现此目的。变焦控制系统组成框图如图 10.17 所示。

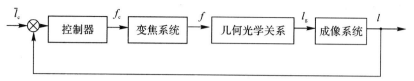

图 10.17　变焦控制系统组成框图

变焦系统近似用一阶系统描述：

$$\frac{f(s)}{f_c(s)} = \frac{a}{s+a}$$

式中：f_c 为控制器输出；f 为变焦系统焦距；$1/a$ 为变焦系统时间常数。

当物距远大于像距时，几何光学关系为

$$\frac{l_g(s)}{f(s)} = \frac{L_R}{R(t)}$$

式中：l_g 为目标像高；L_R 为目标特征长度；$R(t)$ 为导弹至目标斜距。

如果忽略成像系统测量非线性，则近似地有

$$\frac{l(s)}{l_g(s)} = 1$$

式中：l 为成像系统测量出的目标像高。

引入增益 $K_v = l_g / f$，系统受控部分开环传递函数为

$$G(s) = K_v \frac{a}{s+a}$$

通常红外成像制导导弹上都不安装测距装置，$R(t)$ 成为未知时变参数。为实现变焦系统的控制，有必要在回路中引入增益自适应控制算法。

为实现最优制导律，除需目标视线角速度信号 $\dot{q}$ 外，还需 $R(t)$ 和接近速度 $\dot{R}(t)$。变焦系统引入自适应算法后，如果已知目标特征长度，目标被动测距和测速是可以实现的。

图 10.18 所示为自适应变焦系统原理框图。

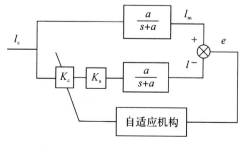

图 10.18　自适应变焦系统原理框图

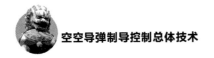

系统的广义误差为

$$e = l_{\mathrm{m}} - l$$

定义李雅普诺夫函数为

$$V = \frac{1}{2}e^2 + \frac{1}{2}\lambda \left(\frac{1}{K_{\mathrm{v}}} - K_{\mathrm{e}} \right)^2$$

式中:$\lambda > 0$ 为加权引子。

假定相对变焦系统响应,参数 K_{v} 变化足够慢,选择自适应规律

$$\dot{K}_{\mathrm{c}} = K_{\mathrm{a}} e l_{\mathrm{c}}$$

可使系统满足渐近稳定图,K_{a} 为自适应增益。

2.目标被动测距测速原理

根据自适应控制理论,若输入信号满足充分激励条件,参数 K_{c} 将逐步趋近 $1/K_{\mathrm{v}}$。因此,可利用 K_{c} 和 $\dot{K}_{\mathrm{c}}$ 对目标进行被动测距和测速,其计算公式为

$$\begin{cases} \hat{R}(t) = L_{\mathrm{R}} K_{\mathrm{c}} \\ \dot{\hat{R}}(t) = L_{\mathrm{R}} \dot{K}_{\mathrm{c}} \end{cases}$$

通常 l_{c} 不满足充分激励条件,这时必须引入一附加激励信号 l_{n},以保证辨识参数 K_{c} 的收敛性。因此有

$$l_{\mathrm{c}} = \bar{l}_{\mathrm{c}} + l_{\mathrm{n}}$$

式中:$\bar{l}_{\mathrm{c}}$ 为目标像高设定值;l_{n} 为激励信号。

综合考虑激励效果和工程实现等因素,可将激励信号选为"3211"形式。

3.设计实例

考虑某成像制导导弹变焦控制系统设计问题。变焦系统的焦距变化范围是 $40 \sim 200$ mm,$L_{\mathrm{R}} = 10.2$ m,$\bar{l}_{\mathrm{c}} = 1.8$ mm,变焦系统 $a = 50$,$R(t) = 1\,200 - 150t$,目标接近速度为 -150 m/s。选取自适应律为

$$\dot{K}_{\mathrm{c}} = 100 e l_{\mathrm{c}}$$

给定 l_{n} 幅值为 0.5 mm,"3211"信号周期为 0.16 s。系统数字仿真结果如图 10.19 和图 10.20 所示。

由仿真结果可以看出,在目标接近速度较小和已知目标特征长度的情况下,系统工作情况完全满足设计要求。

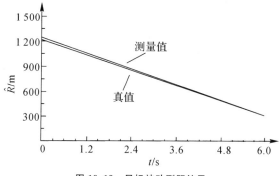

图 10.19　目标被动测距结果

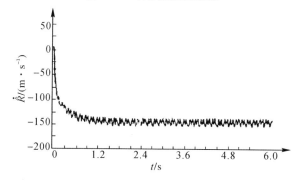

图 10.20　目标被动测速结果(真值为 −150 m/s)

|10.2　空空导弹雷达导引技术|

　　雷达制导体制是空空导弹的一种重要制导体制,由于其全天候、探测距离远的优点成为空空导弹的重要制导方式。根据如何分辨目标,雷达制导可分为主动雷达导引头、半主动雷达导引头和被动雷达导引头(又称反辐射导引头),如图 10.21 所示。

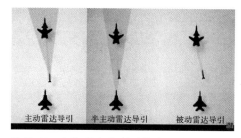

图 10.21　主动、半主动、被动雷达导引模式示意图

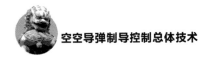

10.2.1 相控阵雷达导引技术

与机械扫描雷达不同,相控阵雷达导引技术通过调整每个阵元的相位来实现波束扫描,并采用分布式发射,通过大量的 T/R 组件实现高功率放大和高灵敏度接收,技术更为先进,是雷达制导技术发展的重点。相控阵制导技术工程应用须解决捷联波束稳定与跟踪技术、相控阵天线波束指向精度、相控阵天线高密度集成与散热技术和低成本 T/R 组件技术 4 项关键技术。

下面主要介绍捷联波束稳定与跟踪技术。

10.2.1.1 相控阵雷达导引头捷联波束稳定技术

空空导弹弹体扰动频率及幅值较高,目标运动速度快,机动能力强,弹体姿态运动对导引头空间指向稳定性的影响非常显著。因此,对相控阵雷达导引头波束稳定技术进行研究,实现导引头波束指向的空间稳定是相控阵雷达导引头在空空导弹上应用需要首先解决的技术难题。

1. 波束稳定原理

相控阵雷达导引头波束稳定的基本原理为:利用弹载捷联惯导测量的导弹姿态、弹体角速度和弹目视线信息,建立一数学稳定平台,实时求解导引头天线波束指向角,然后通过波束控制系统调整天线单元之间相位和幅度的关系,快速改变天线波束指向,去除弹体姿态扰动对目标视线指向的影响,尽可能保持波束在惯性空间指向不变。相控阵雷达导引头波束稳定系统原理框图如图 10.22 所示。

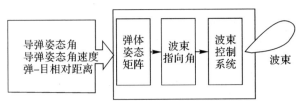

图 10.22 相控阵雷达导引头波束稳定系统原理框图

2. 相控阵雷达导引头波束稳定算法

相控阵雷达导引头利用弹载捷联惯导测量的导弹姿态角速度更新弹体姿态矩阵,根据波束指向在惯性空间不变性原理实时计算波束角,实现波束的空间稳定。相控阵雷达导引头波束稳定算法分为以下三步:

(1)计算初始弹体姿态矩阵和初始波束角;

(2)计算弹体姿态矩阵;

(3)根据姿态矩阵实时计算波束指向角。

该算法需要弹载计算机实时向相控阵导引头提供以下信息:

(1)弹体俯仰角 ϑ、偏航角 ψ 和滚转角 γ;

(2)弹体角速度信息 ω_x、ω_y 和 ω_z;

(3)弹目相对距离矢量在惯性坐标系中的投影 R_{x0}、R_{y0} 和 R_{z0}。

3.速率陀螺传输延时补偿算法

速率陀螺的传输延时会影响相控阵导引头的隔离度,这里给出一种补偿算法。

假设速率陀螺角速度传递周期为 T_ω,延迟为 τ_ω,t_{n-1} 时刻的弹体角速度为 ω_{n-1},t_n 时刻的弹体角速度为 ω_n,则当前时刻的角速度预测值为

$$\hat{\omega} = \omega_n + \frac{\omega_n - \omega_{n-1}}{T_\omega} \tau_\omega$$

4.仿真验证

弹体扰动频率为 3 Hz,弹体扰动角度幅值为 3°,在该条件下,验证不带补偿算法的波束稳定算法和带补偿的波束稳定算法,分别如图 10.23 和图 10.24 所示。

由仿真结果可以看出,捷联波束稳定算法可以稳定捷联相控阵的波束,在采用塑料陀螺传输延时补偿算法后,其稳定性能可以得到进一步的提高。

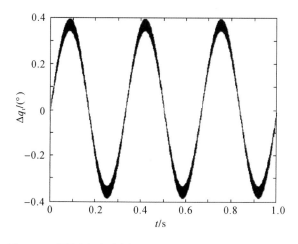

图 10.23　惯性空间中波束指向角变化曲线(引入补偿算法前)

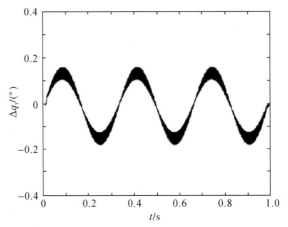

图 10.24 惯性空间中波束指向角变化曲线(引入补偿算法后)

10.2.1.2 相控阵雷达导引头一体化制导技术

空空导弹对导引头的跟踪能力提出了很高的要求,而相控阵雷达导引头波束较窄,采用现有的导引头跟踪方案难以满足最大跟踪角速度的指标要求,成为了制约相控阵雷达导引头工程应用的一个难题。对于打击高速、大机动目标的空空导弹,丰富的制导信息是必不可少的,因此实现相控阵雷达导引头制导信息的高精度提取是其工程应用需要解决的第二个关键技术问题。本节针对以上问题,提出一种基于机动目标跟踪的相控阵雷达导引头一体化制导技术,同时可实现相控阵雷达导引头制导信息的高精度提取和波束的快速跟踪。

1. 相控阵雷达导引头一体化制导方案

基于机动目标跟踪的相控阵雷达导引头一体化制导系统原理框图如图 10.25 所示。

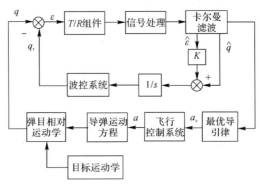

图 10.25 相控阵雷达导引头一体化制导系统原理框图

相控阵雷达导引头一体化制导技术方案如下：

(1)利用相控阵雷达导引头的测量信息及导航系统信息,采用卡尔曼滤波算法实现机动目标跟踪,获取目标位置、速度及加速度等目标运动信息；

(2)利用卡尔曼滤波所得目标运动信息分别计算失调角的估计值 $\hat{\varepsilon}$ 和目标视线角速度的估计值 $\hat{\dot{q}}$,并将 $\hat{\dot{q}}$ 作为相控阵雷达导引头跟踪回路的前馈指令以提高导引头跟踪快速性；

(3)利用卡尔曼滤波所得目标运动信息采用最优导引律生成导引指令。

2. 基于机动目标跟踪的相控阵雷达导引头跟踪回路设计

假定 k 时刻弹目相对位置分量的估计值分别为 $\hat{x}(k)$、$\hat{y}(k)$、$\hat{z}(k)$,则导引头失调角的估计值 $\hat{\varepsilon}_\alpha$ 和 $\hat{\varepsilon}_\beta$ 分别为

$$\hat{\varepsilon}_\alpha(k) = 57.3 \arctan\left(\frac{\hat{y}_{SL}(k)}{\sqrt{\hat{x}_{SL}(k)^2 + \hat{z}_{SL}(k)^2}}\right)$$

$$\hat{\varepsilon}_\beta(k) = -57.3 \arctan\left(\frac{\hat{z}_{SL}(k)}{\hat{x}_{SL}(k)}\right)$$

$$\begin{bmatrix} \hat{x}_{SL}(k) \\ \hat{y}_{SL}(k) \\ \hat{z}_{SL}(k) \end{bmatrix} = \boldsymbol{C}_1^{SL}(k) \cdot \boldsymbol{C}_g^1(k) \begin{bmatrix} \hat{x}(k) \\ \hat{y}(k) \\ \hat{z}(k) \end{bmatrix}$$

式中：$\boldsymbol{C}_g^1$ 为惯性系与弹体系之间的坐标转换矩阵；$\boldsymbol{C}_1^{SL}$ 为弹体系与波束测量坐标间的转换矩阵。

假定 k 时刻弹目相对位置分量的估计值分别为 $\hat{x}(k)$、$\hat{y}(k)$、$\hat{z}(k)$,相对位置变化率的估值分别为 $\hat{\dot{x}}(k)$、$\hat{\dot{y}}(k)$、$\hat{\dot{z}}(k)$,则惯性坐标系视线高低角速度、视线方位角速度分别为

$$\hat{\dot{q}}_\alpha(k) = \frac{\hat{\dot{y}}(k)[\hat{x}(k)^2 + \hat{z}(k)^2] - \hat{y}(k)[\hat{x}(k)\hat{\dot{x}}(k) + \hat{z}(k)\hat{\dot{z}}(k)]}{[\hat{x}(k)^2 + \hat{y}(k)^2 + \hat{z}(k)^2]\sqrt{\hat{x}(k)^2 + \hat{z}(k)^2}}$$

$$\hat{\dot{q}}_\beta(k) = -\frac{\hat{\dot{z}}(k)\hat{x}(k) - \hat{z}(k)\hat{\dot{x}}(k)}{\hat{x}(k)^2 + \hat{z}(k)^2}$$

式中：$\hat{\dot{q}}_\alpha(k)$、$\hat{\dot{q}}_\beta(k)$ 分别为视线高低角速度估值、视线方位角速度估值。

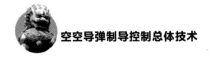

利用失调角估值生成相控阵雷达导引头的跟踪角速度指令,并将目标视线角速度估值作为前馈指令以提高导引头的跟踪快速性,相控阵雷达导引头跟踪回路角速度指令分别为

$$\dot{q}_{\alpha c} = K\hat{\varepsilon}_\alpha(k) + \dot{\hat{q}}_\alpha(k)$$

$$\dot{q}_{\beta c} = K\hat{\varepsilon}_\beta(k) + \dot{\hat{q}}_\beta(k)$$

3. 基于机动目标跟踪的最优制导律设计

利用机动目标跟踪算法所得的目标运动信息,采用最优导引律生成导引指令,其形式为

$$a_{yc} = \frac{N'}{t_{go}^2}\left(\hat{y} + \dot{\hat{y}}t_{go} + \frac{1}{2}\hat{a}_{yT}t_{go}^2\right)$$

$$a_{zc} = \frac{N'}{t_{go}^2}\left(\hat{z} + \dot{\hat{z}}t_{go} + \frac{1}{2}\hat{a}_{zT}t_{go}^2\right)$$

$$N' = \frac{6T^2(e^{-T} - 1 + T)}{2T^3 + 3 + 6T - 6T^2 - 12Te^{-T} - 3e^{-2T}}$$

$$T = \omega_\tau(t_F - t) = \omega_\tau t_{go}$$

$$\omega_\tau = \frac{1}{\tau}$$

$$t_{go} = \frac{2R}{-\dot{R} + \left(\dot{R}^2 + \frac{4}{3}R \cdot \dot{v}_m\right)^{\frac{1}{2}}}$$

式中:ω_τ 为飞行控制系统带宽;τ 为飞行控制系统一阶等效时间常数;t_{go} 为剩余时间;R 为导弹-目标相对距离;$\dot{R}$ 为导弹-目标相对速度;$\dot{v}_m$ 为导弹速度变化率。

4. 仿真算例

选取仿真条件如下:导弹初始速度为 1 200 m/s,初始位置为(0 m,8 000 m,0 m),初始弹道倾角、弹道偏角均为 0°,初始姿态角均为 0°;目标初始速度为 0.8Ma,初始位置为(7 000 m,8 000 m,0 m),目标机动过载为(0g,0g,9g)。

脱靶量为 1.5 m,仿真结果典型曲线如图 10.26~图 10.28 所示,可以看出,目标位置、目标速度和目标角速度的估计收敛速度较快、精度较高。

仿真结果表明,相控阵雷达导引头制导系统制导精度很高,机动目标跟踪算法收敛速度较快、估计精度较高。利用本节所提出的方法可以实现导引头制导信息提取和波束跟踪的一体化设计。

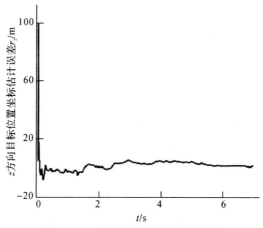

图 10.26　z 方向目标位置估计误差曲线

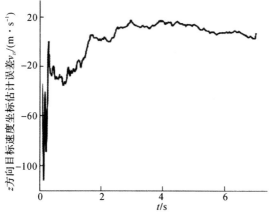

图 10.27　z 方向目标速度估计误差曲线

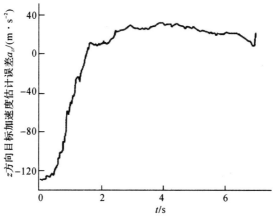

图 10.28　z 方向目标加速度估计误差曲线

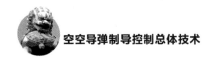

10.2.2 雷达导引头寄生回路稳定技术

对于雷达导引头,隔离度及天线罩折射率均是重要指标。隔离度反映了导引头隔离弹体扰动的能力,直接影响导弹的制导精度。从射频能量的传输效率考虑,雷达天线前面不应该有任何遮挡物。然而,为避免雷达天线系统在恶劣的环境条件下遭受损失,通常在天线的前面安装一塑料或者陶瓷天线罩。无线电波穿过天线罩到达接收机要经过不同的介质,引起无线电波的折射,影响天线光轴的指向,即出现瞄准误差。随着对导弹制导精度要求的提高,导引头隔离度及天线罩折射率已经成为影响雷达制导系统稳定性及制导精度的重要因素。

由于瞄准误差及弹体扰动不完全隔离的影响,导引头输出的目标视线角速度中含有弹体扰动引起的分量,从而在制导大回路中形成寄生回路。当弹目相对距离较远时,制导回路的稳定性主要由寄生回路的稳定性决定。因此,保证寄生回路的稳定性至关重要。

1. 寄生回路数学模型

制导回路线性化数学模型如图 10.29 所示。

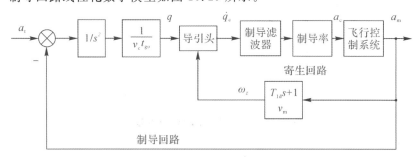

图 10.29　制导回路线性化数学模型框图

图中:a_t、a_m 分别为目标和导弹加速度;v_c 为接近速度;t_{go} 为剩余时间;q 为目标视线角;q_c 为导引头输出的目标视线角速度;a_c 为目标加速度指令;ω_z 为弹体俯仰角速度;T_{1d} 为气动力时间常数;v_m 为导弹飞行速度。

从制导回路来看,寄生回路产生的过程如下:弹体与导引头的相对运动引起导引头指向改变,从而造成导引头输出的目标视线角速度中含有弹体扰动引起的分量。目标视线角速度经过制导滤波器,然后根据相应的制导律生成过载指令给自动驾驶仪,弹上控制机构改变弹体姿态,从而产生弹体的运动(弹体姿态角速度),该运动又会引起导引头输出的目标视线角速度中含有弹体扰动引起的分量,这样就形成了一个寄生回路。寄生回路是制导回路的一个内回路,寄生回路的稳定性会影响制导回路的稳定性,从而影响导弹的制导精度。

以主动雷达导引头为例,其考虑天线罩折射率形成寄生回路的导引头功能模型如图 10.30 所示。

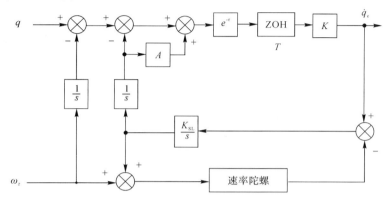

图 10.30　主动雷达导引头功能模型

图中:K 为导引头跟踪回路增益;K_{SL}为导引头稳定回路开环截止频率;τ 为失调角测角延时;T 为失调角测角周期。

基于图 10.30 的模型进行仿真可得出以下结论:寄生回路稳定性稳定性对天线罩折射率有一定的要求。为了提高高空低动压条件下寄生回路的稳定性,降低制导系统对天线罩折射率的要求,本节提出一种导引和稳定控制系统一体化设计方法。

2.导引和稳定控制系统一体化设计

天线罩折射率是影响高空、低动压条件下雷达制导系统寄生回路稳定性的主要因素。建立主动雷达导引头简化数学模型如图 10.31 所示,推导天线罩折射率对制导控制系统的影响,以此为基础开展制导控制相关设计。

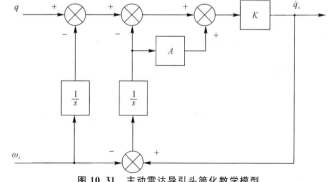

图 10.31　主动雷达导引头简化数学模型

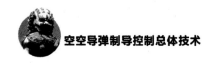

真目标与虚目标的几何关系为

$$q^* = q + \varepsilon(\varphi)$$

真实视线由于天线罩引起的折射误差 ε 而发生偏差,折射误差 ε 取决于视线和弹轴间的夹角 φ。

对上式进行微分,可得

$$\dot{q}^* = \dot{q} + \frac{\mathrm{d}\varepsilon}{\mathrm{d}\varphi}\dot{\varphi} \tag{10.2}$$

根据角度几何关系,有

$$\varphi = q - \vartheta \tag{10.3}$$

对式(10.3)进行微分,可得

$$\dot{\varphi} = \dot{q} - \omega_z \tag{10.4}$$

将式(10.4)代入式(10.2),可得

$$\dot{q}^* = \dot{q}\left(1 + \frac{\mathrm{d}\varepsilon}{\mathrm{d}\varphi}\right) - \frac{\mathrm{d}\varepsilon}{\mathrm{d}\varphi}\omega_z \tag{10.5}$$

采用广义比例导引律,形式如下:

$$n_{yc} = \frac{N\mid\dot{R}\mid}{g}\dot{q} \tag{10.6}$$

将式(10.5)代入式(10.6),可得

$$n_{yc}^* = \frac{N\mid\dot{R}\mid}{g}\dot{q}\left(1 + \frac{\mathrm{d}\varepsilon}{\mathrm{d}\varphi}\right) - \frac{N\mid\dot{R}\mid}{g}\frac{\mathrm{d}\varepsilon}{\mathrm{d}\varphi}\omega_z = n_{yc} - f\omega_z \tag{10.7}$$

式中:n_{yc}^* 为导弹的真实过载指令;$n_{yc} = \dfrac{N\mid\dot{R}\mid}{g}\dot{q}\left(1 + \dfrac{\mathrm{d}\varepsilon}{\mathrm{d}\varphi}\right) \approx \dfrac{N\mid\dot{R}\mid}{g}\dot{q}$;$f = \dfrac{N\mid\dot{R}\mid\dfrac{\mathrm{d}\varepsilon}{\mathrm{d}\varphi}}{g}$,$f$ 为天线罩误差项的幅值。

由式(10.7)可以看出,天线罩折射率的影响有二,一是影响导航比,二是产生了寄生回路耦合。假设弹目接近速度和天线罩折射率 $\dfrac{\mathrm{d}\varepsilon}{\mathrm{d}\varphi}$ 均为常数,则天线罩误差项的幅值也是常数。由于寄生回路的影响,实际的过载指令应为

$$n_{yc}^* = n_{yc} - f\omega_z \tag{10.8}$$

考虑寄生回路影响的法向过载控制系统如图 10.32 所示。

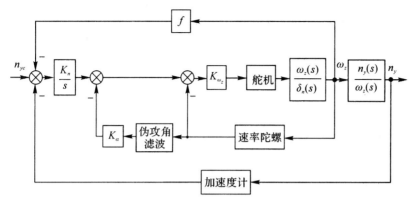

图 10.32　考虑寄生回路影响的法向过载控制系统结构框图

推导出考虑寄生回路影响的法向过载控制系统的闭环传递函数为

$$\frac{n_y(s)}{n_{yc}(s)} = \frac{-K_\omega K_n K_a^n a_3}{\Delta} \tag{10.9}$$

式中

$$\Delta = s^3 + (a_1 + a_4 - K_\omega a_3)s^2 + (a_2 + a_1 a_4 - K_\omega a_3 a_4 - K_\omega K_a a_3 -$$

$$fK_\omega K_n a_3)s - K_\omega K_n K_a^n a_3 - fK_\omega K_n a_3 a_4$$

给出一组理想闭环极点,理想极点所对应的特征多项式为

$$\det(s) = (T_0 s + 1)\left(\frac{s^2}{\omega_0^2} + \frac{2\xi_0}{\omega_0}s + 1\right) = \frac{T_0}{\omega_0^2}(s^3 + r_2 s^2 + r_1 s + r_0) \tag{10.10}$$

利用极点配置方法,得到考虑寄生回路影响时法向过载控制系统的控制增益为

$$\left.\begin{array}{l} K_\omega = -\dfrac{1}{a_3}(r_2 - a_1 - a_4) \\[3mm] K_a = -\dfrac{1}{K_\omega a_3}(r_1 - a_2 - a_1 a_4 + K_\omega a_3 a_4 + K_\omega K_n a_3 f) \\[3mm] K_n = -\dfrac{r_0}{K_\omega a_3(K_a^n + a_4 f)} \end{array}\right\} \tag{10.11}$$

3. 仿真验证

在某仿真条件下,利用基于导引和稳定控制系统一体化设计方法得到的法向过载飞行控制系统,对寄生回路稳定性进行分析,得到不同天线罩折射率条件下寄生回路稳定裕度见表 10.1。

表 10.1 不同天线罩折射率条件下寄生回路稳定裕度

天线罩折射率	−0.05	−0.03	0	0.03	0.05
不考虑寄生回路时设计的法向过载控制系统/dB	0.806	5.26	16.4	11.4	7.31
考虑寄生回路时设计的法向过载控制系统/dB	6.37	10.8	19.3	16.4	13.5

仿真结果表明,基于导引和稳定控制系统一体化设计方法得到法向过载控制系统可以大大提高寄生回路的稳定性。

10.2.3 反辐射制导系统抗干扰技术

反辐射空空导弹是雷达制导空空导弹的一个重要分支,可以攻击预警机这类重要的空中辐射目标。因为这类武器的巨大威胁,也产生了各种干扰对抗技术。本节分别研究反辐射制导系统抗有源诱饵技术和抗雷达关机技术。

10.2.3.1 反辐射制导系统抗有源诱饵技术

有源诱饵的基本原理是通过干扰使反辐射导引头跟踪诱饵或者诱饵与目标雷达的能量中心,因此对付有源诱饵的一种行之有效的方法是采用复合制导体制,这里以反辐射/红外复合导引头为例来研究。

1. 双模导引头转化逻辑

模复合寻的制导系统中的转换逻辑是根据总体设计中各模式的功能设计的。归纳起来基本形式有以下两种:

(1)各模式信息的并行处理和并联使用,即同步工作方式;

(2)各模式信息的串行处理和串联使用。

对于反辐射/红外双模导引头拟采用同步工作方式,即在末制导段反辐射导引头和红外导引头都开锁工作,同时进行目标的搜索与跟踪,但只有一种寻的模式输出的制导信号送给自动驾驶仪,实施无人机的制导控制。当某一种模式被干扰或发生故障时,逻辑电路可迅速转换到另一种模式实施导引。

根据寻的导引头的功能,设计转换电路时应考虑以下原则。

(1)当无干扰或全部模式均未受到干扰时,转换电路首先判断出哪些模式已经捕捉到目标,根据设计好的优先顺序转换到相应的模式上;若各模式均未捕捉到目标,则要按规定的优先次序转换到相应模式令其搜索。

(2)当各模式全部受干扰时(此种状态是极少的),电路此时暂时不发出模式转换指令,系统处于等待状态,直到其中有一模式干扰消失,再转换到该模式上工作。

(3)转换电路还应具备二次转换能力,即转换后当工作模式再受干扰时,还可以向未受干扰的模式上转换。

2.双模导引转换算法

对于转换式复合方式,关键技术之一是如何设计合适的转换算法,对于反辐射/红外双模导引头来说,转换算法需要实时判断应该采用哪种制导模式——反辐射制导、红外制导或是虚拟导引头制导。转换算法步骤如下。

(1)判断两路导引头工作状态。判断两路导引头是否截获目标,进入跟踪状态。如果没有截获目标,那么切换到反辐射导引头回路,搜索目标,直至截获;如果反辐射导引头已锁定并跟踪目标,那么进入反辐射导引模式,并使红外头光轴随动,直至红外头截获并锁定目标,转为红外导引模式。

(2)进行目标定位,计算基准视线角信号。对于固定目标,在判断出哪路导引头工作后,利用被动定位算法算出目标位置,结合惯导信息用虚拟导引头算法解算出基准视线角信号,在没有完成目标定位时,使用已装订好的目标位置信息。

(3)判断导引头是否受干扰/诱偏。解算出基准视线角信号后,分别与两路导引头输出视线角信号比较,利用检测算法判断对应的导引头是否被干扰或诱偏,并立即转换到未受干扰或诱偏的导引头通道,如果两路都被干扰或诱偏,则切断两路导引头输出,使用基准视线角信号制导,即虚拟导引头制导。

10.2.3.2 反辐射制导系统抗雷达关机技术

关机是雷达对抗反辐射目标的有效手段之一,而早期的反辐射武器对抗雷达关机的手段有位置记忆、角度或角速度指令记忆等手段,近年先进的反辐射武器在这些手段的基础上又广泛采用了基于被动定位理论的抗关机方法,考虑到反辐射空空导弹的目标是运动目标,下面给出一种基于交互式多模型(IMM)理论的运动目标的定位方法。

1.交互式多模型算法原理

由于目标运动状态的不确定性,需要使用不同的模型来匹配不同的运动状态,所以采用交互式多模型(IMM)算法,就克服了使用单一模型时目标状态与

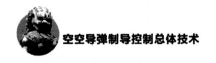

模型不符合引起的误差。

各种运动模型间的转换使用马尔可夫链,算法原理图如图 10.33 所示。

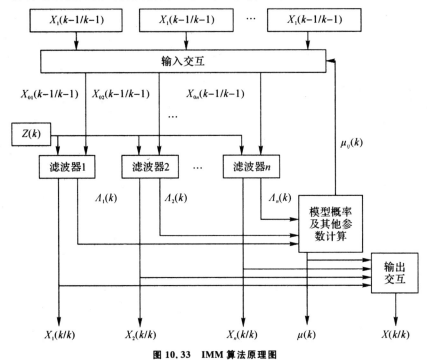

图 10.33 IMM 算法原理图

这里以目标直航运动、定常回转运动和定常加速度运动 3 种运动描述为例,其离散状态方程为

$$\boldsymbol{X}(k+1) = \boldsymbol{F}_j \boldsymbol{X}(k) + \boldsymbol{w}_j(k), j = 1,2,3$$

式中:$\boldsymbol{F}_j$ 是模型 j 的状态转移矩阵;$\boldsymbol{w}_j(k)$ 是均值为 0、协方差矩阵为 $\boldsymbol{Q}_j$ 的离散时间白噪声序列,即状态噪声。

观测方程为

$$\boldsymbol{z}(k) = \boldsymbol{H}_j \boldsymbol{X}(k) + \boldsymbol{v}_j(k)$$

式中:$\boldsymbol{H}_j$ 为模型 j 的观测矩阵;$\boldsymbol{v}_j(k)$ 是均值为 0、协方差矩阵为 $\boldsymbol{R}_j$ 的离散时间白噪声序列,即观测噪声。

马尔可夫转移概率矩阵为

$$\boldsymbol{PP} = \begin{pmatrix} p_{11} & p_{12} & p_{13} \\ p_{21} & p_{22} & p_{23} \\ p_{31} & p_{32} & p_{33} \end{pmatrix}$$

其中, p_{ij} 为从模型 i 转移到模型 j 的转移概率。

一般而言,经典的 IMM 算法的一个递推循环由以下 3 步组成。

(1)输入交互。

$$\begin{cases} \boldsymbol{X}_{0j}(k/k) = \sum_{i=1}^{3} \boldsymbol{X}_i(k)\mu_{ij}(k/k), j=1,2,3 \\ \boldsymbol{P}_{0j}(k/k) = \sum_{i=1}^{3} \mu_{ij}(k/k)\{\boldsymbol{P}_i(k/k) + [\boldsymbol{X}_i(k) - \boldsymbol{X}_{0j}(k/k)] \times \\ \qquad\qquad\qquad [\boldsymbol{X}_i(k) - \boldsymbol{X}_{0j}(k/k)]^{\mathrm{T}}\} \end{cases}$$

式中: $\mu_{ij}(k/k) = p_{ij}\mu_i(k)/\bar{c}_j$, $\bar{c}_j = \sum_{i=1}^{3} p_{ij}\mu_i(k)$。

(2)对应于模型 j,进行卡尔曼滤波。

状态预测值为

$$\boldsymbol{X}_j(k+1/k) = \boldsymbol{F}_j \boldsymbol{X}_{0j}(k/k)$$

状态预测误差协方差为

$$\boldsymbol{P}_j(k+1/k) = \boldsymbol{F}_j \boldsymbol{P}_{0j}(k/k) \boldsymbol{F}_j^{\mathrm{T}} + \boldsymbol{Q}_j$$

卡尔曼增益为

$$\boldsymbol{K}_j(k+1) = \boldsymbol{P}_j(k+1/k) \boldsymbol{H}_j^{\mathrm{T}} \boldsymbol{S}_j^{-1}(k+1)$$

$k+1$ 时刻的滤波值为

$$\boldsymbol{X}_j(k+1) = \boldsymbol{X}_j(k+1/k) + \boldsymbol{K}_j(k+1) \cdot [\boldsymbol{z}(k+1) - \boldsymbol{H}_j \boldsymbol{X}_j(k+1/k)]$$

滤波协方差为

$$\boldsymbol{P}_j(k+1) = [\boldsymbol{I} - \boldsymbol{K}_j(k+1) \boldsymbol{H}_j] \boldsymbol{P}_j(k+1/k)$$

模型概率更新为

$$\mu_j(k+1) = \frac{1}{c} \Lambda_j(k+1) \sum_{i=1}^{3} p_{ij}\mu_i(k) = \Lambda_j(k+1)\bar{c}_j/c$$

以上各式中

$$\boldsymbol{S}_j(k+1) = \boldsymbol{H}_j \boldsymbol{P}_j(k+1/k) \boldsymbol{H}_j^{\mathrm{T}} + \boldsymbol{R}$$

c 为归一化常数,且

$$c = \sum_{j=1}^{3} \Lambda_j(k+1)\bar{c}_j$$

而 $\Lambda_j(k+1)$ 为观测量 $\boldsymbol{z}(k+1)$ 的似然函数:

$$\Lambda_j(k+1) = \frac{1}{\sqrt{2\pi |\boldsymbol{S}_j(k+1)|}} \cdot \exp\left\{-\frac{1}{2}\boldsymbol{\gamma}_j^{\mathrm{T}}\boldsymbol{S}_j^{-1}(k+1)\boldsymbol{\gamma}_j(k+1)\right\}$$

上式中, $\boldsymbol{\gamma}_j(k+1)$ 为信息,且

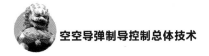
$$\boldsymbol{\gamma}_j(k+1) = \boldsymbol{z}_j(k+1) - \boldsymbol{H}_j\boldsymbol{X}_j(k+1/k)$$

(3)输出交互。

$$\begin{cases} \boldsymbol{X}(k+1) = \sum_{i=1}^{3} \boldsymbol{X}_j(k+1)\mu_j(k+1) \\ \boldsymbol{P}(k+1) = \sum_{i=1}^{3} \mu_j(k+1)\{\boldsymbol{P}_i(k/k) + [\boldsymbol{X}_j(k+1) - \boldsymbol{X}(k+1)] \times \\ \qquad\qquad [\boldsymbol{X}_j(k+1) - \boldsymbol{X}(k+1)]^{\mathrm{T}}\} \end{cases}$$

2. 仿真验证

在某仿真条件下进行仿真验证,假定目标首先进行匀加速直线运动,到达一定速度后开始进行直线运动,到某一时刻开始以一个转弯角速率转弯,x 方向单一模型下的位置估值与真值如图 10.34 所示,多模型下的位置估值与真值如图 10.35 所示。

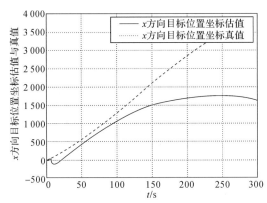

图 10.34　x 方向位置坐标估值与真值(单模型)

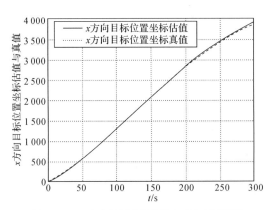

图 10.35　x 方向位置坐标估值与真值(多模型)

由仿真结果可以看出，上述基于 IMM 理论的大型舰船被动定位方法的定位定速误差明显小于单一模型的 EKF 算法。

10.3 空空导弹多模导引技术

主动雷达/红外成像复合导引头是复合导引头的一种主要复合模式，这种复合导引头不仅测量精度高、天候适应能力强，而且提供给制导系统的制导信息丰富，具有广阔的应用前景。下面针对这种复合模式，分别介绍雷达/红外典型复合方式和多模制导系统数据融合技术。

10.3.1 雷达/红外典型复合方式

雷达与红外两个系统的复合需要从总体上综合考虑结构的安排、气动的性能及两种探测体制的相互影响等。综合考虑这些因素后双模导引头有以下三种可能的方案。

（1）红外系统前置方案。红外探测系统安装在雷达天线罩的头部（见图 10.36），制冷器、红外信息处理模块及电子线路安装在后面的电子舱中，两者之间用管线相连。

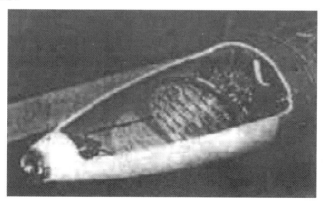

图 10.36　RIM - 7R 导弹雷达/红外双模导引头

（2）红外系统侧置方案。红外系统安装在雷达天线后面的舱体侧面上（见图 10.37）。

图 10.37　SIM‐BLOCK4A 导弹的红外侧窗导引头

（3）红外、雷达共径方案。红外系统共用雷达天线口面（见图 10.38）。

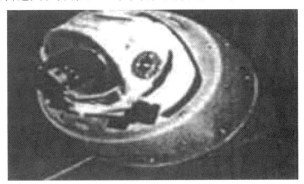

图 10.38　鱼叉 2000 导弹的双模导引头

　　这三种复合方案各有优缺点，技术关键也各不相同。红外系统前置方案是一种经典的复合方案，通过对现有的雷达与红外系统作适当的改进后可以较快实现。这种方案的主要技术关键是如何减少已安装红外探测器的天线罩对雷达瞄准线误差的影响。另外，还需要考虑高速时气动加热对红外探测系统的影响，在没有有效解决气动热效应的方法之前，这种方案的应用受到速度上的限制。

　　红外系统侧置方案中，雷达系统和红外系统相互间的影响较小，可以充分发挥各自的功能。这种方案的技术难点之一是由于红外探测系统安装在弹体的一侧，存在弹体对红外系统的遮挡以致不能获取另一侧的目标信息。解决的技术途径为滚动弹体，使红外系统始终对准目标，这样双模导引头的制导控制系统将有别于传统的三通道制导控制系统。另一项技术关键是研究突出在弹体外侧的红外系统对弹体气动特性的影响。

　　红外、雷达共径方案中，红外系统中的光学组件安装在雷达天线的中心，雷达天线口面作为红外光学的主反射镜，其最大的优点是用同一个伺服系统实现雷达与红外的同步跟踪。双模天线罩是这种方案的技术关键，要研究出既能有效透过雷达与红外两种波段又具有一定加工特性的新材料。

10.3.2 多模制导系统数据融合技术

如何对复合制导系统各子系统间的数据进行融合，从而充分利用，是复合制导要解决的关键技术之一。

10.3.2.1 需要解决的问题

将多模制导及复合制导技术用于导弹的制导系统中，必须解决以下 4 个关键技术问题：

(1)多个导引头和信息源系统的组成形式；

(2)多模方式下的自动目标识别问题；

(3)多模方式下信号的滤波和估计问题；

(4)数据融合算法的性能评估问题。

从广义上讲，这些问题都是多传感器系统的数据融合问题。下面分别对这几个问题做以简要讨论。

1. 多传感器的组成形式

在多传感器系统数据融合过程中，如果对数据交叉融合和传感器系统组成方面处理不当，将会影响甚至恶化数据融合的效果。因此对多传感器系统的数据融合有以下两个要求。

(1)由于传感器系统中所有的单一传感器都是以其各自的时间和空间形式进行非同步的工作，所以在实际操作中，有必要把它们的独立坐标系转换为可以共用的坐标系，即进行"时间和空间的校准"。

(2)因为多传感器系统远比单一传感器系统复杂，为保证其仍具有很高的可靠性，多传感器系统应当是容错的，即某个传感器发生故障不会影响到整个系统的信息获取。因此在系统组成上建立一个分布式的基于人工智能的传感器系统是十分必要的。人工智能技术的引入实现了以最优的传感器结构对所有传感器信息进行融合，并提供了对传感器子系统故障诊断、系统重组及监控的能力。

2. 多模方式下的目标识别

多模制导引入导弹制导系统的一个重要原因是明显提高了导弹的目标识别

能力。在常规的单一传感器自动目标识别系统存在许多局限性,它仅基于某一类数据有限集进行识别决策。尤其是存在干扰的复杂场景中,其抗干扰能力和识别的可靠性强大为降低。同时,当传感器损坏时,单一传感器系统将没有替代手段。在多传感器条件下,利用传感器工作方式的互补作用,大幅度地提高了整个系统的目标识别能力。

目前,用于多传感器数据融合的方法较多,主要有统计模式识别法、贝叶斯估计法、S-D 显示推理法、模糊推理法、产生式规则方法和人工神经网络方法等。

因为多模目标识别系统是复杂的数据处理系统,所以使得评估和预测这类系统的性能愈加复杂。为此建立一个用于系统性能评估的试验台是十分必要的。

3.多模方式下的信号滤波与估计问题

多模方式的引入,实现了制导信号的冗余。这对提高导弹抗干扰能力和改善制导信号的信噪比十分重要。对这类多传感器的信号滤波问题目前主要有两种方法——卡尔曼滤波方法和人工神经网络滤波方法。因为在工程上系统采用了分布式结构,所以对应地开发分布式滤波方法是多模制导系统信号滤波的核心问题。

4.多模制导系统的性能评估试验

前文提到,因为多模制导系统数据融合算法非常复杂,而且在其中使用了大量的基于知识库的人工智能算法,所以需要建立用于性能评价的试验台。

建立性能评估试验台的另一个重要原因是人工神经网络算法在数据融合领域的广泛使用。人工神经网络算法通过训练可以自己从环境中学到要学习的知识,最终达到系统要求的性能。为此必须率先建立一个多模目标-背景仿真环境,为设计出的多模导引头提供这样的仿真环境。

在半实物仿真环境下,多模制导系统性能评估试验台主要由以下几部分组成:

(1)多光谱目标/背景/干扰仿真器;
(2)导弹空气动力学及相对运动学仿真系统;
(3)导弹舵面气动负载模拟器;
(4)导弹空间运动模拟转台。

基于数字仿真的多模制导系统性能评估试验台主要有以下几部分组成:

(1)多光谱目标/背景/干扰数字模拟;

(2)多模导引头动力学模拟；

(3)飞控系统动力学模拟；

(4)导弹空气动力学及相对运动学仿真。

基于数字仿真的多模制导系统性能评估试验台主要用于数据融合算法的研究和性能的初步预测。

10.3.2.2　一种改进的多模制导融合算法

文献[19]应用最小方差全局最优融合算法对雷达/红外双模复合导引头信号进行融合,但需要知道融合信息的方差特性。本节在此基础上做以改进,从而可在不知道测量方差特性的前提下进行最优融合。

1. 算法介绍

变量 X 存在 Z_1 和 Z_2 两个观测值,若观测值 Z_1 和 Z_2 满足如下条件:

$$\begin{cases} Z_1 = X + V_1, V_1 \sim N(0,\sigma_1) \\ Z_2 = X + V_2, V_2 \sim N(0,\sigma_2^2) \\ E(V_1 \cdot V_2) = 0 \end{cases}$$

给出变量 X 的最佳线性估计为

$$\hat{X} = k_1 Z_1 + k_2 Z_2$$

有以下结论:

(1)以最小方差判据给出变量 X 最佳线性估计的组合增益如下:

$$k_1 = \frac{\sigma_2^2}{\sigma_1^2 + \sigma_2^2}, k_2 = \frac{\sigma_1^2}{\sigma_1^2 + \sigma_2^2}$$

(2)方差如下:

$$\sigma = \frac{\sigma_1^2 \sigma_2^2}{\sigma_1^2 + \sigma_2^2}$$

当已知测量信号的方差特性时,就可以得到最小方差准则下的最优融合结果。

本节采用参数空间划分法,首先将参数 (k_1,k_2) 分为 $0 \sim 1$ 的 n 段,每一段参数保持不变,划分区间的大小应考虑融合精度要求及算法复杂度;接着把这 n 对参数取值分别赋给 n 个融合中心;待融合的信号同时并行地进行 n 路融合,并以 ΔT 的间隔时间对 n 路输出计算近似方差,最终选取方差最小的那个融合中心作为工作的融合中心,直至下一个周期重新计算方差、重新选取融合中心为止。需要说明的是,初始参数应按照导引头噪声特性计算得出的值,选取与之最接近的一个作为融合中心。该修正算法原理框图如图 10.39 所示。

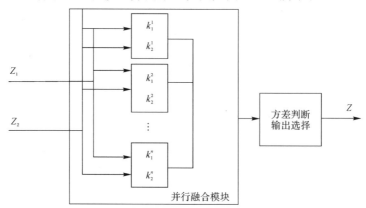

图 10.39　修正算法原理框图

2.仿真验证

此处假设以 0.01 为间隔将参数划分为 $(0,1)(0.01,0.99)\cdots(1,0)$ 这几组，$\Delta T = 0.05$ s。假设两路融合信号 Z_1 和 Z_2 分别代表雷达导引头和红外导引头的两路视线角信号，未受干扰时，方差分别为 $\sigma_1^2 = 0.1^2$ 和 $\sigma_2^2 = 0.02^2$。突然在 5 s 后，红外导引头受到干扰，方差为 $\sigma_2^2 = 0.2^2$。

为了比较两种方法的性能，假设只知道干扰前的方差特性，不知道干扰后的噪声方差。根据计算，可得到未修正方法的参数为 $k_1 = 0.038\,5$、$k_2 = 0.961\,5$，修正方法的初始值取最接近它们的划分，即 $(0.04, 0.96)$。加入干扰后，未修正方法系数不变，修正方法经过 0.05 s 的判断，选择系数 $(0.8, 0.2)$ 这一组。两种方法的融合方差特性比较如图 10.40 和图 10.41 所示。

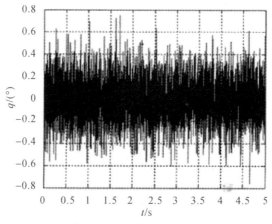

图 10.40　干扰后未修正方法

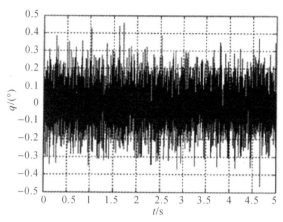

图 10.41　干扰后修正方法

图 10.40 中的方差为 0.036 9,图 10.41 中的方差为 7.763 2e－005。由仿真结果不难看出,在未知干扰方差特性的情况下,修正融合方法明显优于未修正的融合方法。

|参 考 文 献|

[1] 张义广,杨军,殷志祥,等.自动寻的系统红外成像目标识别算法研究[J].激光与红外,2007,37(9):891－894.

[2] 张义广,冯志高,张天序,等.基于可见光图像模板匹配的目标识别算法[J].激光与红外,2007,37(12):1322－1324.

[3] 栗金平,杨军,凡国龙,等.基于自抗扰技术的红外成像导引头控制器设计[J].计算机仿真,2011,28(6):75－79.

[4] 朱学平,杨军.半捷联式红外成像导引头稳定与跟踪技术研究[J].战术导弹控制技术,2011,28(4):25－27,62.

[5] 孟伟,朱学平,邱峰,等.滚仰式导引头过顶问题的抗饱和控制研究[J].科学技术与工程,2013,13(25):7505－7509.

[6] 韩宇萌,冯茜,贾晓洪,等.空空导弹滚仰式捷联红外导引头控制设计[J].计算机仿真,2016,33(10):86－90.

[7] 贾晓洪,韩宇萌,王炜强.基于 RBF 神经网络的滚仰式导引头控制系统设计[J].兵器装备工程学报,2016,37(8):1－5.

[8] 钟都都,陶小川,张凯,等.红外成像制导信息提取技术[J].红外与激光工程,2010,39(4):581-588.

[9] 杨军,熊焰,徐延,等.成像制导导弹自适应变焦系统设计及目标被动测距和测速方法研究[J].兵工学报,1994(2):78-80.

[10] 杨军,杨婷.成像制导空空导弹目标加速度估计方法研究[J].战术导弹控制技术,2002(1):33-37.

[11] 樊会涛,闫俊.相控阵制导技术发展现状及展望[J].航空学报,2015,36(9):2807-2814.

[12] 樊会涛,杨军,朱学平.相控阵雷达导引头波束稳定技术研究[J].航空学报,2013,34(2):387-392.

[13] 朱学平,孟江浩,许涛,等.基于机动目标跟踪的相控阵雷达导引头一体化制导技术研究[J].西北工业大学学报,2013,31(5):695-700.

[14] 谭世川,朱学平,杨军.寄生回路稳定性分析及制导控制相关设计方法研究[J].计算机测量与控制,2016,24(9):149-151.

[15] 杨军,朱学平,张晓峰,等.反辐射制导技术[M].西安:西北工业大学出版社,2014.

[16] 刘朝阳,杨军,朱学平,等.基于IMM理论的大型舰船被动定位算法研究[J].导航定位与授时,2015,2(2):20-26.

[17] 杨军.导弹控制原理[M].北京:国防工业出版社,2010.

[18] 袁博,杨军.多传感器信息融合技术及其在导弹多模复合制导中的应用[J].战术导弹控制技术,2005(3):37-41.

[19] 袁博,杨军,朱士青,等.用最小方差最优算法实现雷达-红外数据融合[J].弹箭与制导学报,2004,24(4):103-104,135.

第 11 章

空空导弹新型制导技术

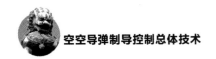

|11.1　概　　述|

　　在空空导弹已经获取到目标的相对位置和运动信息后,如何使空空导弹按照某种方式导向目标就是制导规律所需要解决的问题。通常根据空空弹整个飞行过程中不同阶段的任务,可将制导过程分为初制导段、中制导段、末制导段和末端控制制导段。

11.1.1　初制导段基本制导任务分析

　　一般来说,空空导弹从发射转至基本指向目标飞行的这一过程,可以称为空空导弹的初制导段,这一阶段主要是使大离轴发射条件的导弹从发射状态迅速转弯并指向目标飞行,其过程较为短暂。可以看出,并不是所有发射条件下的空空导弹都有初制导段,通常只有在大离轴发射情况下才有初制导段。大离轴发射是指空空导弹发射时导弹纵轴可以偏离弹目视线方向较大的角度,该技术有利于在空战中抢得先机。图 11.1 所示为大离轴发射示意图。

　　这一阶段的制导技术问题主要集中在以时间最短为最优指标的最优转弯制导律设计方面,在制导方法上与地空导弹初制导段的快速发射转弯有类似之处,因此可与地空导弹的初制导方法相互借鉴。

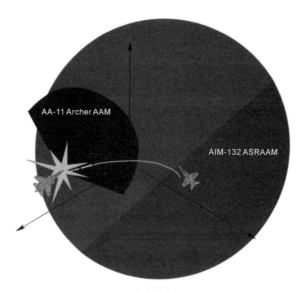

图 11.1 大离轴发射示意图

11.1.2 中制导段基本制导任务分析

空空导弹的中制导段通常出现在中远程空空导弹攻击远距目标的情况下，在这种发射条件下空空导弹距离目标较远，因此中制导段与末制导段有着以下明显不同的性能特点。

（1）发射时导引头不可能也不需要对目标截获，控制信息亦不从导引头取得。

（2）中制导段一般不以脱靶量作为性能指标，而只把导弹引导到能保证末制导可靠截获目标的一定"篮框"内，因此不需要很准确的位置终点。

（3）为了改善中制导及末制导飞行条件，一个平缓的中制导弹道是需要的。此外，必须使末制导开始时的航向误差不超过一定值。

（4）导弹的飞行控制可以划分为两部分：①实现特定的飞行弹道；②必须对目标可能的航向改变做出反应。后者取决于来自载机对目标位置、速度或加速度信息的适时修正，这种修正在射程足够大时是必须的。

（5）当采用自主形式的中制导时，误差将随时间积累，这决定了必须把飞行时间最短作为一个基本的性能指标，它减少了载机受攻击的机会，同时扩大了载机执行其他任务方面的灵活性。此外，由于发动机和其他技术水平的限制，要做到使小而轻的导弹具有长射程，必须考虑在长时间的中制导段确保导弹能量损耗尽量小，这等效于使导弹在末制导开始前具有最大的飞行速度和高度，这一点对于提高末制导精度是非常必要的。

(6)两个制导段的存在使得中制导段到末制导段之间的交接问题变得至关重要。这也是中远程战术导弹的一个技术关键。为保证交接段的可靠截获,必须综合采取各种措施。

(7)中制导段惯导和指令修正技术的采用,使得大量的导弹和目标运动状态信息可以获得,因而为中远程导弹采用各种先进的制导律提供了有利条件。同时,由于中制导飞行时间长,导弹状态变量的时间尺度划分与近程末制导飞行阶段相比有很大不同,这就为采用简化方法求解最优问题提供了可能,例如采用奇异摄动方法。

(8)尽管导弹和目标的运动状态信息可以得到,但由此形成的导引控制规律仍不能用于末制导。这主要是由于估值误差的存在会使脱靶量超出允许值。当中制导与末制导采用不同的导引律时,交接段的平稳过渡应给予足够的重视。

由于中制导段的这些不同的特点,导致在中制导系统的工程实现和中制导律的设计上可能与末制导完全不同。

11.1.3　末制导段基本制导任务分析

与初制导段和中制导段不同,所有空空导弹都有末制导段,该阶段的主要制导任务是以命中目标为目的,将空空导弹引导至目标处。

这一阶段的制导技术主要研究如何削弱目标机动、目标干扰、目标测量误差、攻击方向等因素对制导精度的影响,设计出制导精度高、鲁棒性好、工程易实现的制导律。随着作战样式的发展,对末制导段还提出了许多额外的约束要求,诸如攻击角度约束、攻击时间约束以及多弹协同攻击时的协同制导约束等。

末制导律在形式上多种多样,包括各种经典导引律(如比例导引律)和各种基于现代控制理论设计的导引律(如滑模变结构导引律)。

11.1.4　末端控制制导段基本制导任务分析

国外将空空导弹末制导的最后几秒称为导弹的末端控制制导段。末端控制技术(Endgame Technology)就是指导弹在该阶段所采取的有关制导策略和控制技术。导弹在该阶段性能品质好坏对导弹能否最终击毁目标具有决定性的意义。在该阶段有诸多因素制约和影响着导弹的最终脱靶量,因此有必要将其作为一个独立的制导阶段加以处理和分析。随着目标机动能力的提高和逃逸方式的复杂化,下一代空空导弹将不可避免地要认真考虑末端控制段的制导问题。

从当前的资料来看,对于导弹末端控制段的制导问题,在国外越来越受到重视。对于高机动的逃逸目标，一般导弹的杀伤效果不大，基本上与导弹在这阶段的拦击品质有关。图 11.2 所示为空空导弹简易末端控制原理示意图。

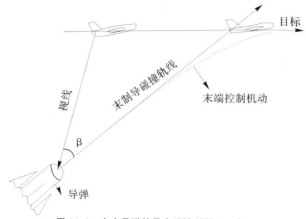

图 11.2　空空导弹简易末端控制原理示意图

|11.2　空空导弹初制导|

本节主要研究空空导弹大离轴发射情况的初制导问题，它集中体现在各种快速转弯制导律的研究上，下面给出几类典型的空空导弹大离轴转弯制导律。

11.2.1　控制指令为推力偏角的快速转弯初制导律

在导弹的初始飞行阶段，由于导弹的飞行速度较低，气动舵控制系统效率较低，且响应时间较大，故在目标近距大离轴情况下，仅依靠传统的气动舵控制，导弹很难完成快速转弯截击目标的任务，这迫使导弹不得不采用其他高效控制方式，推力矢量控制就是其中一种有效的控制方式。在这种方式下，转弯制导律通常采用推力偏角形式。下面给出推力偏角指令形式下的快速转弯制导律推导过程。

为充分体现推力矢量控制对发动机主推力相对于弹轴偏移角度的控制，建立铅垂平面上导弹-目标拦截几何关系（见图 11.3）。图中取导弹发射点为原点 O，初始弹目视线方向为 Ox 轴，Oy 轴位于铅垂面内和 Ox 轴垂直，v_m 为导弹速度矢量，v_t 为目标速度矢量，N_m 为气动法向力，X_m 为气动阻力，P 为导弹推力，α 为导弹攻角，δ_p 为推力偏角（推力与导弹弹轴之间的夹角），Δ_L 为导弹前置角（导弹速度方向与视线之间的夹角），φ 为导弹离轴角（导弹弹轴与视线之间的夹角），并定义 θ_p 为推力方向角，即推力与视线之间的夹角，由几何关系可知，$\theta_\mathrm{p}=\varphi+\delta_\mathrm{p}$。

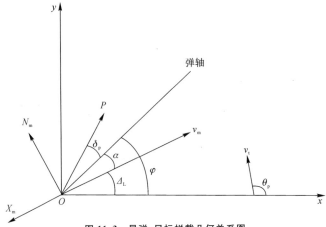

图 11.3 导弹-目标拦截几何关系图

基于上述运动学关系,且为了在方程中体现出推力偏角及推力方向角,建立系统状态方程为

$$
\left.
\begin{aligned}
\dot{x} &= u \\
\dot{y} &= v \\
\dot{u} &= \frac{P\cos\theta_p}{m} - \frac{N_p\sin\theta_p}{m} - \frac{X_p\cos\theta_p}{m} \\
\dot{v} &= \frac{P\sin\theta_p}{m} + \frac{N_p\cos\theta_p}{m} - \frac{X_p\sin\theta_p}{m}
\end{aligned}
\right\}
\tag{11.1}
$$

式中:m 为导弹质量;

$u = v_m\cos\Delta_L$ 为导弹速度在 x 轴上的分量;

$v = v_m\sin\Delta_L$ 为导弹速度在 y 轴上的分量;

$N_p = N_m\cos(\alpha + \delta_p) + X_m\sin(\alpha + \delta_p)$;

$X_p = -N_m\sin(\alpha + \delta_p) + X_m\cos(\alpha + \delta_p)$;

N_p、X_p 分别为气动力 N_m、X_m 在推力及其垂直方向上的分量。

为实现近距格斗导弹的最佳转弯,就要使导弹在发射后的一定时间内,通过推力矢量控制,使导弹由发射初始时刻的姿态转到要求的弹道角,且转弯完成时,导弹指向目标视线方向上的速度达到最大,这一要求包含在导弹完成快速转弯后,有足够的能量截击目标的重要物理意义,用泛函指标描述为

$$
J = \varphi[X(t_f)] = \max[u(t_f)] \text{(或} = \min[-u(t_f)])
\tag{11.2}
$$

式中,t_f 为初始段转弯完成时刻。

状态方程式(11.1)和泛函指标式(11.2)构成了一个时间端点固定的连续系统最优控制问题。其中,推力方向角 θ_p 为控制变量 $U(t)$,状态变量为 $X(t) =$

$\left[x(t),y(t),u(t),v(t)\right]$。

求解该最优控制问题是比较困难的,由于导弹的气动特性十分复杂,所以最优控制 $\theta_{\mathrm{p}}^{*}(t)$ 不具有解析解,考虑到发射时导弹动压较低,其气动力与推力相比较小,而且近距格斗导弹由推力矢量控制作快速转弯的时间要求很短,在此段内推力矢量起主要作用,因此,在求解这一问题的过程中忽略气动力对导弹转弯性能的影响不会太大,得出的转弯规律虽不是最佳转弯规律也可认为是快速转弯规律。在做了如上忽略后,可求解该最优控制问题,并得出快速转弯规律为

$$\tan(\theta_{\mathrm{p}}^{*})=\frac{\lambda_v}{\lambda_u}=C \tag{11.3}$$

式中:C 为常值。于是最优控制规律变成了"推力定向型"的快速转弯制导规律,即在转弯期间要使推力方向角保持恒定。由于导弹快速转弯时间很短,期间可认为导弹的推力和质量不变,这样推力方向角的值就可以由该问题的终端条件 $v(T)=0$ 推算出。

11.2.2 控制指令为过载形式的快速转弯初制导律

有的参考文献以过载作为控制指令,推导最优快速转弯初制导律,这种形式的制导律当然没有以推力偏角为指令的制导律物理意义更明确,但是却具有较为通用的好处,即这种制导律通过一定的变换可以适应纯气动控制、纯推力矢量控制、气动力/推力矢量复合控制等多种形式的空空导弹。下面给出一种基于 bang - bang 控制理论的制导律推导过程。

假设导弹为质点,水平面上的截击几何关系如图 11.4 所示。

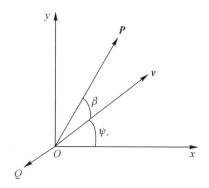

图 11.4 水平面截击关系图

直角坐标系 Oxy 为原点位于导弹发射位置的惯性坐标系,Ox 轴为初始目

标视线方向,v 为导弹速度矢量,P 为推力矢量,β 为侧滑角,Ψ_v 为弹道偏角,Q 为气动阻力,则导弹二维飞行运动方程如下：

$$\dot{x}=v_x,\dot{y}=v_y,\dot{x}_x=u_x,\dot{x}_y=u_y \tag{11.4}$$

式中：x 为导弹在 Ox 轴上的位移；y 为导弹在 Oy 轴上的位移；v_x 为导弹速度在 Ox 轴上的分量；v_y 为导弹速度在 Oy 轴上的分量；u_x 为导弹加速度在 Ox 轴上的分量；u_y 为导弹加速度在 Oy 轴上的分量。

根据要求,在转弯结束时达到所要求的弹道角[即 $\Psi_v(t_f)=0$],且末速最大,则指标函数可表示为

$$\min J=-v_x$$

终端约束条件为

$$v_y(t_f)=0$$

控制受限为

$$|u_x|\leqslant a_{xm},\ |u_y|\leqslant a_{ym}$$

引入拉格朗日乘子向量 $\boldsymbol{\lambda}=[\lambda_1\ \lambda_2\ \lambda_3\ \lambda_4]^T$,则哈密顿函数为

$$H=\lambda_{1ux}+\lambda_{2vy}+\lambda_{3ux}+\lambda_{4uy} \tag{11.5}$$

欧拉方程为

$$\left.\begin{array}{l}\dot{\lambda}_1=-\dfrac{\partial H}{\partial x}=0,\dot{\lambda}_2=-\dfrac{\partial H}{\partial y}=0\\[2mm]\dot{\lambda}_3=-\dfrac{\partial H}{\partial v_x}=-\lambda_1,\dot{\lambda}_4=-\dfrac{\partial H}{\partial v_y}=-\lambda_2\end{array}\right\} \tag{11.6}$$

边界条件为

$$x(t_0)=0,y(t_0)=0,v_x(t_0)=v_0\cos\psi_{v_0},v_y(t_0)=v_0\sin\psi_{v_0}$$

$$x(t_f)=\text{free},y(t_f)=\text{free},v_x(t_f)=\max,v_y(t_f)=0$$

由横截条件及欧拉方程可得

$$\lambda_1(t)=0,\lambda_2(t)=0,\lambda_3(t)=-1,\lambda_4(t)=C$$

根据 bang-bang 控制理论,由于 $\lambda_3(t)=-1<0$,故 $u_x^*(t)=a_{xm}$。

对于 $\lambda_4(t)>0$ 和 $\lambda_4(t)<0$ 两种情况,由状态方程式(11.4)和边界条件可解得

$$y=-\frac{v_y^2}{2a_{ym}}+\frac{v_0^2\sin^2\psi_{v_0}}{2a_{ym}}\quad[\lambda_4(t)>0,u_y^*(t)=-a_{ym}] \tag{11.7}$$

$$y=\frac{v_y^2}{2a_{ym}}-\frac{v_0^2\sin^2\psi_{v_0}}{2a_{ym}}\quad[\lambda_4(t)<0,u_y^*(t)=a_{ym}] \tag{11.8}$$

图 11.5 所示为最佳转弯相平面图。

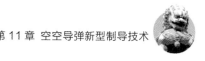

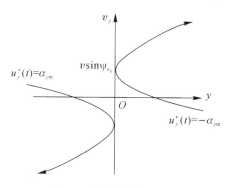

图 11.5 最佳转弯相平面图

由图 11.5 可知，$u_y^*(t) = -a_{ym}$（系统初始状态位于该曲线上）。因此对状态方程积分，并考虑到初始条件可解出各变量的最优值，则有

$$\begin{cases} v_x^*(t) = a_{xm}t + v_0\cos\psi_{v_0} \\ x^*(t) = \dfrac{1}{2}a_{xm}t^2 + v_0 t\cos\psi_{v_0} \\ v_y^*(t) = -a_{ym}t + v_0\sin\psi_{v_0} \\ y^*(t) = -\dfrac{1}{2}a_{ym}t^2 + v_0 t\sin\psi_{v_0} \end{cases}$$

式中：控制界限 a_{xm}，a_{ym} 可根据最大可用过载的计算结果，将切向过载和法向过载在 Oxy 坐标下分解得到：

$$\begin{cases} a_{xm} = n_z g\sin\psi_v + n_x g\cos\psi_v \\ a_{ym} = -n_z g\cos\psi_v + n_x g\sin\psi_v \end{cases}$$

式中：n_x 为切向过载；n_z 为最大可用法向过载。

11.3 空空导弹中制导

当前，空中打击与空中对抗已成为现代战争的主要模式。由于在远程精确打击、夺取制空权和空中对抗中的特殊地位和作用，远程空空导弹已成为世界各国优先发展和竞相购买的重要武器装备。远程空空导弹的关键技术难题之一是超视距高精度制导问题，在制导系统中采用复合制导技术是解决制导精度和超视距发射难题的主要技术途径。

复合制导主要由中制导和末制导两个阶段组成，其中中制导阶段对导弹性

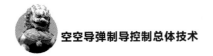

能产生极大影响。又由于中制导阶段对导弹导引弹道的要求与末制导阶段不同,末制导阶段使用的导引律不再适用于中制导,所以进行中制导律研究十分必要。

对远程空空弹来说,采用壅塞式冲压发动机技术是一种典型的选择,因为它相对简单,成本低廉,工程上易于实现。然而,它也存在推力大小不可调且随飞行条件变化的缺点。本节提出考虑冲压发动机特性影响求取最优中制导律的动态规划方法,为最优中制导律最终用于工程设计提供理论依据。

11.3.1　最优中制导问题的提法

1.最优指标的确定

中制导的主要目的是使制导导弹工作在导弹过载性能的最佳状态以及在导引头锁定目标(自动寻的段起点)时导弹相对目标的几何关系达到最佳状态。导弹要达到必须的过载性能,要求有一定的最小速度,其大小根据目标的过载性能、距离和高度而定。从远程空空导弹的作战使用来讲,导弹的中制导律应考虑可能在以下3种因素方面达到最优:

(1)最大末速;

(2)最少燃料;

(3)最短时间。

因为当导弹中制导阶段结束时,冲压发动机仍要求正常工作,这一点将影响导弹的最大飞行速度,所以不能考虑最大末速这个指标。

通过对最少燃料指标的优化将有助于提高导弹的射程。初步分析表明,在使用包线内,导弹冲压发动机燃气流量与飞行条件关系不大,燃料消耗主要与发动机工作时间有关。因为在中制导阶段导弹发动机始终在工作,所以可以认为燃料消耗与中制导阶段导弹的飞行时间有关。可以近似地认为,在特定的条件下最少燃料指标就是最短时间指标。

最短时间是导弹中制导律追求的一个非常重要的指标,它对快速打击敌方目标,有效保卫我方至关重要。

综合考虑以上因素,初步确定采用最短时间作为具有冲压发动机的远程空空导弹中制导阶段制导规律的优化指标。

2.中制导弹道的工程限制

在进行性能指标极小化的过程中,必须满足一些工程约束条件,主要有以下几项:

(1)法向过载限制;

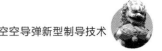

（2）冲压发动机的使用高度限制；

（3）冲压发动机在不同飞行条件下的速度限制，由此导出的最大爬升角限制和最小下滑角限制（即弹道倾角限制）。

3. 系统模型描述

因为导弹的中制导阶段弹道平缓，所以假定中制导弹道过程近似满足静平衡假设。平衡方程为

$$
\begin{cases}
P\cos\alpha - Q - mg\sin\theta = 0 \\
Y + P\sin\alpha - mg\cos\theta = 0 \\
Q = qS_{\mathrm{ref}}(C_{x0} + C_{xi}^{\alpha} \mid \alpha \mid) \\
Y = qS_{\mathrm{ref}}C_{y}^{\alpha}\alpha
\end{cases}
$$

式中，P、Q、Y、mg 分别为导弹冲压发动机推力、阻力、升力和重力；q、S_{ref}、C_{y}^{α}、C_{x0}、C_{xi}^{α} 分别为导弹动压、参考面积、升力系数斜率、零阻和诱阻系数；α 和 θ 分别为攻角和弹道倾角。

11.3.2 最优中制导弹道的求解

本节给出给定目标遭遇点时，最优中制导律弹道的求解方法。根据动态规划的最优性原理，给出中制导弹道的优化计算方法，计算出满足工程约束的最短飞行时间弹道。

1. 导弹中制导弹道的空间量化

以导弹发射点水平坐标为左边界，目标遭遇点为右边界；冲压发动机的最小和最大使用高度为下边界和上边界。将该长方形区域进行空间量化，近似用空间节点连线描述导弹的中制导弹道。

2. 空间节点之间的速度特性和时间特性

已知空间节点之间的弹道倾角，计算导弹在两个空间节点间的飞行速度和飞行时间，计算时仍假定满足瞬时力平衡。

3. 工程限制的空间描述

对导弹中制导弹道的主要工程限制有弹道倾角约束、法向过载约束和飞行高度约束。在前面中制导弹道的空间量化中，已经充分考虑了导弹飞行高度的工程约束，下面分别将弹道倾角约束和法向过载约束表述为空间形式。

弹道倾角的计算公式为

$$
\tan\theta_k = \frac{y_k - y_{k-1}}{\Delta x}
$$

式中：y_k 和 y_{k-1} 分别为 k 时刻、$k-1$ 时刻导弹飞行高度；Δx 为长度（距离）方向

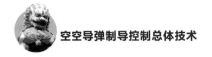

量化单位。通过对导弹静平衡条件下的弹道倾角特性分析,结合中制导弹道的空间量化结果,给出导弹在不同条件下向前飞行一个量化单位允许垂直方向最大爬升和下滑的量化单位值。

根据法向过载与弹道倾角速率的关系,将法向过载约束转化为对导弹弹道倾角速率的约束。计算公式为

$$\dot{\theta}=\frac{57.3g}{v_{\mathrm{m}}}n_{y}$$

弹道倾角速率的计算公式为

$$\dot{\theta}_k=57.3\frac{y_k-2y_{k-1}+y_{k-2}}{\Delta x \Delta t_k}$$

式中:y_k、y_{k-1}和y_{k-2}分别为k时刻、$k-1$时刻和$k-2$时刻导弹飞行高度;Δx为长度方向量化单位;Δt_k为$k-1$时刻到k时刻导弹的飞行时间。

4.给定遭遇点的时间最短弹道计算

利用动态规划方法求解给定遭遇点的时间最短弹道计算结果,其计算步骤如下:

(1)从遭遇点逆向求解,计算前一段所有网格节点到达遭遇点的飞行时间,存储;

(2)后退一段,计算前一段所有网格节点到达遭遇点的飞行时间,经比较得出最短时间飞行路径,存储;

(3)如此反复,直至后退到导弹发射点所在初始段,根据导弹发射点初值,得到最短时间飞行路径。

11.4 空空导弹末制导

传统的空空导弹末制导律往往单纯以脱靶量最小化为目的进行研究,针对的对象也是以相对速度较慢、机动较小的飞机为主,针对这类问题的末制导律主要是采用经典制导理论的方法,如追踪法、比例导引律法等。但是随着科技的进步,单纯要求导弹以最小的脱靶量命中目标还不够,还提出了更多的性能要求,例如拦截大机动目标要求、偏置攻击要求和协同攻击要求等。

本节主要针对几种典型的新型作战需求和技术应用下的空空导弹末制导技术现状进行分析。

11.4.1　针对目标大机动的末制导技术

随着科技的发展,空空导弹打击的目标由原来的低速小机动飞机向高性能飞机、地空导弹、空空导弹及高超声速飞行器等大机动高速目标拓展,这使得传统的以比例导引律为代表的制导律不再适应新的作战要求。针对精确打击大机动目标,各国学者也开展了多方面的末制导律研究,主要可分为基于信息估计的机动补偿末制导律和基于各种鲁棒理论的鲁棒末制导律。

1. 机动补偿末制导律

基于信息估计的机动补偿末制导律,其思路是综合利用导航系统和导引头等传感器的信息,估计导弹及目标的机动信息,然后在末制导律中进行相应的补偿,以消除目标机动的影响。

APN(Augmented PN)就是一种典型的补偿制导律,它的特点是指令加速度作用方向与视线方向有一定的夹角,并考虑目标机动加速度的变化,以提高跟踪机动目标的能力,实现机动目标的最优截获。所用的加速度指令为

$$a_p = a_{\mathrm{APN}} = k\dot{\lambda} v_p + \left(\frac{\lambda}{2}\right) a_e$$

式中:v_p 是追踪器的速度;a_p 是追踪器垂直于 v_p 的加速度指令;a_e 是目标垂直于其运动速度 v_e 的加速度。

2. 鲁棒末制导律

鲁棒末制导律的基本思路是将目标机动看成有界未知干扰,通过鲁棒控制理论来抑制这种干扰对制导精度的影响,例如,基于变结构理论的变结构制导律就是一种典型的鲁棒末制导律。

其思路是将目标机动看成是未知有界干扰,利用变结构控制系统的干扰不变性的特性克服目标机动的影响,实现了目标有界机动条件下视线角速度的零化,使导弹飞行弹道在制导过程的中后段呈现出平行接近法的特性,大幅度地改善了制导性能。其指令形式为

$$a_c = K\dot{q} + W\dot{q}/(|\dot{q}| + \delta)$$

式中:δ 是一小正数。

11.4.2　偏置末制导技术

对于采用侧窗探测技术的飞行器,侧窗视场会对飞行器的航迹和姿态造成约束,此时需要采取偏置导引律来解决对目标的持续探测问题。偏置制导控制

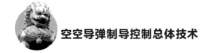

问题的研究主要涵盖偏置制导策略研究、偏置制导信息提取和偏置导引律设计等几方面。

1. 偏置制导策略研究

在偏置制导策略研究方面,文献[3]提出了偏置起始点及偏置丢失目标点的概念,指出偏置起始点的选择主要与飞行器的探测和机动能力有关,而偏置丢失目标点主要与偏置距离、相对接近速度及飞行器的姿态控制能力有关,其研究结果可以用来指导偏置制导系统的优化设计。文献[4]通过分析偏置制导精度的影响因素,明确了偏置制导系统的探测精度需求,给出了偏置制导精度的主要影响因素,并指出偏置制导精度与偏置丢失目标点处的弹-目视线转率、弹-目相对距离及相对接近速度误差有关。

2. 偏置制导信息提取

在偏置制导信息提取方法方面,与传统的制导控制问题不同,偏置制导控制要求对弹-目相对距离信息进行精确测量或估计,由于飞行器的载荷有限而难以配备精确测距设备,所以如何实现对弹-目相对距离信息的精确估计是实现高精度偏置的重点和难点。文献[5]利用目标先验信息,基于红外成像探测模型及目标空间姿态,利用目标特征信息估计出了飞行器与目标的距离,但此方法只能在相对距离较近的情况下实现,实际使用中存在一定的局限。文献[13]利用弹-目视线角信息,采用修正增益卡尔曼滤波算法估计了飞行器与目标间的相对距离信息。

3. 偏置导引律设计

在偏置制导律设计方面,文献[6]以传统比例制导律为基础,加入偏置比例项,设计了一种基于比例导引的偏置制导律,具有较好的偏置效果。文献[7]将偏置制导控制问题转化为最优控制问题,给出了最优导引方案,并提出了虚拟目标的概念,通过解算得到飞行器与目标偏置点的视线转率,在此基础上利用比例导引方法实现制导。

11.4.3 协同攻击末制导技术

将协同控制技术应用于导弹作战任务,使得传统单一导弹作战变为相互之间具备协调合作的导弹群作战,可以提高导弹的突防能力、打击效能等。此外,多导弹协同作战还能实现如战术隐身、增强电子对抗能力和对运动目标的识别搜捕能力等单枚导弹无法完成的任务。多导弹协同作战涉及的技术众多,协同制导技术作为其中的关键,直接决定了导弹的控制精度与协同效果。依据协调信息的获取来源与配置方式,可将协同制导方法分为独立式协同制导技术和综合式协同制导技术两大类。

1. 独立式协同制导技术

独立式协同制导最本质的特征是协调信息的确定仅仅依靠自身状态信息。导弹之间不存在任何通信，各自的状态信息不能为其他任何导弹所感知和利用，飞行中的每一枚导弹各自按照预先设定好的制导律独立飞行。协同作战效果能够实现，依靠的是各枚导弹的制导律协调信息中存在某一约束的预设相同期望值，在协调信息的调节下促使各枚参战导弹的相应状态信息共同趋向该期望值，最终实现状态一致。

2006 年，Jeon 等人以多反舰导弹齐射攻击为背景，提出了任意指定飞行时间的制导律（Impact - Time - Control Guidance，ITCG），为多导弹协同制导律设计问题率先提出了尝试性的解决方法。经过近似和线性化简化后的 ITCG 加速度控制指令表达式为

$$a = a_B + a_F = NV\dot{\lambda} + K_\varepsilon \varepsilon_T$$

式中：$\varepsilon_T = \bar{T}_{go} - \hat{T}_{go}$ 为剩余时间误差反馈，$\bar{T}_{go} = T_d - T$ 为期望剩余飞行时间，T 为当前时刻，T_d 为 ITCG 的关键要素期望攻击时间，$\hat{T}_{go}$ 为以比例导引估计出的实际剩余时间。作为分类依据的协调信息是 ε_T，而 T 和 $\hat{T}_{go}$ 是构成 ε_T 的状态信息。协调信息仅仅依赖于一个共同并确知的 T_d 和两个自身状态量，不涉及任何其他导弹状态信息。在协调信息的反馈控制下，每枚导弹的攻击时间各自独立地趋于 T_d，时间协同的实现仅依靠所有 T_d 的取值一致。

独立式协同制导中协调信息确定来源的独立性，从本质上决定了这样的协同是局限的。协调信息无法反映当前时刻协同作战导弹集群整体状态信息的事实，决定了这样的协调信息只能用于低级层面的协调。一枚导弹的协同功能出现问题，其状态信息势必发生改变，但导弹集群中任何一个其他主体得到的协调信息都无法反映其变化，更无法做出相应调整。因此，独立式协同制导是较低级层面的协同，存在协同效果不佳、鲁棒性较差的问题。

2. 综合式协同制导技术

综合式协同制导区别于独立式协同制导之处在于，每枚导弹的协调信息融入了除自身以外的状态信息。相邻或所有参与协同作战导弹的状态信息，通过一定方式的综合共同确定了协调信息。反映出此种协同方式具备自主协同的基础，能够根据其他导弹的实时状态相应地调整自身控制指令，以实现飞行过程中的动态协同。根据协调信息形成和配置的方式不同，存在集中式和分布式两类区别较为明显的综合式协同制导方法，这两种方法各有优、缺点。

（1）集中式协同制导方法。协调信息统一形成、集中配置的综合式协同制导

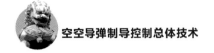
方法简称为集中式协同制导。集中式协同制导中所有参战导弹的相应状态信息被发送至集中协调单元,共同形成一个唯一的协调信息并分发至所有导弹。集中协调单元可为地面站、预警机,也可为领弹-从弹中的领弹,甚至是存在于一枚普通导弹中的运算单元。集中式协同制导最显著的特征是协调信息由集中协调单元统一配置给所有参战导弹,用于时间、角度等约束的协调,以达到状态一致的目的。

文献[8]提出了一种具有双层协同制导结构的集中式协同制导律,其底层导引控制指令直接采用 ITCG。然而,协调信息中的收敛目标由单一固定给定值变为了一个综合所有参战导弹剩余飞行时间估计的值。每枚导弹的飞行时间向所有导弹剩余飞行时间估计的加权平均值收敛,状态信息交流和共享及协调信息的配置通过集中协调单元完成。

以上列举的协同制导方法中的多种,都需要假设导弹速度恒定以实现对剩余飞行时间的估计。然而,在实际作战情况下,导弹飞行速度不可能恒定,以此估计出的剩余飞行时间误差较大,协同效果受影响。对此,王晓芳等人在文献[9]中考虑导弹速度可变且避开了对剩余飞行时间的估计,设计了一种弹-目距离 r_i 协同制导律,促使弹-目距离渐进收敛于期望弹目距离,即

$$\bar{r} = \sum_{i=1}^{n} r_i / n$$

式中:n 为导弹总数;i 为导弹编号。作为收敛目标,$\bar{r}$ 是所有参与协同作战导弹的实际弹-目距离平均值,用这样带有全局状态信息的期望弹-目距离去协调每一枚导弹的状态,导弹能够根据协调信息反映出其他导弹状态的实时变化,灵活地调整自身状态。

类似以上采用集中式结构获取状态信息、配置协调信息的协同制导方法,具备结构简单易于实现、信息获取充分、能得到最优解且收敛速度快的优点。但是,要使集中协调单元获取其他所有导弹的状态信息,这对通信的要求非常高;而且集中协调单元一旦受到破坏,则将导致协同的彻底失效,系统鲁棒性较差。

(2)分布式协同制导方法。分布式协同制导是指通过相邻导弹间的局部通信,渐进实现对协同目标认知一致的协同制导方法。每枚导弹的控制指令协同部分都涉及了所有能与其通信的导弹(一般为相邻导弹)的状态信息,尽管单枚导弹协调信息反映的集群状态不如集中式协同制导充分,但通过通信结构的互联,状态信息同样可以间接地实现共享。其中,每枚导弹的地位相等,不再存在一个集中协调单元,取而代之的是分散在各枚导弹中的协调信息运算单元。

一致性原理是分布式解决协同制导问题的一种有效方法,将一致性算法与攻击时间可控制导律结合,联系二者的纽带——时间协调信息通过以下一致性

协调算法求得:

$$\dot{x} = -CLx$$

式中:$x = [x_1 \quad x_2 \quad \cdots \quad x_n]^T$ 为时间状态量;$C = \mathrm{diag}(c_1, c_2, \cdots, c_n)$ 为加权系数矩阵;L 为拉普拉斯矩阵。文献[10-11]证明,当通信拓扑图含有有向生成树时,该系统获得一致性。将上式求得的时间协调信息作为本地导引律 ITCG 中的期望剩余飞行时间 $\dot{T}_{go,i}$,所有导弹飞行时间可实现渐进一致。

分布式协同制导以其分布式结构特有的优势,使多导弹协同制导具有通信要求低、抵御外界干扰能力强、可扩展性和协同效果好等突出的优点,是未来协同制导方法发展的主要方向。基于一致性原理的协同制导作为分布式协同制导方法中的一种,在设计协同制导律时便于综合考虑导弹之间的耦合和协同关系,利于复杂环境分析,具有独特的优势。

|11.5 空空导弹末端控制|

飞机在许多性能上都有了提高,那么相应空空导弹也提出了更高的要求,空空导弹末端(ENDGAME)制导技术就是为提高导弹攻击目标性能应运而生的。

末制导的最后几秒称为导弹的 ENDGAME 段,这可以作为一个独立的制导阶段加以处理,因为在此阶段,目标机动特性、导引头测量噪声都与前几个阶段有明显的不同,所以有必要将其作为空空导弹研究的一个重要方面。

11.5.1 对目标信息的提取

在导弹 ENDGAME 段,由于时间非常短,导弹和目标都进入拦截和逃逸最关键的时刻,所以这时目标通常会做一些机动,如果不能精确地了解目标的机动特性,那么对导弹末端性能的影响将是显著的。估计器使用视线角速度信息可以估计出目标的加速度,通常使用卡尔曼滤波器或者扩展卡尔曼滤波器且在一定结构和统计假设下对潜在的系统模型是最优的,但它对模型的内在参数的不确定性太敏感。目标的机动又是多样的,我们无法预知目标飞行器会采取什么样的机动方式,使用多模自适应滤波器可满足要求,它使用了有限个关于不同机动方式的模型,提供了所有目标机动模式的明确的结论,从而提高了对目标估计的准确性。

对于机动目标,由于在目标加速度改变的时间和目标反应的弹道改变时间上有一定的时间延迟,所以把目标看成质点的视线角速度测量也会造成对目标机动估计的延迟。由目标的姿态方位提供其机动的相关信息是无延迟的,因此在红外导引头中加入成像处理装置,即可得到目标相对弹体坐标系的方位,从而得到目标加速度,有效地提高估计的快速性。

11.5.2 ENDGAME 制导律设计

空空导弹 ENDGAME 仅有大约不到 1 s 的时间,在此阶段,导弹和目标的运动品质极为重要,这时目标机动对逃逸导弹的攻击最为有效,尤其是在时间上周密安排的目标逃逸行为,对于挫败导弹攻击的概率最大。20 世纪 50 年代首先提出了比例导引律,包括纯比例导引、真比例导引,后又出现了扩展比例导引、广义比例导引、最优制导等。当对付非机动目标时,比例导引是最优的;但是,当对付机动目标时,比例导引的特性就显著下降。用扩展比例导引、最优制导等能够在一定程度上弥补比例导引的缺点,但它们需要较多的目标和导弹信息,增加了实际应用中的不易实现性。因此在 ENDGAME 导引律设计中大都考虑对目标机动鲁棒的方法,多见的有使用微分对策的方法设计 ENDGAME 导引律。

微分对策制导下的导弹控制,是根据战术技术指标要求,构造性能指标泛函,求得最优制导规律,它充分考虑如何获取最小脱靶量和导弹为完成拦截任务所消耗的控制能量为最小,其结果势必使导弹尽量按平直弹道飞行,而最终减小脱靶量。文献[12]中指出,由于导弹末端博弈时间少、距离短,所以造成目标信息相对减小,目标状态估计器品质退化,对于空空导弹的末端控制制导策略,采用像基于微分对策控制的随机博弈方法,最适宜于导出性能良好的 ENDGAME 制导策略。

参 考 文 献

[1] 杨军. 现代导弹制导控制系统设计[M]. 北京:航空工业出版社,2005.

[2] 孙杰,杨军,楚德强. 气动力/推力矢量复合控制空空导弹最佳转弯规律[J]. 火力与指挥控制,2009,34(5):122 - 124.

[3] WANG J W,HE F H,YANG B Q,et al. Fly - by guidance problem of a flight vehicle:analysis and design,AIAA - 2013 - 4773[R]. Reston:AIAA,2013.

[4] 曹祥宇,胡昌华,乔俊峰. 考虑执行机构故障的导弹姿态控制系统的集成容

错控制[J].宇航学报,2013,34(7):938－945.

[5] 于勇.基于特征直线的红外成像目标被动测距方法[J].舰船电子对抗,2009,32(6):86－90.

[6] 施志桂,陆毓峰,张殿祐.一种能实现超前偏置的比例导引律[J].西北工业大学学报,1993,1(2):189－193.

[7] 李广华.近旁飞越航天器末制导方法研究[D].长沙:国防科学技术大学,2011.

[8] 赵世钰,周锐.基于协调变量的多导弹协同制导[J].航空学报,2008,29(6):1605－1611.

[9] 王晓芳,郑艺裕,林海.多导弹协同作战制导律研究[J].弹道学报,2014,26(1):61－67.

[10] REN W,BEARD R W,ATKINS E M. Information consensus in multivehicle cooperative control[J]. IEEE Control Systems Magazine,2007,27(2):71－82.

[11] OLFATI S R,MURRAY R M. Consensus problems in networks of agents with switching topology and time－delays[J]. IEEE Transactions on Automatic Control,2004,49(9):38－45.

[12] CLOUTIER R,EVERS J H,FEELEY J J. Assessment of air－to－air missile guidance and control technology[J]. IEEE Control Systems Magazine,1989,9(6):27－34.

[13] PU J L,CUI N G,RONG S Y. Passive ranging algorithm in terms of polar coordinates[J]. Journal of Harbin Institute of Technology,2009,16(3):428－430.

第 12 章

空空导弹制导控制系统先进设计方法

|12.1 空空导弹大攻角飞行控制系统设计|

随着新一代远程及近距格斗型空空导弹控制技术的迅速发展以及导弹攻击目标性能的提高，特别是目标机动能力的提高和逃逸方式的复杂化，对空空导弹的快速响应和机动能力提出了更高的要求。提高导弹机动过载的有效途径之一是使导弹以大攻角飞行。与常规中小攻角的飞行控制系统不同，大攻角飞行控制系统要解决较显著的耦合影响。

12.1.1 导弹大攻角空气动力学耦合机理

导弹大攻角空气动力学耦合主要有两种类型：①由导弹大攻角气动力特性造成的；②由导弹的动力学和运动学特性引起的，下面分两部分讨论这个问题。

1. 导弹大攻角气动力特性

导弹大攻角气动力特性是造成导弹空气动力学复杂化的主要因素，因此对导弹大攻角空气动力学耦合机理的分析应主要从其气动力特性的研究入手。导弹大攻角气动力特性主要表现在非线性、诱导滚转、侧向诱导、舵面控制特性和动态导数等方面。下面对这些特性做以简单介绍。

（1）非线性。导弹按小攻角飞行时，升力的主要部分来自弹翼，其升力系数呈线性特性。大攻角时,弹身和弹翼产生的非线性涡升力成为升力的主要部分,翼-身干扰也呈现非线性特性。大攻角飞行可以提高导弹的机动性就是利用了这种涡升力。这就决定了导弹大攻角飞行控制系统的设计必定是一个非线性系统的设计问题。

(2)诱导滚转。小攻角时,侧滑效应在十字翼上诱起的滚动力矩是很小的。但是随着攻角的增大,即使像尾翼式导弹,其诱导滚动力矩也越来越严重。

(3)侧向诱导。导弹小攻角飞行时,纵向与侧向彼此可以认为互不影响。但在大攻角条件下,无侧滑弹体上却存在侧向诱导效应。许多风洞试验表明,低、亚、跨声速时,大攻角诱起的不利侧向力和偏航力矩相当显著,而且初始方向事先不确定。若不采取适当措施,弹体可能失控。

侧向诱导效应的物理本质是极其复杂的,估算只能提供相当粗略的数据。但是,从工程设计的角度出发,只是希望降低、推迟甚至消除弹身不对称涡诱起的不利侧向载荷。研究表明,侧向诱导主要与导弹的头部气动外形有关。减小导弹的头部长细比、加头部边条等措施都可以有效地减小侧向诱导的影响。总之,在大攻角气动外形设计时,应充分考虑如何减少侧向诱导这个问题。

推力矢量控制技术的引入为解决侧向诱导问题提供了重要的技术手段。因为近距格斗空空弹和垂直发射地空导弹都无法回避在亚、跨声速段的大攻角飞行,所以侧向诱导效应必然存在。推力矢量控制系统此时提供了足够的控制力矩克服侧向诱导的影响,这是空气舵控制系统难以做到的。换句话说,推力矢量控制导弹能以更大的攻角受控飞行。

(4)舵面控制特性。大攻角飞行导弹的舵面控制特性与小攻角飞行时的不同主要表现在舵面效率的非线性特性和舵面气动控制交感上面。

以十字尾翼作为全动控制舵面的导弹,在小攻角、小舵偏角的情况下,舵面偏转时根部缝隙效应、舵面相互干扰等因素影响都不大,舵面效率基本呈线性。但是,随着攻角、舵偏角的增大,舵面线性化特性遭到破坏。

在导弹大攻角飞行时,同样的舵面角度在迎风面处和背风面处舵面上的气动量是不同的。随着攻角的增大,迎风面舵面上的气动量也来越大,背风面的气动量越来越小。这种差异随着马赫数的增大变得越来越严重。这时,如果垂直舵面做偏航控制时,尽管上、下舵面偏角相同,但因为气动量的差异导致产生的气动力不同,除了产生偏航控制力矩外,还诱起了不利的滚动力矩。反之,如果垂直舵面做滚动控制时,尽管上、下舵面偏角相同,但因为气动量的差异导致产生的气动力不同,除了产生的滚动控制力矩外,还诱起了不利的偏航力矩。这种气动舵面控制交感若不加以制止,将导致误控或失控。

目前解决以上问题的技术途径主要有两个:当导弹的攻角不是非常大(如攻

角<40°)时,可以采取控制面解耦算法解决该问题;当攻角很大时,引入推力矢量控制是一个有效的方法,因为推力矢量舵在导弹大攻角飞行阶段(这时导弹处于亚、跨声速)具有比空气舵高得多的操纵效率,相比而言,空气舵交感和非线性是一个小量。

(5)纵/侧向气动力和力矩确定性交感。因为导弹大攻角气动力和气动力矩系数不仅与马赫数有关,还与导弹的攻角、侧滑角呈非线性关系,所以必然存在纵/侧向气动力和力矩确定性交感现象。这种交感现象只有在很大的攻角情况下才变得较强。

2. 动力学及运动学耦合

(1)运动学交感项。在导弹力平衡方程中,存在两项运动学耦合——$\omega_x \alpha$ 和 $\omega_x \beta$,当导弹以大攻角和大侧滑角飞行时,运动学耦合对导弹动力学特性的影响是较大的。

(2)惯性交叉项。导弹力矩平衡方程中的惯性交叉项 $(I_x - I_z)\omega_x\omega_z/I_y$ 等项将导弹的俯仰、偏航和滚动通道耦合在一起。如果导弹的滚动通道工作正常,这种惯性交叉项的影响是很小的。

12.1.2　耦合因素的特性分析

根据前面的讨论,导弹大攻角空气动力学耦合因素主要有以下几个:

(1)控制面气动交叉耦合;

(2)纵/侧向气动力和力矩确定性交感;

(3)不确定性侧向诱导;

(4)诱导滚转;

(5)运动学交感项;

(6)惯性交感项。

根据其本身的建模精度和对导弹飞控系统的影响程度,给出这些耦合因素的基本特性,见表 12.1。

表 12.1　耦合因素的基本特性

耦合因素	影响程度	建模精度
控制面气动交叉耦合	较强[①]	较高
纵/侧向气动力和力矩确定性交感	较强	较高
随机侧向诱导	较强	较差

续表

耦合因素	影响程度	建模精度
诱导滚转	强	较高
运动学交感	较强	高
惯性交叉项	较弱②	高

注:①在推力矢量舵存在的情况下,影响较小;
　　②滚动控制时,影响较小。

12.1.3　大攻角飞行的解耦策略

大攻角飞行导弹的空气动力学解耦可以从总体、气动和控制等方面着手解决,单从控制策略角度考虑,主要有以下两条技术途径。

(1)引入 BTT－45°倾斜转弯技术,使导弹在做大攻角飞行时,其 45°对称平面对准机动指令平面,此时导弹的气动交叉耦合最小。这种方案在对地攻击导弹的大机动飞行段、垂直发射地空导弹的初始发射段得到了广泛应用。因为倾斜转弯控制技术的动态响应不可能非常快,所以这种方案一般不能用于要求快速反应的动态响应的空空导弹和地空导弹攻击段中。

(2)引入解耦算法,抵消大攻角侧滑转弯飞行三通道间的交叉耦合项。因为耦合因素的基本特性是不同的,所以应采取不同的解耦策略。

1)对影响程度大、建模精度高的耦合项,采用完全补偿的方法,即采用非线性解耦算法实现完全解耦,如诱导滚转和运动学交感。

2)对影响程度较大、建模精度较高的耦合项,实现完全解耦过于复杂的情况下,如有必要采用线性解耦算法实现部分解耦,主要目的是防止这种耦合危及系统的稳定性,如纵/侧向气动力和力矩确定性交感。

3)对影响程度较大但建模精度很差的耦合项,采用鲁棒控制器抑制其影响,在总体设计上避免其出现或改变气动外形削弱其影响,如侧向诱导。

4)对影响程度较小、建模精度差的耦合项不做处理,依靠飞控系统本身的鲁棒性去解决。理论和实践表明,使用不精确解耦算法的系统比不解耦系统的性能更差。

12.1.4　导弹大攻角飞行控制系统设计方法评述

通过对导弹大攻角空气动力学的初步分析表明,它是一个具有非线性、时变、耦合和不确定特征的被控对象。因此在选择控制系统设计方法时,应充分考虑这个特点。

从非线性控制系统设计的角度考虑,目前主要有线性化方法、逆系统方法、微分几何方法及非线性系统直接设计方法。线性化方法是目前在工程上普遍采用的设计技术,具有很成熟的工程应用经验。逆系统方法和微分几何方法的设计思想都是将非线性对象精确线性化,然后利用成熟的线性系统设计理论完成设计工作。将非线性系统精确线性化方法的突出问题是当被控对象存在不确定参数和干扰时,不能保证系统的鲁棒性。另外,建立适合该方法的导弹精确空气动力学模型是一个十分困难的任务。随着非线性系统设计理论的进步,目前已经有一些直接利用非线性稳定性理论和最优控制理论直接完成非线性系统综合的设计方法,如二次型指标非线性系统最优控制和非线性系统变结构控制。非线性系统最优控制目前仍存在鲁棒性问题,非线性系统变结构控制的直接设计方法对被控对象的非线性结构有特定的要求,这些都限制了非线性系统直接设计方法的工程应用。

从时变对象的控制角度考虑,可用的方法主要有预定增益控制理论、自适应控制理论和变结构控制理论。预定增益控制理论和自适应控制理论对被控对象都要求明确的参数缓变假设。与自适应控制理论相比,预定增益控制理论设计的系统具有更好的稳定性和鲁棒性。对付时变对象,变结构控制是一个强有力的手段。但是,当被控对象具有参数大范围变化时,变结构控制器会输出过大的控制信号。将预定增益控制技术与其结合起来可以较好地解决这个问题。另外,变结构控制理论在设计时变对象时,要求对象的模型具有相规范结构,在工程上如何满足这个要求需要进一步研究。

从非线性多变量系统的解耦控制角度考虑,主要有静态解耦、动态解耦、模型匹配和自适应解耦技术等。目前主要采用的方法有静态解耦和非线性补偿技术等。

12.1.5　几种典型的导弹大攻角飞行控制系统设计方法

下面介绍几种典型的导弹大攻角飞行控制系统设计方法。

12.1.5.1　基于变结构理论的大攻角飞行控制系统设计方法

分析文献可以看出,变结构理论由于其良好的鲁棒特性被引入大攻角飞行控制系统设计中,其研究的问题包括针对大攻角耦合影响的变结构控制系统设计和针对大攻角非线性影响的变结构控制系统设计。

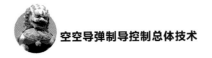

1. 针对大攻角耦合影响的变结构控制系统设计

下面首先建立具有大攻角导弹耦合特性非线性数学模型,然后基于直接动态反馈补偿(Direct Dynamics Feedback Compensation,DDFC)理论,在大攻角导弹耦合特性非线性数学模型中引入新的输入变量以抵消非线性耦合因素,使被控系统变成一个线性控制对象,最后对新的控制对象进行滑模变结构控制器设计。

(1)大攻角导弹耦合特性非线性数学模型。对正常式布局的大攻角空空导弹,可以用下式来描述其耦合特性,即

$$
\left.
\begin{aligned}
\dot{\alpha} &= -a_{34}\alpha + \omega_z - d_{32}\beta + a_6\gamma - a_7\omega_x - a_{35}\delta_z - F'_{gy} \\
\dot{\omega}_z &= -a_{24}\alpha - a_{22}\omega_z - d_{22}\beta - a_{25}\delta_z + M'_{gz} \\
\dot{\beta} &= h_{32}\alpha - b_{34}\beta + \omega_y - b_{35}\gamma + b_7\omega_x - b'_5\delta_x - b_{37}\delta_y - F'_{gy} \\
\dot{\omega}_y &= h_{22}\alpha - b_{24}\beta - b_{22}\omega_y - b_{21}\omega_x - b'_3\delta_x - b_{27}\delta_y + M'_{gy} \\
\dot{\gamma} &= \omega_x \\
\dot{\omega}_x &= h_{12}\alpha - b_{14}\beta - b_{12}\omega_y - b_{11}\omega_x - b_{18}\delta_x - b_{17}\delta_y + M'_{gx} \\
n_y &= V(a_{34}\alpha + a_{35}\delta_z)/g \\
n_z &= V(b_{34}\beta + b_{37}\delta_y)/g
\end{aligned}
\right\}
\tag{12.1}
$$

式中:$\alpha, \omega_z, \beta, \omega_y, \omega_x, \gamma$ 分别为导弹的攻角、俯仰角速度、侧滑角、偏航角速度、滚转角速度和滚转角;$\delta_x, \delta_y, \delta_z$ 分别为滚动、偏航和俯仰舵偏角;$a_{22} \sim a_{25}, a_{34}, a_{35}, a_6, a_7, b_{11} \sim b_{27}, b_7, b_{34} \sim b_{37}, b'_3, b'_5, h_{12}, h_{22}, h_{32}$ 为动力系数;$F'_{gy}, M'_{gx}, M'_{gy}, M'_{gz}$ 分别为干扰力和干扰力矩。

由式(12.1)可以看出,当攻角 α 较大时,由于气动铰链的作用,会产生不可忽略的动力系数 $b_{35}(a_6)$,以及 ω_x 变化时所产生的运动学耦合,特别是滚转通道和俯仰(偏航)通道间的交叉耦合十分严重。当俯仰(偏航)通道有干扰输入时,通过耦合系数 h_{12} 耦合到滚转通道中,产生一定的滚转角 γ 和滚转角速度 $\dot{\gamma}$,再经耦合系数 a_6, a_7 耦合回俯仰(偏航)通道中,如此循环往复,最终导致系统特性变差。

(2)直接动态反馈补偿解耦基本概念和方法。假设描述多输入多输出非线性系统的状态方程具有下述形式:

$$
\left.
\begin{aligned}
\dot{x}_1 &= a_{11}x_2x_3 + a_{12}x_3x_1 + a_{13}u_1 + a_{14}u_2 + a_{15}u_3 + a_{16}\dot{u}_1 + a_{17}\dot{u}_2 \\
\dot{x}_2 &= a_{21}x_2x_3 + a_{22}x_3x_1 + a_{23}u_1 + a_{24}u_2 + a_{25}u_3 + a_{26}\dot{u}_1 + a_{27}\dot{u}_2 \\
\dot{x}_3 &= a_{31}x_1x_2 + a_{32}(x_1^2 - x_2^2) + a_{33}u_1 + a_{34}u_2 + a_{35}\dot{u}_3
\end{aligned}
\right\}
\tag{12.2}
$$

式(12.2)具有这样的特点:方程的右端含有输入 $u_1(t), u_2(t), u_3(t)$ 及其某

些阶的导数项,系统的相对阶等于 2。

如果令下式成立,即

$$
\left.
\begin{aligned}
V_1(t) &= \dot{x}_1 - a_{11}x_2x_3 - a_{12}x_3x_1 \\
V_2(t) &= \dot{x}_2 - a_{21}x_2x_3 - a_{22}x_3x_1 \\
V_3(t) &= \dot{x}_3 - a_{31}x_1x_2 - a_{32}(x_1^2 - x_2^2)
\end{aligned}
\right\}
\tag{12.3}
$$

将式(12.3)代入式(12.2),那么,相对于引入新的虚拟输入量 $V_1(t)$,$V_2(t)$,$V_3(t)$,非线性系统式(12.2)就变成为一个新的受控对象,即

$$
\left.
\begin{aligned}
a_{16}\dot{u}_1 + a_{17}\dot{u}_2 + a_{13}u_1 + a_{14}u_2 + a_{15}u_3 &= V_1(t) \\
a_{26}\dot{u}_1 + a_{27}\dot{u}_2 + a_{23}u_1 + a_{24}u_2 + a_{25}u_3 &= V_2(t) \\
a_{35}\dot{u}_3 + a_{33}u_1 + a_{34}u_2 &= V_3(t)
\end{aligned}
\right\}
\tag{12.4}
$$

这些时间函数 $V_1(t)$,$V_2(t)$,$V_3(t)$ 称为原系统式(12.2)的虚拟控制输入。

由此可见,直接动态反馈补偿解耦方法的基本思路就是选择虚拟输入量,从而抵消原系统中的非线性耦合因素,然后再对新的受控对象式(12.4)设计控制律。

对线性系统式(12.4)进行变换,可得

$$
\left.
\begin{aligned}
\dot{u}_1 &= l_{11}u_1 + l_{12}u_2 + l_{13}u_3 - m_{11}V_1(t) + m_{12}V_2(t) \\
\dot{u}_2 &= l_{21}u_1 + l_{22}u_2 + l_{23}u_3 - m_{21}V_1(t) + m_{22}V_2(t) \\
\dot{u}_3 &= l_{31}u_1 - l_{32}u_2 + m_{33}V_3(t)
\end{aligned}
\right\}
\tag{12.5}
$$

式中:$l_{11} = \dfrac{a_{27}a_{13} - a_{17}a_{23}}{a_{17}a_{26} - a_{27}a_{16}}$;$l_{12} = \dfrac{a_{27}a_{14} - a_{17}a_{24}}{a_{17}a_{26} - a_{27}a_{16}}$;$l_{13} = \dfrac{a_{27}a_{15} - a_{17}a_{25}}{a_{17}a_{26} - a_{27}a_{16}}$;

$m_{11} = \dfrac{a_{27}}{a_{17}a_{26} - a_{27}a_{16}}$;$m_{12} = \dfrac{a_{17}}{a_{17}a_{26} - a_{27}a_{16}}$;$l_{21} = \dfrac{a_{26}a_{13} - a_{16}a_{23}}{a_{16}a_{27} - a_{26}a_{17}}$;

$l_{22} = \dfrac{a_{26}a_{14} - a_{16}a_{24}}{a_{16}a_{27} - a_{26}a_{17}}$;$l_{23} = \dfrac{a_{26}a_{15} - a_{16}a_{25}}{a_{16}a_{27} - a_{26}a_{17}}$;$l_{31} = -\dfrac{a_{33}}{a_{35}}$;$l_{32} = -\dfrac{a_{34}}{a_{35}}$;

$m_{21} = \dfrac{a_{26}}{a_{16}a_{27} - a_{26}a_{17}}$;$m_{22} = \dfrac{a_{16}}{a_{16}a_{27} - a_{26}a_{17}}$;$l_{33} = \dfrac{1}{a_{35}}$。

只要适当设计虚拟控制输入 $V_1(t)$,$V_2(t)$,$V_3(t)$,用 $V_1(t)$,$V_2(t)$,$V_3(t)$ 驱动式(12.5),然后再用 $u_1(t)$,$u_2(t)$,$u_3(t)$ 驱动式(12.2)。

(3)变结构控制器设计。依据直接动态反馈补偿原理(DDFC),重新定义控制系统状态变量 $x_1 = \alpha$,$x_2 = \dot{\alpha}$,$x_3 = \beta$,$x_4 = \dot{\beta}$,$x_5 = \gamma$,$x_6 = \dot{\gamma}$,并令

$$
\left.
\begin{aligned}
V_1(t) &= -(a_3 + a_1a_5)\delta_z - a_5\dot{\delta}_z + a_7c_3\delta_x \\
V_2(t) &= -(b_3 + b_1b_5)\delta_y - b_5\dot{\delta}_y - b_7c_3\delta_x \\
V_3(t) &= -c_3\delta_x
\end{aligned}
\right\}
\tag{12.6}
$$

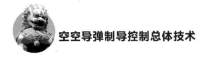

$$\left.\begin{array}{l}u_1 = (a_3 + a_1 a_5)\delta_z + a_5\dot{\delta}_z \\ u_2 = (b_3 + b_1 b_5)\delta_y + b_5\dot{\delta}_y \\ u_3 = \delta_x\end{array}\right\} \qquad (12.7)$$

则式(12.1)可以写为

$$\left.\begin{array}{l}\dot{x}_1 = x_2 \\ \dot{x}_2 = -(a_1 a_4 + a_2 + a_7 h_{12})x_1 - (a_1 + a_4)x_2 - a_1 d_{32} x_3 - \\ \qquad d_{32} x_4 + a_1 a_6 x_5 + (a_6 - a_1 a_7 + a_7 c_1)x_6 + V_1(t) \\ \dot{x}_3 = x_4 \\ \dot{x}_4 = (b_1 h_{32} + b_7 h_{12})x_1 + h_{32} x_2 - (b_2 + b_1 b_4)x_3 - \\ \qquad (b_1 + b_4)x_4 - b_1 b_6 x_5 + (b_1 b_7 - b_7 c_1)x_6 + V_2(t) \\ \dot{x}_5 = x_6 \\ \dot{x}_6 = h_{12} x_1 - c_1 x_6 + V_3(t)\end{array}\right\} \qquad (12.8)$$

对式(12.8),针对虚拟输入 $V_1(t),V_2(t),V_3(t)$ 采用滑模变结构控制,以提高控制器的控制品质。

选取滑模控制面如下:

$$\begin{cases}s_1 = m_1(a - a_c) + \dot{a}, m_1 > 0 \\ s_2 = m_2(\beta - \beta_c) + \dot{\beta}, m_2 > 0 \\ s_3 = m_3(\gamma - \gamma_c) + \dot{\gamma}, m_3 > 0\end{cases}$$

选取滑模趋近律如下:

$$\begin{cases}\dot{s}_1 = -k_1 s_1 - \rho_1 \text{sgn}(s_1), k_1 > 0, \rho_1 > 0 \\ \dot{s}_2 = -k_2 s_2 - \rho_2 \text{sgn}(s_2), k_2 > 0, \rho_2 > 0 \\ \dot{s}_3 = -k_3 s_3 - \rho_3 \text{sgn}(s_3), k_3 > 0, \rho_3 > 0\end{cases}$$

式中,$k_1,k_2,k_3,m_1,m_2,m_3,\rho_1,\rho_2,\rho_3$ 为增益系数。

为了既保证系统的响应速度,又要减少系统滑模切换面上的抖振,本书选择如下形式的饱和函数代替符号函数,即

$$\text{sat}(s_1) = \begin{cases}1/\varepsilon, & |s_1| \leqslant \varepsilon \\ 1, & s_1 > \varepsilon \\ 0, & s_1 < -\varepsilon\end{cases}$$

式中：ε 为大于零的常数。

于是可得基于直接动态反馈补偿原理的(DDFC)变结构控制器如下：

$$
\left.\begin{aligned}
u_1 &= k_1 s_1 + \rho_1 \operatorname{sat}(s_1) - (a_2 + a_1 a_4)\alpha + (m_1 - a_1 - a_4)\dot{\alpha} \\
u_2 &= k_2 s_2 + \rho_2 \operatorname{sat}(s_2) - (b_2 + b_1 b_4)\beta + (m_2 - b_1 - b_4)\dot{\beta} \\
\delta_x &= [k_3 s_3 + \rho_3 \operatorname{sat}(s_3) - (m_3 - c_1)\dot{\gamma}]/c_3
\end{aligned}\right\} \quad (12.9)
$$

考虑到整个系统的设计在于限制滚转角速度 $\dot{\gamma}$，抑制耦合信号之间的恶性循环，因此可以重新设计滚转通道的变结构控制器为

$$
\delta'_x = [k_3 s_3 + \rho_3 \operatorname{sat}(s_3) + (m_3 - c_1)\dot{\gamma}]/c_3 + h_{12} a/c_3
$$

于是式(12.9)可以重新写为

$$
\left.\begin{aligned}
u_1 &= k_1 s_1 + \rho_1 \operatorname{sat}(s_1) - (a_2 + a_1 a_4)\alpha + (m_1 - a_1 - a_4)\dot{\alpha} \\
u_2 &= k_2 s_2 + \rho_2 \operatorname{sat}(s_2) - (b_2 + b_1 b_4)\beta + (m_2 - b_1 - b_4)\dot{\beta} \\
\delta'_x &= [k_3 s_3 + \rho_3 \operatorname{sat}(s_3) + (m_3 - c_1)\dot{\gamma}]/c_3 + h_{12} a/c_3
\end{aligned}\right\} \quad (12.10)
$$

将式(12.10)代入虚拟控制项式(12.6)，可得变结构解耦控制器为

$$
\left.\begin{aligned}
V_1(t) &= -k_1 s_1 - \rho_1 \operatorname{sat}(s_1) + (a_2 + a_1 a_4)\alpha - (m_1 - a_1 - a_4)\dot{\alpha} + \\
&\quad a_7[k_3 s_3 + \rho_3 \operatorname{sat}(s_3) + (m_3 - c_1)\dot{\gamma}] + a_7 h_{12}\alpha \\
V_2(t) &= -k_2 s_2 - \rho_2 \operatorname{sat}(s_2) + (b_2 + b_1 b_4)\beta - (m_2 - b_1 - b_4)\dot{\beta} - \\
&\quad b_7[k_3 s_3 + \rho_3 \operatorname{sat}(s_3) + (m_3 - c_1)\dot{\gamma}] - b_7 h_{12}\alpha \\
V_3(t) &= -[k_3 s_3 + \rho_3 \operatorname{sat}(s_3) + (m_3 - c_1)\dot{\gamma}] - h_{12}\alpha
\end{aligned}\right\} \quad (12.11)
$$

（4）仿真分析。以某型导弹可利用的部分气动和弹道数据为例进行数值仿真，仿真条件设为：高度 8 000 m，$Ma = 1.8$，攻角侧滑角及滚转角阶跃指令信号分别为 $\alpha_c = 40°$，$\beta_c = 3°$，$\gamma_c = 0°$。

将设计好的控制输入式(12.11)代入全耦合弹体模型中进行数学仿真，飞行控制系统仿真结果（解耦后）如图 12.1～图 12.3 所示。

由仿真结果图 12.1 和图 12.2 可以看出，纵侧向通道在变结构控制器的作用下，能够快速地跟踪指令信号，动态性能良好。由图 12.3 可以看出，通过解耦以后的飞行控制系统的滚转角能够很好地响应指令信号 γ_c，证明了该设计方法的有效性。总之，基于 DDFC 的大攻角导弹变结构解耦控制器，消除了耦合影响，提高了系统的性能，且其过程清晰，易于掌握。

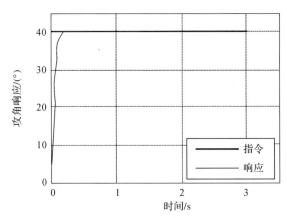

图 12. 1　攻角阶跃响应曲线

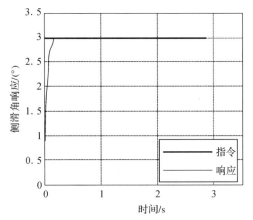

图 12. 2　侧滑角阶跃响应曲线图

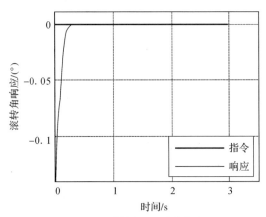

图 12. 3　滚转角阶跃响应曲线

2.针对大攻角非线性影响的变结构控制系统设计

下面针对大攻角空空导弹飞行过程中复杂的非线性空气动力学特性,给出一种采用反馈线性化的控制器设计方法。

(1)大攻角导弹俯仰通道非线性数学模型。为了使建模问题得到简化,做以下假设:

1)重力的影响可以忽略;

2)导弹的飞行速度、飞行高度均为常数;

3)主翼及操纵舵的惯性及惯性积忽略不计。

在机动坐标系下,导弹俯仰通道动力学模型为

$$\begin{cases} \dot{T} = k_z - \dfrac{QS}{mV}\{C_x \sin T + [f_1(T) - f_2(T)]\cos T\} \\[2mm] \dot{k_z} = \dfrac{QSd}{J_z}[g_1(a) - g_2(a)] + \dfrac{ASd^2 m_z^{k_z}}{2VJ_z}k_z + \dfrac{QSd}{J_z}W_z \\[2mm] n_y = \dfrac{k_n^a}{g}T \end{cases}$$

式中:T 为导弹攻角;k_z 为导弹俯仰角速率;n_y 为法向过载;C_x 为阻力系数;f_1、f_2 为法向力系数;g_1、g_2 为俯仰力矩系数;$m_z^{k_z}$ 为俯仰阻尼力矩系数;W_z 为升降舵偏角。

且有

$$\begin{cases} f_1(T) = 17T^2 + 28T - 0.7 \\ f_2(T) = 37T^4 - 55.2T^3 + 23.1T^2 + 0.652T - 0.115 \\ g_1(T) = 60T^3 + 74T^2 - 15T - 2.4 \\ g_2(T) = -96T^4 + 132T^3 - 4.61T^2 - 9.82T + 1.02 \end{cases}$$

取 $x_1 = T$，$x_2 = k_z$，$u = W_z$，$y = n_y$，系统的状态方程为

$$\begin{bmatrix} \dot{x_1} \\ \dot{x_2} \end{bmatrix} = \begin{bmatrix} x_2 - \dfrac{QS}{mV}\{C_x \sin x_1 + [f_1(T) - f_2(T)]\cos x_1\} \\[2mm] \dfrac{QSd}{J_z}[g_1(T) - g_2(T)] + \dfrac{QSd^2 m_z^{k_z}}{2VJ_z}x_2 \end{bmatrix} + \begin{bmatrix} 0 \\ \dfrac{QSd}{J_z} \end{bmatrix} u \\ y = \dfrac{k_n^a}{g}x_1$$

$$(12.12)$$

(2)非线性模型的精确线性化。由式(12.12)可以看出,导弹俯仰通道模型是一个非线性系统,由非线性系统的反馈线性化理论,通过状态变换与反馈可以把非线性系统转换为线性化系统。

俯仰通道系统模型为仿射非线性系统,有

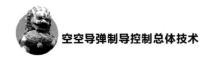

$$\begin{cases} \dot{x} = f(x) + g(x)u \\ y = h(x) \end{cases}$$

式中

$$\begin{cases} f(x) = \begin{bmatrix} x_2 - \dfrac{QS}{mV}\{C_x \sin x_1 + [f_1(T) - f_2(T)]\cos x_1\} \\ \dfrac{QSd}{J_z}[g_1(T) - g_2(T)] + \dfrac{QSd^2 m_z^{k_z}}{2VJ_z}x_2 \end{bmatrix} \\[20pt] g(x) = \begin{bmatrix} 0 \\ \dfrac{Qsd}{J_z} \end{bmatrix} \\[20pt] h(x) = \dfrac{k_n^a}{g}x_1 \end{cases}$$

系统的相对阶计算为

$$\begin{cases} L_g h(x) = \dfrac{\partial h(x)}{\partial x} \cdot g(x) = 0 \\[12pt] L_f h(x) = \dfrac{\partial h(x)}{\partial x} \cdot h(x) = \dfrac{k_n^a}{g} \cdot \Big(\omega_z - \dfrac{QS}{mV}\{C_x \sin T + \\ \qquad [f_1(T) - f_2(T)]\cos T\}\Big) \\[12pt] L_g L_f h(x) = \dfrac{\partial [L_f h(x)]}{\partial x} \cdot g(x) = \dfrac{k_n^a}{g}\dfrac{QSd}{J_z} \\[12pt] L_f^2 h(x) = \dfrac{\partial [L_f h(x)]}{\partial x} \cdot f(x) = -k_n^a \dfrac{QS}{mV}\{C_x \cos T + \\ \qquad [f'_1(T) - f'_2(T)]\cos T - [f'_1(T) - f'_2(T)]\sin T\} \cdot \Big(\omega_z - \\ \qquad \dfrac{QS}{mV}\{C_x \sin T + [f_1(T) - f_2(T)]\cos T\}\Big) + \\ \qquad k_n^a \cdot \Big\{\dfrac{QSd}{J_z}[g_1(T) - g_2(T)] + \dfrac{QSd^2 m_z^{k_z}}{2VJ_z}k_z\Big\} \end{cases}$$

因此，系统相对阶 $r = n = 2$，取微分同胚变换，有

$$z = O(x) = \begin{bmatrix} h(x) \\ L_f h(x) \end{bmatrix} = \begin{bmatrix} \dfrac{k_n^a}{g}x_1 \\ \dfrac{k_n^a}{g}\Big(w_z - \dfrac{QS}{mV}\{C_x \sin T + [f_1(T) - f_2(T)]\cos T\}\Big) \end{bmatrix}$$

构造状态反馈为

$$u = \dfrac{1}{a(z)}[-b(z) + v]$$

式中

$$\begin{cases} a(z) = L_g L_f h(x) \\ b(z) = L_f^2 h(x) \end{cases}$$

可得

$$u = \frac{1}{L_g L_f h(x)} [-L_f^2 h(x) + v]$$

式中：$L_f h(x)$、$L_g h(x)$ 表示函数 $h(x)$ 对向量场 f 和 g 的李导数；v 为新的输入。就可将原非线性系统化为一线性系统，其状态方程为

$$\begin{cases} \dot{z} = Az + Bv \\ y = Cz \end{cases}$$

式中

$$A = \begin{bmatrix} 0 & 1 \\ 0 & 0 \end{bmatrix}, B = \begin{bmatrix} 0 \\ 1 \end{bmatrix}, C = \begin{bmatrix} 1 & 0 \end{bmatrix}$$

系统精确线性化框图如图 12.4 所示。

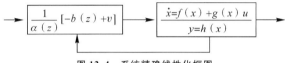

图 12.4　系统精确线性化框图

（3）俯仰通道变结构控制器设计。通过上面的反馈线性化，得到了系统线性化模型，此时采用变结构方法设计控制器，系统结构框图如图 12.5 所示。

图 12.5　变结构控制器俯仰通道系统结构框图

受控对象线性化后的模型为

$$\begin{cases} \dot{z} = Az + Bv \\ y = Cz \end{cases}$$

设 n_{yc} 表示参考输入，则 $e = n_{yc} - n_y$ 表示输出误差。

建立切换函数方程为

$$s = ce + \dot{e}$$

为了保证切换面对应的滑模运动是稳定的，选取李雅普诺夫函数为 $V = \frac{1}{2}s^2$，则根据变结构理论中滑动模态存在的充分条件为

$$\dot{V} = \dot{s}s < 0 \tag{12.13}$$

令

$$v = j_1 e + j_2 \dot{e} \tag{12.14}$$

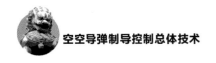
将切换函数方程及式(12.14)代入式(12.13)得

$$\dot{V}=j_1 es+(c_1+j_2)\dot{e}s$$

由此得出变结构控制系统的稳定条件为

1)$j_1=\begin{cases}j_1^-, & es>0\\ j_1^+, & es<0\end{cases}$

式中:$j_1^-<0$;$j_1^+>0$。

2)$j_2=\begin{cases}j_2^-, & \dot{e}s>0\\ j_2^+, & \dot{e}s<0\end{cases}$

式中:$j_2^->-c$;$j_2^+>-c$。

(4)仿真分析。在 20 km 高度、$1.5Ma$ 条件下,给定 $50g$ 的过载指令,图12.6和图12.7给出了导弹自动驾驶仪的仿真结果。

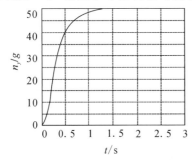
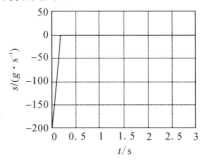

图 12.6　导弹法向过载响应曲线　　图 12.7　滑模响应曲线

通过仿真结果可以看出,所设计的控制器具有较好的动态性能和较高的控制精度。

12.1.5.2　基于 μ 综合理论的大攻角飞行控制系统设计方法

下面针对大攻角飞行引起的俯仰-偏航耦合影响,将 μ 综合理论应用到大攻角飞行导弹控制器设计中。

1. 大攻角导弹数学模型

通过对大攻角非线性空气动力学线性化,忽略舵偏对阻力的影响和舵效对攻角的偏导数及小量积,习惯上用动力学系数代替方程组中的系数,可得其俯仰-偏航通道小扰动线性化模型为

$$\begin{bmatrix} \dot{\alpha} \\ \dot{\omega}_z \\ \dot{\beta} \\ \dot{\omega}_y \end{bmatrix} = \begin{bmatrix} a_{34} & 1 & -a_{35} & -a_{38} \\ -a_{24} & -a_{22} & -a_{26} & 0 \\ -b_{39} & 0 & -b_{34} & -b_{32} \\ -b_{29} & 0 & -b_{24} & -b_{22} \end{bmatrix} \begin{bmatrix} \alpha \\ \omega_z \\ \beta \\ \omega_y \end{bmatrix} + \begin{bmatrix} 0 & -a_{35} \\ 0 & -a_{25} \\ -b_{35} & -b_{35'} \\ -b_{25} & 0 \end{bmatrix} \begin{bmatrix} \delta_y \\ \delta_z \end{bmatrix}$$

式中：系统参数定义为常用气动系数定义，α 为导弹的攻角，β 为导弹的侧滑角，ω_y 为导弹的偏航角速率，ω_z 为导弹的俯仰角速率，δ_y 为导弹的偏航舵偏角，δ_z 为导弹的俯仰舵偏角。

由上式可知俯仰偏航模型呈现多输入多输出的耦合控制对象。

2. μ 综合控制器设计

由上述大攻角飞行导弹模型可以看出，系统的耦合项为 a_{36}、a_{26}、b_{39}、b_{29}，其中 a_{36}、b_{39} 为力耦合项，a_{26}、b_{29} 为力矩耦合项，通过对不同飞行状态气动数据分析，可得到对系统性能影响较大且建模精度较高耦合项为 a_{26} 和 b_{29}，定义导弹标称模型为

$$\begin{cases} \dot{x} = A_0 x + B_0 u \\ y = C_0 x + D_0 u \end{cases}$$

导弹在飞行过程中，耦合项会随攻角的增大而变化，在控制器设计时，可将其作为模型参数不确定性来处理。线性分式变换（LFT）是表示系统不确定性的一种灵活而有效的方法，它将系统中的不确定部分和系统中的确定部分分割开。考虑导弹包含模型参数摄动的模型为

$$\begin{bmatrix} \dot{x} \\ y \end{bmatrix} = \begin{bmatrix} A_0 + \sum_{i=1}^{m} \delta_i A_i & B_0 + \sum_{i=1}^{m} \delta_i B_i \\ C_0 + \sum_{i=1}^{m} \delta_i C_i & D_0 + \sum_{i=1}^{m} \delta_i D_i \end{bmatrix} \begin{bmatrix} x \\ u \end{bmatrix} = \left\{ \begin{bmatrix} A_0 B_0 \\ C_0 D_0 \end{bmatrix} + \sum_{i=1}^{m} \delta_i \begin{bmatrix} A_i B_i \\ C_i D_i \end{bmatrix} \right\} \begin{bmatrix} x \\ u \end{bmatrix}$$

式中：δ_i 为第 i 个模型参数的变化量；A_i、B_i、C_i、D_i 为第 i 个参数变化引起的状态矩阵摄动。

将包含耦合项的摄动矩阵分解为

$$\begin{bmatrix} A_i B_i \\ C_i D_i \end{bmatrix} = \begin{bmatrix} E_i \\ F_i \end{bmatrix} [G_i H_i]$$

则导弹参数不确定性模型可由线性分式变换表示为 $y = F_u(\boldsymbol{G}_{ss}, \Delta)u$，如图 12.8 所示。

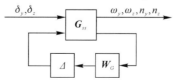

图 12.8　导弹参数不确定性模型连接结构框图

则导弹模型变换成以下形式：

$$G_{ss} = \begin{bmatrix} A_0 & B_0 & E_1 & \cdots & E_m \\ C_0 & D_0 & F_1 & \cdots & F_m \\ G_1 & H_1 & 0 & \cdots & 0 \\ \vdots & \vdots & \vdots & & \vdots \\ G_m & H_m & 0 & \cdots & 0 \end{bmatrix}$$

不确定模块 Δ ($\Delta \cdot \infty < 1$) 以及加权函数 $W_G = \mathrm{diag}(\delta_1, \cdots, \delta_m)$ 表示 m 个模型参数相对于标称值的摄动范围。这里仅考虑模型参数 a_{36}、a_{26}、b_{39}、b_{29} 的不确定性影响。

控制器结构框图如图 12.9 所示。

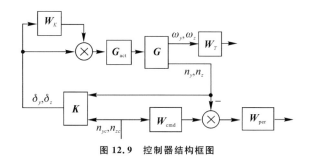

图 12.9　控制器结构框图

图中 G 为包含参数摄动的导弹俯仰-偏航运动模型，K 为控制器模型。未建模态等效为输入端乘型不确定性，其加权函数为

$$W_K = \mathrm{diag}\left(0.5\,\frac{s+20}{s+200},\ 1.5\,\frac{s+20}{s+200}\right)$$

舵机特性用一阶惯性环节 G_{act} 来近似，有

$$G_{act} = \mathrm{diag}\left(\frac{1}{0.1s+1},\ \frac{1}{0.1s+1}\right)$$

W_{cmd} 为指令加权函数，有

$$W_{cmd} = \mathrm{diag}\left(\frac{0.5s+1}{2s+1},\ \frac{0.5s+1}{2s+1}\right)$$

W_{per} 用于对指令输入与模型输出的差进行加权，使系统的指令跟踪性能满足设计要求，所选的加权为

$$W_{per} = \mathrm{diag}\left(0.1\,\frac{0.1s+0.05}{s+0.01},\ 0.1\,\frac{s+0.35}{s+0.01}\right)$$

$$W_T = \mathrm{diag}(0.01, 0.01)$$

3. 仿真分析

控制器的主设计点气流扭角 φ 为 $-22.5°$，总攻角为 $25°$，并与传统的基于单

通道独立设计的 PID 控制器进行了对比,图 12.10 和图 12.11 所示为 PID 控制器设计的系统过载响应,图 12.12 和图 12.13 所示为 μ 综合设计的系统过载响应。同时对综合设计控制器在总攻角 α_c 为 20° 和 30° 时进行对比,系统过载 n_y、n_z 的单位阶跃响应如下,其中点线为总攻角 α_c 为 25°,实线为总攻角 α_c 为 20°,虚线为总攻角 α_c 为 30°。

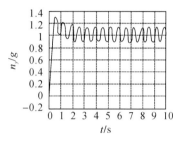

图 12.10　PID 控制器法向过载响应

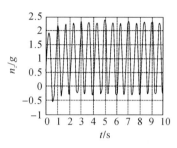

图 12.11　PID 控制器侧向过载响应

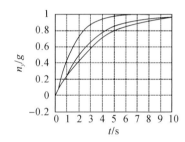

图 12.12　μ 综合设计控制器法向过载响应

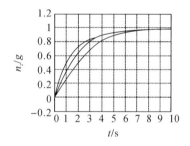

图 12.13　μ 综合设计控制器侧向过载响应

　　由仿真结果可以明显看出,基于单通道独立设计的 PID 控制器,造成了导弹稳定性的丧失。而基于 μ 综合设计的控制器,系统过载响应良好,避免了单通道独立设计时耦合所造成系统稳定性的丧失。

12.1.5.3　基于神经网络动态逆理论的大攻角飞行控制系统设计方法

　　本节基于非线性动态逆系统原理,利用了 RBF 神经网络逼近逆误差,给出一种基于神经网络动态逆的大攻角导弹解耦控制器。

　　1. 大攻角空空导弹耦合弹体数学模型

　　对正常式布局导弹,建立大攻角空空导弹耦合弹体数学模型为

$$\left.\begin{aligned}
\dot{\alpha} &= -a_{34}\alpha + \omega_z - d_{32}\beta - a_7\omega_x + a_6\gamma - a_{35}\delta_z \\
\dot{\omega}_z &= -a_{24}\alpha - a_{22}\omega_z - d_{22}\beta - a_{25}\delta_z \\
\dot{\beta} &= h_{32}\alpha - b_{34}\beta + \omega_y + b_7\omega_x - b_{35}\gamma - b'_5\delta_x - b_{37}\delta_y \\
\dot{\omega}_y &= h_{22}\alpha - b_{24}\beta - b_{22}\omega_y - b_{21}\omega_x - b'_3\delta_x - b_{27}\delta_y \\
\dot{\omega}_x &= h_{12}\alpha - b_{14}\beta - b_{12}\omega_y - b_{11}\omega_x - b_{18}\delta_x - b_{17}\delta_y \\
\dot{\gamma} &= \omega_x
\end{aligned}\right\} \tag{12.15}$$

式中:$\alpha,\omega_z,\beta,\omega_y,\omega_x,\gamma$ 分别为导弹攻角、俯仰角速度、侧滑角、偏航角速度、滚转角速度和滚转角;$\delta_x,\delta_y,\delta_z$ 分别为滚动、偏航和俯仰舵偏角。

由式(12.15)可以看出,当攻角 α 较大时,由于气动铰链的作用,会产生不可忽略的动力系数 $b_6(a_6)$,以及 ω_x 变化时所产生的运动学耦合。横向运动对侧向运动的耦合主要体现在运动学耦合上;侧向运动对横向运动的耦合主要体现在斜吹力矩耦合上。因此横向运动对侧向和纵向运动的影响不能忽略。另外,由于气动铰链的影响,会诱导出较大的滚动力矩、侧向(纵向)力矩和侧向力(升力),存在着铰链动力(矩)系数 $h_{12}(d_{12})$、$h_{22}(d_{22})$ 和 $h_{32}(d_{32})$,这时应考虑纵向运动对侧向运动的影响。

2.解耦控制系统设计

神经网络动态逆系统方法是将神经网络对非线性函数的逼近学习能力和逆系统方法的线性化能力相结合,构造出可实现的神经网络逆系统,从而实现对系统的大范围线性化,能够在无须获得原系统的逆系统的解析解的情况下获得原系统的逆模型,构造出伪线性复合系统,从而实现对系统的解耦。

(1)基于动态逆系统的设计方法。定义系统的输出为 $\boldsymbol{y} = [\begin{matrix} y_1 & y_2 & y_3 \end{matrix}]^{\mathrm{T}} = [\begin{matrix} \alpha & \beta & \gamma \end{matrix}]^{\mathrm{T}}$,状态向量 $\boldsymbol{x} = [\begin{matrix} \omega_x & \omega_y & \omega_z & \alpha & \beta & \gamma \end{matrix}]^{\mathrm{T}}$,控制向量 $\boldsymbol{u} = [\begin{matrix} \delta_x & \delta_y & \delta_z \end{matrix}]^{\mathrm{T}}$。对每个输出变量求关于时间变量的导数,为简化问题,忽略式(12.15)中的小参量 a_{35}、b'_5 和 b_{37},直到至少有一个控制量出现,可得矩阵形式为

$$\begin{bmatrix} y_1^{(r_1)} \\ y_2^{(r_2)} \\ y_3^{(r_3)} \end{bmatrix} = \begin{bmatrix} \bar{y}_1 \\ \bar{y}_2 \\ \bar{y}_3 \end{bmatrix} = \begin{bmatrix} \bar{\alpha} \\ \bar{\beta} \\ \bar{\gamma} \end{bmatrix} = \boldsymbol{A}(x) + \boldsymbol{B}(x)\boldsymbol{u} \tag{12.16}$$

式中

$$\boldsymbol{A}(x) = \begin{bmatrix} a_{11}\omega_x + a_{12}\omega_y + a_{13}\omega_z + a_{21}\alpha + a_{22}\beta + a_{23}\gamma \\ b_{11}\omega_x + b_{12}\omega_y + b_{13}\omega_z + b_{21}\alpha + b_{22}\beta + b_{23}\gamma \\ -c_1\omega_x - c_0\omega_y + h_{12}\alpha - d_{12}\beta \end{bmatrix}$$

-1

$$\boldsymbol{B}(x) = \begin{bmatrix} a_{31} & a_{32} & a_{33} \\ b_{31} & b_{32} & b_{33} \\ -c_3 & -c_4 & 0 \end{bmatrix}$$

设期望的攻角指令为 α_d，侧滑角指令为 β_d，滚转角指令为 γ_d，协调命令取为 $\gamma_d = 0$。

定义输出跟踪误差、滤波误差（误差及其一阶导数之和）为

$$\boldsymbol{e} = \begin{bmatrix} e_1 \\ e_2 \\ e_3 \end{bmatrix} = \begin{bmatrix} \alpha - \alpha_d \\ \beta - \beta_d \\ \gamma - \gamma_d \end{bmatrix}, \boldsymbol{r} = \begin{bmatrix} r_1 \\ r_2 \\ r_3 \end{bmatrix} = \begin{bmatrix} \dot{e}_1 - \lambda_1 e_1 \\ \dot{e}_2 - \lambda_2 e_2 \\ \dot{e}_3 - \lambda_3 e_3 \end{bmatrix} \tag{12.17}$$

式中，$\lambda_i (i=1,2,3)$ 为正常数。

对滤波误差 $\boldsymbol{r}$ 求关于时间变量的导数，可得

$$\dot{\boldsymbol{r}} = \begin{bmatrix} \dot{r}_1 \\ \dot{r}_2 \\ \dot{r}_3 \end{bmatrix} = \begin{bmatrix} \ddot{e}_1 + \lambda_1 \dot{e}_1 \\ \ddot{e}_2 + \lambda_2 \dot{e}_2 \\ \ddot{e}_3 + \lambda_3 \dot{e}_3 \end{bmatrix} = \begin{bmatrix} \ddot{\alpha} \\ \ddot{\beta} \\ \ddot{\gamma} \end{bmatrix} + \begin{bmatrix} -\ddot{\alpha}_d + \lambda_1 \dot{e}_1 \\ -\ddot{\beta}_d + \lambda_2 \dot{e}_2 \\ -\ddot{\gamma}_d + \lambda_3 \dot{e}_3 \end{bmatrix} \tag{12.18}$$

令 $\boldsymbol{A}_r = [-\ddot{\alpha}_d + \lambda_1 \dot{e}_1 \quad -\ddot{\beta}_d + \lambda_2 \dot{e}_2 \quad -\ddot{\gamma}_d + \lambda_3 \dot{e}_3]^T$，将式（12.16）代入式（12.18），可得

$$\dot{\boldsymbol{r}} = -\boldsymbol{\Lambda} \boldsymbol{r} + [\boldsymbol{\Lambda} \boldsymbol{r} + \boldsymbol{A}(x) + \boldsymbol{A}_r] + \boldsymbol{B}(x)\boldsymbol{u} \tag{12.19}$$

式中：$\boldsymbol{\Lambda} = \mathrm{diag}(\Lambda_1, \Lambda_2, \Lambda_3)$ 为正定对角矩阵。

根据空气动力系数值和 x 值，可以计算出控制律为

$$\boldsymbol{u} = \boldsymbol{B}^{-1}[-\boldsymbol{\Lambda} \boldsymbol{r} - \boldsymbol{A}(x) - \boldsymbol{A}_r] \tag{12.20}$$

如果导弹模型及空气动力系统准确已知，则控制律式（12.20）将使滤波误差 $\boldsymbol{r} \to \boldsymbol{O}$，进而输出跟踪误差 $\boldsymbol{e} \to \boldsymbol{O}$，从而实现输出渐近无差跟踪。

（2）基于 RBF 神经网络逼近的控制器设计。由于 RBF 神经网络具有出色的学习和自适应、自组织、函数逼近和大规模并行处理等能力，所以已经成为处理控制系统的非线性和不确定性，以及逼近系统的辨识函数等的一个有力工具，本节采用 RBF 网络对控制律式（12.20）中不确定项 $\boldsymbol{A}$ 进行自适应逼近。RBF 神经网络算法为

$$\varphi_i = g\left(\frac{\|\boldsymbol{x} - c_i\|^2}{\sigma_i^2}\right), \quad i = 1, 2, \cdots, n$$

$$f(\boldsymbol{x}) = \boldsymbol{W}^T \boldsymbol{\varphi}(\boldsymbol{x}) + \boldsymbol{\varepsilon}$$

式中：$\boldsymbol{x} = [\omega_x \quad \omega_y \quad \omega_z \quad \alpha \quad \beta \quad \gamma]^T$ 为网络的输入信号；$\boldsymbol{\varphi} = [\varphi_1 \quad \varphi_2 \quad \cdots \quad \varphi_n]$ 为高斯基函数的输出；$\boldsymbol{W}$ 为神经网络权值；$\boldsymbol{\varepsilon}$ 为神经网络逼近误差。

假设：

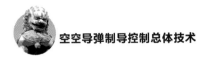

1）神经网络输出 $\hat{f}(x, W)$ 为连续；

2）神经网络输出 $\hat{f}(x, W)$ 逼近连续函数 $f(x)$，存在一个非常小的正数 ε_0，有

$$\max \| \hat{f}(x, W^*) - f(x) \| \leqslant \varepsilon_0$$

式中：W^* 表示对 $f(x)$ 最佳辨识的神经网络权值。

对式（12.16）中的 A，定义 A 与其 RBF 神经网络估计值 $\hat{A}$ 之差为

$$\widetilde{A} = A - \hat{A} \tag{12.21}$$

设 A 的 RBF 神经网络表示为

$$\hat{A} = \hat{W}_A^{\mathrm{T}} \boldsymbol{\varphi}_A(x) + \boldsymbol{\varepsilon}_A \tag{12.22}$$

采用 A 的 RBF 神经网络估计为

$$\hat{A} = \hat{W}_A^{\mathrm{T}} \boldsymbol{\varphi}_A(x) \tag{12.23}$$

取 $\widetilde{W} = W - \hat{W}$，$\| W \|_F \leqslant W_{\max}$。

设计以下的综合控制律：

$$U = u_c + u_r \tag{12.24}$$

式中

$$u_c = B^{-1}(-\hat{A} + v) = B^{-1}[-\hat{W}_A^{\mathrm{T}} \boldsymbol{\varphi}_A(x) + v] \tag{12.25}$$

$$v = -\boldsymbol{\Lambda} r - A_r \tag{12.26}$$

u_r 为用于克服神经网络逼近误差 $\boldsymbol{\varepsilon}_A$ 的鲁棒控制项：

$$u_r = -\mu \| u_c \| \operatorname{sgn}(r) \tag{12.27}$$

式中：μ 为正常数。

将控制律式（12.25）和式（12.26）代入式（12.19），并利用式（12.21）得

$$\bar{r} = -\boldsymbol{\Lambda} r + (A - \hat{A}) = -\boldsymbol{\Lambda} r + \widetilde{A} \tag{12.28}$$

定义李雅普诺夫函数为

$$L = \frac{1}{2} r^{\mathrm{T}} r + \frac{1}{2} \operatorname{tr}(\widetilde{W}_A^{\mathrm{T}} M^{-1} \widetilde{W}_A) \tag{12.29}$$

则

$$\overline{L} = r^{\mathrm{T}} \bar{r} + \operatorname{tr}(\widetilde{W}_A^{\mathrm{T}} M^{-1} \widetilde{W}_A) \tag{12.30}$$

将式（12.28）代入式（12.30），可得

$$\dot{L} = -r^{\mathrm{T}} \boldsymbol{\Lambda} r + r^{\mathrm{T}} \widetilde{W}_A^{\mathrm{T}} \boldsymbol{\varphi}_A + \operatorname{tr} \widetilde{W}_A^{\mathrm{T}} (M^{-1} \dot{\widetilde{W}}_A + \boldsymbol{\varphi}_A r^{\mathrm{T}}) \tag{12.31}$$

取 RBF 神经网络自适应律为

$$\dot{\widetilde{W}} = M \boldsymbol{\varphi} r^{\mathrm{T}} - kM \| r \| \hat{W} \tag{12.32}$$

式中，M 为对称正定矩阵；k 为正常数。

由式(12.31)得

$$\dot{L} = -r^{\mathrm{T}}\Lambda r + r^{\mathrm{T}}\widetilde{W}_A^{\mathrm{T}}\boldsymbol{\varphi}_A + \mathrm{tr}\widetilde{W}_A^{\mathrm{T}}(-\boldsymbol{\varphi}_A r^{\mathrm{T}} + k\parallel r\parallel \hat{W}_A + \boldsymbol{\varphi}_A r^{\mathrm{T}}) =$$
$$-r^{\mathrm{T}}\Lambda r + r^{\mathrm{T}}\widetilde{W}_A^{\mathrm{T}}\boldsymbol{\varphi}_A + k\parallel r\parallel \mathrm{tr}\widetilde{W}_A^{\mathrm{T}}(W_A - \widetilde{W}_A)$$

要使 $L \leqslant 0$，则需要 $\Lambda_{\min}\parallel r\parallel + \parallel \widetilde{W}_A\parallel_F(k\parallel \widetilde{W}_A\parallel_F - W_{A_{\max}}) + \parallel \boldsymbol{\varphi}_A\parallel_F > 0$，即

$$\parallel r\parallel = \frac{\parallel \widetilde{W}_A\parallel_F[k(W_{A_{\max}} - \parallel \widetilde{W}_A\parallel_F) - \parallel \boldsymbol{\varphi}_A\parallel_F]}{\dot{\Lambda}_{\min}}$$

因此当满足下列收敛条件时，系统稳定，即 $\dot{L} \leqslant 0$：

$$\parallel r\parallel = \frac{\parallel \widetilde{W}_A\parallel_F[k(W_{A_{\max}} - \parallel \widetilde{W}_A\parallel_F) - \parallel \boldsymbol{\varphi}_A\parallel_F]}{\dot{\Lambda}_{\min}}$$

（3）仿真分析。以某型导弹可利用的部分气动和弹道数据为例进行仿真。仿真条件如下：高度 8 000 m，$Ma = 1.8$，期望攻角指令为 α_d（幅值为 40°，周期为 4 s），期望侧滑角为 β_d（幅值为 5°，周期为 4 s），期望滚转角为 γ_d（幅值为 0°，周期为 4 s）。仿真结果如图 12.14～图 12.16 所示。

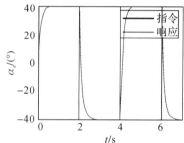

图 12.14　攻角响应曲线

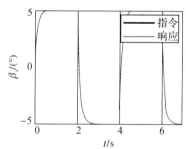

图 12.15　侧滑角响应曲线

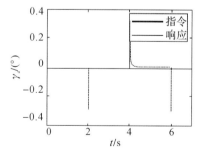

图 12.16　滚转角响应曲线

仿真结果表明，攻角、侧滑角及滚转角均能够很好地响应系统指令，且控

制系统动态品质良好,解耦效果明显,系统具有良好的鲁棒性,达到了设计目的。

|12.2 空空导弹推力矢量控制系统设计|

12.2.1 推力矢量的典型应用场合

当前,推力矢量控制导弹主要在以下场合得到了应用。

(1)进行近距格斗、离轴发射的空空导弹,典型型号为俄罗斯的 R－73。

(2)目标横越速度可能很快,初始弹道需要快速修正的地空导弹,典型型号为俄罗斯的 S－300。

(3)机动性要求很高的高速导弹,典型型号为美国的 HVM。

(4)气动控制显得过于笨重的低速导弹,特别是手动控制的反坦克导弹,典型型号为美国的"龙"式导弹。

(5)无需精密发射装置,垂直发射后紧接着就快速转弯的导弹。因为垂直发射的导弹必须在低速下以最短的时间进行方位对准,并在射面里进行转弯控制,此时导弹速度低,操纵效率也低,因此,不能用一般的空气舵进行操纵。为达到快速对准和转弯控制的目的,必须使用推力矢量舵。新一代舰空导弹和一些地空导弹为改善射界、提高快速反应能力都采用了该项技术。典型型号有美国的标准－3。

(6)在各种海情下出水,需要弹道修正的潜艇发射导弹,如法国的潜射导弹"飞鱼"。

(7)发射架和跟踪器相距较远的导弹,独立助推、散布问题比较突出的导弹,如中国的 HJ－73。

以上列举的各种应用几乎包含了适用于固体火箭发动机的所有战术导弹。通过控制固体火箭发动机喷流的方向,可使导弹获得足够的机动能力,以满足应用要求。图 12.17 所示为在空空导弹上应用推力矢量控制时的仿真结果。由于使用了推力矢量控制,初段进行急回转,尽快进入到达目标的最短航线,所以与气动控制相比在缩短射程和对准瞄准线方面都有很大优点。

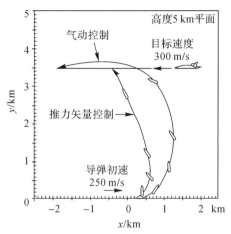

图 12.17　推力矢量控制的空空弹飞行仿真

12.2.2　推力矢量控制系统的分类

对于采用固体火箭发动机的推力矢量控制系统,根据实现方法可以将其分为下述三类。

1. 摆动喷管

这一类包括所有形式的摆动喷管及摆动出口锥的装置。在这类装置中,整个喷流偏转,主要有以下两种。

(1)柔性喷管。图 12.18 所示为柔性喷管的基本结构。它实际上就是将层压柔性接头直接装在火箭发动机后封头上形成的一个喷管。层压接头由许多同心球形截面的弹胶层和薄金属板组成,弯曲形成柔性的夹层结构。这个接头轴向刚度很大,而在侧向却很容易偏转。用它可以实现传统的发动机封头与优化喷管的对接。

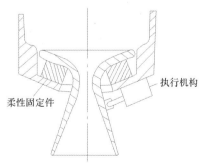

图 12.18　柔性喷管的基本结构

（2）球窝喷管。图12.19所示为球窝喷管的基本结构。其收敛段和扩散段被支撑在万向环上,该装置可以围绕喷管中心线上的某个中心点转动。延伸管或者后封头上装有一套有球窝的筒形夹具,使收敛段和扩散段可在其中活动。球面间装有特制的密封目,以防高温高压燃气泄漏。舵机通过方向环进行控制,以提供俯仰和偏航力矩。

图 12.19　球窝喷管的基本结构

2. 流体二次喷射

在这类系统中,流体通过吸管扩散段被注入发动机喷流。注入的流体在超声速的喷管气流中产生一个斜激波,引起压力分布不平衡,从而使气流偏斜。这一类主要有以下两种。

（1）液体二次喷射。高压液体喷入火箭发动机的扩散段,产生斜激波,从而引起喷流偏转。惰性液体系统的喷流最大偏转角为4°。液体喷射点周围形成的激波引起推力损失。但是二次喷射液体增加了喷流和质量,使得净力略有增加。与惰性液体相比,采用活性液体能够略为改善侧向比冲性能,但是在喷流偏转角大于4°时,两种系统的效率都急速下降。液体二次喷射推力矢量控制系统的主要吸引力在于其工作时所需的控制系统质量小,结构简单。因而在不需要很大喷流偏转角的场合,液体二次喷射具有很强的竞争力。

（2）热燃气二次喷射。在这种推力矢量控制系统中,燃气直接取自发动机燃烧室或者燃气发生器,然后注入扩散段,由装在发动机喷管上的阀门实现控制,图12.20所示为其基本结构。

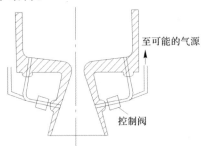

图 12.20　热燃气二次喷射的基本结构

3. 喷流偏转

在火箭发动机的喷流中设置阻碍物的系统归为这一类，主要有以下 5 种。

（1）燃气舵。燃气舵的基本结构是在火箭发动机的喷管尾部对称地放置 4 个舵片。4 个舵片的组合偏转可以产生要求的俯仰、偏航和滚转操纵力矩和侧向力。燃气舵具有结构简单、致偏能力强、响应速度快的优点，但其在舵偏角为零时仍存在较大的推力损失。另外，由于燃气舵的工作环境比较恶劣，存在严重的冲刷烧蚀问题，不宜用于要求长时间工作的场合。图 12.21 所示为燃气舵的基本结构。

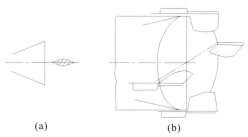

(a)　　　　(b)

图 12.21　燃气舵的基本结构

（a）燃气舵；（b）燃气舵布置

（2）偏流环喷流偏转器。图 12.22 所示为偏流环喷流偏转器的基本结构。它基本上是发动机喷管的管状延长，可绕出口平面附近喷管轴线上的一点转动。偏流环偏转时扰动燃气，引起气流偏转。这个管状延伸件或称偏流环，通常支撑在一个万向架上。伺服机构提供俯仰和偏航平面内的运动。

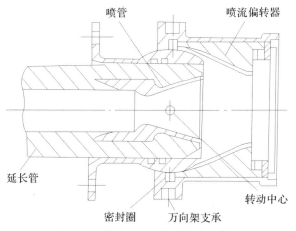

图 12.22　偏流环喷流偏转器的基本结构

（3）轴向喷流偏转器。图 12.23 所示为轴向喷流偏转器的基本结构。在欠膨胀喷管的周围安置 4 个偏流叶片,叶片可沿轴向运动,以插入或退出发动机尾喷流,形成激波而使喷流偏转。叶片受线性作动筒控制,靠滚球导轨支持在外套筒上。该方法最大可以获得 7° 的偏转角。

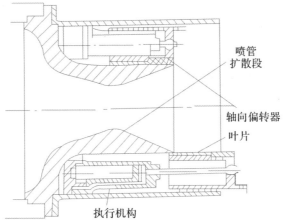

图 12.23   轴向喷流偏转器的基本结构

(4)臂式扰流片。图 12.24 所示为典型的臂式扰流片系统的基本结构。在火箭发动机喷管出口平面上设置 4 个叶片,工作时可阻塞部分出口面积,最大偏转可达20°。该系统可以应用于任何正常的发动机喷管,只有在桨叶插入时才产生推力损失,而且基本上是线性的,喷流每偏转 1°,大约损失 1% 的推力。这种系统体积小、质量轻,因此只需要较小的伺服机构,这对近距战术导弹是很有吸引力的。对于燃烧时间较长的导弹,由于高温、高速的尾喷流会对扰流片造成烧蚀,所以使用这种系统是不合适的。

图 12.24   臂式扰流片系统的基本结构

(5)导流罩式致偏器。图 12.25 中的导流罩式致偏器基本上就是一个带圆孔的半球性拱帽,圆孔大小与喷管出口直径相等且位于喷管的出口平面上。拱帽可绕喷管轴线上的某一点转动,该点通常位于喉部上游。这种装置的功能和扰流片类似。当致偏器切入燃气流时,超声速气流形成主激波,从而引起喷流偏斜。与扰流片相比,能显著地减少推力损失。对于导流罩式致偏器,喷流偏角和轴向推力损失大体与喷口遮盖面积成正比。一般来说,喷口每遮盖 1%,将会产生 $0.52°$ 的喷流偏转和 0.26% 的轴向推力损失。

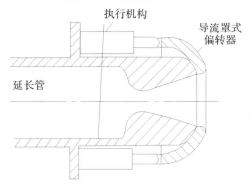

图 12.25　导流罩式致偏器的基本结构

12.2.3　推力矢量控制系统的性能描述

推力矢量控制系统的性能大体上可分为以下四方面:

(1)喷流偏转角度:喷流可能偏转的角度;

(2)侧向力系数:侧向力与未被扰动时的轴向推力之比;

(3)轴向推力损失:装置工作时所引起的推力损失;

(4)驱动力:为达到预期响应需加在这个装置上的总的力特性。

喷流偏转角度和侧向力系数用以描述各种推力矢量控制系统产生侧向力的能力。对于靠形成冲击波进行工作的推力矢量控制系统来说,通常用侧向力系数和等效气流偏转角度来描述产生侧向力的能力。

当确定驱动机构尺寸时,驱动力是一个必不可少的参数。另外,当进行系统研究时,用它可以方便地描述整个伺服系统和推力矢量控制装置可能达到的最大闭环带宽。

12.2.4　推力矢量控制系统的应用方法

推力矢量控制系统在战术导弹上有两种应用方法,即全程推力矢量控制和气动力/推力矢量组合控制。因为全程推力矢量控制和普通的空气舵控制的设计过程是相近的,所以,在这里主要讨论气动力/推力矢量组合控制的设计方法。

导弹空气舵/推力矢量组合控制系统设计有许多优点,主要表现在以下三

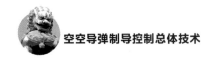

方面。

（1）增加了有效作战包络。在高空目标截击、近射界、大离轴和全向攻击方面的性能都有很大提高。

（2）显著地减小了导弹自动驾驶仪的时间常数。研究结果表明,采用推力矢量控制系统,无论气动舵尺寸多大、飞行高度如何,法向过载控制系统一阶等效时间常数均可以做到小于0.2 s。这是导弹拦截高机动目标所必需的。

（3）可以有效地减小导弹的舵面翼展。因为当发动机工作时,推力矢量控制系统提供主要的机动控制,特别是在导弹的低速段和高空飞行时,减小舵面翼展意味着飞机可以装载更多的导弹。

当然,导弹空气舵/推力矢量组合控制系统在设计上也存在着一些难题,主要表现在以下五方面。

（1）在导弹的低速飞行段和高空飞行段使用推力矢量控制,大攻角将不可避免,非线性气动力和力矩特性十分明显,常规设计的自动驾驶仪结构可能无法适应。

（2）在大攻角飞行时,导弹的俯仰-偏航-滚动通道之间存在明显的交叉耦合,这会破坏导弹的稳定性和性能。

（3）大攻角飞行的导弹,其弹体动力学特性受飞行条件的影响,会在很大范围内发生变化。

（4）空气舵/推力矢量组合控制系统是一种冗余控制系统,确定什么形式的控制器结构和选择怎样的舵混合原则以使导弹具有最佳的性能是有待进一步研究的问题。

（5）攻角和过载限制问题。使用推力矢量控制的导弹,总体设计不能保证对导弹攻角的限制,必须引入专门的攻角限制机构。

导弹大攻角飞行控制的问题在前面已经介绍过,下面着重讨论空气舵和推力矢量舵的舵混合问题。对同时具有空气舵和推力矢量舵的导弹,其控制信号的舵混合从理论上讲存在着无穷多解。在工程中,需要研究舵混合的基本原则,确保给出一种符合工程实际的、性能优异的舵混合方法。

舵混合通常应遵循以下三项基本原则。

（1）满足舵的使用条件。对推力矢量舵,它只是当发动机工作时使用;对鸭式导弹的空气舵,其大攻角操纵待性很差,气动交叉耦合效应明显,因此只能在中、小攻角的范围内使用,而对于正常式布局的导弹,特别是使用格栅舵,其大攻角操纵特性仍是很好的。推力矢量舵在导弹大攻角飞行时仍有很好的操纵性,也不会引入操纵耦合效应。

（2）使导弹具有最大的可用过载或转弯角速率。通过对两套舵系统的合理使用(选用或同时使用),产生最大的操纵能力,由此使导弹具有最大的可用过载或转弯角速率。

(3)使导弹舵面升阻比最大。使舵面升阻比最大的意义是舵面诱导阻力的极小化和舵面操纵力矩的极大化。当然这也是通过合理地组合两套舵系统来实现的。

对于具有两套控制舵面的导弹,舵面使用的方法主要有两种:串联控制方式和并联控制方式。串联控制方式在导弹的任何飞行状态下同时都只有一套舵系统在工作。通常的做法是在导弹飞行的主动段使用推力矢量舵,被动段使用空气舵。并联控制方式是指在导弹的任何飞行状态同时有两套或一套舵系统工作。根据舵混合的第一个原则,在以下条件中导弹只能用一套舵系统:

1)导弹飞行的被动段,只能使用空气舵;

2)当攻角大于一定值时,空气舵基本不起作用,只能使用推力矢量舵。

除此之外的其他情况都可以同时使用两套舵系统。

|12.3　空空导弹直接力控制系统设计|

12.3.1　直接力机构配置方法

1.导弹横向喷流装置的操纵方式

导弹横向喷流装置可以有两种不同的使用方式:力操纵方式和力矩操纵方式。因为它们的操纵方式不同以及它们在导弹上的安装位置不同,所以它们提高导弹控制力的动态响应速度的原理也是不同的。

(1)力操纵方式即直接力操纵方式。要求横向喷流装置不产生力矩或产生的力矩足够小。为了产生要求的直接力控制量,通常要求横向喷流装置具有较大的推力,通常希望将其放在重心位置或离重心较近的地方。因为力操纵方式中的控制力不是通过气动力产生的,所以控制力的动态迟后被大幅度地减小了(在理想状态下,从 150 ms 减少到 20 ms 以下)。俄罗斯的 9M96E/9M96E2 和欧洲的新一代防空导弹 Aster15/Aster30 的第二级采用了力操纵方式[见图 12.26(a)]。

(2)力矩操纵方式要求横向喷流装置产生控制力矩,不以产生控制力为目的,但仍有一定的控制力作用。控制力矩改变了导弹的飞行攻角,因而改变了作用在弹体上的气动力。这种操纵方式不要求横向喷流装置具有较大的推力,通

常希望将其放在远离重心的地方。力矩操纵方式具有以下基本特性：

1）因为它有效地提高了导弹力矩控制回路的动态响应速度，所以最终提高了导弹控制力的动态响应速度；

2）一定的控制力作用能够有效地提高导弹在低动压条件下的机动性。

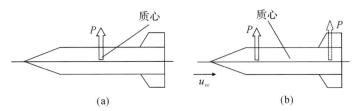

图 12.26 横向喷流装置安装位置示意图

(a)力操纵方式；(b)力矩操纵方式

对于正常式布局的导弹，其在与目标遭遇时基本上已是静稳定的了。从法向过载回路上看，当使用空气舵控制时，它是一个非最小相位系统。为产生正向的法向过载，首先出现一个负向的反向过载冲击。引入横向喷流装置力矩操纵后，可以有效地消除负向的反向过载冲击，明显提高动态响应速度。图 12.27 所示为力矩操纵方式提高动态响应的示意图。

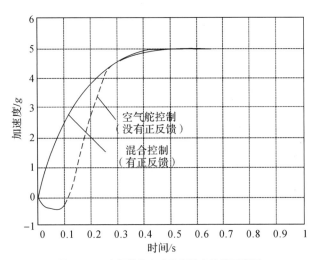

图 12.27 力矩操纵方式提高动态响应示意图

美国的 ERINT－1、俄罗斯的 С－300 垂直发射转弯段采用的是力矩操纵方式。

2.横向喷流装置的纵向配置方法

在导弹上直接力机构的配置方法主要有偏离质心配置方式(见图 12.28)、质心配置方式(见图 12.29)和前后配置方式(见图 12.30)3 种。

(1)偏离质心配置方式是将一套横向喷流装置安放在偏离导弹质心的地方。它实现了导弹的力矩操纵方式。

图 12.28 横向喷流装置偏离质心配置方式

(2)质心配置方式是将一套横向喷流装置安放在导弹质心或接近质心的地方。它实现了导弹力操纵方式。

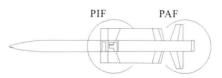

图 12.29 横向喷流装置质心配置方式

(3)前后配置方式是将两套横向喷流装置分别安放在导弹的头部和尾部。前后配置方式在工程使用上具有最大的灵活性。当前后喷流装置同向工作时,可以进行直接力操纵;当前后喷流装置反向工作时,可以进行力矩操纵。该方案的主要缺陷是喷流装置复杂,结构质量大一些。

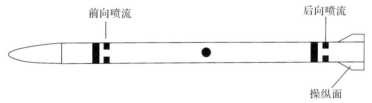

图 12.30 横向喷流装置前后配置方式

3.横向喷流装置推力的方向控制

横向喷流装置推力的方向控制有极坐标控制和直角坐标控制两种方式。

(1)极坐标控制方式通常用于旋转弹的控制。旋转弹的横向喷流装置通常都选用脉冲发动机组控制方案,通过控制脉冲发动机点火相位来实现对推力方向的控制。

(2)直角坐标控制方式通常用于非旋转弹的控制。非旋转弹的横向喷流装置通常选用燃气发生器控制方案,通过控制安装在不同方向上的燃气阀门来实现推力方向的控制。其工作原理如图 12.31 所示。

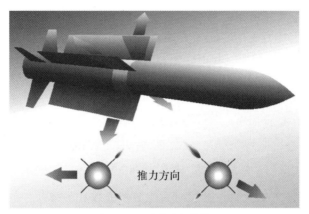

图 12.31　直角坐标控制

12.3.2　直接力控制系统控制方案评述

1. 直接力控制系统设计原则

通过对直接力飞行控制机理的研究,得出以下 4 项设计原则:

(1)设计应符合 ENDGAME 最优制导律提出的要求;

(2)飞控系统动态迟后极小化原则;

(3)飞控系统可用法向过载极大化原则;

(4)有、无直接力控制条件下飞行控制系统结构的相容性。

下面提出的控制方案主要基于后 3 项原则给出。

2. 控制指令误差型控制器

控制指令误差型控制器的设计思路是:在原来的反馈控制器的基础上,利用原来控制器控制指令误差来形成直接力控制信号,控制器结构如图 12.32 所示。很显然,这是一个双反馈方案。可以说,该方案将具有很好的控制性能,但该方案的缺点是与原来的空气舵反馈控制系统不相容。

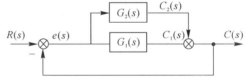

图 12.32　控制指令误差型线性复合控制器

3. 第 Ⅰ 类控制指令型控制器

第 Ⅰ 类控制指令型控制器的设计思路是:在原来的反馈控制器的基础上,利用控制指令来形成直接力控制信号,控制器结构如图 12.33 所示。很显然,这是一个前馈-反馈方案。该方案的设计有以下 3 个明显的优点。

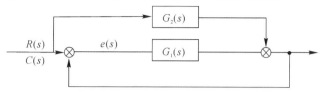

图 12.33 第Ⅰ类控制指令型线性复合控制器

（1）因为是前馈-反馈控制方案，前馈控制不影响系统稳定性，所以原来设计的反馈控制系统不需要重新镇定参数，在控制方案上有很好的继承性。

（2）直接力控制装置控制信号用作前馈信号，当其操纵力矩系数有误差时，并不影响原来反馈控制方案的稳定性，只会改变系统的动态品质。因此特别适合用在大气层内飞行的导弹上。

（3）在直接力前馈作用下，该控制器具有更快速的响应能力。

4. 第Ⅱ类控制指令型控制器

第Ⅱ类控制指令型控制器的设计思路是：利用气动舵控制构筑攻角反馈飞行控制系统，利用控制指令来形成攻角指令。利用控制指令误差来形成直接力控制信号，控制器结构如图 12.34 所示。很显然，这也是一个前馈-反馈方案，其中以气动舵面控制为基础的攻角反馈飞行控制系统作为前馈，以直接力控制为基础构造法向过载反馈控制系统。该方案的设计具有以下特点。

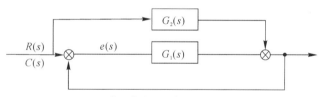

图 12.34 第Ⅱ类控制指令型线性复合控制器

（1）以攻角反馈信号构造空气舵控制系统可以有效地将气动舵面控制与直接力控制效应区分开来，因此可以单独完成攻角反馈控制系统的综合工作。事实上，该控制系统与法向过载控制系统设计过程几乎是完全相同的。因为输入攻角反馈控制系统的指令是法向过载指令，所以需要进行指令形式的转换。这个转换工作在导弹引入捷联惯导系统后是可以解决的，只是由于气动参数误差的影响，存在一定的转换误差。由于将攻角反馈控制系统作为复合控制系统的前馈通路，所以这种转换误差不会带来复合控制系统传递增益误差。

（2）直接力反馈控制系统必须具有较大的稳定裕度，主要是为了适应喷流装置放大因子随飞行条件的变化。

5. 第Ⅲ类控制指令型复合控制器

提高导弹的最大可用过载是改善导弹制导精度的另外一个技术途径。通过直接叠加导弹直接力和气动力的控制作用,可以有效地提高导弹的可用过载。具体的控制器形式如图 12.35 所示。在图中,K_0 为归一化增益,K_1 为气动力控制信号混合比,K_2 为直接力控制信号混合比。通过合理优化控制信号混合比,可以得到最佳的控制性能。该方案的问题是如何解决两个独立支路的解耦问题,因为传感器(如法向过载传感器)无法分清这两路输出对总的输出的贡献。

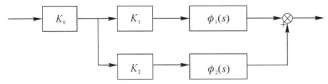

图 12.35　第Ⅲ类控制指令型复合控制器

假定直接力控制特性已知,利用法向过载测量信号,通过解算可以间接计算出气动力控制产生的法向过载。当然,这种方法肯定会带来误差,因为在工程上直接力控制特性并不能精确已知。比较特殊的情况是,在高空或稀薄大气条件下,直接力控制特性相对简单,这种方法不会带来多大的技术问题;而在低空或稠密大气条件下,直接力控制特性将十分复杂,需要研究直接力控制特性建模误差对控制系统性能的影响。

为了尽量减少直接力控制特性的不确定性对控制系统稳定性的影响,提出一种前馈-反馈控制方案,其控制器结构类似于第Ⅰ类控制指令型控制器,即采用直接力前馈、空气舵反馈的方案,如图 12.36 所示。这种方案的优点是:直接力控制特性的不确定性不会影响系统的稳定性,只会影响闭环系统的传递增益。

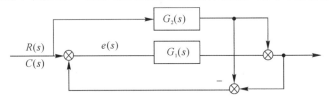

图 12.36　基于前馈-反馈控制结构的第Ⅲ类控制指令型控制器

12.3.3　几种典型的直接力控制系统设计方法

1. 直接侧向力前馈/气动力反馈复合系统设计

该复合控制器结构如图 12.37 所示。

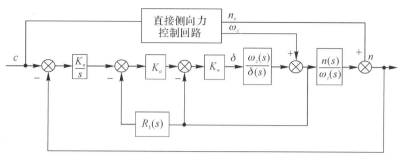

图 12.37　俯仰角速率增稳自动驾驶仪结构图

当弹体存在较大的静不稳定时,单纯采用角速率反馈是难以实现对系统的增稳的,因此,阻尼回路可采用角速率和伪攻角反馈组成复合回路从而实现对静不稳定导弹的控制。

复合回路设计采用极点配置方法,即

$$\begin{cases} \dfrac{\omega_z(s)}{\delta_z(s)} = \dfrac{-a_3 s - a_3 a_4}{s^2 + (a_1 + a_4)s + (a_2 + a_1 a_4)} \\[3mm] \dfrac{\alpha(s)}{\delta_z(s)} = \dfrac{-a_3}{s^2 + (a_1 + a_4)s + (a_2 + a_1 a_4)} \end{cases}$$

上式写成传递函数矩阵形式为

$$\boldsymbol{G}(s) = \boldsymbol{g}(s)/d(s)$$

式中:$d(s) = s^2 + (a_1 + a_4)s + (a_2 + a_1 a_4)$。

理想特征多项式为

$$s^2 + 2\xi'_d \omega'_d s + \omega'^2_d$$

根据极点配置方程

$$d_c(s) = d(s) + \boldsymbol{K}^{\mathrm{T}} \boldsymbol{g}(s), \boldsymbol{K} = \begin{bmatrix} K_r & K_\alpha \end{bmatrix}^{\mathrm{T}}$$

可得

$$\begin{bmatrix} -a_3 & 0 \\ -a_3 a_4 & -a_3 \end{bmatrix} \begin{bmatrix} K_r \\ K_\alpha \end{bmatrix} = \begin{bmatrix} 2\xi'_d \omega'_d - (a_1 + a_4) \\ \omega'^2_d - (a_2 + a_1 a_4) \end{bmatrix}$$

由该式计算出控制增益 K_r,K_α 值。忽略掉 a_1,a_4,可以得到复合回路增益。

很显然,控制器参数与舵面效率、燃料燃烧程度、马赫数、动压、总攻角有关,因此可以利用这些特征参数来实现变参。

忽略脉冲发动机自身力特性,复合控制系统闭环传函可简化为

$$\frac{n(s)}{n_c(s)} = \frac{-a_{3r} K^n_\alpha s - K_\alpha K_w K_I K^n_\alpha a_3}{s^3 + (a_1 + a_4 - K_\alpha a_3)s^2 + (a_2 + a_1 a_4 - K_w a_3 a_4 - K_\alpha K_w a_3)s - K_\alpha K_w K_I K^n_\alpha a_3}$$

由上式可以看出,直接力的引入并不改变系统的闭环极点,但会影响到闭环系统的零点。

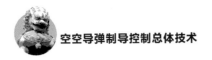

在前馈通道中引入一个比例项 λ，那么系统闭环传函变为

$$\frac{n(s)}{n_c(s)} = \frac{-\lambda a_{3r} K_a^n s - K_a K_\omega K_I K_a^n a_3}{s^3 + (a_1 + a_4 - K_\omega a_3)s^2 + (a_2 + a_1 a_4 - K_\omega a_3 a_4 - K_a K_\omega a_3)s - K_a K_\omega K_I K_a^n a_3}$$

可见，通过调节 λ，可以给系统配置合适的零点。

那么前馈增益 λ 的表达式为

$$\lambda = \frac{K_a K_\omega K_I a_3}{a_{3r} \lambda^*}$$

式中：λ^* 为理想零点。

可以看出，前馈回路增益 λ 是动压、Ma 和攻角的函数。

2.直接侧向力/气动力双反馈控制复合控制系统设计

该方案导弹自动驾驶仪结构框图如图 12.38 所示。

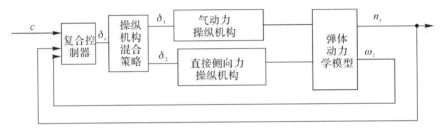

图 12.38　直接侧向力/气动力双反馈控制器结构框图

把喷流因子不确定性作为特征参数，在特性点处，复合控制系统可以看作是一个多模系统，即

$$\begin{cases} \dfrac{\dot{\alpha}_i(s)}{\delta_z(s)} = \dfrac{-(a_3 + a_{3ri})s}{s^2 + (a_1 + a_4)s + (a_2 + a_1 a_4)} \\[3mm] \dfrac{\alpha_i(s)}{\delta_z(s)} = \dfrac{-(a_3 + a_{3ri})}{s^2 + (a_1 + a_4)s + (a_2 + a_1 a_4)} \end{cases}$$

式中：$i = 1, 2, \cdots, 9$ 为不同喷流个数。

对系统的复合回路采用参数空间方法，利用极点配置设计复合回路的公共控制器。

被控对象可写为

$$\begin{cases} \dfrac{\dot{\alpha}(s)}{\delta_i(s)} = \dfrac{K_{ar} s}{T_d^2 s^2 + 2\xi_d T_d s + 1} \\[3mm] \dfrac{\alpha(s)}{\delta_i(s)} = \dfrac{K_{ar}}{T_d^2 s^2 + 2\xi_d T_d s + 1} \end{cases}$$

上式写成传递函数矩阵形式为

$$\boldsymbol{G}(s) = \boldsymbol{g}(s)/d(s)$$

式中：$\boldsymbol{g}(s) = \begin{bmatrix} -(a_{3r}+a_3)s \\ -(a_{3r}+a_3) \end{bmatrix}$；$d(s) = s^2 + (a_1+a_4)s + (a_2+a_1a_4)$。

理想特征多项式为

$$d_c(s) = s^2 + 2\xi'_d\omega'_d s + \omega'^2_d$$

根据极点配置方程

$$d_c(s) = d(s) + \boldsymbol{K}^{\mathrm{T}}\boldsymbol{g}(s), \boldsymbol{K} = \begin{bmatrix} K_{\dot{\alpha}} & K_\alpha \end{bmatrix}^{\mathrm{T}}$$

可得

$$\begin{bmatrix} -(a_{3r}+a_3) & 0 \\ 0 & -(a_{3r}+a_3) \end{bmatrix}\begin{bmatrix} K_{\dot{\alpha}} \\ K_\alpha \end{bmatrix} = \begin{bmatrix} 2\xi'_d\omega'_d - (a_1+a_4) \\ \omega'^2_d - (a_2+a_1a_4) \end{bmatrix}$$

由该式计算出控制增益 K_1, K_2。从而实现了把理想区域内的极点映射到控制器参数空间平面上。

12.4 空空导弹倾斜转弯控制系统设计

12.4.1 倾斜转弯控制技术的概念

近来,将 BTT 技术用于自动寻的导弹的控制得到了人们越来越多的重视。使用该技术导引导弹的特点是,在导弹捕捉目标的过程中,随时控制导弹绕纵轴转动,使其理想的(所要求的)法向过载矢量总是落在导弹的对称面 I-I 上(见图 12.39,对飞机形导弹而言)或中间对称面(见最大升力面)上(见图 12.40,对轴对称形导弹而言)。国外把这种控制方式称为 BTT 控制,即 Bank-to-Turn(倾斜转弯)的意思。现在,大多数的战术导弹与 BTT 控制不同,导弹在寻的过程中,保持弹体相对纵轴稳定不动,控制导弹在俯仰与偏航两平面上产生相应的法向过载,其合成法向力指向控制规律所要求的方向。为便于与 BTT 加以区别,称这种控制为 STT,即 Skid-to-Turn(侧滑转弯)的意思。显然,对于 STT 导弹,所要求的法向过载矢量相对导弹弹体而言,其空间位置是任意的。而 BTT 导弹则由于滚动控制的结果,所要求的法向过载最终总会落在导弹的有效升力面上。

BTT 技术的出现和发展与改善战术导弹的机动性、准确度、速度、射程等性能指标紧密相关。常规的 STT 导弹的气动效率较低,不能满足对战术导弹日益增强的大机动性、高准确度的要求,而 BTT 控制为弹体有效地提供了使用最佳气动特性的可能,从而可以满足机动性与精度的要求。美国研制的 SRAAM 短

程空空导弹可允许的导弹法向过载达 100g。RIAAT 中远程空空导弹的法向过载可达 30～40g。此外,导弹的高速度、远射程要求与导弹的动力装置有关。美国近年研制的远程地空导弹或地域性反导弹等项目,多半配置了冲压发动机,这种动力装置要求导弹在飞行过程中侧滑角很小,同时只允许导弹有正冲角或正向升力,这种要求对于 STT 导弹是无法满足的,而对 BTT 导弹来说,是可以实现的。BTT 技术与冲压发动机进气口设计有良好的兼容性,为研制高速度、远射程的导弹提供了有利条件。BTT 导弹的另一优点是升阻比会有显著提高。除此之外,平衡攻角、侧滑角、诱导滚动力矩和控制面的偏转角都较小,导弹具有良好的稳定特性,这些都是 BTT 导弹的优点。

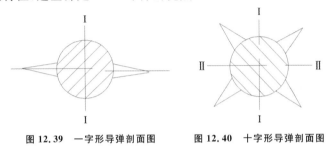

图 12.39　一字形导弹剖面图　　　　图 12.40　十字形导弹剖面图

　　与 STT 导弹相比,BTT 导弹具有不同的结构外形。其差别主要表现在:STT 导弹通常以轴对称型为主,BTT 导弹以面对称型为主。然而,这种差别并非绝对,例如,BTT - 45 导弹的气动外形恰恰是轴对称型,而 STT 飞航式导弹又采用面对称的弹体外形。图 12.41～图 12.43 所示为几种典型的 BTT 导弹气动外形。在对 BTT 导弹性能的论证中,其中的任务之一就是探讨 BTT 导弹性能对弹体外形的敏感性,目的是寻求导弹总体结构外形与 BTT 控制方案的最佳结合,使导弹性能得到最大程度的改善。

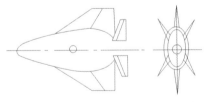

图 12.41　空空 BTT 导弹的气动外形图

　　根据导弹总体结构的不同(例如,导弹气动外形及配置的动力装置的不同),BTT 控制可以分为以下三种类型:BTT - 45、BTT - 90、BTT - 180。它们三者的区别是,在制导过程中,控制导弹可能滚动的角范围不同,即 45°、90°、180°。其中,BTT - 45 控制型适用于轴对称型(十字形弹翼)的导弹。BTT 系统控制导弹滚动,从而使得所要求的法向过载落在它的有效升力面上,由于轴对称导弹具有两个互相垂直的对称面或俯仰平面,所以在制导过程的任一瞬间,只要控制导弹滚动小于或等于 $45°$,即可实现所要求的法向过载与有效升力面重合的要求。这种控制方式又被称为 RDT,即 Roll-During-Turn(滚转转弯)的意思。BTT - 90 和 BTT - 180 两类控制均适用于面对称型导弹,这种导弹只有一个有效升力面,欲使要求的法向过载方向落在该平面上所要控制导弹滚动的最大角度范围为 $90°$ 或 $180°$。其中,BTT - 90 导弹具有产生正、负攻角或正、负升力的能力。BTT - 180 导弹仅能提供正向攻角或正向升力,这一特性与导弹配置了颚下进气冲压发动机有关。

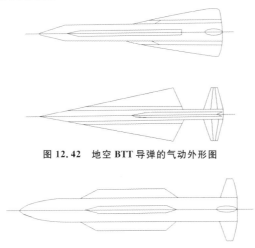

图 12.42　地空 BTT 导弹的气动外形图

图 12.43　轴对称 BTT 导弹的气动外形图

12.4.2　倾斜转弯控制面临的几个技术问题

尽管 BTT 技术可能提供上述的优点,然而作为一个可行的、有活力的控制方案取代现行的控制方案,还必须解决好以下几个问题。

(1)寻找合适的 BTT 控制系统的综合方法。STT 导弹上采用的三通道独立的控制系统及其综合(设计)方法已经不再适用于 BTT 导弹。代替它的是一个具有运动学耦合、惯性耦合以及控制作用耦合的多自由度(6 - DOF 或 5 - DOF)的系统综合问题。就其控制作用来说,STT 导弹采用了由俯仰、偏航双通道组成的直角坐标控制方式,而 BTT 导弹则采用了由俯仰、滚动通道组成的极坐标控制方式。综合具有上述特点的 BTT 控制系统,保证 BTT 导弹的良好控制性与稳定性,是研究 BTT 技术面临的技术问题之一。

（2）协调控制问题。要求 BTT 导弹在飞行中保持侧滑角近似为零，这并非是自然满足的，要靠一个具有协调控制功用的系统，即 CBTT 控制系统（Coordinated-BTT control system）来实现，该系统可保证 BTT 的偏航通道与滚动通道协调动作，从而实现侧滑角为零的限制。因此，设计 CBTT 系统则是 BTT 技术研究中的另一大课题。

（3）要抑制旋转运动对导引回路稳定性的不利影响。足够大的滚动角速率是保证 BTT 导弹性能（导引精度以及控制系统的快速反应）所必需的，而对雷达自动导引的制导回路的稳定性却是个不利的影响，抑制或削弱滚动耦合作用对导弹制导回路的稳定性影响，是 BTT 研制中必须解决的又一问题。然而，这个问题对于红外制导的 BTT 导弹则不必过分顾虑。

此外，BTT 导弹在目标瞄准线旋转角度较小的情况下，控制转动角的非确定性问题也是 BTT 技术论证中需要解决的问题。

12.4.3　倾斜转弯控制系统的组成及功用

BTT 与 STT 导弹控制系统比较，其共同点是两者都是由俯仰、偏航、滚动 3 个回路组成的，但对不同的导弹（BTT 或 STT），各回路具有的功用不同。表 12.2 列出了 STT 与 3 种 BTT 导弹控制系统的组成与各个回路的功用。

表 12.2　导弹控制系统的组成及功用

类　别	俯仰通道	偏航通道	滚动通道	注　释
STT	产生法向过载，具有提供正、负攻角的能力	产生法向过载，具有提供正、负侧滑角能力	保持倾斜稳定	适用于轴对称或对称的不同弹体结构
BTT-45	产生法向过载，具有提供正、负攻角的能力	产生法向过载，具有提供正、负攻角的能力	控制导弹绕纵轴转动，使导弹的合成法向过载落在 最大升力面内	仅适用于轴对称型导弹
BTT-90	产生法向过载，具有提供正、负攻角的能力	欲使侧滑角为零，偏航必须与倾斜协调	控制导弹滚动，使合成过载落在弹体对称面上	仅适用于面对称型导弹
BTT-180	产生单向法向过载，仅具有提供正攻角的能力	欲使侧滑角为零，偏航必须与倾斜协调	控制导弹滚动，使合成过载落在弹体对称面上	仅适用于面对称型导弹

12.4.4 倾斜转弯控制系统设计方法评述

综合近 20 年来的文献资料来看,空空导弹的 BTT 控制技术可以分为以下几种实现方法。

1. 经典控制方法

经典控制方法首先通过对导弹进行精确建模,然后采用比例微分控制回路使导弹稳定跟踪导引指令。导弹模型的精确度直接决定了跟踪精度,为了适应大空域范围内导弹气动参数的动态变化,通常对空域进行细致划分,从而获取足够多的控制特征点。

经典控制算法中比较有代表性的古典频域单通道法,是大多数导弹控制系统所采用的一种简单可靠的设计方法。对于横滚速率要求不高的 BTT 导弹,可借鉴 STT 导弹已有的成熟技术,自动驾驶仪控制器按照俯仰、偏航和横滚 3 个通道来独立设计。其设计思路的前提是忽略俯仰-偏航通道间的耦合,假定各通道的动态控制都是完全解耦的。弹体动力学方程线性化处理后,运用负反馈古典控制方法来分别控制已经解耦的俯仰、偏航和横滚通道,根据系统所需要的响应时间、稳定裕度以及噪声衰减要求来选择反馈因子。用频率法和根轨迹法独立设计 3 通道自动驾驶仪,制导系统只产生俯仰和横滚命令,偏航通道起协调控制作用。对于 3 个通道的交叉耦合,主要是引入耦合干扰补偿方法来消除。

Arrow 提出了非耦合式单回道设计法,加入一个协调支路使偏航通道与滚转通道耦合,以对消俯仰与偏航通道间的哥式加速度耦合效应。通过协调支路参数的合理选择,可以使 BTT 导弹在小滚动速率时能获得较好的性能。Emmert 等人提出将耦合视为未知扰动的 BTT 控制设计方法,根据俯仰和偏航通道独立设计具有良好抗干扰能力的控制器。由于系统具有良好的抗扰动能力,所以各种耦合对系统性能的影响被限制在允许的范围内,在工程上也比较容易实现。但是,上述控制系统的设计需要提高各通道的稳定裕度以克服耦合带来的影响,而且只有在滚转速率很小的条件下,将耦合看作随机干扰,各通道独立研究才有一定实际应用价值。因此,对于滚转速率较大、耦合作用很强的BTT 导弹,不宜使用"将耦合视为未知扰动"的方法来设计控制器。大攻角BTT 导弹的强耦合问题,还需要寻求能实现解耦控制的设计方法。

2. 现代控制方法

20 世纪 80 年代,BTT 导弹控制技术的研究成果基本上都是基于小滚动速率、弱耦合的 BTT 控制。实际上 BTT 导弹控制系统是一个多变量的控制系统,由此可将 BTT 导弹的俯仰和偏航通道作为耦合通道,用基于现代控制理论

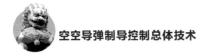

的多变量设计方法进行导弹的耦合控制研究。

在多变量系统设计理论中,具有二次型性能指标的最优控制系统设计理论是解决多输入多输出系统的最有效的方法之一。为使线性二次高斯(LQG)设计具有足够的稳定性,Doyle 和 Stein 提出了把虚拟的过程噪声作为设计参数加到模型输入端的鲁棒性恢复方法,即线性二次高斯/回路传函恢复(LQG/LTR)方法。Williams 等人使用 LQG/LTR 方法来设计 BTT 导弹自动驾驶仪。为了避开非线性问题,假定滚动速率变化缓慢,从而从各个设计点上可将其看作常数,使自动驾驶仪俯仰和偏航通道之间的交叉耦合取决于滚动速率。这样,"滚动轴"与"俯仰和偏航轴"已经解耦,由此被控对象模型分解为两个线性子系统,即"俯仰/偏航通道"和"滚动通道"。这样设计的自动驾驶仪具有良好的转弯协调性,然而在大攻角条件下,仿真结果表明偏航轴出现不稳定倾向。在应用 LQG 方法中,具有二次型性能指标的最优控制系统的性能及鲁棒性如何,关键在于如何对指标函数加权矩阵进行合理选择,长期以来的主要方式还是依靠经验。如 James R. Cloutier 采用 LQG 方法设计 BTT 自动驾驶仪控制器,所选择的加权矩阵为经验多项式组成的对角矩阵。

国内学者对 BTT 导弹自动驾驶仪的研究起步较晚,90 年代后才开始逐渐兴起 BTT 控制方法的研究热潮。冯文剑在传统时域设计方法的基础上研究了频域指示描述及其在约束条件下加权阵的选择方法,建立了带有积分控制的无静差 LQR(线性二次型调节器)控制模型。由于导弹存在较大的横滚速率,所以把不能解耦的俯仰和偏航通道作为一个通道处理,而横滚通道仅单向耦合到俯仰/偏航通道。对于导弹的非线性耦合动力学模型,则采用某一特征点线性化的方法得到线性时不变控制模型。这种方法需要求解满秩线性变换矩阵,计算工作量相当大,实时控制很难保证。崔平远等人从寻找哈密顿算子矩阵的特征值入手,导出具有二次型性能指标的最优控制系统中指标函数加权矩阵与闭环最优控制系统极点的直接关系,通过对称根轨迹法选择合理的加权矩阵,为设计具有鲁棒性的 BTT 导弹控制系统提供了一种有效的方法。

在 BTT 导弹控制系统中,采用现代控制方法进行设计的前提是需要给定被控对象精确的状态描述。通过对采用现代控制方法的其他相关文献分析可以进一步获知,现代控制理论方法对导弹自动控制系统的设计通常都是基于"小扰动理论"和"固定参数"两个基本假设的。"小扰动理论"是指对导弹非线性运动方程采取增量线性化的方法,而"固定参数"则是假定导弹动力学方程中的系数是不变的。毫无疑问,"小扰动理论"和"固定参数"这两个假定的前提忽略了导弹所固有的非线性运动特性。

导弹的非线性运动方程可以通过各种方法简化为线性的运动方程。但是,导弹的外力和力矩是由气动力、控制面、发动机推力、推力矢量控制以及重力共同产生的,尤其是在大攻角飞行段,由于气动力的非线性和强耦合特性,其各个通道的动力学控制方程中都含有耦合项,实现这个多变量方程组的线性化显然是相当复杂的过程。耦合因子的存在改变了原系统的传递函数和动态特性,严重时甚至会影响系统的稳定性。因此,必须同时解决模型不精确和参数动态变化的鲁棒控制问题,寻求非线性控制的方法是高性能 BTT 导弹自动驾驶仪设计的一种出路。

3. 非线性控制方法

20 世纪 90 年代后,对非线性控制问题的研究进入了一个非常活跃的时期。随着非线性理论的不断发展,一些非线性、鲁棒和智能控制方法也被逐渐引入飞行器的自动驾驶仪设计中,并取得了一些突破。下面列举一些在 BTT 控制领域比较热门的非线性设计方法。

(1)反馈线性法。反馈线性法是处理非线性对象的一种常用方法,其基本思想是通过状态变换,将一个非线性系统的动态特性全部或部分变换成线性的动态特性,然后应用现代控制理论中熟知的线性控制理论进行设计。这种方法与通常的线性化完全不同,它是经过严格的状态变换与反馈来获得线性化,而不是借助于动态特性的线性近似。反馈线性法主要包括微分几何和非线性动态逆两种方法。

微分几何是在线性系统几何方法的状态空间概念基础上,引入微分几何的数学概念而发展起来的。非线性动态逆是从函数与反函数、矩阵与逆矩阵等具有普遍意义的逆概念出发,认为一个具有动态过程的力学系统也有相应的动态逆系统。该方法先用对象模型构造一个可用反馈方法实现的原系统的逆系统,作为控制律串接在原系统的前端,将原系统补偿为具有线性传递关系且已经解耦的线性系统。

(2)反演设计法。反演设计(backstepping design)法是 20 世纪 90 年代提出来的一种非线性控制方法,该方法易于处理系统中的不确定性和未知参数。它是一种非线性系统的递推设计方法,这里的非线性不必具有线性界,它是从离控制输入最远的那个标量方程开始(其间被数目最多的积分器分开)向着控制输入"步退"(stepback)的方法。与其他形式的反馈线性化相比,反演的目标是稳定和跟踪,而不是以线性化为目的,因此能有效避免对消系统中有用的非线性。而非线性控制的目标是产生稳定的闭环控制,为此可扩展李亚普诺夫函数的概念,称为"控制李亚普诺夫函数(Control Lyapunov Function,CLF)"。反演的目的就是构造各种类型的 CLF。

(3)变结构控制方法。变结构控制(SVC)方法是 20 世纪 50 年代由苏联发展起来的,其思想就是设计一种控制器,结构随系统状态变化,控制律随状态的变化不断地切换。该方法可用于非线性系统的解耦控制,是一种处理扰动和不确定性的有效方法。

变结构控制的最大特点是系统的状态对干扰和参数的摄动具有很强的鲁棒性,甚至是不变性。由于变结构控制对于非线性控制存在的这一突出优点,所以滑模控制器逐渐被用来解决参数不确定或用于非线性控制系统中,成为控制系统设计的一般综合方法,并且应用到许多工程实际系统中。BTT 导弹由于存在动态特性高度非线性,且具有参数摄动和不确定等特性,变结构控制理论的日渐成熟为导弹控制提供了一条比较有效的解决途径。

4.神经网络方法

众所周知,神经网络具有很强的非线性函数逼近特性。近十几年的研究结果表明,在非线性的控制系统中采用神经网络,通过其动态学习能够自适应地减小反向传递误差,从而有助于改善其控制过程的动态特性。这种学习是通过神经元的权值调整而获得的,能够保证闭环系统的稳定性。神经网络的主要功能体现在参数辨识和控制律的生成上:用神经网络通过在线辨识可以直接获取控制对象的参数,而对于大攻角 BTT 导弹控制对象存在着的非线性问题,由于其具有良好的自学习和容错的功能,对系统不确定性具有较强的鲁棒性。因此,神经网络的这些突出优点也越来越受到控制工程人员的关注,从而出现了大量的使用神经网络来进行 BTT 导弹控制的理论研究。

需要指出的是,神经网络需要大量的试验数据作为训练样本,以得到较为理想的网络权值,从而能够得到接近真实的导弹模型。然而,BTT 导弹在各种状态下的完整数据在控制系统设计前几乎不可能得到,需要充分发挥神经网络的自学习功能。同时,网络运算需要占用大量的计算资源,其实时性也是一个需要考虑的问题。

5. H_∞ 控制及 μ 综合设计方法

H_∞ 控制方法根据系统模型(包括标称模型和扰动模型)以及扰动的域值设计控制器,以最优敏感性,即干扰在输出上影响最小作为 H_∞ 控制的基本思想,其求解过程就是使系统输出对干扰或不确定的范数极小化。H_∞ 控制近几年广泛地应用于航空航天的各个控制领域。BTT 导弹控制系统的 H_∞ 控制器设计,可以基于弹道上某特征点的线性时不变数学模型进行设计,能够在允许的模型参数变化范围内保证系统的稳定性,因此能够满足导弹这一非线性时变系统在预定空间内按照设计要求的性能指标稳定飞行。利用 H_∞ 控制理论设计鲁棒控制器存在的问题是,该方法仅能在不确定性允许的摄动范围内保证系统的稳定,超出范围就不一定能满足要求,甚至系统可能会失稳。另外,应用 H_∞ 控制理论设计 BTT 导弹控制系统,应考虑控制器的降阶问题。

系统模型不确定性的问题是 BTT 导弹控制在工程实现中无法回避的问题。对于以参数不确定性和多点独立的有界范数不确定性描述的系统,特别是要求同时涉及系统的鲁棒稳定性和鲁棒性能时,采用结构奇异值作为分析工具则更为合适,由此形成了以目标函数的结构奇异值作为性能指标的 H_∞ 控制设计方法,即 μ 综合设计方法。μ 综合设计方法对于克服 BTT 导弹大空域飞行过程中存在的大气扰动、传感器噪声等外部扰动具有独到的优势。μ 综合设计方法目前主要存在的问题是结构奇异值的算法问题和模型不确定性的描述问题。

12.4.5　几种典型的倾斜转弯控制系统设计方法

1.考虑弹体动态性能补偿的 BTT 导弹控制系统解耦设计

(1)BTT 导弹小扰动线性化模型。研究的问题是针对运动学耦合而言的,因此不考虑惯性耦合、气动耦合和操纵耦合,忽略 a_5、a'_1、b_5、b'_1,得到导弹小扰动线性化模型如下:

$$\begin{cases}\dot\varphi=\omega_x\\ \dot\alpha=\omega_z-\omega_x\beta-a_4\alpha-a_5\delta_z\\ \dot\beta=\omega_y+\omega_x\alpha-b_4\beta-b_5\delta_y\\ \dot\omega_x=-c_1\omega_x-c_3\delta_x\\ \dot\omega_y=-b_1\omega_y-b_2\beta-b_3\delta_y\\ \dot\omega_z=-a_1\omega_z-a_2\alpha-a_3\delta_z\end{cases}$$

式中:运动学耦合项是 $\omega_x\beta$ 和 $\omega_x\alpha$,它是俯仰通道和偏航通道力的相互耦合。

(2)考虑弹体动态性能补偿的运动学解耦设计。以耦合项 $\omega_x\alpha$ 对偏航通道的影响为例,偏航通道自动驾驶仪结构如图 12.44 所示。

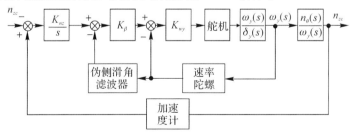

图 12.44　偏航通道自动驾驶仪结构

角速率扰动出现在偏航角速率 ω_y 处,须在角速率反馈的综合点处进行补

偿,传统的角速率补偿方法是直接引入 $\dfrac{\omega_x\alpha}{K_{\omega_y}}$,这样就没有考虑到舵机和弹体 $\dfrac{\omega_y(s)}{\delta_y(s)}$ 等特性的影响,由于舵机时间常数较小,所以可忽略其影响,则只需考虑弹体 $\dfrac{\omega_y(s)}{\delta_y(s)}$ 的特性,对扰动项进行补偿即可。

导弹纵向刚体运动传递函数为

$$\frac{\omega_y(s)}{\delta_y(s)} = \frac{-b_3 s - b_3 b_4}{s^2 + (b_1+b_4)s + (b_1 b_4 + b_2)}$$

忽略 b_1、b_4,根据

$$\frac{\omega_y(s)}{\delta_y(s)} = \frac{-b_3 s}{s^2 + b_2}$$

则完全补偿项为

$$-\frac{\omega_y \alpha}{K_{\omega_y}}\left(\frac{s}{b_3} + \frac{b_2}{b_3 s}\right)$$

即解耦支路为微分积分环节。式中:K_{ω_y} 为角速度反馈回路增益。

(3)仿真验证。在某典型设计点上,BTT 导弹模型参数如下:$a_2=98.5$,$a_3=54.7$,$a_4=0.243\ 4$,$b_2=50.4$,$b_3=38.0$,$b_4=0.058\ 6$,$c_3=158.5$。

考虑到 ω_x 对耦合较大的影响,$\gamma_c=\sin 4\pi t$,$n_{yc}=10$,$n_{zc}=0$,得到耦合项 $\omega_x\alpha$。式中:γ_c 为滚转角指令,n_{yc} 为法向过载指令,n_{zc} 为侧向过载指令。

对比不引入解耦算法、引入直接补偿解耦算法和引入上面设计的考虑弹体动态特性补偿的解耦算法 3 种情况,相应的偏航角速率曲线分别如图 12.45～图 12.47 所示。

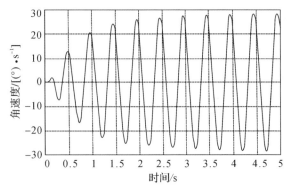

图 12.45　不引入解耦算法的偏航角速率曲线

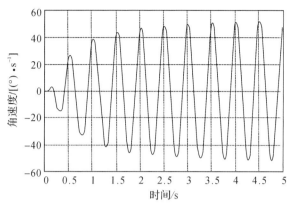

图 12.46 直接补偿下的偏航角速率曲线

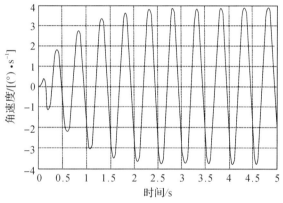

图 12.47 考虑弹体动态特性补偿下的偏航角速度

对比以上 3 图可知,直接补偿的解耦方法与有耦合、不解耦情况相比,偏航角速度扰动反而更加明显,抑制能力较差,其原因在于没有考虑到弹体动态特性,因而直接补偿的解耦方法性能不好。

考虑到弹体动态特性对耦合项进行补偿,偏航角速度的扰动明显减小,由不解耦时最大的 $30°/s$ 降至最大不超过 $4°/s$,解耦效果明显。说明本节提出的考虑弹体动态性能的解耦方法可以实现有效的解耦。

2. 基于奇异摄动理论的 BTT 控制系统设计方法

在 BTT 导弹控制系统设计中,最复杂的是协调转弯自动驾驶仪,它是一个线性多变量系统的设计。本节用奇异摄动理论和控制舵面解耦技术,将多变量系统简化成单变量系统,并用极点配置理论完成协调转弯自动驾驶仪的设计。

(1)BTT 导弹动力学模型。BTT 导弹偏航/滚动回路在标称攻角 α_0 处的线性化模型为

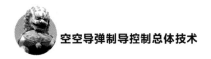

$$\begin{bmatrix} \dot{\beta} \\ \dot{r} \\ \dot{p} \\ \int \dot{p} \end{bmatrix} = \begin{bmatrix} Y_\beta & -\cos(\alpha_0) & \sin(\alpha_0) & 0 \\ N_\beta & N_r & N_p & 0 \\ L_\beta & L_r & L_p & 0 \\ 0 & 0 & 1 & 0 \end{bmatrix} \begin{bmatrix} \beta \\ r \\ p \\ \int p \end{bmatrix} + \begin{bmatrix} Y_{\delta_r} & Y_{\delta_a} \\ N_{\delta_r} & N_{\delta_a} \\ L_{\delta_r} & L_{\delta_a} \\ 0 & 0 \end{bmatrix} \begin{bmatrix} \delta_r \\ \delta_a \end{bmatrix}$$

$$(12.33)$$

式中：β，r 和 p 分别为侧滑角、偏航角速度和滚动角速度；δ_r 和 δ_a 为方向和副翼舵偏；Y_β，Y_{δ_r}，Y_{δ_a}，N_β，N_r，N_p，N_{δ_a}，L_β，L_r，L_p，L_{δ_r} 和 L_{δ_a} 皆为动力学系数。

选取状态变量 $\boldsymbol{X}^{\mathrm{T}} = \begin{bmatrix} \beta & r & p & \int p \end{bmatrix}$，控制向量 $\boldsymbol{U}^{\mathrm{T}} = \begin{bmatrix} \delta_r & \delta_a \end{bmatrix}$，状态方程为

$$\dot{\boldsymbol{X}} = \boldsymbol{AX} + \boldsymbol{BU}$$

导弹在某一特定飞行条件下，具有模型参数为

$$\boldsymbol{A} = \begin{bmatrix} -0.500\,7 & -0.984\,5 & 0.173\,6 & 0 \\ -16.83 & -0.574\,8 & 0.012\,33 & 0 \\ -3\,227 & 0.320\,8 & -2.099 & 0 \\ 0 & 0 & 1 & 0 \end{bmatrix}, \boldsymbol{B} = \begin{bmatrix} 0.109 & 0.006\,91 \\ -132.8 & 27.19 \\ -1\,620 & -1\,240 \\ 0 & 0 \end{bmatrix}$$

（2）控制器设计。采用控制舵面解耦技术，先对导弹动力学模型进行变换，引入变换矩阵 $\boldsymbol{T}$：

$$\boldsymbol{T} = \begin{bmatrix} N_{\delta_r} & N_{\delta_a} \\ L_{\delta_r} & L_{\delta_a} \end{bmatrix}$$

定义等效舵偏角 δ_R、δ_A 为

$$\begin{bmatrix} \delta_R \\ \delta_A \end{bmatrix} = \begin{bmatrix} N_{\delta_r} & N_{\delta_a} \\ L_{\delta_r} & L_{\delta_a} \end{bmatrix} \begin{bmatrix} \delta_r \\ \delta_a \end{bmatrix}$$

$$(12.34)$$

将式（12.34）代入式（12.33）得

$$\begin{bmatrix} \dot{\beta} \\ \dot{r} \\ \dot{p} \\ \int \dot{p} \end{bmatrix} = \begin{bmatrix} Y_\beta & -\cos(\alpha_0) & \sin(\alpha_0) & 0 \\ N_\beta & N_r & N_p & 0 \\ L_\beta & L_r & L_p & 0 \\ 0 & 0 & 1 & 0 \end{bmatrix} \begin{bmatrix} \beta \\ r \\ p \\ \int p \end{bmatrix} + \begin{bmatrix} Y_{\delta_R} & Y_{\delta_A} \\ 1 & 0 \\ 0 & 1 \\ 0 & 0 \end{bmatrix} \begin{bmatrix} \delta_R \\ \delta_A \end{bmatrix}$$

式中

$$Y_{\delta_R} = (Y_{\delta_r} L_{\delta_a} - Y_{\delta_a} L_{\delta_r})/\Delta, Y_{\delta_A} = (-Y_{\delta_r} N_{\delta_a} + Y_{\delta_a} N_{\delta_r})/\Delta$$

$$\Delta = \begin{vmatrix} N_{\delta_r} & N_{\delta_a} \\ L_{\delta_r} & L_{\delta_a} \end{vmatrix}$$

现先对滚动回路单独进行设计。滚动回路弹体动力学（不考虑偏航回路耦合）为

$$\begin{bmatrix} \dot{p} \\ \int \dot{p} \end{bmatrix} = \begin{bmatrix} L_p & 0 \\ 1 & 0 \end{bmatrix} \begin{bmatrix} p \\ \int p \end{bmatrix} + \begin{bmatrix} 1 \\ 0 \end{bmatrix} \delta_A$$

控制律形式为

$$\delta_A = -K_{21} p - K_{22} \int p$$

利用极点配置技术确定 K_{21} 和 K_{22} 的值。假定期望极点位置为 $s = -24 \pm j18$，按照上面给出的模型参数矩阵 $\boldsymbol{A}$ 和 $\boldsymbol{B}$ 的取值，解得 $K_{21} = 45.911$，$K_{22} = 900$。根据滚动回路的设计结果，进行偏航回路设计。解得 $\Delta = 2.087 \times 10^5$，$Y_{\delta_R} = -5.95 \times 10^{-4}$，$Y_{\delta_A} = -1.863 \times 10^{-3}$。

$$\overline{\boldsymbol{A}_{11}} = \boldsymbol{A}_{11} - (\boldsymbol{A}_{12} - \boldsymbol{B}_{12} \boldsymbol{K}_2^{\mathrm{T}})(\boldsymbol{A}_{22} - \boldsymbol{B}_{22} \boldsymbol{K}_2^{\mathrm{T}})^{-1} \boldsymbol{A}_{21} = \begin{bmatrix} -0.560\,6 & -0.984\,5 \\ -16.83 & -0.574\,8 \end{bmatrix}$$

引入反馈控制 $\delta_R = -K_{11} \beta - K_{12} r$，将极点配置成 $s_1 = -5$，$s_2 = -10$，求得 $K_{11} = -25.735$，$K_{12} = 3.865$。由式（12.34）得

$$\begin{bmatrix} \delta_r \\ \delta_a \end{bmatrix} = \begin{bmatrix} -0.152\,9 & 0.082\,37 & 0.005\,982 & 0.117\,3 \\ 0.199\,7 & -0.107\,6 & 0.029\,2 & 0.572\,6 \end{bmatrix} \begin{bmatrix} \beta \\ r \\ p \\ \int p \end{bmatrix}$$

再对设计结果用数字仿真法进行稳定性校验。将导弹滚动角初值设定为 $45°$，计算协调转弯自动驾驶仪的动态响应。仿真结果表明，导弹的最大侧滑角为 $2.5°$ 左右，控制效果是比较理想的。

|参 考 文 献|

[1] 杨军. 导弹控制原理[M].北京:国防工业出版社,2010.
[2] 罗绪涛,梁晓庚,贾晓洪,等.大攻角导弹 DDFC 变结构解耦控制器设计[J].计算机仿真,2012,29(7):101-104,129.
[3] 梁雪超,杨军,邱峰,等.大攻角导弹法向过载控制的变结构设计[J].计算机与现代化,2014(1):46-50.

［4］李丽娜,杨军.大攻角飞行导弹自动驾驶仪反馈线性化设计[J].火力与指挥控制,2009,34(3):113-115.

［5］张晓峰,杨军.大攻角飞行导弹控制器 μ 综合设计[J].火力与指挥控制,2009,34(10):125-127,132.

［6］罗旭涛,梁晓庚,杨军,等.基于神经网络动态逆的大攻角导弹解耦设计[J].计算机测量与控制,2011,19(11):2733-2734,2738.

［7］梁学明,梁晓庚,杨士元.空空导弹自动驾驶仪 BTT 控制算法发展综述[J].航空兵器,2009(6):22-27,42.

［8］DOLYE J C,STEIN G. Robustness with observers[J]. IEEE trans,1979,24(4):607-611.

［9］WILLIAMS D E,FRIEDLAND B. Modern control theory for design of autopilots for bank-to-turn missiles[J]. Journal of Guidance Control and Dynamics,1987,10(4):378-386.

［10］冯文剑.BTT 导弹自动驾驶仪线性二次型法设计[J].现代防御技术,1994(4):30-41.

［11］崔平远,杨涤,吴瑶华.BTT 导弹鲁棒最优控制系统的设计[J].哈尔滨工业大学学报,1990(1):54-59,40.

［12］陈旭,杨军,袁博.考虑弹体动态性能补偿的 BTT 导弹运动学解耦设计[J].科学技术与工程,2014(3):145-165.

［13］杨军,周凤岐.奇异摄动理论在倾斜转弯导弹自动驾驶仪设计中的应用[J].兵工学报,1996(4):347-349.

［14］杨军,朱学平,袁博.现代防空导弹制导控制技术[M].西安:西北工业大学出版社,2014.

［15］王永寿.导弹的推力矢量控制技术[J].飞航导弹,2005(1):54-60.

第 13 章

机载空空反导武器系统研究

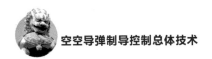

　　机载空空反导武器系统主要指可用于攻击敌方导弹的空空导弹及机载火控系统。截至目前,机载空空反导武器系统的作战用途主要包括两类:一类是作为弹道导弹反导系统中的空基反导部分,主要针对弹道导弹进行反导拦截,可称为空基反导武器系统;另一类是作为现代作战飞机机载自卫防御系统的一部分,主要针对敌方发射的地空导弹和空空导弹进行反导拦截,可称为自卫式空空反导武器系统。

|13.1　国外空基反导武器系统发展现状|

13.1.1　空基反导武器系统概述

　　提高拦截防御效果,确保国土和要地安全,实现对弹道导弹目标的"全程全段"覆盖式拦截,始终是弹道导弹防御拦截体系的追求和发展方向。目前发展比较成熟的是主要用于弹道导弹目标中、末段拦截的陆基、海基拦截系统,其比较突出的优势是作战使用上能够在己方控制区域(地域、海域)内方便地进行部署,能够突出对重点区域的保护需求。但是,海基尤其是陆基拦截方式,受使用环境及平台机动能力等限制,在机动作战、保卫区域覆盖程度等方面具有较大的天然局限性,特别是难以前出至敌方弹道导弹发射地域、海域附近实施助推段拦截,带来了弹道导弹防御体系发展的瓶颈问题。

　　而采用机载反导拦截武器的空基反导武器系统以其特有的灵活机动作战能

力,能够在良好匹配助推段拦截需求的同时,较好地兼顾末段甚至中段拦截需求,成为弹道导弹防御体系不断发展完善的一个重要环节。基于以上认识,美国自 20 世纪 60 年代启动反导防御体系建设以来,尽管面临诸多困难和失败,却始终没有放弃对机载反导拦截武器的研究和发展,迄今已经走过了 50 多年的探索过程,目前仍在积极开展工作,这对于处于威胁形势、发展需求不断深化变化的我国反导防御体系和机载武器体系而言,是值得持续深入追踪、剖析和探讨、借鉴的课题。

随着陆、海基小型化动能反导拦截技术以及新一代战斗机技术、信息化技术的成熟和应用,动能拦截武器成为美国弹道导弹空基拦截系统研究发展的重点,相关公司相继提出了一些具体方案。一种是雷锡恩(Raytheon)公司提出的网络中心机载防御单元(NCADE)方案。另一种是洛克希德•马丁公司提出的空射碰撞杀伤(ALHTK)方案。

13.1.2　网络中心机载防御单元(NCADE) 方案

1. NCADE 项目研究现状

在美国空军和导弹防御局的关注下,该项目发展迅速。2007 年 12 月 3 日,美国导弹防御局在新墨西哥州白沙导弹靶场进行的一次试验中,利用从 F－16 战斗机上发射出去的一枚配备有 NCADE 拦截弹导引头的 AIM－9X 空空导弹,成功拦截了一枚处于助推飞行中的猎户座火箭。尽管与 NCADE 拦截弹设计指标仍有较大差距,但此次试验验证了 NCADE 拦截弹导引头的跟踪能力及攻击助推段弹道导弹的能力。

雷神公司官员于 2010 年 7 月 12 日透露,计划启动部件研制、建模和仿真工作,并开始一个为期 36 个月的项目,将验证弹集成到飞机上,进行制导飞行试验,发射试验在 2012 年初进行。验证弹是一个一级导弹,不安装战斗部,原本放置战斗部的弹体空间可安装比标准规格长 15～20 cm 的火箭发动机。验证弹的目的是"展示由传感器、战斗机、飞行员以及通信系统组成的全过程杀伤链"。

NCADE 系统的作战思想(见图 13.1)是,战斗机在作战区域巡逻,等待己方的网络化侦察设备(如无人机或卫星)探测到敌方的导弹发射。一旦敌方发射导弹的信息被探测到,立刻会被传送到 NCADE 发射平台,从而对发射和助推阶段的导弹进行拦截。拦截机飞行越高,NCADE 达到的射程就越远,这意味着发射飞机不需要在敌方空域巡逻。雷神公司没有透露该系统的射程范围,但是研究表明,NCADE 可以从国际空域发射。

图 13.1　NCADE 作战思想示意图

2.NCADE 导弹基本情况

NCADE 方案是雷锡恩公司在 AIM-120 基础上,集成了雷神公司 AIM-9X 空空导弹改进后的红外成像导引头并加装了第二级固体发动机后形成的。NCADE 导弹可以拦截助推段或上升段的弹道导弹,通过直接碰撞的冲击力将弹道导弹击毁。

NCADE 导弹是一种两级导弹。其第一级沿用 AIM-120 后弹体的固体火箭发动机和舵机组件,由于 NCADE 导弹的第二级需要十字形翼面,所以第一级发动机的尺寸略有缩短。第二级由气动减阻器、红外成像导引头、电子组件和火箭发动机组成。

从外形看,与 AIM-120 相比,NCADE 导弹弹长、质心、翼面和舵面相同,质量略轻(减少 11 kg),而且与载机的电子与机械接口也相同,因此所有配备 AIM-120 导弹的飞机平台都可使用这种导弹。

NCADE 导弹不装载战斗部,而是通过动能碰撞摧毁目标。

图 13.2 所示为 NCADE 导弹结构示意图。

NCADE 导弹的主要战术战技指标如下:

(1)弹长:3.66 m(与 AIM-120C 一样);

(2)弹径:177.8 mm(与 AIM-120C 一样);

(3)发射质量:150 kg(比 AIM-120C 轻 11 kg);

(4)制导方式:红外成像制导;

(5)战斗部:直接碰撞战斗部。

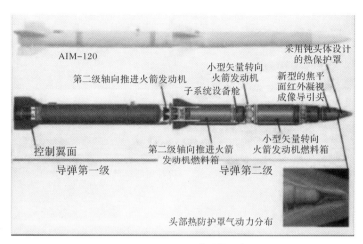

图 13.2　NCADE 导弹结构示意图

13.1.3　空射碰撞杀伤(ALHTK) 方案

1. ALHTK 项目研究现状

美国《每日防务》2007 年 1 月 17 日报道,美国洛克希德·马丁公司已从美国导弹防御局(MDA)获得了一份总金额为 300 万美元的合同,将继续开展"空射撞击杀伤"(Air-Launched Hit-to-Kill,ALHTK)项目的研究工作。该方案考虑把"爱国者"增程改型 PAC‑3MSE 等陆基动能拦截弹集成到 F‑15C 及新一代作战飞机上使用,开发一个"低成本、多任务、闭锁式"的空基助推段拦截系统,并兼顾满足巡航导弹目标的拦截需求。"爱国者"PAC‑3 比 NCADE 拦截弹具有更高的飞行速度,作战性能会更加突出;但"爱国者"PAC‑3 的尺寸、质量也更大,增加了飞机的挂载难度并限制了单机携弹数量。目前尚未有项目终止的消息。

2. ALHTK 导弹基本情况

为了减小阻力和保护导弹,PAC‑3MSE 导弹是被装载在机翼下的一个专门设计的蚕包武器吊舱中的,该蚕包武器吊舱只在导弹发射时才打开,然后 PAC‑3MSE 依靠自身重力从武器吊舱中分离,下降到安全高度后,导弹自身的发动机点火飞向拦截目标。与 NCADE 方案采用"数据链中段制导 + 红外末段制导"的拦截模式不同,ALHTK 方案采用"数据链中段制导 + 毫米波雷达末段制导"的拦截模式,两者在性能上各有所长。

图 13.3 所示为 PAC‑3MSE 外形图(从上往下依次为 PAC‑3、PAC‑

3MSE、THAAD),图 13.4 所示为 PAC – 3MSE 发射示意图。

图 13.3　PAC – 3MSE 外形图

图 13.4　PAC – 3MSE 发射示意图

|13.2　国外自卫式空空反导武器系统发展现状|

13.2.1　机载自卫防御反导系统概述

　　防御敌方空空导弹(或地空导弹)的攻击对作战飞机来说是生死攸关的头等大事,作战飞机只有有效地保存自己,才能达到空中作战的基本目的。现代作战飞机在反探测、反跟踪和反攻击等被动防范方面做了大量的工作,如飞机结构外形隐身(针对探测电磁波的频谱特性进行飞机外形结构的优化设计,减少飞机对敌方探测电磁波的反射)、电磁隐身(在飞机机身上涂敷吸收电磁波的材料,减少飞机对探测电磁波的反射)、辐射隐身(对飞机的红外辐射进行遮挡和弱化,减少飞机对外的红外辐射量),施放大量无源诱饵和强功率有源干扰等,都是以规避和诱骗敌方空空导弹为目的,完全是一种消极被动的逃避方式。随着进攻性空空导弹技术的不断完善,这种消极被动的逃避方式几乎不能确保飞机的有效生存。在科索沃战争中,造价数亿美元的 F-117 隐身战斗机被廉价的 SA-3 导弹所击毁,就是最好的例证。因此,采用机载空空导弹来实现对来袭导弹的拦截,这种方式是最有效的防御措施,得到了国内外的关注和持续研究。

作战飞机的机载探测系统(如雷达、红外吊舱等)可以告诉飞行员敌方飞机的方位、距离和接近速度,特别是在有地面探测和空中预警支援的情况下(可以探测的目标距离比飞机要远得多)。另外,敌方飞机为了防止受到来自地面(包括海上)和飞机的远程地空导弹或空空导弹的攻击,一般在地面武器的防区外发射空空导弹攻击飞机(而不是采取飞机突防后构成攻击条件或主动形成近距格斗的进攻方式)。空空导弹的远距离飞行为自卫式空空反导武器的功能展开提供了充足的时间。

空空导弹作为攻击性武器可在其自身的制导方式或外部引导方式的控制下快速接近并攻击敌方的空中作战飞机。空空导弹的飞行速度远高于飞机,而空空导弹在迎头飞向飞机的时候,飞机上的探测设备可以探测出迎头攻击的空空导弹。导弹的雷达径向速度很大且比较恒定,导弹的雷达截面(RCS)由于两者之间的距离逐渐缩短而逐渐增大。由于空空导弹始终指向飞机,所以飞机很容易确定空空导弹的方向和视角。特别是当双方飞机迎头飞行、空空导弹迎头攻击时,飞机可以始终保持其飞行状态,以自身作为目标吸引空空导弹攻击,并发射空空反导弹武器迎击空空导弹(同时也可以发射空空导弹攻击敌方飞机)。为了保证载机的安全,自卫式空空反导武器的飞行速度必须高于或相当于飞机开加力时的速度,即要使自卫式空空反导武器在发射后始终飞在飞机前面并保持或逐渐拉大与飞机的距离,迎击并碰撞来袭的空空导弹。

目前来看,没有现役的专门自卫式空空反导武器,但目前的部分空空导弹具备这种自卫反导能力,此外,国内外也在开展专门的自卫式空空反导武器的研制。

13.2.2 具备自卫式空空反导能力的现有空空导弹

自卫式空空反导武器可以有两种工作方式进行反导,即寻的制导方式和引导制导方式。所谓寻的制导方式是指自卫式空空反导武器自身具有制导系统和导引头,可以主动寻的敌方导弹进行攻击,从这个角度上说,空空反辐射导弹(以被动寻的方式对付雷达制导空空导弹)和部分具有反空空导弹能力的空空导弹(以主动寻的方式对付空空导弹,如俄罗斯的 AAM-12 空空导弹和 AAM-L 空空导弹)都可以称为自卫式空空反导武器;所谓引导制导方式是指自卫式空空反导武器虽然具有制导系统,但因为没有导引头而使其本身不具有寻的功能,必须依靠载机或其他指挥系统(如其他飞机、空中预警机、地面指挥系统)提供的敌方导弹攻击线路进行迎合飞行,直至碰撞敌方导弹。几种典型的具有自卫式空空反导武器特征的现役空空导弹见表 13.1。

表 13.1　具有自卫式空空反导武器特征的现役空空导弹

类　型	名　称	备　注
空空反辐射导弹	手臂(Brazo),美国	覆盖 E~J 频段,三次空中试验均成功
	先进能力反辐射导弹(ADCA-PARM),美国	反辐射/红外成像复合制导(或主动雷达/红外成像复合制导)
	大猎犬(Hound-dog),美国 AGM-28B	由 AGM-28A 空地导弹加装被动雷达而成,主要攻击预警机
	防空压制导弹(ADSM),美国	反辐射/红外复合制导,可用于攻击有机载雷达的直升机和飞机
	氪(Krypton),苏联 AS-17/X-31	主/被动雷达复合制导,远距攻击空中预警机和指挥控制机
	鲑鱼(Kelt),苏联 AS-5/KCP-11	全程被动雷达制导,可攻击有机载雷达的飞机
	远程反辐射导弹(ASMP-R),法国	主/被动雷达复合制导,远距攻击空中预警机和指挥控制机
空空主动雷达导弹	蝰蛇(Adder),苏联 AA-12/R-77	惯导、指令+主动雷达末制导,可对付空空导弹和空中预警机
	AAM-L/KC172,苏联	惯导、中制导修正+主动雷达末制导,对付空空导弹/空中预警机

13.2.3　自卫式空空反导武器研究现状

针对地空/空空导弹的自卫式空空反导武器的相关研究,美国也正处于起步阶段,美国主要将之归于第五代空空导弹研究计划中。

2016 年 1 月 20 日,美国五角大楼宣布,AFRL 授予雷神公司一份价值不超过 1 400 万美元的不定期交货/不定数量的成本合同,以支撑下一代空射战术导弹能力提升的研究和开发。合同承包商将针对增加单个架次携带导弹的数量,提高每枚导弹的效能,以及增强平台在反介入/区域拒止(A2AD)环境下应对所有威胁的生存能力三方面开展研究,分别完成小型先进能力导弹(SACM)和微型自卫弹药(MSDM)的解决方案,要求于 2021 年 1 月 19 日之前完成。这是雷神公司与其他 4 份竞标书竞争后的结果,并得到 2016 财年总计 38.890 5 万美元的研发、试验和鉴定资金。

1. SACM 方案

SACM 概念如图 13.5 所示。SACM 方案将通过先进弹体设计和协同控制能力来设计出一种经济可承受、高致命、尺寸小、质量轻的武器,以实现制空所需要的高密度装载,用来补充雷达制导 AIM - 120 导弹,增加在诸如 F - 35 和 F - 22 上的武器挂载,以增强对抗第四/第五代战斗机威胁和巡航导弹的能力,替代 AIM - 9X 导弹。SACM 旨在提供灵活的超敏捷弹体、高总冲推力、经济可承受的宽视场导引头、抗干扰的制导引信一体化,以及可瞄准的动能杀伤和非动能杀伤效果,具有运动学优势和增强致命性。

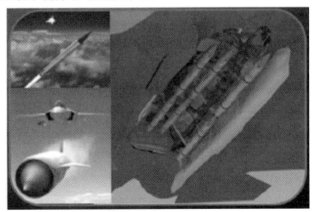

图 13.5　SACM 概念图

2. MSDM 方案

MSDM 方案是一种微型化的武器设计,通过使近距作战平台能够自卫和渗入增强平台在反介入/区域拒止(A2AD)环境来实现空中优势,几乎不会对平台的有效载荷能力产生影响。通过直接碰撞摧毁来袭的导弹,代替传统箔片、诱饵弹和定向红外激光器等无动力对抗措施,可增强 F - 22 和 F - 35 隐身平台的生存能力。

美国工业部门围绕 MSDM 开展了三年的竞争。2014 年 3 月 20 日,AFRL 弹药处发布了 MSDM 和 MSDM 导引头的概念研究合同建议书。2015 年,授予了洛克希德·马丁、诺斯罗普·格鲁门、波音和雷神公司多项合同开展 MSDM 项目研究工作,见表 13.2。

表 13.2 MSDM 研究合同一览表

时 间	公 司	合同价格/万美元	MSDM 研究方向
2015.6.10	雷神	16.248 9	导引头概念设计
2015.7.1	洛克希德·马丁	14.347 0	导引头概念设计
2015.7.1	诺斯罗普·格鲁门	16.276 6	导引头概念设计
2015.7.1	洛克希德·马丁	22.094 4	概念设计
2015.7.16	波音	24.507 7	概念设计

MSDM 概念研究合同要求开展概念探索,对可能的技术和系统进行分析,制定技术路线图,最终提交总结报告。研究过程中还要利用风险评估方法确认主要的演示验证风险,研究降低风险的措施。授予四项成本加固定酬金(CPFF)合同,研究时间为 7 个月。合同总价为 100 万美元,每个合同不超过 25 万美元。

MSDM 导引头概念研究合同要求为未来飞机自卫用空空弹药研发一个经济可承受的制导系统,针对经济可承受导引头前端的光学装置和算法开展概念性设计,该项目涉及空气动力学、推进系统、战斗部和导引头前端;确定系统和分系统的研制需求,在分系统和关键零部件之间进行设计权衡,识别设计风险,还要对载机、微型自卫弹药和两种威胁进行建模;进行成本模型研究,政府根据成本拨付经费。研究时间为 6 个月。计划授予多个固定价格合同(FFP),每个合同不超过 16.25 万美元。

13.3 机载空空反导武器系统关键技术分析

13.3.1 空基反导武器系统关键技术分析

空基反导武器系统的关键技术主要有以下 5 项。

(1)以网络为中心的预警系统的研究。发射载机组网,并可利用战场网络其他节点提供的目标指示信息,包括卫星、空基、地基预警及预警系统与武器系统间的通信问题,使其真正具备网络中心战的预警机制。

(2)热防护和气动减阻技术。研制热防护罩和气动减阻器减少空气阻力和气动加热。研制新型复合材料的导引头头罩,使其能够承受更高的速度,具有更强的抗粒子冲撞能力。

(3)直接力控制技术。研究直接力控制技术,利用安装在第二级弹体重心位置上 4 部间隔为 90°的转向推进器实现该级的操纵,以保证导弹在稀薄大气层的快速响应能力。

(4)瞄准点选择和高精度制导技术。当弹-目距离逐步接近,弹体辐射可以在导引头上成像时,能够区分弹体和尾焰,智能选择弹体作为瞄准点,导引并直接碰撞杀伤,这对于无战斗部的动能杀伤非常重要。

(5)小型高效的液体推进技术。研究小型液体火箭发动机,保证对轴向推力和侧向力的高效控制。虽然 NCADE 研制中遇到了挫折并更改了方案,但硝酸羟胺仍是机载反导武器的未来选项和发展趋势。

13.3.2　自卫式空空反导武器系统关键技术分析

自卫式空空反导武器系统针对的目标是来袭的空空导弹或地空导弹,其与反弹道导弹的空基反导武器系统不同,由于空空导弹或地空导弹具有较大的机动能力,所以要求用于拦截的自卫式空空导弹较来袭导弹具有较大的速度优势,同时为了尽量减小自卫式空空导弹对飞机挂载的影响,希望自卫式空空导弹小型化和轻型化。综合考虑空空导弹或地空导弹与弹道导弹的不同,给出自卫式空空反导武器的关键技术如下。

(1)小型化和轻型化技术。通过小型化和轻型化技术的研究,尽量减小自卫式空空导弹的体积,降低其质量,是自卫式空空反导武器系统的设计目的。目前一种方案是利用机载诱饵系统来发射自卫式空空导弹,这种方式要求自卫式空空导弹大小与传统诱饵弹类似,以便于通过机载诱饵发射系统发射。

(2)运动平台垂直发射技术。对飞机来说,空空导弹和地空导弹有可能从各个方向来袭,为了尽快实现对各个方向来袭导弹的拦截,有必要研究飞机类运动平台的垂直发射技术,这种快速运动平台的垂直发射技术可以借鉴地空导弹的垂直发射技术,但是难度远远高于地空导弹垂直发射转弯技术,例如,由于发射平台运动初速的存在,自卫式导弹在转弯过程中攻角会远远超过 90°,这涉及超大攻角的气动建模及控制问题。

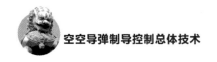

空空导弹制导控制总体技术

参 考 文 献

[1] 张笑颜,邹强,辛伟.机载反导拦截武器的发展与思考[J].海军航空工程学院学报,2016(4):467-474.

[2] 巩冰,肖增博,雷虎民.空基动能拦截弹制导控制系统综述[J].航空兵器,2013(6):17-23.

[3] 任淼,王秀萍.2010年国外空空导弹发展综述[J].航空兵器,2011(2):17-33.

[4] 马明.论空空反导弹武器[J].战术导弹技术,2002(5):41-45.

[5] 黄志理,崔颢,李萍.美军机载导弹防御武器发展现状研究及启示[J].航天电子对抗,2012(3):1-3.

第 14 章

空空导弹制导控制系统数字化设计

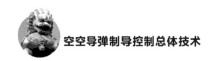

为了加快空空导弹的研制进度,降低试验成本,利用计算机辅助设计手段进行数字化设计已经成为现代空空导弹设计的必不可少的手段。借助于各种数字化设计工具,设计人员不但可以在计算机上设计出导弹机械零件,而且可以实现导弹电气部分设计、制导系统仿真和无图纸测试,同时还可以通过数字仿真和半实物仿真手段在实验室验证空空导弹的各种性能,最大限度减少实弹靶试的次数,制导控制系统的数字化设计方法正在贯穿发展成为导弹全寿命周期中各个环节的设计和保障手段。

14.1　空空导弹制导控制系统数字化设计平台的作用及优势

新一代导弹制导控制系统设计涉及多个专业领域。为了促进产品研发、加速研制进度,以更短的周期、更高的质量、更低的成本、更好的服务,满足军方对新一代导弹的设计要求,数字化设计技术是目前普遍采用的技术手段之一。空空导弹是集光、机、电、气等为一体的高科技产品,由于其涉及的技术难度大、专业面广,所以任何单一的设计分析软件均不能完全解决空空导弹研制开发中所遇到的设计问题,因此,需要采用现代设计方法(见图14.1),建立新的综合虚拟产品设计平台,在计算机上构造空空导弹系统的虚拟设计环境,模拟真实空空导弹系统的各种物质运动形态(包括光、机、电等),并从各种专业角度对空空导弹系统进行综合仿真分析。

现代设计方法

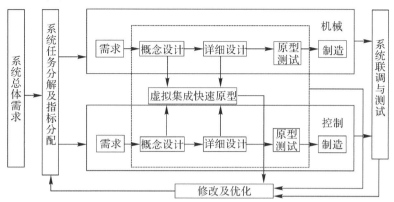

图 14.1 现代设计方法原理框图

数字化设计平台就是利用现有资源的优势所建立的一套由实体造型、有限元分析、控制与导航、气动外形、嵌入计算机、算法软件、电路设计、光学设计、液压与电机等组成的多学科协同设计环境,通过采用 UG/CAD、ADAMS、NASTRAN、MATLAB、ACCOS、FLUENT、MENTOR 及 ANSOFT 等多种专业软件进行协同设计与仿真,来建立一套完整的工程集成环境以支持工程设计的全过程。基于数字化设计平台进行导弹系统研制的优势主要包括以下几点:

(1)减少冗余建模,可以共享数据;

(2)降低设计成本,减小设计周期,并显著减少设计-试验周期;

(3)可多方案比较,并可快速进行"What - if"分析;

(4)可以更加完整透彻地理解系统模型;

(5)可以事前/事后进行失效与事故诊断;

(6)可以进行系统补偿设计与优化设计;

(7)对不能用试验进行校验的场合进行模型仿真分析;

(8)全相关、全集成、知识驱动;

(9)多专业、多部门协同设计;

(10)多方案的评估和设计优化;

(11)多专业的(实时、非实时)仿真模拟分析;

(12)产品的可制造性及可装配性的仿真分析和优化。

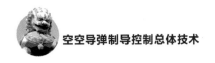

|14.2　空空导弹制导系统数字化设计平台|

在空空导弹的自动寻的制导段,导弹制导系统一般由目标运动学环节、导弹运动学环节、导引回路(测量导弹-目标的相对运动关系)、拦截状态估计器、制导指令计算、控制和稳定回路(飞行控制系统及其执行机构)和导弹动力学这几部分组成。当构成导弹制导系统分布式仿真结构时,由红外目标特性生成模块根据导弹-目标相对运动学关系,完成红外目标特性(包括目标运动特性及目标辐射特性)的实时解算与生成,并经导弹导引回路探测与跟踪,完成导引回路的闭合。同时,导弹控制系统根据导引回路生成的制导信息,按一定的制导方式,控制导弹飞向目标,完成制导系统的闭合,如图 14.2 所示。

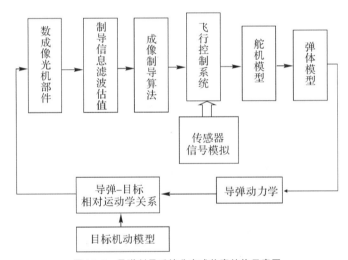

图 14.2　导弹制导系统分布式仿真结构示意图

根据空空导弹制导仿真系统的工作原理,可以基于 SBS 实时网络,构建完整、实时及数字化的制导系统数字化设计与开发平台,如图 14.3 所示。其系统组成主要包括目标特性仿真工作站、目标干扰模拟器、导弹动力学仿真工作站、导弹飞行模拟控制单元、飞行仿真曲线/可视化视景动态显示单元、数字化样机设计工具(包括电气运行仿真工具、DSP 弹载软件嵌入式工具、CAD 实体模型设计工具、Adams 实体模型机构运行仿真工具、dSPACE 硬件在回路实时仿真系统等)、导弹控制部件数字化样机和接口单元等。

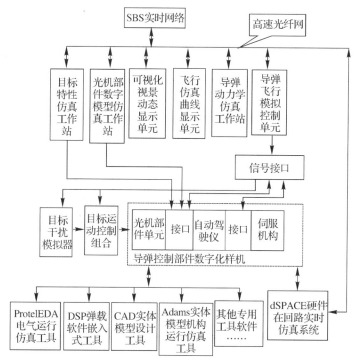

图 14.3　空空导弹制导系统数字化设计平台

|14.3　空空导弹制导控制系统控制器数字化设计|

　　随着现代战争技术的发展,空空导弹面临的作战任务越来越复杂,其中典型的如高机动性、大空域、大速域、抗复杂背景干扰和人工干扰能力等。为了满足以上要求,对空空导弹制导控制系统提出了更高的要求。近年来,随着计算机技术的发展,计算芯片不断往小型化和低功耗方向发展,使得弹载计算机的研制成为可能,极大地提高了空空导弹的性能,近年来国内外研制的新型空空导弹,无一例外均采用了数字式制导控制系统,甚至一些先进的空空导弹已经开始应用总线技术以提高通信效率。数字化制导控制系统硬件组成包括弹载计算机、数字通信协议等,软件层面则采用计算机控制系统,必须进行离散化设计与实现,这是空空导弹制导控制系统数字化的关键,也是区别于传统模拟式制导控制系统的一个主要部分。本章将重点探讨制导控制系统数字化设计技术。

　　图 14.4 所示为典型的空空导弹姿态连续控制系统,系统中的所有信号都是连续的时间变量的函数。它由俯仰角速率反馈回路、俯仰姿态角反馈回路组成。

输出变量是导弹的姿态角 $\vartheta(t)$，它随给定的 $\vartheta_0(t)$ 变化。

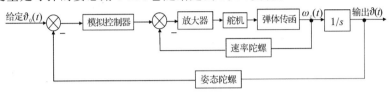

图 14.4　空空导弹纵向通道自动驾驶仪连续控制系统

当图 14.4 中的模拟控制器由数字控制器代替时，就变为计算机控制系统，如图 14.5 所示。数字控制器实际上是由数字计算机等组成的，为了使系统中的信号匹配而引入 A/D 和 D/A 转换器。比较图 14.4 和图 14.5 可以看出，连续控制系统和计算机控制系统的总体结构是十分相似的，区别在于控制器部分采用模拟式还是数字式。

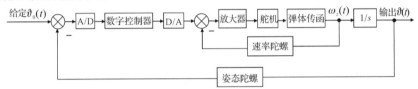

图 14.5　空空导弹纵向通道自动驾驶仪计算机控制系统

空空导弹制导控制系统数字控制器的设计一般采用以下两种方法。

(1)连续域-离散化设计方法，即在连续域内完成空空导弹制导控制系统中控制器 $D(s)$ 的设计，然后再将其离散化，并用计算机来实现。这种方法的好处是可利用多年连续系统设计的经验，需要的离散化步骤可以从设计过程中分离出来，这种方法要求具有较小的采样周期，以满足模拟化设计方法的基本条件。但是，较小的 T 只能实现较简单的控制算法。而在实际控制任务中，当所选择的采样周期比较大或对控制的质量要求比较高时，就不能再采用模拟化设计方法。

(2)离散域内设计方法。此方法是根据控制系统的性能指标，直接在 z 域进行设计。从被控对象的特性出发，假定被控对象本身是离散化模型或者用离散化模型表示的连续对象，以采样系统理论为基础，以 z 变换为工具，在 z 域中直接设计出数字控制器 $D(z)$。由于 T 的选择主要决定于对象特性，而不受分析方法所限，故相比连续域-离散化设计方法来说，T 可相对大一些。

数字式红外空空导弹制导控制系统的组成如图 14.6 所示，其由导引系统、稳定控制系统和弹体动力学环节三部分组成。

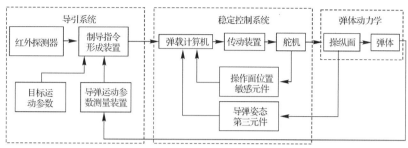

图 14.6 典型数字式红外空空导弹制导控制系统的基本组成

红外空空导弹制导控制系统的工作过程如下：导弹发射后，目标、红外探测器不断测量导弹相对要求弹道的偏差，并将此偏差送给制导指令形成装置。制导指令形成装置将该偏差信号加以变换和计算，形成制导指令，该指令要求导弹改变航向或速度。制导指令送往控制系统，经变换、放大，通过作动装置驱动操纵面偏转，改变导弹的飞行方向，使导弹回到要求的弹道上来。当导弹受到干扰，姿态角发生改变时，导弹姿态敏感元件检测出姿态偏差，并以电信号的形式送入弹载计算机，从而操纵导弹恢复到原来的姿态，保证导弹稳定地沿要求的弹道飞行。操纵面位置敏感元件能感受操纵面位置，并以电信号的形式送入弹载计算机。

数字式稳定控制系统的核心之一就是弹载计算机，在空空导弹发射前，利用弹载计算机可实现自动驾驶仪自检和任务装订等，在飞行过程中，弹载计算机接收制导指令信号、导弹姿态运动信号和操纵面位置信号，经过比较和计算，形成控制信号，以驱动作动装置，实现空空导弹的飞行控制。

弹载计算机不仅要完成空空导弹制导控制系统中的一系列计算任务，而且要与弹上测量元件和执行部件相联系，即要具有从弹上设备提取信息，并通过运算，向弹上设备传递信息的功能。

14.3.1 飞行控制计算机

1. 组成和功能

在数字式空空导弹制导控制系统中，弹载计算机的组成如图 14.7 所示。

主机由中央处理器(CPU)、随机存储器(RAM)和只读存储器(ROM)组成，是弹载控制计算机的核心部件。电源供弹载计算机电路使用。A/D 转换器是把弹上敏感元件(速率陀螺、加速度计、导引头输出等)的模拟输出信号变换成数字信号，送入主机。D/A 转换器是把计算机计算结果的数字信号变换成模拟信号，送到执行机构，操纵空空导弹运动。当有惯性测量组合时，惯性测量组合的六路脉冲信号(三路加速度计输出、三路速率积分陀螺输出)经可逆计数器后送入计算机,进行导航计算。串行和并行接口是为弹载计算机和外部设备(地面计算机或测试设备)进行数据传送交换,对弹载计算机发出各种命令,计算机进行自检、装订参数和计算机性能测试所设置的通信口。

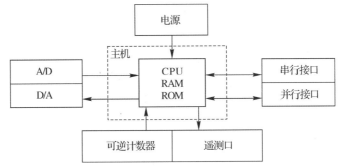

图 14.7　弹载计算机结构原理图

弹载计算机需要完成以下工作。

(1)系统启动和自检测:计算机通过自检正常后,发出系统工作正常信号,计算机才能进入下一步工作。

(2)计算机初始化:向计算机装订参数,输入必要的发射条件、导弹的初始状态参数、目标参数、惯性测量仪表的各次项系数,进行初始对准,确定姿态矩阵初始值等。

(3)惯测组合中的惯性仪表的误差补偿。

(4)姿态变换矩阵的计算:这是捷联惯性制导系统的算法中最重要的一部分,也是捷联系统所特有的。

(5)导航计算:导航计算就是把加速度计的输出信息变换到制导坐标系,然后计算导弹的速度和位置等制导信息。

(6)制导控制指令计算:制导计算指的是按照制导律计算出控制导弹飞行的控制指令,并根据稳定控制系统设计的控制算法形成稳定控制指令,两者综合后形成控制舵面偏转的信号。

2.计算机主要技术要求

根据弹载计算机的组成和完成的任务,对弹载计算机提出以下主要要求。

(1)采样频率。设计数字式空空导弹制导控制系统时,除考虑字长的选取外,另一个必须考虑的问题是控制计算机的采样频率。在满足性能指标的条件下,应选择尽可能低的采样频率。确定采样频率首先应当遵循的是采样定理,即对于控制系统来说,控制系统的采样频率必须大于输入信号频率的两倍以上。但按照采样定理决定的闭环带宽限制,提供的采样频率仅为满足信号重构要求的低限,对于实际系统须保证稳定性和动态品质的要求来说,必须对采样频率提出更高的要求,通常采样频率取闭环带宽的 30 倍以上。

(2)A/D,D/A 接口位数和转换速度。A/D 变换器的位数是由模拟输入量的动态范围和量化噪声的要求决定的,一般由下式确定:

$$C+1 > \max\left\{[1+\mathrm{lb}(x_{\max}/x_{\min})], \left[\frac{F(\mathrm{dB})}{6}+0.8\right]\right\} \tag{14.1}$$

式中,C 为转换器要求的位数;$C+1$ 为双极性输入量包含符号位的总位数;$x_{\max}$ 为输入量的最大值;$x_{\min}$ 为输入量的最小值;F 为期望信号对量化噪声的比。

利用非线性特性随机描述的方法,可以给出量化非线性的噪声特性和信噪比。通常要求 A/D 变换器的量化噪声的最低信噪比大于 40 dB,要求字长为 8 位以上。

(3)存储容量。弹载计算机的存储容量由它的程序和数据所确定,当计算机需完成的功能确定后,就能完全确定程序需用的存储容量和所有数据需用的存储容量,这样总的容量也就确定了。

(4)计算工作及计算速度。在采样周期确定的条件下,计算机需完成的工作量决定了存储器的容量和计算机的速度要求。计算机的计算速度要求可根据等效加法数来确定。等效加法数定义为

$$E_{\mathrm{A}} = 1.3(N_{\mathrm{A/S}} + m_{\mathrm{L/S}}N_{\mathrm{L/S}} + m_{\mathrm{M/D}}N_{\mathrm{M/D}}) \tag{14.2}$$

式中,E_{A} 为计算机在每个采样周期内需完成的等效加法数;$N_{\mathrm{A/S}}$ 为计算机在每个采样周期内需完成的加/减运算的次数;$N_{\mathrm{L/S}}$ 为计算机在每个采样周期内存储器到寄存器的存/取次数;$N_{\mathrm{M/D}}$ 为计算机在每个采样周期内需完成的乘/除运算的次数;$m_{\mathrm{L/S}}$ 为存/取执行时间对加/减执行时间的比值;$m_{\mathrm{M/D}}$ 为乘/除执行时间对加/减执行时间的比值。

(5)字长。弹载制导控制系统计算机的字长分为导航计算字长和控制系统计算字长,通常导航计算字长较控制系统计算字长要长,它由导航计算精度所决定。控制系统计算字长包括数据字长、计算数据字长和系数字长三部分。数据字长由 A/D 转换器位数、动态范围和连续系统离散化所产生的噪声大小决定。计算数据字长是经数字滤波器处理后的数据字长,为了降低重复舍入和截断误差的影响,一般计算数据字长要比数据字长高 4 位以上,高出的位数由滤波器的噪声放大倍数所决定。系数字长是数字滤波器中乘法的字的长度,系数字长决定了数字滤波器实现的正确性,它直接影响系统的性能。

(6)可编程通信接口。通信接口用作弹载制导控制计算机的接口收发芯片,作为空空导弹制导控制计算机与外设(如测试台和输出数字量的设备)交换信息的通信接口,可用于接收或发送测试台、加速度计、气压高度表等设备的信息。

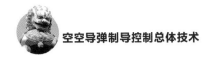

对于通信实时性要求较高的系统,可通过该芯片进行扩展,实现系统的高速通信。

(7)弹载制导控制计算机的结构、安装尺寸和质量。结构尺寸由安装部位的特殊要求确定,且要求质量轻、尺寸小。

(8)环境条件。由于控制环境恶劣,所以这就要求弹载计算机适应高温、高湿、腐蚀、振动、冲击、灰尘等环境。

(9)弹载制导控制计算机的加密。可编程的保密位,该保密位可控制能否读出器件内的配置数据。当保密位被编程时,器件内的设计不能被复制或读出,可实现高级的设计保密。当对器件重新编程时,保密位连同其他的编程数据均能够被擦除和重写。

(10)弹载制导控制计算机的可靠性和维修性。可靠性和可维修性是两个非常重要的因素,它们决定着系统在控制上的可用程度。可靠性就是指弹载计算机在规定的时间内运行不发生故障;可维修性是指弹载计算机机发生故障时,能够快速、方便、简单地维修。

(11)弹载制导控制计算机电磁兼容。控制环境的电磁干扰严重,弹载计算机必须要有极高的电磁兼容性。

14.3.2　空空导弹制导控制系统连续域-离散化设计步骤

空空导弹制导控制系统连续域-离散化设计的基本步骤如下。

(1)根据连续系统方法和具体设计要求,选择合适的采样频率 ω_s,以保证变换精度。

(2)确定数字控制器脉冲传递函数 $D(z)$。可以在先考虑零阶保持器时间延迟效应基础上,用连续系统设计方法确定校正环节传递函数,然后采用合适的离散化方法求得 $D(z)$;也可以先设计满足性能的模拟控制器 $D(s)$,将其离散化,再设计数字补偿环节,补偿零阶保持器引起的相位迟后效应,得到 $D(z)$。

(3)检查计算机控制系统性能指标是否与连续系统性能指标一致。因为原连续系统是按指标要求设计好的,只有两者性能指标一致,才能说明离散系统的性能是好的。

(4)根据 $D(z)$ 编程实现。必要时进行数模混合仿真,检验系统设计与程序编制的正确性。

以上几步,关键在第(2)步——选用合适的离散变换方法将模拟控制器 $D(s)$ 离散化成数字控制器脉冲传递函数 $D(z)$。常用的控制系统离散化方法有差分变换法、脉冲响应不变法、阶跃响应不变法、零极点匹配法、双线性变换法

（Tustin 变换）和双线性变换加频率预畸变法。

用连续域-离散化方法进行设计时，首先还是根据对系统的性能要求，设计控制器 $D(s)$，然后将 $D(s)$ 用 Tustin 或预修正 Tustin 变换进行离散化，以获得 $D(z)$，如图 14.8 所示。

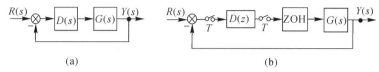

（a）　　　　　　　　　　（b）

图 14.8　连续系统及其对应的采样系统

假设根据系统的性能指标设计校正网络的传递函数为

$$D(s) = 12 + \frac{9}{s}$$

现选择采样周期 $T = 0.01\ \text{s}$，即 $\omega_s = 2\pi/T = 628$，用双线性变换法确定相应的数字 $D(z)$ 得到

$$D(z) = \frac{12.045(z - 0.992\ 5)}{z - 1}$$

用 Matlab 进行数字仿真，连续系统与数字 PID 控制系统控制器时域响应的变化如图 14.9 所示。

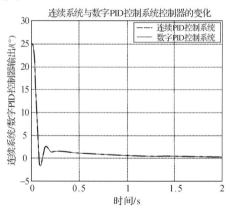

图 14.9　连续系统与数字 PID 控制系统控制器时域响应对比图

14.3.3　空空导弹制导控制系统离散域内设计方法

离散域内设计方法由于没有涉及采样频率的离散化问题，所以采样频率比连续域-离散化设计方法要求低。设计方法包括 z 域根轨迹设计法、频率域设计法（也称 W 变换法）和离散状态空间法。

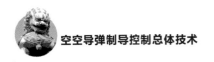

14.3.3.1 z 域根轨迹设计法

1. s 平面和 z 平面之间的映射关系

s 域到 z 域之间的映射关系为

$$|z| = \mathrm{e}^{\sigma T}, \quad \angle z = \omega T \tag{14.3}$$

令 $\sigma = 0$,即 s 平面虚轴上的点,当 ω 从 $-\infty \to \infty$ 时,式(14.3)可知,映射到 z 平面的轨迹是以原点为圆心的同心圆。只是当 s 平面上的点沿虚轴从 $-\infty$ 移到 ∞ 时,z 平面上的相应点已经沿着单位圆转过了无穷多圈。这是因为当 s 平面上的点沿虚轴从 $-\omega_s/2$ 移到 $\omega_s/2$ 时(ω_s 为采样角频率),z 平面上的相应点沿着单位圆从 $-\pi$ 逆时针变化到 π,正好转了一圈;而当 s 平面上的点沿虚轴从 $\omega_s/2$ 移到 $3\omega_s/2$ 时,z 平面上的相应点又将逆时针沿单位圆转过一圈。依次类推,把 s 平面划分为无穷多条平行于实轴的周期带,其中从 $-\omega_s/2$ 到 $\omega_s/2$ 的周期带称为主要带,其余的周期带称为次要带。

2. 根根轨迹设计步骤

根轨迹法实质上是一种闭环极点的配置技术,即通过反复试凑的办法,设计控制器的结构和参数,使整个闭环系统的主导极点配置在期望的位置上。设计人员的经验很重要,只有熟练掌握开环零极点的配置如何影响闭环极点的根轨迹,又如何影响系统的性能,才能减少试凑的次数。

(1)根据给定的时域指标,在 z 平面画出期望极点的允许范围。

(2)设计数字控制器 $D(z)$。求出广义被控对象的脉冲传递函数,即

$$G(z) = Z\left[\frac{1 - \mathrm{e}^{-Ts}}{s} G_0(s)\right] \tag{14.4}$$

试探确定控制器 $D(z)$ 的结构形式,常用的控制器有相位超前及相位滞后的一阶形式,其脉冲传递函数为

$$D(z) = K_c \frac{z - z_c}{p - p_c} \tag{14.5}$$

式中:z_c 是实零点;p_c 是在单位圆内的实极点。若要求数字控制器 $D(z)$ 不影响系统的稳态性能,则要求 $|D(z)| = 1$,因此式(14.5)中的 K_c 为

$$K_c = \frac{1 - p_c}{1 - z_c} \tag{14.6}$$

讨论:①当 $z_c > p_c$,即零点在极点右侧时,如图 14.10(a)所示,是相位超前控制器,此时 $K_c > 1$;②当 $z_c < p_c$,即零点在极点左侧时,如图 14.10(b)所示,是相位滞后控制器,此时 $K_c < 1$。它们与相应的连续控制器的零、极点相对位置一致。

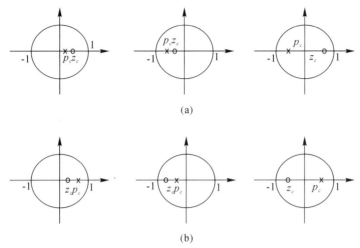

$$\text{(a)}$$

$$\text{(b)}$$

图 14.10 控制器零极点分布

(a)相位超前控制器;(b)相位滞后控制器

在设计时,要根据系统性能要求,确定控制器的零点 z_c 和极点 p_c 的位置,再根据开环脉冲传递函数 $D(z)G(z)$ 的零极点绘出闭环根轨迹,直至其进入期望的闭环极点允许范围。在允许域中选择满足系统指标要求的根轨迹段,作为闭环工作点的选择区间。

(3)进行数字仿真,检验闭环系统指标。如不满足,重复(2),直到满意为止。

即使将希望的闭环极点配置在允许域之内,仍有可能出现系统的动态性能不满足指标要求。这是因为:①离散系统脉冲传递函数的零点多于对应的连续系统,因此系统的性能还受零点的影响;②允许域是按二阶系统的品质指标近似绘制的,而实际系统经常是高于二阶的,高阶系统的响应尽管主要取决于它的一对共轭主导极点,但其他非主导极点也有一定的影响。

(4)编成实现算法。此外在连续系统设计中,常采用零极点对消法来设计控制器。所谓零极点对消法是指用控制器的零极点对消被控对象不希望的极零点,从而使整个闭环系统具有满意的品质。同样,在离散系统中,也可用零极点对消法来设计控制器,但是必须注意一点,不要试图用控制器 $D(z)$ 去对消被控对象 $G(z)$ 在单位圆外、单位圆上及接近单位圆的零极点,否则会因为不精确的对消而产生不稳定现象。如图 14.11 所示,系统有 1 个零点 z_1 和 2 个极点 p_1 和 p_2(p_1,p_2 靠近单位圆周),若用控制器

$$D(z) = K_c \frac{(z-p_1)(z-p_2)}{(z-a)(z-b)} \tag{14.7}$$

零点对消原系统的极点,则根轨迹向圆心移动,闭环系统就可能获得满意的配

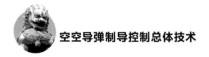

置。但是在实际实现时,由于计算机的有限字长或对象本身特性的变化,所以零极点不能精确对消。图 14.11(b)(c)给出了两种不精确对消的情况,显然图 14.11(c)就很不理想,部分根轨迹已在单位圆外,容易造成系统的不稳定现象。

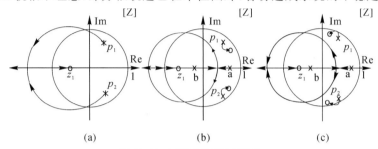

图 14.11　不精确对消的根轨迹

(a)原系统零极点根轨迹;(b)(c)极零点不精确对消根轨迹

14.3.3.2　频率响应校正方法

频率法是分析和设计连续控制系统最有效的方法之一。特别是典型环节的对数幅频特性能以折线近似画出,给分析和设计带来许多方便。

三频段理论告诉我们,系统性能指标与其开环对数频率特性的形状有关:①系统稳态性能 e_{ss} 主要由低频段决定,对数幅频特性低频段斜率越负,位置越高,相应系统类型越高,开环增益越大,稳态误差就越小。②系统动态性能主要由中频段指标(截止频率 w_c、相角裕度 γ、幅值裕度 h)来决定,一般来说,若 γ、h 值大,则 σ_p 小;若 w_c 大,则 t_r、t_s 小。③高频段则与系统抗高频干扰的能力有关。

但是,在离散系统中,被控对象脉冲传递函数 $G(z)$ 的频率特性为 $G(e^{j\omega T})$,它不是频率 ω 的有理分式函数,因此无法方便地利用典型环节作伯德图,为了使工程技术人员能使用连续系统在 s 平面上及在频域内进行设计的那种技巧,人们提出了离散系统设计的 w 变换和 w' 变换法。它属于离散化设计的一种图解设计法。

1.w 变换和 w' 变换

w 变换为

$$\left. \begin{array}{l} w = \dfrac{z-1}{z+1} \\[2mm] z = \dfrac{1+w}{1-w} \end{array} \right\}$$　　(14.8)

w' 变换为

$$w' = \frac{2}{T} \frac{z-1}{z+1} \left.\vphantom{\frac{1+\frac{T}{2}w'}{1-\frac{T}{2}w'}}\right\}$$
$$z = \frac{1+\frac{T}{2}w'}{1-\frac{T}{2}w'} \tag{14.9}$$

式中：T 为采样周期。

2. 从 z 域到 w' 域

从 z 域到 w' 域采用的是双线性变换。

令 $w' = \sigma_w + \mathrm{j}\omega_w$，有

$$z = \frac{1+\frac{T}{2}w'}{1-\frac{T}{2}w'} = \frac{\left(1+\frac{T}{2}\sigma_\mathrm{m}\right)+\mathrm{j}\,\frac{\omega_w T}{2}}{\left(1-\frac{T}{2}\sigma_\mathrm{m}\right)-\mathrm{j}\,\frac{\omega_w T}{2}} \tag{14.10}$$

这时的映射关系是将 z 平面单位圆一对一地映射到 w' 平面的整个左半平面。

图 14.12 所示为 s、z 和 w' 域之间的映射关系。由图可见，s 平面经过上述两步映射又得到了以虚轴为稳定分界线的 w' 平面。由于 s 平面和 w' 平面的稳定域均为左半平面，传递函数都是它们各自的复变量 s 和 w' 的有理函数，所以可得到如下的主要推论：

（1）s 平面的稳定性判别方法均适用于 w' 平面分析。

（2）s 平面的分析、设计方法，如频率法（特别是伯德图法）、根轨迹法均可应用于 w' 平面。

这样，人们在 s 域上积累的丰富设计经验又可用在 w' 域上进行离散系统直接设计。

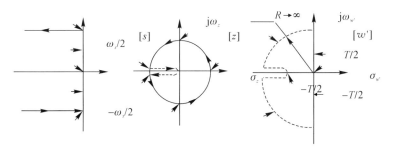

图 14.12　s、z 和 w' 域之间的映射关系

3. s 域和 w' 域的频率对应关系

s 域和 z 域的频率都用 ω 来表示，ω 是系统的真实频率，变换至 w' 域后得到虚拟频率，用 $\omega_{w'}$ 表示。令 $w' = \mathrm{j}\omega_{w'}$，$z = e^{\mathrm{j}\omega T}$ 代入式(14.9)得

$$\omega_{w'} = \frac{2}{T} \tan \frac{\omega T}{2} \qquad (14.11)$$

$\omega_{w'}$ 与 ω 之间的关系如图 14.13 所示。

当采样频率较高,系统角频率工作在低频段时,ωT 很小,近似有 $\omega_{w'} \approx \omega$ 成立。此时,w' 域的虚拟频率特性 $G(\omega_{w'})$ 与真实频率特性 $G(\omega)$ 十分接近,因此 s 域的分析设计方法(如频率校正法)均适用于 w' 域。但必须按式(14.11)进行非线性换算。

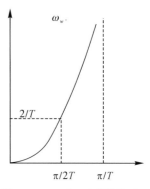

图 14.13 $\omega_{w'}$ 和 ω 之间的关系

实质上,可将 w' 域看作另一种离散域,它和 s 域不仅在几何上类似,而且实际数据也非常类似。在对计算机控制系统进行分析设计时,w' 域比 z 域更能利用连续域的设计方法和经验。但是 w' 域必须通过 z 域的变换获得,而且在 w' 域上设计所得的控制器 $D(w')$ 又必须返回 z 域实现。

4.频率域设计步骤

利用 w' 变换法设计计算机控制系统可分为以下 6 步。

(1)根据采样周期 T,求出广义被控对象的 z 域脉冲传递函数 $G(z)$,即

$$G(z) = Z\left[\frac{1 - e^{-sT}}{s} G(s)\right]$$

(2)将 $G(z)$ 变换到 w' 平面上,即

$$G(w') = G(z)\Big|_{z = \frac{1 + \frac{T}{2}w'}{1 - \frac{T}{2}w'}}$$

(3)作 $G(w')$ 的伯德图,在 w' 平面上设计控制器 $D(w')$。利用连续域设计系统的基本原则,设计 w' 域中控制器的脉冲传递函数 $D(w')$。这是设计的关键,要注意以下 3 点:①由于 w' 域和 s 域的频率扭曲,在性能指标中的截止频率 ω_c 并非是 $G(w')$ 伯德图中的截止频率,两者的关系如式(14.11)所示;②设计 $D(w')$ 时必须考虑它所对应的 $D(z)$ 的物理可实现性和稳定性;③设计时所考虑的性能指标一般比要求的稍高一些,以便将 $D(w')$ 变换到 z 域时,系统仍能满足要求。

(4)进行 w' 反变换,求得 z 域控制器 $D(z)$,即

$$D(z) = D(w')\Big|_{w' = \frac{2}{T}\frac{z-1}{z+1}}$$

(5)检验 z 域闭环系统的性能要求。

(6)仿真实现。

5.控制器的一般形式

与连续域中频率校正所采用的形式相同,w' 域中常用的控制器是一阶超

前、一阶滞后和滞后-超前三种形式。其传递函数为

$$D(w')=K_c\frac{(w'+z_1)(w'+z_2)}{(w'+p_1)(w'+p_2)} \tag{14.12}$$

式中：当 $p_2<z_2<z_1<p_1$ 时，K_c 为控制器的比例系数，$D(w')$ 为滞后-超前控制器；当 $z_2=p_2$ 时，$D(w')$ 为一阶相位超前控制器；当 $z_1=p_1$ 时，$D(w')$ 为一阶相位滞后控制器。

参考文献

[1] 杨军. 现代导弹制导控制[M]. 西安：西北工业大学出版社，2016.

[2] 杨军，朱学平，张晓峰. 反辐射制导技术[M]. 西安：西北工业大学出版社，2014.

[3] 杨军，杨晨，段朝阳，等. 现代导弹制导控制系统设计[M]. 北京：航空工业出版社，2005.

[4] 杨军. 导弹控制原理[M]. 北京：国防工业出版社，2010.

[5] 朱苏朋，符文星，杨军. 计算机控制及仿真[M]. 北京：国防工业出版社，2009.

[6] 刘兴堂. 导弹制导控制系统分析设计与仿真[M]. 西安：西北工业大学出版社，2006.

[7] 梁晓庚，贾晓洪，李毅. 数字化设计平台在导弹制导系统研制中的应用[J]. 系统仿真技术及其应用，2005，7：697－701.

[8] 贾晓洪，梁晓庚，唐硕，等. 空空导弹成像制导系统动态仿真技术研究[J]. 航空学报，2005，26(4)：397－401.

[9] 刘藻珍，魏华梁. 系统仿真[M]. 北京：北京理工大学出版社，1998.

[10] 熊光楞，彭毅. 先进仿真技术与仿真环境[M]. 北京：国防工业出版社，2001.

[11] 郭齐胜，董志明，单家元，等. 系统仿真[M]. 北京：国防工业出版社，2006.

[12] 杨泗智. 战术导弹制导控制系统一体化设计仿真平台[J]. 火力与指挥控制，2017，42(8)：97－100.

[13] 刘桢濠. 飞行器控制系统数字化设计与仿真研究[D]. 哈尔滨：哈尔滨工程大学，2012.

第 15 章

空空导弹制导控制系统仿真试验与性能评估

空空导弹制导控制系统仿真在空空导弹的整个研制过程中有着不可替代的重要作用,它的直观、可控、可重复、安全、高效,可用于制导控制系统的参数设计、参数调整、试验验证和问题查找,更重要的是通过系统仿真试验可以缩短研制周期、降低研制风险、节约研制经费。

　　在空空导弹研制的方案论证阶段,系统仿真可根据导弹系统的基本性能要求,进行导弹战术技术指标的合理性及可行性研究,比较和选定导弹系统的设计方案,并确定对各导弹分系统的技术指标要求。

　　在空空导弹研制的工程样机阶段,系统仿真可用于导弹系统性能指标分析、试验验证、设计参数调整,对工程样机阶段导弹系统的战术技术指标做出评估,并为科研靶试提供技术依据。

　　在空空导弹研制的设计定型阶段,系统仿真可用来验证设计的正确性,并对导弹系统性能做出较全面的评估,其中包括多种使用条件下的综合效能分析、定型试验条件下飞行试验结果的预测、飞行试验中可能出现的故障分析等。利用经过确认的具有较高可信度的仿真系统,进行大量的统计性试验,从而可以得到导弹在整个使用空域、多种作战条件下对目标的攻击结果。

　　在空空导弹的批量生产阶段,系统仿真可用于在满足导弹性能技术指标条件下产品可生产性的参数测试范围和测试公差的选取,调整某些参量的公差范围,在保证质量的前提下,增加可生产性并尽可能降低生产成本。

　　在空空导弹的部署使用阶段,系统仿真可用于评估导弹对新的威胁的反应能力,进而根据新的需求分析提出导弹系统的改进方案。

　　空空导弹制导控制系统仿真试验与性能评估是一个由局部到整体的反复过

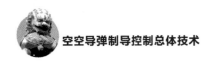

程,包括数字化建模与仿真、部件测试、系统集成测试、半实物仿真和实弹测试等。目前,主要集中在空空导弹制导控制系统仿真试验、评估指标和评估方法三方面。

|15.1 空空导弹数字建模与仿真|

空空导弹运动方程组见 5.2 节,本节重点给出发动机、执行结构及传感系统的数学模型。

15.1.1 空空导弹发动机模型

1.固体火箭发动机

固体火箭发动机推力 P 在弹体坐标系内沿弹体纵轴 Ox_1 并通过质心的表达式为

$$P = m_s \mu_e + S_e(p_e - p_H) \tag{15.1}$$

式中:m_s 为单位时间内的燃料消耗量;μ_e 为单位时间内的燃料消耗量;S_e 为发动机喷管出口处的截面积;p_e 为发动机喷管处燃气流的静压强;p_H 为导弹所处高度处的大气静压强。

2.固体火箭冲压发动机

轴对称头部进气整体式固冲发动机推力 P 在弹体坐标系内沿弹体纵轴 Ox_1 并通过质心的表达式为

$$P = \frac{1}{2}\rho_h v_h^2 \varphi_h A_1 \left[\frac{k_h+1}{k_h} x_{br} \beta \sqrt{\tau_{br}} \frac{Z(\lambda_s)}{\lambda_h} - 2 \right] - \rho_h A_5 \tag{15.2}$$

式中:ρ_h 为来流空气密度;v_h 为空气来流速度;φ_h 为进气道流量系数;A_1 为进气道捕获面积;k_h 为比热比;x_{br} 为计算中间系数;β 为燃气质量增加系数;τ_{br} 为补燃室升温系数;$Z(\lambda_s)$ 为气动函数;λ_h 为速度系数;A_5 为尾喷口面积。

15.1.2 空空导弹舵机建模

1.电动舵机

直流电动舵机空载时的传递函数为

$$\frac{\delta(s)}{u_a(s)} = \frac{K_M}{s(T_M s + 1)} \tag{15.3}$$

式中:K_M 和 T_M 分别为电动舵机空载时的传递系数和时间常数。

2.液压舵机

对于液压舵机,动态特性受负载的影响不大,因此常可近似地用空载状态下的传递函数来描述:

$$\frac{\delta(s)}{X(s)} = \frac{\dot{\delta}_{max}}{s} \qquad (15.4)$$

式中:X 为阀心相对位移,$X \leqslant 1$;δ 为舵偏角;$\dot{\delta}_{max}$ 为阀心最大相对位移对应的最大舵偏速率。

3.气动舵机

典型冷气舵机的传递函数为

$$\frac{\delta(s)}{u_c(s)} = \frac{K_\delta}{T_\delta s + 1} \qquad (15.5)$$

式中:K_δ 和 T_δ 分别为冷气舵机的传递系数和时间常数。

15.1.3 空空导弹推力矢量建模

1.空空导弹加速度方程

考虑推力矢量控制后,空空导弹在弹体坐标系中的加速度分量方程为

$$\left. \begin{array}{l} a_x = (P - X_v - X - G\sin\vartheta)/m \\ a_y = (Y_v + Y - G\cos\vartheta\cos\gamma)/m \\ a_z = (Z_v + Z + G\cos\vartheta\sin\gamma)/m \end{array} \right\} \qquad (15.6)$$

燃气舵面产生的力分量为

$$\left\{ \begin{array}{l} X_v = q_a F_{gv}[4C_{xov} + 2C_{xiv}(\delta_{yv}) + 2C_{xiv}(\delta_{zv})] \\ Y_v = C_{yv} q_a F_{gv} \\ Z_v = C_{zv} q_a F_{gv} \end{array} \right.$$

式中:X_v 为两对舵面阻力;q_a 为燃气流速压;F_{gv} 为燃气舵面积;C_{xov} 为一片燃气舵面零阻系数;C_{xiv} 为一片燃气舵面诱导阻力系数;δ_{yv} 为偏航通道燃气舵面偏角;δ_{zv} 为俯仰通道燃气舵面偏角;Y_v 为一对燃气舵面升力;C_{yv} 为一对燃气舵升力系数;Z_v 为一对燃气舵面侧力;C_{zv} 为一片燃气舵侧力系数,$C_{zv} = -C_{yv}$。

2.空空导弹弹体绕质心旋转的动力学方程

考虑推力矢量控制后,空空导弹弹体绕质心旋转的动力学方程为

$$\left. \begin{array}{l} J_x \dfrac{\mathrm{d}\omega_x}{\mathrm{d}t} = M_x + M_{xv} \\[2mm] J_y \dfrac{\mathrm{d}\omega_y}{\mathrm{d}t} + (J_x - J_z)\omega_x\omega_z = M_y + M_{yv} \\[2mm] J_z \dfrac{\mathrm{d}\omega_z}{\mathrm{d}t} + (J_y - J_x)\omega_x\omega_y = M_z + M_{zv} \end{array} \right\} \tag{15.7}$$

燃气舵产生的控制力矩为

$$\left. \begin{array}{l} M_{xv} = 2Y_v(\delta_{xv})X_{cpv.b} \\ M_{yv} = Z_v(X_{cpv} - X_{cm}) \\ M_{zv} = -Y_v(X_{cpv} - X_{cm}) \end{array} \right\}$$

式中：M_{xv} 为两对舵产生的滚转控制力矩；δ_{xv} 为燃气舵滚转舵偏角；$X_{cpv.b}$ 为燃气舵展向压心位置；X_{cpv} 为燃气舵压心至弹体头部距离，$X_{cpv} = X_{WLE} + X_{Wcpv}$，$X_{WLE}$ 为燃气舵前缘至弹体头部距离，X_{Wcpv} 为燃气舵前缘至舵面压心的距离；X_{cm} 为质心至弹体头部距离。

15.1.4 空空导弹直接力建模

直接力作用在弹体坐标系,考虑直接力矢量控制后,空空导弹在弹体坐标系中的加速度分量方程为

$$\left. \begin{array}{l} a_x = (P - X_v - X - G\sin\vartheta)/m \\ a_y = (Y_v + Y + F_{DQ} - G\cos\vartheta\cos\gamma)/m \\ a_z = (Z_v + Z + F_{DQ} + G\cos\vartheta\sin\gamma)/m \end{array} \right\} \tag{15.8}$$

式中：F_{DQ} 为大气中飞行的实际侧力。

15.1.5 空空导弹传感器建模

1.三自由度陀螺仪

自由陀螺仪用作角度测量元件,可将其视为一理想的放大环节,则其传递函数为

$$\frac{u_\vartheta(s)}{\vartheta(s)} = k_\vartheta \tag{15.9}$$

式中：k_ϑ 为自由陀螺仪传递系数 $[V/(°)]$；ϑ 为导弹俯仰姿态角 $(°)$。

2.速率陀螺

速率陀螺的传递函数为

$$G_g(s) = \frac{K_g}{T^2 s^2 + 2\xi T s + 1} \qquad (15.10)$$

式中：T 为时间常数；ξ 为阻尼系数；K_g 为标度因数。

3. 加速度计

加速度计的传递函数为

$$G_a(s) = \frac{K_a}{T^2 s^2 + 2\xi T s + 1} \qquad (15.11)$$

式中：T 为加速度计时间常数；ξ 为加速度计阻尼系数；K_a 为加速度计阻尼系数。

4. 高度表

忽略时间常数，高度表的传递函数为

$$\frac{u_H(s)}{H(s)} = K_H \qquad (15.12)$$

15.1.6 空空导弹红外成像导引头建模

考虑空空导弹红外成像导引头的测向特性、瞬时视场限制、跟踪角速率限制、陀螺对加速度的敏感度，建立空空导弹红外成像导引头的模型如图 15.1 所示。

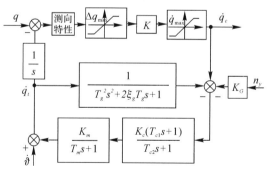

图 15.1 空空导弹红外成像导引头模型

图中：q 为目标视线角；K 为跟踪回路控制增益；K_G 为陀螺对加速度的敏感度；$\dot{\vartheta}$ 为导弹俯仰角速度；$\dot{q}_c$ 为目标视线角速度输出；$\dfrac{K_c(T_{c1}s+1)}{T_{c2}s+1}$ 为校正网络；$\dfrac{K_m}{T_m s+1}$ 为伺服系统；$\dfrac{1}{T_g^2 s^2 + 2\xi_g T_g s + 1}$ 为速率陀螺传递函数。

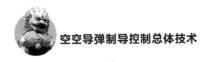
|15.2 空空导弹的半实物仿真试验|

半实物仿真在国外相关文献中的表述术语为 Hardware In the Loop Simulation(HILS),即硬件在回路中的仿真,一般又称为物理-数学仿真。它是一类特殊的仿真系统,该仿真系统工作时应将所研究系统的部分实物接入系统回路,使之成为仿真系统的一个组成部分。因此,在半实物仿真系统中,一部分为数学仿真模型,另一部分为空空导弹制导控制系统的实物部件,构造出空空导弹系统的虚拟环境,模拟真实空空导弹系统的各种物质运动形态(包括光、机、电、气等),对空空导弹系统进行综合仿真分析。

半实物仿真具有以下几个特点。

(1)避免了空空导弹制导控制系统实物部件如导引头、惯性测量组件、飞控计算机、舵机等建模的误差,使得仿真的准确度和有效性得到极大的提高。

(2)利用半实物仿真可以校验系统空空导弹数学模型的正确性和数学仿真结果的准确性,并可以通过半实物仿真结果对空空导弹数学模型进行进一步修正。

(3)利用半实物仿真可以检验空空导弹制导控制系统实物部件或整个系统的性能指标及可靠性,准确调整系统参数和控制规律。

(4)半实物仿真试验可以完成空空导弹制导控制系统的故障复现、定位,并据此找出解决办法,做到系统的故障归零。

(5)将空空导弹半实物仿真试验和系统的飞行试验相结合,可以在小子样系统试验的条件下,以较高置信度进行制导控制系统的性能评估,对导弹的性能进行评测。

15.2.1 空空导弹半实物仿真系统的组成

空空导弹半实物仿真系统一般由以下 5 部分组成。

(1)仿真设备,如仿真计算机、目标模拟器、三轴转台、五轴转台、负载模拟器等。

(2)参试设备,指的是飞行器中实际使用的部件,如导引头、弹载计算机系统、惯性测量系统、舵机等。

(3)各种接口设备,如 A/D、D/A、DIO、数字通信接口等。

(4)试验控制台,通常称之为总控台,主要负责监控试验运行的状态和进程,并对相关试验数据进行存储等。

(5)支持服务系统(包括显示、记录及文档处理等事后处理软件)。

这 5 部分之间的关系如图 15.2 所示。

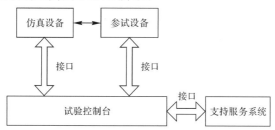

图 15.2　半实物仿真系统连接关系

空空导弹制导控制系统主要部件包括导引头、惯导、飞控计算机、舵机等,在半实物仿真中,将这些实物部件或原理样机直接引入仿真回路,其余的运动学、动力学等仍然以数学模型方式运行在仿真计算机上,由于实物部件只能以物理时钟运行,所以决定了半实物仿真只能是实时仿真,即仿真时钟和物理时钟必须严格一致。

由于将实物引入仿真回路,所以为了使实物能工作在和实际飞行相同的条件下,就需要专用的仿真设备来模拟空空导弹在实际飞行过程中各个部件的工作状态。常用的仿真设备包括仿真计算机、目标模拟器、三轴转台、五轴转台和负载模拟器等。

1. 仿真计算机

仿真计算机作为现代计算机的重要应用领域之一,当用于半实物仿真时,对其性能有严格的要求。下面介绍空空导弹半实物仿真系统对仿真计算机提出的特殊要求。

(1)实时性要求。半实物仿真与一般数字仿真的最大区别在于其对仿真的实时性要求,即半实物仿真必须是实时仿真系统,也就是要求仿真时钟与物理时钟严格同步。由于空空导弹机动性高、飞行速度快,所以在半实物仿真过程中步长一般为毫秒级。目前一般计算机选用的主流操作系统包括 Windows 操作系统的实时性均很差,不能直接应用于实时领域。

(2)计算速度要求。如前所述,空空导弹半实物仿真的主要特点是实时性要求强。那么相应的就要求仿真模型的计算必须在规定的时间内完成,以仿真步长 1 ms 为例,那么就要求在 1 ms 内必须完成包括仿真模型计算、模拟量(AD/DA)和数字量(RS-232/422、MIL-STD-1553B 等)数据输入输出、网络通信等所有任务,由于模拟量和数字量数据输入输出一般耗时较长,所以留给仿真模型计算的可用时间一般要小于 0.5 ms。而空空导弹的六自由度数学模型一般

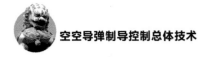

由上百阶的微分方程、代数方程、传递函数和状态方程等组成,且包含大量的插值运算,要在 0.5 ms 内完成一次运算,这就对仿真计算的速度提出了严格的要求。

(3)外设与专用接口、设备的要求。仿真计算机必须具有丰富的外围设备与接口,以便将其与参试设备连接并进行数据的交互,常见的外设包括以下几种。

1)模拟量接口,包括多路的 A/D,D/A,DIO。

2)数字通信接口,包括实时网络、串行/并行数字通信接口(RS - 232,MIL - STD - 1553B,BMK 等)。

3)数据显示/存储/输出接口,包括显示器、投影仪、打印机和大容量硬盘等。

(4)仿真软件要求。仿真软件包括系统软件和支撑软件两部分。

1)系统软件包括操作系统软件、编程开发环境软件。其中操作系统如前所述必须具有实时性,如果计算机硬件为并行处理系统,则要求操作系统能够支持并行运算。另外编程开发环境软件必须提供高级编程语言(例如:并发实时 c,Fortran,Ada)、人工智能语言(例如:LISP 或 Prolog)及相应开发环境,方便用户开发自己的仿真程序。

2)支撑软件包括以下几种。

A. 支持各类模型的串/并行、实时/非实时算法程序库。

B. 二维/三维静、动态图形支持及窗口管理软件。

C. 模型库、图形库、数据库、实验程式库、知识库等仿真信息库管理系统(非实时/实时/分布式)。

为了方便数学模型开发,目前常用的是对 Matlab/Simulink 模型进行实时化的方法实现半实物仿真模型的开发,常用的仿真计算机解决方案有Simulink+RTX 方案、RT - Lab 方案及 dSPACE 方案。

2. 目标模拟器

目标模拟器用来模拟目标和背景的辐射特性和运动特性,对空空导弹来讲,目标模拟器主要用来模拟敌机、人工干扰和背景的辐射特性和运动特性。以红外制导型空空导弹为例,目标模拟器需要模拟的包括以下几种特性:

(1)敌机不同部位的红外辐射特性;

(2)敌机的运动特性;

(3)人工诱饵的辐射特性及运动特性;

(4)自然背景的红外辐射特性,包括云层、太阳、地物等;

(5)红外辐射的大气衰减特性。

目标模拟器可以在实验室模拟出红外导引头在飞行过程中看到的目标动态变化信息,对检验红外导引头的目标识别与跟踪、抗干扰性能有重要的作用。

根据导引头的体制,目标模拟器可以分为红外目标模拟器、雷达目标模拟器等。进一步对红外目标模拟器进行分类,又可以分为点源型目标模拟器和成像型目标模拟器。

红外点源模拟系统由红外光学系统、快门光栏系统、平行光管系统、一维摆镜系统以及合成镜系统组成,由图 15.3 可以看出,右边的平行光管所形成的是目标光源,左边的平行光管所形成的是干扰光源。干扰光源的黑体辐射红外源,经过光栏系统形成点源辐射,经小反射镜和球面镜反射后成为平行光,然后通过单摆反射镜和合成镜后出射到出瞳口;相同原理,目标光源的黑体辐射红外源,经过光栏系统形成点源辐射,经小反射镜和球面镜反射后成为平行光,然后通过合成镜后出射到出瞳口。单摆反射镜的往复摆动,造成干扰辐射源的平行光与目标辐射源的平行光产生变化的夹角,从而使得在红外导引头上形成干扰像点围绕目标像点摆动的图像。

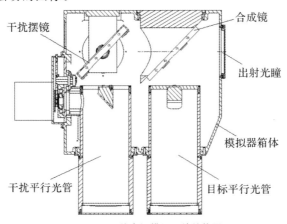

图 15.3 红外点源模拟系统结构图

随着科技的发展,当今的红外空空导弹在探测目标时,看到的不再是一个点而是目标的红外图像。目前各国均在研制红外成像制导空空导弹,这不仅可提高对目标的辨识能力,而且可提高导弹的杀伤效率。由于数学描述红外动态图像比较复杂,完全用数学仿真方法来研究红外成像导引头比较困难,所以较好的还是应用半实物仿真方法。因此必须解决目标与环境的动态红外图像生成技术。

红外成像模拟器的主要技术指标有空间分辨率(清晰度)、温度范围、动态范围(灰度级)、稳定时间(帧速)、图像尺寸等。下面介绍几种典型的红外目标/背景图像仿真技术。

(1)电阻元阵列。电阻元阵列的基本原理是被加热的物体在红外波段的辐

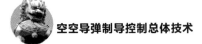

射强度取决于其温度的高低。整个阵列由许多微小的电阻元集成在不良导热体基片上组成，阵列可以单片设计，也可以把多个阵列合成大阵列，这样可以提高图像的空间分辨率。电阻元之间通过内部的集成电路网连接。该集成电路可调节通过各电阻元的电流以控制它们的温度，使它们根据需要产生一定强度的红外辐射。这样，整个阵列就构成了一幅红外图像的辐射源，实现了红外目标与背景图像的仿真，如图15.4所示。

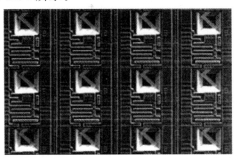

图15.4　64×64P型单晶硅微桥式MOS电阻阵器件

（2）微反射镜目标模拟器。基于DMD微镜型红外场景产生器采用数字微镜阵列（DMD）作为显示器件，它是美国Texas Instruments公司开发的最先进的数字光处理芯片，采用先进的半导体加工技术在硅基面上制备了许多精密的（13.68 μm×13.68 μm）金属微反射镜，采用电子方法操作（开关）这些反射镜。DMD是由成千上万个可倾斜的铝合金微镜单元组成的，其结构如图15.5所示。其成像是靠扭转铰链带动反射镜转动完成，每一个像素上都有一个可以转动的微镜，微镜的倾斜角度不同，反射光的出射角度就不同，因此每一个微镜相当于一个光开关。当光开关处于"开"态时，反射光可以通过投影透镜投到目标区域上，目标区域出现"亮"态；当光开关处于"关"态时，反射光投不到目标区域上，目标区域上出现"暗"态，如图15.6所示。DMD根据驱动电路输入的二进制编码信号，控制微镜的开关状态实现显示，并通过脉宽控制其反射光进入出射光瞳的时间，实现对像素灰度的数字控制。

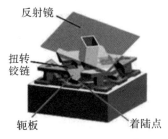

图15.5　每个微镜单元结构图

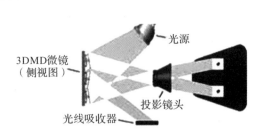

图15.6　DMD像元的图像生成方式

3. 三轴转台

三轴转台用于在实验室仿真空空导弹在空中飞行时绕自身体轴坐标系旋转的姿态运动,即利用仿真器台体的各运动框架轴的旋转运动仿真导弹飞行时的姿态角的变化。在半实物仿真试验中,将惯性测量装置安装在三轴转台上,三轴转台从仿真计算机实时接收导弹弹体的三个姿态角信息,然后驱动框架旋转,安装在其上的惯性测量装置敏感转台的姿态角和角速度变化,从而模拟出空空导弹在飞行过程的三个姿态角变化特性。

三轴转台是由一套复杂的电子设备、伺服系统和能源系统所组成的机电一体化的大型仿真设备。

三轴转台根据台体框架形式可以分为立式三轴转台和卧式三轴转台,如图15.7 和图 15.8 所示。

图 15.7　立式三轴转台　　　　图 15.8　卧式三轴转台

根据采用的能源不同可以将三轴转台分为电动三轴转台和电液三轴转台。近年来随着电机技术的进步,电动三轴转台的动态频率响应特性不断提高,逐渐成为主流。

4. 五轴转台

五轴转台用来同时模拟导弹的姿态运动和弹-目相对运动。它由一个三轴转台和一个二轴转台组成,其中导引头安装在三轴转台上,目标模拟器安装在二轴转台上。通过五轴转台可以逼真地复现出弹-目的相对运动学关系,为导引头提供相对真实的目标运动特性。与传统使用三轴转台和目标模拟器分立构成的仿真系统相比,五轴转台具有工作空间需求小、精度高、稳定度好的优点。一个典型的五轴转台如图15.9 和图 15.10 所示。

5. 负载模拟器

负载模拟器是半实物仿真实验室模拟空空导弹在飞行中其操纵机构舵机所受空气动力载荷的重要设备,它是空空导弹大回路半实物仿真系统的重要组成部分。当空空导弹在稠密大气中飞行时,由于空气动力的原因会使得操纵空空导弹飞行的舵面上受到气动力/力矩的作用,这种作用一般对操纵舵面运动的舵机来说是一种外部反作用负载,它与舵机所受的惯性力矩、阻尼力矩、铰链力矩等,一起构成舵机输出轴上的负载力矩。通常情况下,铰链力矩主要包括攻角铰链力矩和舵角铰链力矩两项,如式(15.13)所示,是负载力矩的主要成分,尤其是舵角铰链力矩。铰链力矩的大小与飞行的状态有关,随空空导弹飞行状态的变化而变化。

图 15.9　立式五轴转台　　　　　图 15.10　卧式五轴转台

$$M_F = m^\delta q s_b \delta + m^\alpha q s_a \alpha \tag{15.13}$$

图 15.11 所示为常用的电动负载模拟器的结构图。

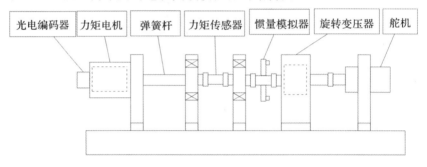

图 15.11　电动负载模拟器的结构图

在半实物仿真过程中,负载模拟器实时接收仿真计算机计算的舵机铰链力矩,然后驱动力矩电机,将其施加到舵轴上。

15.2.2　典型红外成像制导空空导弹半实物仿真系统

下面以空空导弹红外成像制导控制的半实物仿真系统为例,来说明制导控制系统的半实物仿真系统组成。

红外成像空空导弹制导控制的半实物仿真系统原理框图如图 15.12 所示。其中,红外成像导引头、包含惯测系统的自动驾驶仪和舵系统都是参试设备;仿真计算机、负载模拟器、三轴转台、五轴转台、红外目标图像仿真器等属于仿真设备;参试设备、仿真设备及试验控制台之间通过各种接口设备互联,完成仿真信息交换。

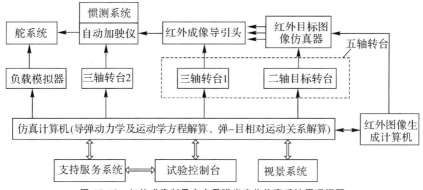

图 15.12 红外成像制导空空导弹半实物仿真系统原理框图

制导回路进行半实物仿真时是通过将红外成像导引头和红外目标图像仿真器分别置于五轴飞行转台的三轴转台和两轴目标转台上进行的。其中红外成像导引头和红外目标图像仿真器在五轴转台上安装时必须满足一定的空间几何位置关系要求。由于导引头是安装在导弹上随着导弹一起在空间运动,导引头测量的是导弹和目标之间的相对运动,而不是目标在惯性空间的绝对运动,所以五轴转台和红外目标图像模拟器就是用于复现目标与导弹相对运动的设备。红外目标图像模拟器主要用于复现导弹-目标相对运动之间的高低、方位视线角及相对距离。具体的实现方式如下:由仿真计算机解算导弹-目标的相对运动学方程,获得目标的运动学参数;然后通过接口设备将其送给红外图像生成计算机,红外图像生成计算机据此计算目标的姿态和红外辐射能量等信息,生成红外目标图像数据;最后用红外图像数据通过接口设备驱动红外图像目标仿真器工作。红外成像导引头通过光学准直系统接收来自于目标仿真器的图像信息。

导弹在空中运动时共有六个自由度,分别是质心移动和绕质心转动。在进行半实物仿真时,质心运动无法在实验室内进行物理模拟,只能通过仿真计算机以程序计算的方式来实现。导弹的俯仰、偏航和滚转这三个姿态运动可以通过三轴飞行转台来复现。

在红外成像寻的制导控制半实物仿真系统的设备中,仿真计算机主要完成导弹动力学、运动学及导弹-目标相对运动关系的计算,并将计算获得的相关信息送给其他仿真设备。五轴转台主要完成模拟导弹-目标之间的相对运动关系,使导引头能够进行目标的捕获、识别和跟踪。三轴转台主要用来复现导弹的俯仰、偏航和滚转三个飞行姿态,使自动驾驶仪的惯测系统中的惯性测量元件可以感受与实际飞行相同的导弹姿态。红外图像生成计算机控制的目标仿真器用于模拟真实目标的红外特性,供导引头探测和检测使用。负载模拟器用于模拟导弹舵面伺服控制系统在导弹飞行过程中受到的气动力矩,使舵面伺服控制系统可以在接近真实的条件下运动。视景系统主要用于将导弹飞行过程可视化,将仿真过程和结果以动态图像的方式表达出来,使半实物仿真过程具有直观性。

15.2.3 典型雷达制导空空导弹控制半实物仿真

雷达制导空空导弹和红外成像制导空空导弹的主要区别在于导引头体制不同,体现到半实物仿真系统上,主要在于目标模拟的方法有显著区别,为了模拟空中的雷达反射特性,雷达导引头(无论是主动、半主动还是被动)需要安装在严格屏蔽的微波暗室中,避免雷达波多次反射造成的扰动。其余仿真设备如三轴转台、负载模拟器、仿真机、实时通信网络等和红外成像制导空空导弹半实物仿真系统相同,如图 15.13 所示。

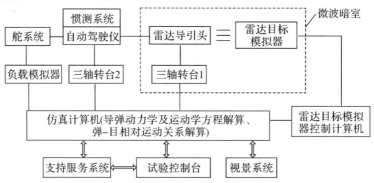

图 15.13 雷达制导空空导弹半实物仿真系统原理框图

典型的微波暗室布局示意图如图 15.14 所示。

由图 15.14 可见,在微波暗室的所有墙壁上贴有吸波材料,雷达导引头安装在三轴转台上,三轴转台台体上也需要贴上吸波材料,通过三轴转台的运动模拟弹体的俯仰、偏航和滚转运动,雷达目标模拟器位于导引头前方,用于模拟目标的雷达反射特性及杂波干扰。

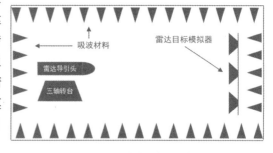

图 15.14 微波暗室布局示意图

常用的雷达目标模拟器有两

种,分别是机械式雷达目标模拟器和电扫式面阵雷达目标模拟器。

机械式雷达目标模拟器如图 15.15 所示。

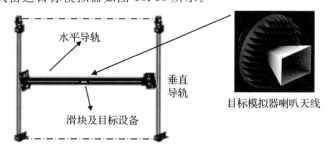

图 15.15　机械式雷达目标模拟器示意图

机械式雷达目标模拟器由目标模拟器喇叭天线和二维运动支架组成,目标模拟器喇叭天线位于二维运动支架上,可以在高低和水平方向做二维运动,模拟目标的方位和角速度,通过控制目标模拟器喇叭天线的辐射强度模拟目标的大小。为了保证待测雷达导引头和目标模拟器喇叭天线之间满足远场条件,暗室长度需要满足

$$R \geqslant 2(D+d)^2/\lambda \qquad (15.14)$$

式中:R 为最小距离;D 为待测导引头天线的直径;d 为喇叭天线的直径;$D+d$ 为待测区域球体的直径;λ 为平面波波长。

电扫式面阵雷达目标模拟器如图 15.16 所示。

电扫式面阵雷达目标模拟器通过激励子阵单元形成不同方向的波束指向,来模拟目标在面阵上的运动过程。理论上,这种模拟方式可以同时产生轨迹重叠的多个目标,并不受速度和加速度的限制。其目标机动模拟能力只受限于数据刷新率和视场角范围。

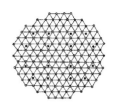

图 15.16　电扫式面阵雷达目标模拟器示意图及实体照片

电扫式面阵雷达目标模拟器在球面部署大量的固定式发射器。以 3 个发射子单元为一组,通过接收从信号生成器产生的射频信号,根据权重调整优化函数,调整各个子发射单元的幅度和相位,相干合成特定指向的平面波。微波开关也属于馈线的一部分。射频信号通过功分网络分成三路,然后通过微波开关控制,使得射频信号到达某一个三元组的三个辐射喇叭。每一个喇叭都有移相器及衰减器来控制幅度和相位,通过控制三元组三个喇叭的幅度及相位模拟出目标散射回波及干扰信号。

馈线是把信号源发射的信号通过开关连接到每一个天线阵元,控制每一时刻信号传送到三个喇叭,通过衰减器、移相器控制三个相邻天线(三元组)的幅度大小和相位模拟信号的运动轨迹。

目标阵列上的三个相邻天线构成一个三元组,而目标反射的雷达信号就是通过目标阵列上的一个三元组辐射的射频信号来模拟的,辐射的方向正对着转台,转台上安装被测试雷达天线。由雷达天线至三元组辐射中心之间的路径代表雷达至目标的视线路径。辐射中心在三元组之内的运动,或者从一个三元组到另一个三元组之间的运动,实际上就代表了雷达/目标视线的运动。如果模拟多个目标,一个或多个目标的相位辐射中心可以落在同一个三元组内。

15.3 空空导弹制导控制系统性能评估试验方法

1. 正交试验法

正交试验法是一种用正交表来安排试验方案和进行结果分析的方法,它适用于多因素、多指标、具有随机误差的试验。通过正交试验,可以分析各因素对试验指标的影响,按其重要程度找出主次关系。

对于空空导弹来说,在正交试验方案设计时,可选取 3 个因素分别为惯导测量误差、天线罩折射误差和导引头测角噪声,设计 3 因素 3 水平正交试验表。试验指标取 50% 落入概率,其因素水平表见表 15.1,其中:A 为惯导测量误差,根据需要取值,如取 0.9、1、1.2,表示在模型标称值基础上所乘系数;B 为天线罩折射误差,根据需要取值,如取 0.9、1、1.2,表示在模型标称值基础上所乘系数;C 为导引头测角噪声,根据需要取值,如取 0.9、1、1.2,表示在模型标称值基础上所乘系数。

表 15.1 试验因素与水平

因素 / 水平	惯导测量误差 A	天线罩折射误差 B	导引头测角噪声 C
1	$A_1=0.9$	$B_1=0.9$	$C_1=0.9$
2	$A_2=1$	$B_2=1$	$C_2=1$
3	$A_3=1.2$	$B_3=1.2$	$C_3=1.2$

正交试验方案设计可按表 15.1 中任意两个或三个因素的水平组合,且每个因素的水平重复次数相等,针对每次试验项目都进行精度统计仿真,即可得出 50% 的落入概率结果。在进行正交试验结果分析时,可通过均值和极差来分析

该因素对指标的影响,均值变化幅度和极差越大表明该因素对指标的影响越大。

2.小子样分析

长期以来,武器精度的试验分析与可靠性评估方法主要采用以大子样试验为前提的经典统计方法,而在工程实际中小子样问题是普遍存在的,对于像空空导弹这样价值昂贵的产品,试验结果的评估有它自己的特点。首先,由于试验打靶属一次性使用,从而试验次数受到严格限制,所以这种大样本统计理论将会遇到应用上的困难。又如,试验的情况各异,所获得的子样表现值并不来自同一总体。此外,在建立和运用模型作飞行器特性分析时,由于模型的近似性以及随机扰动(干扰)统计特性的不确定性等,所以在经典统计中,估值的优良性将不再保持。由于这些特点,所以在论述精度分析方法时,必须充分注意这种特殊性。

小子样靶试的数据具有较高的可靠性,但数据量可能较小。因此,小子样系统试验分析和可靠性评定方法受到国内外普遍关注,新方法不断出现,常用的方法主要有 Bayes 方法、Fiducial 方法、近似正态法和信息熵法。目前,Bayes 方法是解决小子样条件下的试验结果分析与鉴定问题中应用最广泛的一种方法,其主要原因是 Bayes 方法除运用当前试验信息(现场子样)外,还同时运用了验前信息作为信息量的补充,能够在小子样情况下进行统计推断。利用试验前的信息,结合真实打靶试验结果来进行数据分析,在有限的试验数据的情况下,判断武器系统的精度指标是否满足设计要求,并估计其实际精度指标。

在利用小子样分析时首先要将靶试结果与仿真结果进行一致性检验,只有完成一致性检验后,才能利用仿真信息和靶试信息,用 Bayes 方法进行精度分析。这里主要是对靶试落点信息进行校验,包括脱靶量、侧向偏差、纵向偏差等静态数据。对于静态数据的检验,数理统计学中的相容性检验方法都可以使用,如游程检验法、秩检验法等。

3.蒙特卡罗法

蒙特卡罗法是一种直接仿真方法,它用于随机输入非线性系统性能的统计分析。这种方法需要确定系统对有限数量的典型初始条件和噪声输入函数的响应。因此,蒙特卡罗分析所要求的信息包括系统的模型、初始条件统计和随机输入统计量。

参考文献

[1] 杨军.现代导弹制导控制[M].西安:西北工业大学出版社,2016.

[2] 杨军,朱学平,张晓峰.反辐射制导技术[M].西安:西北工业大学出版

社,2014.

[3] 杨军,杨晨,段朝阳,等.现代导弹制导控制系统设计[M].北京:航空工业出版社,2005.

[4] 杨军.导弹控制原理[M].北京:国防工业出版社,2010.

[5] 刘兴堂.导弹制导控制系统分析设计与仿真[M].西安:西北工业大学出版社,2006.

[6] 朱学平,张晓峰,杨军,等.红外成像导引头虚拟样机设计与仿真系统[J].计算机测量与控制,2010,18(8):1828-1833.

[7] 贾晓洪,梁晓庚,唐硕,等.空空导弹成像制导系统动态仿真技术研究[J].航空学报,2005,26(4):397-401.

[8] 王炜强,贾晓洪,韩宇萌,等.定向干扰激光的红外成像建模与仿真[J].红外与激光工程,2016,45(6):43-48.

[9] 符文星,孙力,于云峰,等.导弹武器系统分布式半实物仿真系统研究[J].系统仿真学报,2009(19):6073-6076.

[10] 符文星,朱苏朋,王建华,等.小波变换在导弹仿真模型验证中的应用研究[J].弹箭与制导学报,2006(S5):174-176.

[11] 王炜强,贾晓洪,杨东升,等.制导武器效能评估试验设计方法综述与应用探讨[J].航空兵器,2015(6):46-48,54.

[12] 熊光楞,彭毅.先进仿真技术与仿真环境[M].北京:国防工业出版社,2001.

[13] 刘藻珍,魏华梁.系统仿真[M].北京:北京理工大学出版社,1998.

[14] 廖英,邓方林,梁家红,等.系统建模与仿真的校核、验证与确认(VV&A)技术[M].北京:国防科技大学出版社,2006.

[15] 单家元,孟秀云,丁艳.半实物仿真[M].北京:国防工业出版社,2008.

[16] 丁海波.基于体系对抗的导弹武器系统效能评估[D].沈阳:东北大学,2014.

[17] 刘建涛.飞行器仿真试验评估与鉴定方法研究[D].哈尔滨:哈尔滨工业大学,2012.

[18] 刘根旺.飞行器控制系统设计与仿真实验平台的构建[J].实验室研究与探索,2008,27(3):26-28.